B. A. SEWASTJANOW

VERZWEIGUNGSPROZESSE

MATHEMATISCHE LEHRBÜCHER UND MONOGRAPHIEN

HERAUSGEGEBEN VON DER
AKADEMIE DER WISSENSCHAFTEN DER DDR
ZENTRALINSTITUT FÜR MATHEMATIK UND MECHANIK

II. ABTEILUNG

MATHEMATISCHE MONOGRAPHIEN

BAND 34

VERZWEIGUNGSPROZESSE

VON

B. A. SEWASTJANOW

AKADEMIE-VERLAG · BERLIN
1974

B. A. SEWASTJANOW

VERZWEIGUNGSPROZESSE

In deutscher Sprache herausgegeben von

DR. UWE PREHN

Zentralinstitut für Mathematik und Mechanik der

Akademie der Wissenschaften der DDR

AKADEMIE-VERLAG · BERLIN

1974

Б. А. Севастьянов
Ветвящиеся процессы

Erschienen im Verlag „Nauka“, Moskau
Deutsche Übersetzung: Dipl.-Math. Walter Warmuth

Erschienen im Akademie-Verlag, 108 Berlin, Leipziger Str. 3—4

Lizenznummer: 202 · 100/422/74
Gesamtherstellung: VEB Druckerei „Thomas Müntzer“, 582 Bad Langensalza
Bestellnummer: 761 825 4 (6107) · LSV 1075
Printed in GDR

Meinen Töchtern Natascha
und Swetlana gewidmet

VORWORT DES VERFASSERS

Im Studienjahr 1946/47 veranstaltete die mechanisch-mathematischen Fakultät der Moskauer Universität ein Seminar zur Wahrscheinlichkeitstheorie unter der Leitung von A. N. Kolmogoroff. Im Laufe eines Jahres wurden von den Teilnehmern dieses Seminares (A. N. Kolmogoroff, N. A. Dimitriew, A. M. Jaglom, B. A. Sewastjanow) einige Arbeiten publiziert, in denen eine neue Klasse Markowscher Prozesse beschrieben und analysiert wurde. Sie diente als Modell vieler realer Erscheinungen der Vermehrung und Umwandlung von Teilchen in der Physik, Chemie, Technik, Biologie usw. Diese Prozesse wurden als Verzweigungsprozesse bezeichnet. 1948 erschienen auch in den USA einige Arbeiten über Verzweigungsprozesse. Insbesondere führten R. Bellman und T. E. Harris ein neues Modell von Verzweigungsprozessen mit einer Abhängigkeit vom Alter der Teilchen ein.

Die Theorie der Verzweigungsprozesse bildete sich also gegen Ende der vierziger Jahre heraus, wenn auch einzelne Aufgaben, die wir heute zu dieser Theorie zählen, schon früher in der Literatur behandelt wurden (z. B. betrachteten die englischen Statistiker Galton und Watson im letzten Viertel des 19. Jahrhunderts das Problem des Aussterbens von Familiennamen).

In den letzten 25 Jahren erschien eine umfangreiche Literatur über Verzweigungsprozesse; vor allem erhöhte sich in den vergangenen 10 Jahren die Anzahl der Arbeiten über Verzweigungsprozesse in wissenschaftlichen Zeitschriften. Es ist besonders für einen Anfänger schwer, sich in dieser Literatur zu orientieren.

Die 1966 ins Russische übersetzte Monographie von T. E. Harris „The Theory of Branching Processes" enthält die Beschreibung vieler Typen von Verzweigungsprozessen sowie eine Vielzahl von Anwendungsbeispielen. Jedoch trägt die Monographie von Harris, die in ihrer Zeit eine umfangreiche Literatur sowohl theoretischen als auch angewandten Charakters widerspiegelte, in hohem Maße Übersichtscharakter.

In dem vorliegenden Buch, das wenige Überschneidungen mit der genannten Monographie aufweist, wird die Theorie der Verzweigungsprozesse systematisch entwickelt, genauer gesagt, der klassische Teil der Theorie, der sich auf Markowsche Modelle mit endlicher Typenanzahl und auf Modelle von Verzweigungsprozessen bezieht, die vom Alter der Teilchen abhängen.

Die Kapitel X und XI bieten eine weniger detaillierte Darlegung der Modelle von Verzweigungsprozessen mit Teilchendiffusionen und von Verzweigungsprozessen für Teilchen mit Energie. Das letzte Kapitel gibt einen Zugang zur Beschreibung allgemeiner Verzweigungsprozesse. Gegenwärtig beginnt eine intensive Ausarbeitung der Theorie allgemeiner Verzweigungsprozesse als MARKOWsche Prozesse in hinreichend allgemeinen Phasenräumen. Hier ist besonders die aktive Arbeit einer Gruppe japanischer Mathematiker zu nennen (N. IKEDA, M. NAGASAWA, S. WATANABE u. a.). Dieser Aspekt der Theorie der Verzweigungsprozesse wurde im Buch nicht behandelt. Weiterhin berücksichtige ich im Buch nicht Fragen der Konvergenz von Verzweigungsprozessen gegen Diffusionsprozesse (Arbeiten von J. LAMPERTI, P. NEY u. a.) und Modelle von Verzweigungsprozessen mit stetiger Zustandsmenge, die von M. JIŘINA eingeführt wurden. Diese Richtungen verdienen natürlich eine besondere Monographie, die ohne Zweifel in Kürze erscheinen wird.

Die intensive Entwicklung der Theorie der Verzweigungsprozesse in den letzten Jahren erklärt sich einerseits aus dem anschaulichen Charakter der durch die Theorie gelösten Aufgaben und betrachten Modelle und ihre Bedeutung für Anwendungen, andererseits aus den umfangreichen Möglichkeiten, den mathematischen Apparat der erzeugenden Funktionen und erzeugenden Funktionale anwenden zu können. In der Theorie der Verzweigungsprozesse betrachtet man solche Prozesse der Vermehrung und Umwandlung von Teilchen, in denen sich die einzelnen Teilchen unabhängig voneinander vermehren und verändern. Gerade diese Grundbedingung gestattet es, den Apparat der erzeugenden Funktionen erfolgreich anzuwenden und eine schöne mathematische Theorie der stochastischen Verzweigungsprozesse aufzubauen. Viele Anwendungsaufgaben können mit Hilfe dieser oder jener Modelle von Verzweigungsprozessen gelöst werden. Jedoch verbleibt ein großer Kreis interessanter Anwendungsaufgaben, die nicht durch Modelle der Verzweigungsprozesse erfaßt werden. Ich meine solche Prozesse wie z. B. biologische Vermehrungsprozesse in Populationen mit zwei Geschlechtern, Epedimieprozesse oder Prozesse des Kampfes ums Dasein, in welchen die Entstehung neuer Teilchen zum gegebenen Zeitpunkt das Zusammenwirken mehrerer existierender Teilchen bedingt. In diesem Fall erweist sich der Apparat der erzeugenden Funktionen in der Regel als nicht anwendbar. Jedoch gibt es auch eine Reihe von Arbeiten, in denen einzelne Aufgaben für Prozesse mit Wechselwirkung zwischen den Teilchen gelöst wurden. Eine allgemeine mathematische Theorie solcher Prozesse wurde bisher jedoch noch nicht entwickelt. Deshalb ist man in Anwendungsarbeiten darauf angewiesen, einzelne Stadien von Prozessen mit Wechselwirkung von Teilchen mit Hilfe der Theorie der Verzweigungsprozesse zu berechnen. Zum Beispiel kann man das Anfangsstadium vieler chemischer Reaktionen, in dem die Anzahl der „aktiven" Moleküle oder Ionen klein ist, in ziemlich guter Näherung als Verzweigungsprozeß ansehen.

Ein großer Teil des Buches ist Lesern zugänglich, die mit einer gewöhnlichen Vorlesungsfolge über Analysis und Wahrscheinlichkeitstheorie vertraut sind. Einige notwendige Ergänzungen werden im Lauf der Darlegung gegeben. Dies geschieht teils mit Beweisen (z. B. in Kap. IV, § 5, wo die Eigenschaften nichtnegativer Matrizen angeführt werden), teils ohne Beweise, aber mit Literaturhinweisen, die sich vorwiegend auf Monographien beziehen (z. B. im Kap. VIII, § 7, wo Resultate der Erneuerungsgleichungen dargelegt werden).

Im Text wird gewöhnlich nicht auf Literatur verwiesen. Literaturhinweise, die bei weitem keine Vollständigkeit beanspruchen, erscheinen am Ende des Buches. In ihnen werden die grundlegenden Arbeiten aufgeführt, denen diese oder jene Resultate oder Beweisformen entlehnt sind. Außerdem werden auch einige Angaben über Arbeiten gemacht, in denen man Weiterentwicklungen dieser oder jener Abschnitte der Theorie finden kann.

Eine Übersicht der Literatur über Verzweigungsprozesse bis 1967 kann man in meiner Arbeit [35] finden, die vom Allunionsinstitut für wissenschaftliche und technische Information in der Serie „Itogij Nauki" herausgegeben wurde.

In dem Buch wird folgende Numerierung der Paragraphen, Formeln, Sätze, Lemmata, Folgerungen, Definitionen, Bemerkungen und Beispiele benutzt. Jedes Kapitel hat eine eigene Numerierung der Paragraphen, jeder Paragraph hat eine eigene Numerierung der Formeln, Sätze usw. Bei Verweisen innerhalb eines Paragraphen wird nur die jeweilige Nummer angegeben, bei Verweisen innerhalb eines Kapitels auf Formeln, Sätze usw. eines anderen Paragraphen wird noch die Nummer des Paragraphen hinzugefügt. Bei Hinweisen auf Paragraphen, Sätze, Formeln usw. eines anderen Kapitels wird außerdem die Kapitelnummer ergänzt. Zum Beispiel: § 2.3 bedeutet Kapitel II, § 3; Formel (3.5) bedeutet Formel (5) im § 3 desselben Kapitels, in dem der Hinweis gegeben wird; Formel (8.3.5) heißt Formel (5) im § 3 des Kap. VIII. Analog werden wir auf Satz 2 aus § 7 in Kap. VIII hinweisen durch die Bezeichnung Satz 2 im gleichen Paragraphen, Satz 7.2 in einem anderen Paragraphen desselben Kapitels und Satz 8.7.2 in einem anderen Kapitel.

B. A. Sewastjanow

INHALTSVERZEICHNIS

KAPITEL I

MARKOWSCHE VERZWEIGUNGSPROZESSE MIT EINEM TEILCHENTYP

§ 1. Definition eines Verzweigungsprozesses

Wir beginnen mit der Darlegung des einfachsten Falles, eines MARKOWschen Verzweigungsprozesses mit einem Teilchentyp. In diesem Kapitel betrachten wir einen bezüglich der Zeit homogenen MARKOWschen Prozeß in dem Phasenraum $N = \{0, 1, 2, ...\}$. Bekanntlich genügen die Übergangswahrscheinlichkeiten $P_{ij}(t)$, $t \in T$, eines MARKOWschen Prozesses den Bedingungen

$$P_{ij}(t) \geqq 0 \tag{1}$$

für alle $i, j \in N$, $t \in T$;

$$\sum_{j=0}^{\infty} P_{ij}(t) \equiv 1 \tag{2}$$

für beliebiges $i \in N$, $t \in T$ (Normierungsbedingung);

$$P_{ij}(t) = \sum_{k=0}^{\infty} P_{ik}(u)\, P_{kj}(t-u) \tag{3}$$

für beliebige $i, j \in N$ und $0 \leqq u \leqq t$; $u, t \in T$ (MARKOWsche Bedingung);

$$P_{ij}(0) = \delta_{ij} = \begin{cases} 1, & i = j \\ 0, & i \neq j \end{cases} \tag{4}$$

(Anfangsbedingung).

Definition 1. Einen MARKOWschen Prozeß in N nennen wir einen *Verzweigungsprozeß*, wenn $P_{ij}(t)$ die i-te Faltung der Verteilung $P_{1j}(t)$, d. h. wenn

$$P_{ij}(t) = P_{1j}^{*i}(t) = \sum_{j_1+j_2+\cdots+j_i=j} P_{1j_1}(t)\, P_{1j_2}(t) \cdots P_{1j_i}(t) \tag{5}$$

ist (Verzweigungsbedingung). Insbesondere bedeutet die Bedingung (5) für $i = 0$

$$P_{0j}(t) = P_{1j}^{*0}(t) = \delta_{0j}\,.$$

Mit T werden wir entweder die Menge der nichtnegativen ganzen Zahlen $\{0, 1, 2, \ldots\}$, oder das Intervall $[0, \infty)$ verstehen. Im ersten Fall sprechen wir von einem *Verzweigungsprozeß mit diskreter Zeit*, im zweiten von einem solchen mit *stetiger Zeit*.

Bei stetiger Zeit $t \in [0, \infty)$ wird gewöhnlich noch die Stetigkeitsbedingung

$$\lim_{t \downarrow 0} P_{ii}(t) = 1 \tag{6}$$

verlangt. Aus den Bedingungen (6), (1) und (2) folgt sofort, daß für jedes i gleichmäßig für alle $j \neq i$

$$\lim_{t \downarrow 0} P_{ij}(t) = 0 \tag{7}$$

gilt. Aus der Bedingung (3) folgt die Stetigkeit aller Übergangswahrscheinlichkeiten $P_{ij}(t)$ für beliebiges $t \geqq 0$.

Die Verzweigungsbedingung (5) sondert aus den hier betrachteten Markowschen Prozessen die Klasse der Verzweigungsprozesse aus. Diese Aussonderung ist aus zwei Gründen gerechtfertigt. Erstens beschreiben die Verzweigungsprozesse eine genügend große Gruppe realer Erscheinungen in Physik, Chemie, Biologie, Technik, Demographie usw. Zweitens ermöglicht der sehr bequeme mathematische Apparat der erzeugenden Funktionen, die Verzweigungsprozesse gründlich zu untersuchen. In der Theorie der Verzweigungsprozesse hebt man natürlich die spezifischen Aufgabenstellungen und Methoden zur Lösung dieser Aufgaben hervor.

§ 2. Interpretation der Verzweigungsprozesse

Im weiteren werden wir eine anschauliche Terminologie benutzen, die reale Erscheinungen von Verzweigungsprozessen in physikalischen und chemischen Vorgängen widerspiegelt. Es seien irgendwelche gleichartigen Teilchen gegeben. Der Zustand des Systems wird durch die Anzahl der Teilchen bestimmt. Mit $\mu(t)$ bezeichnen wir die Anzahl der Teilchen zum Zeitpunkt t. Wir nehmen an, daß sich während der Zeit t ein jedes Teilchen — unabhängig von seiner Entstehung und vom Vorhandensein anderer Teilchen — mit der Wahrscheinlichkeit $P_{1n}(1)$ in n Teilchen verwandelt, wobei $\sum_{n=0}^{\infty} P_{1n}(t) = 1$ gilt. Existieren anfangs k Teilchen, so verwandeln sie sich innerhalb der Zeit t in $\mu^{(1)}(t) + \ldots + \mu^{(k)}(t)$ Teilchen, wobei $\mu^{(i)}(t)$ die Anzahl der Nachkommen des i-ten Teilchens angibt, alle $\mu^{(i)}(t)$, $i = 1, \ldots, k$, unabhängig sind und die gleiche Verteilung $P_{1n}(t) = P\{\mu^{(i)}(t) = n\}$ haben. Folglich ist die Übergangswahrscheinlichkeit $P_{kn}(t)$ von k Teilchen zu n Teilchen innerhalb des Zeitabschnittes t gleich der k-fachen Faltung von $P_{1n}(t)$, d. h.

$$P_{kn}(t) = P_{1n}^{*k}(t) = \sum_{n_1 + \cdots + n_k = n} P_{1n_1}(t) \cdots P_{1n_k}(t) .$$

Da wir voraussetzen, daß die Teilchenumwandlung nicht von der Vorgeschichte abhängt, ist der Prozeß $\mu(t)$ Markowsch, d. h., die Übergangswahrscheinlichkeiten $P_{kn}(t)$ genügen der Bedingung (1.3).

Verzweigungsprozesse mit diskreter Zeit werden auch Galton-Watson-Prozesse genannt. Die englischen Statistiker Galton und Watson waren die ersten, die Ende des XIX. Jahrhunderts das Problem des Aussterbens von Familiennamen betrachteten. Diese Aufgabe besteht in folgendem: In einer

Gesellschaft sei die Anzahl n der Söhne eines Vaters (die im weiteren Verlauf seinen Familiennamen fortführen) eine Zufallsgröße mit der Verteilung $\{P_n\}$, $\sum_{n=0}^{\infty} P_n = 1$. Die Anzahlen der Söhne verschiedener Väter seien unabhängig voneinander. Die Söhne, die zu Vätern werden, haben mit den gleichen Wahrscheinlichkeiten P_n eigene Söhne usw. Ein Urahne stellt die nullte Generation dar. Seine Söhne bezeichnen wir als die erste Generation. Seine Enkel, d. h. die Söhne seiner Söhne, bilden die zweite Generation usw. Wir nehmen an, daß sich die Wahrscheinlichkeiten in keiner Generation ändern. $\mu(t)$, $t = 0, 1, 2, \ldots$, bezeichne die zahlenmäßige Stärke der t-ten Generation. Folglich ist $\mu(0) = 1$, $\mu(1)$ hat die Verteilung $P_n = \mathsf{P}\{\mu(1) = n\}$. Die Folge $\mu(t)$ bildet einen Verzweigungsprozeß mit diskreter Zeit. Die Übergangswahrscheinlichkeiten

$$P_{kn}(t) = \mathsf{P}\{\mu(u + t) = n \mid \mu(u) = k\}$$

werden aus den Gleichungen (1.3), (1.4) und $P_{1n}(1) = P_n$ bestimmt. Die Wahrscheinlichkeit des Aussterbens des Familiennamens innerhalb von t Generationen ist $\mathsf{P}\{\mu(t) = 0\}$, d. h. gleich der Wahrscheinlichkeit, daß es in der t-ten Generation keinen einzigen Träger des Familiennamens des gemeinsamen Urahnen gibt. Der Grenzwert dieser Wahrscheinlichkeit $\lim_{t\to\infty} \mathsf{P}\{\mu(t) = 0\}$, der im weiteren Verlauf Aussterbewahrscheinlichkeit genannt wird, ist die Wahrscheinlichkeit dafür, daß in irgendeiner Generation die Träger des Familiennamens aussterben. Wenn die Aussterbewahrscheinlichkeit gleich Eins ist, nennen wir den Prozeß aussterbend, ist sie kleiner als Eins, so nennen wir den Prozeß nichtaussterbend. Unten (s. § 2.1) werden wir feststellen, daß ein Prozeß genau dann aussterbend ist, wenn die mittlere Anzahl der Söhne eines Vaters nicht größer als Eins und $P_1 < 1$ ist.

Als weiteres Beispiel kann ein Elektronenvervielfacher dienen. Hier bezeichnet $\mu(t)$ die Zahl der Elektronen, die beim Durchgang des Elektronenstromes durch die t-te Schicht entstehen. Wenn man annimmt, daß jedes Elektron beim Durchgang durch die nächste Schicht unabhängig von den anderen Elektronen und seiner Entstehung eine zufällige Anzahl von Elektronen hervorbringt, so erhalten wir in diesem Beispiel wieder einen Galton-Watson-Prozeß.

Verzweigungsprozesse mit stetiger Zeit können in einigen Fällen recht gut Anfangsstadien chemischer Kettenreaktionen beschreiben. Es befinde sich in irgendeinem Medium eine kleine Anzahl aktiver Teilchen (z. B. Moleküle, Ionen, einzelne Atome usw.). Wir nehmen an, daß die Reaktion durch Zusammenstoß aktiver Teilchen mit Teilchen des Mediums erfolgt. Weiterhin nehmen wir an, daß als Resultat eines Zusammenstoßes mit einer gewissen Wahrscheinlichkeit zwei aktive Teilchen entstehen oder das aktive Teilchen vom Medium absorbiert wird. Da im Anfangsstadium die Anzahl der aktiven Teilchen gering ist, können wir die Zusammenstöße zwischen ihnen vernachlässigen. Also ruft jedes aktive Teilchen neue aktive Teilchen unabhängig von anderen hervor. Deshalb kann man eine solche Reaktion recht gut durch einen entsprechenden Verzweigungsprozeß mit stetiger Zeit beschreiben.

Im folgenden werden wir zur Illustration verschiedene Anwendungsbeispiele für Verzweigungsprozesse anführen. Insbesondere eignen sich zur Beschreibung von chemischen Kettenreaktionen Verzweigungsprozesse mit mehreren Teilchentypen, denn an der Reaktion wirken gewöhnlich mehrere Arten von Molekülen oder Teilchen mit.

§ 3. Erzeugende Funktionen

Die erzeugenden Funktionen stellen den grundlegenden mathematischen Apparat zur Behandlung von Verzweigungsprozessen dar. Deshalb untersuchen wir hier alle im weiteren notwendigen Eigenschaften erzeugender Funktionen.

Die Summe der Reihe

$$G(s) = \sum_{n=0}^{\infty} g_n s^n \tag{1}$$

nennt man *erzeugende Funktion* $G(s)$ der Zahlenfolge $g_0, g_1, g_2, \ldots$. Im folgenden wird immer vorausgesetzt, daß die Reihe (1) einen von Null verschiedenen Konvergenzradius hat.

Definition 1. Wir nennen eine erzeugende Funktion (1) *positiv*, wenn alle $g_n \geqq 0$ sind und *quasipositiv*, wenn nur eine endliche Anzahl der g_n negativ ist. Eine positive erzeugende Funktion nennen wir *wahrscheinlichkeitserzeugende* Funktion, wenn $G(1) = 1$ ist.

Im weiteren werden wir uns vor allem mit wahrscheinlichkeitserzeugenden Funktionen

$$F(s) = \sum_{n=0}^{\infty} p_n s^n$$

beschäftigen, die durch die Wahrscheinlichkeiten $\{p_n\}$ eines Verteilungsgesetzes irgendeiner ganzzahligen nichtnegativen Zufallsgröße ξ bestimmt ist. Manchmal wird es günstig sein, die Zugehörigkeit der erzeugenden Funktion $F(s)$ zu einer Zufallsgröße ξ durch die Bezeichnung $F_\xi(s)$ zu kennzeichnen. Wie leicht zu sehen ist, läßt sich $F_\xi(s)$ als Erwartungswert

$$F_\xi(s) = \mathsf{M} s^\xi$$

definieren. Wir nennen die wahrscheinlichkeitserzeugende Funktionen häufig einfach erzeugende Funktionen. Wir geben die Eigenschaften wahrscheinlichkeitserzeugender Funktionen an, die wir im weiteren Verlaufe ständig benutzen.

1°. Eine erzeugende Funktion $F(s)$ ist für alle s aus dem Einheitskreis $|s| \leqq 1$ der komplexen Ebene definiert, wobei sie für $|s| < 1$ analytisch ist.

2°. Es gilt stets

$$F(1) = 1\,. \tag{2}$$

3°. Zu jeder Wahrscheinlichkeitsverteilung $\{p_0, p_1, p_2, \ldots\}$ existiert genau eine erzeugende Funktion $F(s)$. Zu jeder in $|s| < 1$ analytischen Funktion $F(s)$, deren Entwicklung in eine Reihe nach Potenzen von s nur nichtnegative Koeffizienten enthält und der Bedingung 2° genügt, existiert genau eine Wahrscheinlichkeitsverteilung $\{p_0, p_1, p_2, \ldots\}$; dabei gilt

$$p_n = \frac{1}{n!} F^{(n)}(0)\,, \qquad n = 0, 1, 2, \ldots\,. \tag{3}$$

4°. $F(s)$ und alle ihre Ableitungen $F^{(k)}(s)$, $k = 1, 2, \ldots$, sind im Intervall $0 \leqq s \leqq 1$ nichtnegativ, nichtfallend und konvex.

1° und 2° folgen aus $p_n \geqq 0$ und $\sum_{n=0}^{\infty} p_n = 1$; 3° gilt, weil $F(s)$ analytisch ist; 4° gilt, weil die Glieder der Reihe der Ableitung $F^{(k)}(s) = \sum_n (n-1)\cdots(n-k+1)\, s^{n-k}\, p_n$ im Intervall $0 \leqq s < 1$ bei beliebigem $k = 0, 1, 2, \ldots$, nichtnegativ sind.

Im folgenden werden wir oft den Begriff der faktoriellen Momente benutzen.

Definition 2. Der Erwartungswert $\mathsf{M}\xi(\xi - 1)\cdots(\xi - k + 1)$ heißt *k-tes faktorielles Moment* oder *faktorielles Moment k-ter Ordnung*.

Für nichtnegative ganzzahlige ξ existieren die (endlichen oder unendlichen) faktoriellen Momente immer. Zwischen den faktoriellen Momenten und den Ableitungen der erzeugenden Funktionen besteht ein einfacher Zusammenhang.

5°. Für jedes natürliche k gilt

$$\mathsf{M}\xi(\xi - 1)\cdots(\xi - k + 1) = F_\xi^{(k)}(1)\,; \tag{4}$$

insbesondere

$$\mathsf{M}\xi = F'_\xi(1)\,. \tag{5}$$

Aus der Gleichung $\mathsf{D}\xi = \mathsf{M}\xi(\xi - 1) + \mathsf{M}\xi - (\mathsf{M}\xi)^2$, erhalten wir einen Ausdruck für die Varianz

$$\mathsf{D}\xi = F''_\xi(1) + F'_\xi(1) - [F'_\xi(1)]^2\,. \tag{6}$$

Da die Funktion $F_\xi(1)$ für $s > 1$ nicht erklärt sein muß, verstehen wir unter ihren Ableitungen im Punkt $s = 1$ die linken Ableitungen $F^{(k)}(1) = \lim\limits_{s \uparrow 1} \dfrac{F^{(k-1)}(s) - F^{(k-1)}(1)}{s - 1}$, oder, was hier gleichwertig ist, den Grenzwert $\lim\limits_{s \uparrow 1} F^{(k)}(s) = F^{(k)}(1)$. Für den Beweis von (5) und (6) benutzen wir, daß für $s < 1$

$$F^{(k)}(s) = \sum_n n(n-1)\cdots(n-k+1)\, p_n s^{n-k} \tag{7}$$

und

$$\mathsf{M}\xi(\xi - 1)\cdots(\xi - k + 1) = \sum_n n(n-1)\cdots(n-k+1)\, p_n \tag{8}$$

gilt. Nach dem Satz von ABEL strebt für $s \uparrow 1$ die Summe der Reihe (7) gegen den Grenzwert (8). Die Gleichung (4) gilt für alle k, jedoch sind die endlichen faktoriellen Momente k-ter Ordnung von größerem Interesse.

Die folgende Eigenschaft der erzeugenden Funktionen führen wir als Satz an.

Satz 1. 6°. *Das k-te faktorielle Moment von ξ sei endlich. Dann gilt folgende Entwicklung der erzeugenden Funktion*

$$F(s) = \sum_{r=0}^{k-1} F^{(r)}(1) \frac{(s-1)^r}{r!} + R_k(s) \frac{(s-1)^k}{k!}, \tag{9}$$

wobei $R_k(s)$ für reelle $0 \leqq s \leqq 1$ bezüglich s nicht fällt,

$$0 \leqq R_k(s) \leqq F^{(k)}(1), \tag{10}$$

für komplexes $|s| \leqq 1$

$$|R_k(s)| \leqq F^{(k)}(1) \tag{11}$$

erfüllt ist und für $s \to 1$ die Konvergenz $R_k(s) \to F^{(k)}(1)$ gilt.

Beweis. Die Abschätzung (10) erhält man unmittelbar aus der Darstellung des Restgliedes der TAYLOR-Entwicklung (9) mit Hilfe des Wertes der Ableitung $F^{(k)}(s)$ in einem Intervallpunkt

$$R_k(s) = F^{(k)}(s \cdot \theta_s + 1 - \theta_s), \tag{12}$$

mit $0 \leqq \theta_s \leqq 1$. Aus (12) und der Eigenschaft 4° folgt (10). Zum Beweis der übrigen Behauptungen des Satzes zeigen wir, daß die Funktion $Q_r(s) = \frac{R_r(s)}{r!}$ für $1 \leqq r \leqq k$ in der Form

$$Q_r(s) = \sum_{n=0}^{\infty} p_n \sum_{\alpha=1}^{n-r+1} C_{n-\alpha}^{r-1} s^{\alpha-1} \tag{13}$$

darstellbar ist[1]). Für $k = 1$ folgt (13) aus (9) wegen

$$Q_1(s) = \frac{F(s) - F(1)}{s-1} = \sum_{n=0}^{\infty} p_n \frac{s^n - 1}{s-1} = \sum_{n=0}^{\infty} p_n (1 + s + \cdots + s^{n-1}).$$

Wir nehmen an, die Darstellung (13) sei für $r = 1, 2, \ldots, k-1$ bewiesen. Indem wir die Entwicklung (9) für k und $k-1$ betrachten und die entsprechenden Ausdrücke voneinander subtrahieren, erhalten wir

$$Q_{k-1}(s) = \frac{F^{(k-1)}(1)}{(k-1)!} + Q_k(s)(s-1)$$

oder

$$Q_k(s) = \frac{Q_{k-1}(s) - \frac{F^{(k-1)}(1)}{(k-1)!}}{s-1},$$

---

[1]) Wir verwenden hier die in der sowjetischen mathematischen Literatur übliche Bezeichnung C_n^k für den Binomialkoeffizienten $\binom{n}{k}$ (Anm. d. Red.).

woraus unter Benutzung von (13) für $r = k - 1$ und $\frac{F^{(k-1)}(1)}{(k-1)!} = \sum_{n=k-1}^{\infty} C_n^{k-1} p_n$

$$Q_k(s) = \sum_{n=0}^{\infty} p_n \frac{\sum_{\alpha=2}^{n-k+2} C_{n-\alpha}^{k-2}(s^{\alpha-1} - 1)}{s - 1} \tag{14}$$

folgt, denn es ist

$$C_n^{k-1} = \sum_{\alpha=1}^{n-k+2} C_{n-\alpha}^{k-2}. \tag{15}$$

Die Identität (15) gilt wegen der bekannten Gleichung

$$C_{n-k}^{\alpha-1} = C_{n-k+1}^{\alpha} - C_{n-k}^{\alpha}.$$

Wir schreiben nun (14) in der Form

$$Q_k(s) = \sum_{n=0}^{\infty} p_n \sum_{\alpha=2}^{n-k+2} C_{n-\alpha}^{k-2}(1 + s + \cdots + s^{\alpha-2}) =$$

$$= \sum_{n=0}^{\infty} p_n \sum_{\alpha=1}^{n-k+1} s^{\alpha-1} \sum_{\beta=1+\alpha}^{n-k+2} C_{n-\beta}^{k-2} = \sum_{n=0}^{\infty} p_n \sum_{\alpha=1}^{n-k+1} s^{\alpha-1} C_{n-\alpha}^{k-1}. \tag{16}$$

Die letzte Gleichheit in (16) folgt aus (15). Da nach Voraussetzung das faktorielle Moment k-ter Ordnung endlich ist und folglich die entsprechenden Reihen absolut konvergieren, sind alle Umordnungen in (15) gerechtfertigt. Die Gleichung (16) beweist (13) für $r = k$. Jetzt läßt sich (11) leicht verifizieren, wenn man unter Zuhilfenahme von (13) bei der Abschätzung

$$|Q_k(s)| \leqq \sum_n p_n \sum_{\alpha=1}^{n-k+1} C_{n-\alpha}^{k-1} = \sum_n p_n C_n^k$$

wiederum die Gleichung (15) benutzt. Somit ist der Satz bewiesen.

Die folgenden Eigenschaft erzeugender Funktionen hängt mit der Summation unabhängiger Zufallsgrößen zusammen.

7°. Wenn $\xi_1, \ldots, \xi_n$ unabhängige Zufallsgrößen sind, so ist die erzeugende Funktion ihrer Summe gleich dem Produkt der erzeugenden Funktionen der Summanden, d. h.

$$F_{\xi_1+\cdots+\xi_n}(s) = F_{\xi_1}(s) \cdots F_{\xi_n}(s). \tag{17}$$

Der Beweis von 7° ergibt sich sofort aus der Darstellung der erzeugenden Funktionen als Erwartungswert, da aus der Unabhängigkeit der $\xi_1, \ldots, \xi_n$ die Unabhängigkeit der $s^{\xi_1}, \ldots, s^{\xi_n}$ folgt und deshalb

$$F_{\xi_1+\cdots+\xi_n}(s) = \mathsf{M}s^{\xi_1+\cdots+\xi_n} = \prod_{k=1}^{n} \mathsf{M}s^{\xi_k} = \prod_{k=1}^{n} F_{\xi_k}(s)$$

gilt.

Die nächste Eigenschaft der erzeugenden Funktionen wird besonders häufig in der Theorie der Verzweigungsprozesse benutzt.

8°. Die ganzzahligen nichtnegativen Zufallsgrößen $\xi_1, \xi_2, \ldots, \xi_n, \ldots$ und ν seien unabhängig, und die ξ_i, $i = 1, 2, \ldots$, seien identisch verteilt. Dann besteht zwischen der erzeugenden Funktion der Summe $\zeta_\nu = \xi_1 + \xi_2 + \cdots + \xi_\nu$, $\xi_0 = 0$, einer zufälligen Anzahl ν von Summanden ξ_i sowie den erzeugenden Funktionen $F_\nu(s)$ und $F_{\xi_1}(s)$ der Zusammenhang

$$F_{\zeta_\nu}(s) = F_\nu(F_{\xi_1}(s)) . \tag{18}$$

Zum Beweis von (18) benutzen wir die Eigenschaft 7°, aus der sich der Erwartungswert $\mathsf{M}s^{\xi_\nu}$ unter der Bedingung $\nu = n$ ergibt: $\mathsf{M}(s^{\xi_\nu} \mid \nu = n) = \mathsf{M}s^{\xi_n} = F_{\xi_n}(x) = F_{\xi_1}^n(x)$. Wir erhalten also

$$F_{\zeta_\nu}(s) = \mathsf{M}s^{\zeta_\nu} = \mathsf{M}(\mathsf{M}(s^{\zeta_\nu} \mid \nu)) = \sum_{n=0}^{\infty} \mathsf{P}\{\nu = n\}\, F_{\xi_1}^n(s) = F_\nu(F_{\xi_1}(s)) .$$

9°. Als letztes führen wir Stetigkeitseigenschaften der umkehrbaren eindeutigen Abbildung der Menge der wahrscheinlichkeitserzeugenden Funktionen auf die Menge der Verteilungsgesetze zufälliger natürlicher Zahlen an. Dazu beweisen wir zwei Sätze.

Satz 2. *Gegeben sei eine Folge von Verteilungsgesetzen* $p_r(n)$, $n = 1, 2, \ldots$, $\left((p_r(n) \geqq 0, \sum_{r=0}^{\infty} p_r(n) = 1\right)$. *Dafür, daß für jedes feste* r

$$\lim_{n\to\infty} p_r(n) = p_r \tag{19}$$

gilt, ist hinreichend, daß für jedes s *aus einer beliebigen Menge* E *aus dem Einheitskreis* $|s| < 1$, *die einen Häufungspunkt im Inneren dieses Kreises hat*

$$\lim_{n\to\infty} F_n(s) = F(s) \tag{20}$$

gilt, wobei

$$F_n(s) = \sum_{r=0}^{\infty} p_r(n)\, s^r , \qquad F(s) = \sum_{r=0}^{\infty} p_r s^r$$

ist, und notwendig, daß (20) *für jeden Punkt aus* $|s| < 1$ *erfüllt ist.*

Bemerkung 1. Wegen $0 \leqq p_r(n) \leqq 1$, gilt auch für die Grenzwerte p_r die Ungleichung $0 \leqq p_r \leqq 1$. Jedoch können wir wegen der Beziehung $1 \geqq \sum_{r=0}^{N} p_r(n) \to \sum_{r=0}^{N} p_r$ nur auf die Ungleichung $\sum_{r=0}^{\infty} p_r \leqq 1$ schließen. Für die Gültigkeit der Gleichung

$$\sum_{r=0}^{\infty} p_r = 1 \tag{21}$$

müssen wir zusätzlich fordern, daß $F(1) = 1$ ist oder, was gleichwertig ist, daß (20) auch im Punkt $s = 1$ erfüllt ist.

Bemerkung 2. Bei der Anwendung des Satzes 2 ist es oft zweckmäßig, als Menge E das halboffene Intervall $[0, 1)$ zu wählen, da in den Punkten dieses Intervalls die erzeugenden Funktionen $F_n(s)$ und $F(s)$ reell und nichtnegativ sind.

Beweis von Satz 2. Es gelte (19) und s, $|s| < 1$, sei fest. Wir bestimmen ein N so, daß $\frac{|s|^N}{1-|s|} < \frac{\varepsilon}{3}$ ist.

Dann gilt

$$|F_n(s) - F(s)| \leqq \sum_{r=0}^{N-1} |p_r(n) - p_r| + 2 \sum_{r=N}^{\infty} |s|^r \leqq \sum_{r=0}^{N-1} |p_r(n) - p_r| + \frac{2\varepsilon}{3}.$$

Wählen wir nun eine Schranke n_0 so, daß für $n \geqq n_0$ die Summe $\sum_{r=0}^{N-1} |p_r(n) - p_r| < \frac{\varepsilon}{3}$ ist, so erhalten wir $|F_n(s) - F(s)| < \varepsilon$ für $n \geqq n_0$. Die andere Richtung beweisen wir indirekt. Wir nehmen an, (19) sei nicht erfüllt. Wegen $0 \leqq p_r(n) \leqq 1$ existieren zwei Teilfolgen n_k' und n_k'', mit

$$\lim_{n_k' \to \infty} p_r(n_k') = p_r',$$

$$\lim_{n_k'' \to \infty} p_r(n_k'') = p_r'',$$

wobei $\{p_r'\}$ und $\{p_r''\}$ nicht identisch sind. Dies widerspricht der Voraussetzung (20). Denn nach dem ersten Teil des Beweises gilt für jeden beliebigen Punkt $|s| < 1$

$$\lim_{n_k' \to \infty} F_{n_k'}(s) = F'(s) = \sum_{r=0}^{\infty} p_r' s^r,$$

$$\lim_{n_k'' \to \infty} F_{n_k''}(s) = F''(s) = \sum_{r=0}^{\infty} p_r'' s^r$$

und $F'(s) \not\equiv F''(s)$ in $|s| < 1$. Dagegen folgt aus (20) für alle $s \in E$ die Gleichung $F'(s) = F''(s)$, die dann aber identisch für $|s| < 1$ erfüllt sein muß, da $F'(s)$ und $F''(s)$ dort analytisch sind. Damit ist der Satz bewiesen.

Satz 3. *Es seien* $F(s) = \sum_{n=0}^{\infty} p_n s^n$ *und* $G(s) = \sum_{n=0}^{\infty} q_n s^n$ *die erzeugenden Funktionen zweier Wahrscheinlichkeitsverteilungen* $\{p_n\}$ *und* $\{q_n\}$. *Dann gilt*

$$\sup_n |p_n - q_n| \leqq \sup_{|s| \leqq 1} |F(s) - G(s)|. \tag{22}$$

Beweis. Aus der Formel von Cauchy

$$p_n - q_n = \frac{1}{2\pi i} \int_{|s|=1} \frac{F(s) - G(s)}{s^{n+1}} \, ds$$

erhalten wir

$$|p_n - q_n| < \frac{1}{2\pi} \int_{|s|=1} |F(s) - G(s)| \cdot |ds|,$$

woraus sofort (22) folgt.

Bemerkung 3. Wie leicht zu sehen ist, gelten die meisten der oben aufgezählten Eigenschaften, wenn auch manchmal in etwas modifizierter Form, auch für positive und quasipositive erzeugende Funktionen. Diese Tatsache werden wir im folgenden mehrmals ausnutzen.

§ 4. Gleichungen für die erzeugenden Funktionen

Es sei ein Verzweigungsprozeß $\mu(t)$ gegeben. Wir nehmen an, daß $\mu(0) = 1$ ist, d. h. der Prozeß mit einem Teilchen im Anfangsmoment $t = 0$ beginnt. Wir verwenden folgende Bezeichnungen für das Verteilungsgesetz von $\mu(t)$ und die zugehörige erzeugende Funktion:

$$P_n(t) = \mathsf{P}\{\mu(t) = n\} = \mathsf{P}\{\mu(t + \tau) = n \mid \mu(\tau) = 1\}$$

$$F(t; s) = \sum_{n=0}^{\infty} P_n(t)\, s^n . \tag{1}$$

Satz 1. *Die erzeugende Funktion $F(t; s)$ eines Verzweigungsprozesses genügt für beliebige $t, \tau \geqq 0$ der Hauptfunktionalgleichung*

$$F(t + \tau; s) = F\big(t; F(\tau; s)\big) \tag{2}$$

und der Anfangsbedingung

$$F(0; s) = s . \tag{3}$$

Beweis. Die Anfangsbedingung folgt aus unserer Voraussetzung $\mu(0) = 1$. Zur Herleitung der Gleichung (2) benutzen wir die Markowsche Eigenschaft (1.3) und die Verzweigungseigenschaft (1.5). Im Zeitpunkt t sei die Anzahl der Teilchen gleich $\mu(t)$. Die Teilchen seien in irgendeiner Weise durchnumeriert. Das i-te dieser Teilchen geht im darauffolgenden Zeitintervall $(t, t + \tau]$ unabhängig von den anderen in $\mu^{(i)}(\tau)$ Teilchen über. Wegen der Bedingungen (1.3) und (1.5) sind die Zufallsgrößen $\mu^{(i)}(\tau)$, $i = 1, 2, \ldots$, unabhängig und haben dieselbe Verteilung wie $\mu(\tau)$. Folglich ist $\mu(t + \tau) = \mu^{(1)}(\tau) + \cdots + \mu^{(\mu(t))}(\tau)$ d. h. $\mu(t + \tau)$ ist darstellbar als Summe von $\mu(t)$ unabhängigen Summanden, die die gleiche Verteilung wie $\mu(t)$ besitzen. Die Gleichung (2) folgt nun aus der Eigenschaft 8° für erzeugende Funktionen aus § 3.

Alle charakteristischen Größen eines diskreten Verzweigungsprozesses, d. h. eines Galton-Watson-Prozesses, werden durch die erzeugende Funktion $F(1; s) = \sum_{n=0}^{\infty} P_n(1)\, s^n$ der Verteilung der Anzahl $\mu(1)$ der Nachkommen eines Teilchens innerhalb einer Zeiteinheit, d. h. in der nächsten Generation, bestimmt. Zur Vereinfachung werden wir im weiteren $P_n(1) = P_n$ und $F(1; s) = F(s)$ setzen, so daß

$$F(s) = \sum_{n=0}^{\infty} P_n s^n \tag{4}$$

ist. Wenn wir in (2) $\tau = 1$ setzen, erhalten wir

$$F(t + 1; s) = F\big(t; F(s)\big) \tag{5}$$

oder $F(0; s) = s$, $F(1; s) = F(s)$, $F(2; s) = F(F(s))$, $F(3; s) = F(F(F(s)))$ usw. Also erhält man die erzeugende Funktion $F(t; s)$ für beliebige ganzzahlige t als t-te Iteration der erzeugenden Funktion $F(s)$.

Für Verzweigungsprozesse mit stetiger Zeit nehmen wir an, daß die Bedingung (1.6) erfüllt wird. Diese Bedingung nimmt in unserem Fall die Form

$$\lim_{t \to 0} P_1(t) = 1 \tag{6}$$

an.

Satz 2. *Wenn die Bedingung* (6) *erfüllt wird, so gilt gleichmäßig für alle* $|s| \leqq 1$

$$\lim_{t \to 0} F(t; s) = s\,. \tag{7}$$

Beweis. Aus der Identität

$$F(t; s) - s = s(P_1(t) - 1) + \sum_{n \neq 1} P_n(t)\, s^n$$

folgt

$$|F(t; s) - s| < 1 - P_1(t) + \sum_{n \neq 1} P_n(t) = 2(1 - P_1(t)) \to 0\,. \tag{8}$$

Satz 3. *Die erzeugende Funktion* $F(t; s)$ *ist in* τ *stetig und zwar gleichmäßig bezüglich* s, $|s| \leqq 1$ *und* t, $t \in [0, \infty)$.

Beweis. Aus (2) und (8) folgt

$$|F(t + \tau; s) - F(t; s)| = |F(\tau; F(t; s)) - F(t; s)| \leqq 2(1 - P_1(\tau))$$

und

$$|F(t; s) - F(t - \tau; s)| = |F(\tau; F(t - \tau; s)) - F(t - \tau; s)| \leqq 2(1 - P_1(\tau))\,.$$

Deshalb streben die linken Seiten dieser Ungleichungen für $\tau \to 0$ gegen Null.

Im folgenden werden wir stets voraussetzen, daß für $t \to 0$ die Wahrscheinlichkeiten $P_n(t)$ wie folgt darstellbar sind

$$P_1(t) = 1 + p_1 t + o(t)\,, \tag{9}$$

$$P_n(t) = p_n t + o(t)\,, \quad n \neq 1\,, \tag{10}$$

Für die Intensitäten der Übergangswahrscheinlichkeiten gilt $p_n \geqq 0$ für $n \neq 1$ und $p_1 \leqq 1$. Außerdem setzen wir voraus, daß

$$\sum_{n=0}^{\infty} p_n = 0 \tag{11}$$

gilt. Wir führen die erzeugende Funktion

$$f(s) = \sum_{n=0}^{\infty} p_n s^n \tag{12}$$

ein.

Satz 4. *Wenn die Bedingungen* (9), (10) *und* (11) *erfüllt sind, so gilt gleichmäßig in* s, $|s| \leqq 1$ *für* $t \downarrow 0$ *die asymptotische Formel*

$$F(t; s) = s + t f(s) + o(t)\,. \tag{13}$$

Beweis. In der Ungleichung

$$\left|\frac{F(t;s)-s}{t}-f(s)\right| \leqq \left|\frac{P_1(t)-1}{t}-p_1\right| + \sum_{k\neq 1}\left|\frac{P_k(t)}{t}-p_k\right|\cdot|s|^k \leqq \left|\frac{P_1(t)-1}{t}-p_1\right| + $$
$$+ \sum_{\substack{k\neq 1\\ k\leqq N}}\left|\frac{P_k(t)}{t}-p_k\right| + \sum_{k>N}\frac{P_k(t)}{t} + \sum_{k>N} p_k$$

läßt sich der letzte Summand durch Wahl eines genügend großen N beliebig klein machen. Nachdem dieses N fixiert ist, lassen sich die ersten beiden Summanden beliebig klein machen, indem man ein genügend kleines t auswählt. Nun muß der dritte Summand abgeschätzt werden. Wegen (11) haben wir für $t \to 0$

$$\sum_{k>N}\frac{P_k(t)}{t} = \frac{1-P_1(t)}{t} - \sum_{\substack{k\neq 1\\ k\leqq N}}\frac{P_k(t)}{t} \to -p_1 - \sum_{\substack{k\neq 1\\ k\leqq N}} p_k = \sum_{k>N} p_k\,,$$

und deshalb läßt sich auch der dritte Summand beliebig klein machen.

Satz 5. *Die erzeugende Funktion $F(t;s)$ eines Verzweigungsprozesses mit stetiger Zeit genügt für $|s| \leqq 1$ der gewöhnlichen Differentialgleichung*

$$\frac{\partial F}{\partial t} = f(F) \tag{14}$$

mit der Anfangsbedingung

$$F(0;s) = s \tag{15}$$

und der linearen partiellen Differentialgleichung

$$\frac{\partial F}{\partial t} = f(s)\frac{\partial F}{\partial s} \tag{16}$$

mit der gleichen Anfangsbedingung (15).

Beweis. Zum Beweis benutzen wir die Hauptfunktionalgleichung (2) und die Formel (13). Es sei $\Delta t > 0$. Beim Beweis von (14) wenden wir (13) an auf

$$F(t+\Delta t;s) = F(\Delta t; F(t;s)) = F(t;s) + f(F(t;s))\,\Delta t + o(\Delta t)$$

und

$$F(t;s) = F(\Delta t; F(t-\Delta t;s)) = F(t-\Delta t;s) + f(F(t-\Delta t;s))\,\Delta t + o(\Delta t)\,.$$

Beim Beweis von (16) wenden wir (13) an auf

$$F(t+\Delta t;s) = F(t; F(\Delta t;s)) = F(t; s + f(s)\,\Delta t + o(\Delta t)) =$$
$$= F(t;s) + \frac{\partial F(t;s)}{\partial s} f(s)\,\Delta t + o(\Delta t)$$

und

$$F(t;s) = F(t-\Delta t; F(\Delta t;s)) = F(t-\Delta t; s + f(s)\,\Delta t + o(\Delta t)) =$$
$$= F(t-\Delta t;s) + \frac{\partial F(t-\Delta t;s)}{\partial s} f(s)\,\Delta t + o(\Delta t)\,.$$

Die Anfangsbedingung (15) folgt aus (7).

§ 5. Existenz- und Eindeutigkeitssätze

Aus der Theorie der Differentialgleichungen folgt, daß die Lösungen der Gleichungen (4.14) und (4.16) identisch sind. Im folgenden untersuchen wir nur die Gleichung (4.14) mit der Anfangsbedingung (4.15). Die Gleichung (4.14) hat für beliebiges $|s| < 1$ eine eindeutige Lösung $F(t; s)$, die (4.15) und der Hauptfunktionalgleichung (4.2) genügt. Dies folgt aus dem klassischen Existenz und Eindeutigkeitssatz für Differentialgleichungen. Es bleibt die Frage zu untersuchen, ob die Lösung bezüglich s eine wahrscheinlichkeitserzeugende Funktion ist. Dafür ist die unten hergeleitete Integralgleichung günstiger, die der ursprünglichen Differentialgleichung äquivalent ist.

Satz 1. *Die Gleichung* (4.14) *mit der Anfangsbedingung* (4.15) *ist der nichtlinearen Integralgleichung*

$$F(t; s) = \int_0^t h(F(t-u; s))\, \mathrm{d}G(u) + s(1 - G(t)) \tag{1}$$

mit

$$G(t) = \begin{cases} 1 - e^{p_1 t}, & t \geqq 0\,, \\ 0\,, & t < 0 \end{cases} \tag{2}$$

und

$$h(s) = \frac{f(s) - p_1 s}{-p_1} = -\sum_{n \neq 1} \frac{p_n s^n}{p_1} \tag{3}$$

äquivalent.

Beweis. Mittels der Identität (3) läßt sich die Gleichung (4.14) wie folgt darstellen

$$\frac{\partial F}{\partial t} = p_1 F - p_1 h(F)\,. \tag{4}$$

Wenn man in (4) $p_1 h(F)$ als bekannt annimmt und (4) als lineare Differentialgleichung löst, erhält man (1). Andererseits erhält man (4.14), wenn man in (1) beide Seiten nach t differenziert. Die Anfangsbedingung (4.15) folgt aus (1) für $t \to 0$.

Bemerkung 1. Die erzeugende Funktion $h(s)$ kann man als erzeugende Funktion der Verteilung der Wahrscheinlichkeiten $\left\{-\frac{p_n}{p_1}\right\}$ dafür interpretieren, daß ein Teilchen in n Teilchen, $n \neq 1$, übergeht, unter der Bedingung, daß eine Veränderung erfolgte.

Die Verteilungsfunktion $G(t)$ der Exponentialverteilung kann man als Verteilungsfunktion der Lebenszeit eines Teilchens interpretieren, wenn man die Lebenszeit gleich der Zeit von der Geburt bis zur Umwandlung in 0, 2, 3, ... Teilchen setzt.

Satz 2. *Für beliebige* $|s| < 1$ *existiert eine Lösung* $F(t; s)$ *der Gleichung* (1), *die im Einheitskreis* $|s| < 1$ *analytisch ist und sich in eine Reihe nach Potenzen von* s *mit nichtnegativen Koeffizienten entwickeln läßt.*

Beweis. Diese Lösung ergibt sich als Grenzwert $F(t; s) = \lim_{n\to\infty} F_n(t; s)$ der Folge $F_n(t; s)$, die durch die Rekurrenzbeziehungen

$$F_{n+1}(t; s) = \int_0^t h(F_n(t-u; s))\, dG(u) + s(1 - G(t)), \quad F_0(t; s) = 0 \tag{5}$$

gegeben wird. Wie leicht zu sehen ist, ist $F_n(t; s)$ für beliebiges n analytisch im Einheitskreis $|s| < 1$ und läßt sich in eine Reihe nach Potenzen von s mit nichtnegativen Koeffizienten entwickeln. Für $0 \leqq s < 1$ genügt die Folge $F_n(t; s)$ der Bedingungen

$$0 \leqq F_n(t; s) \leqq F_{n+1}(t; s) \leqq 1 .$$

Folglich existiert für $0 \leqq s < 1$ der Grenzwert $F(t; s) = \lim_{n\to\infty} F_n(t; s)$, der sich nach Satz 3.2 und Bemerkung 3.3 in die Reihe $F(t; s) = \sum_{n=0}^{\infty} P_n(t)\, s^n$ mit nichtnegativen $P_n(t)$ entwickeln läßt. Führt man in (5) den Grenzübergang $n \to \infty$ für $0 \leqq s < 1$ zuerst rechts und dann links durch, so erhält man

$$F(t; s) \leqq \int_0^t h(F(t-u, s))\, dG(u) + s(1 - G(t)) .$$

Die entgegengesetzte Ungleichung erhält man, wenn man in (5) den Grenzübergang zuerst links und dann rechts bildet. $F(t; s)$ genügt also der Gleichung (1).

Bemerkung 2. Die gefundene Lösung ist eindeutig und hat für $s \uparrow 1$ im allgemeinen einen Grenzwert $\leqq 1$. Es gilt

$$\lim_{s \uparrow 1} F(t; s) \equiv 1 \tag{6}$$

(solche Prozesse nennen wir *regulär*) genau dann, wenn beliebiges $\varepsilon > 0$ das Integral

$$\int_{1-\varepsilon}^{1} \frac{du}{f(u)} \tag{7}$$

divergiert. Wir werden jedoch einen einfacheren Eindeutigkeitssatz beweisen. Deshalb stellen wir die Frage bis zu Kap. VIII, § 4, zurück, wo ein allgemeinerer Fall betrachtet wird.

Satz 3. *Gilt* $a = f'(1) < \infty$, *so existiert für* $|s| \leqq 1$ *eine eindeutige Lösung* $F(t; s)$ *der Gleichung* (1), *die den Bedingungen* $|F(t; s)| \leqq 1$ *und* $F(t; 1) = 1$ *genügt.*

Beweis. $F_1(t; s)$ und $F_2(t; s)$ seien zwei Lösungen von (1). Setzen wir $F_1(t; s)$ und $F_2(t; s)$ in (1) ein und subtrahieren die erhaltenen Gleichungen voneinander, so erhalten wir

$$F_1(t; s) - F_2(t; s) = \int_0^t [h(F_1(t-u; s)) - h(F_2(t-u; s))]\, dG(u) . \tag{8}$$

Da für $|u| \leqq 1$, $|v| \leqq 1$ die Ungleichung $|h(u) - h(v)| \leqq A|u - v|$ gilt, wobei $A = h'(1) = 1 - a/p_1$ nach Voraussetzung endlich ist, folgt aus (8)

$$|F_1(t; s) - F_2(t; s)| \leqq AG(t) \sup_{0 \leqq u \leqq t} |F_1(u; s) - F_2(u; s)| . \tag{9}$$

Es sei $t_0 > 0$ so gewählt, daß $AG(t_0) < 1$ ist. Wir setzen

$$M(t_0) = \sup_{\substack{0 \leqq t \leqq t_0 \\ |s| \leqq 1}} |F_1(t; s) - F_2(t; s)| .$$

Aus (9) finden wir $M(t_0) \leqq AG(t_0)\, M(t_0)$; folglich sind auf dem Abschnitt $0 \leqq t \leqq t_0$ die Beziehungen $M(t_0) = 0$ und $F_1(t; s) = F_2(t; s)$ erfüllt.

Jetzt sei $t_0 \leqq t \leqq 2t_0$. Wir beweisen, daß die Funktionen auch auf $[t_0, 2t_0]$ zusammenfallen. Dazu setzen wir $F_1(t; s)$ und $F_2(t; s)$ in die Gleichung (1) ein und subtrahieren diese voneinander und erhalten

$$F_1(t; s) - F_2(t; s) = \int_0^t \bigl(h(F_1(t - u; s)) - h(F_2(t - u; s))\bigr)\, dG(u) . \tag{10}$$

Nach dem oben bewiesenen sind alle Lösungen auf dem Abschnitt $[0, t_0]$ identisch. Deshalb können wir auf der rechten Seite von (10) für $t_0 < t < 2t_0$ die obere Grenze des Integrals durch $t - t_0$ ersetzen. Damit erhalten wir

$$|F_1(t; s) - F_2(t; s)| \leqq \int_0^{t - t_0} \bigl|h(F_1(t - u; s)) - h(F_2(t - u; s))\bigr|\, dG(u) .$$

und

$$\sup_{\substack{t_0 \leqq t \leqq 2t \\ |s| \leqq 1}} |F_1(t; s) - F_2(t; s)| \leqq AG(t_0) \sup_{\substack{t_0 \leqq t \leqq 2t_0 \\ |s| \leqq 1}} |F_1(t; s) - F_2(t; s)| ,$$

woraus $F_1(t; s) = F_2(t; s)$ auf $[t_0, 2t_0]$ folgt. Also gilt $F_1(t; s) = F_2(t; s)$ für alle $0 \leqq t < \infty$. Für $s = 1$ ist $F(t; s) = 1$ eine Lösung von (1), so daß $\lim_{s \uparrow 1} F(t; s) \equiv 1$ erfüllt ist.

§ 6. Momente

Das faktorielle Moment k-ter Ordnung bezeichnen wir mit

$$M_k(t) = \mathsf{M}\mu(t)\, (\mu(t) - 1) \cdots (\mu(t) - k + 1) .$$

Wegen der Eigenschaft 5° aus § 3 gilt

$$M_k(t) = \left. \frac{\partial^k F(t; s)}{\partial s^k} \right|_{s=1} .$$

Die ersten drei Momente werden wir folgendermaßen bezeichnen:

$$A(t) = \mathsf{M}\mu(t) , \qquad B(t) = \mathsf{M}\mu(t)\, (\mu(t) - 1) ,$$
$$C(t) = \mathsf{M}\mu(t)\, (\mu(t) - 1)\, (\mu(t) - 2) .$$

Bei Prozessen mit diskreter Zeit setzen wir $F^{(k)}(1) = M_k$ und $A = M_1$, $B = M_2$, $C = M_3$; bei Prozessen mit stetiger Zeit setzen wir $f^{(k)}(1) = m_k$ und $m_1 = a$, $m_2 = b$, $m_3 = c$.

Satz 1. *Ist für einen Verzweigungsprozeß mit diskreter Zeit das Moment M_k endlich, dann ist das Moment $M_k(t)$ für beliebiges t endlich. Das Moment $M_k(t)$ läßt sich aus der Rekurrenzbeziehung bestimmen, die sich ergibt, wenn man die Gleichung (4.5) k-mal nach s im Punkt $s = 1$ differenziert.*

Beweis. Nach einmaligem Differenzieren von (4.5) erhalten wir

$$F'(t+1; s) = F'(t; F(s))\, F'(s)\,. \tag{1}$$

Wenn wir in (1) $s = 1$ setzen, ergibt sich die Rekurrenzbeziehung

$$A(t+1) = A(t)\, A\,. \tag{2}$$

Den weiteren Beweis führen wir über vollständige Induktion. Es gelte für $n < k$

$$F^{(n)}(t+1; s) = F^{(n)}(t; F(s))\, (F'(s))^n + R_n(t; s)\,, \tag{3}$$

wobei $R_n(t; s)$ ein Polynom in den Ableitungen $F^{(m)}(t; F(s))$ und $F^{(m)}(s)$ für $m \leqq n-1$ ist. Nach Differenzieren von (3) nach s ergibt sich ein analoger Ausdruck für $n + 1$. Wenn wir in (3) $s = 1$ setzen, erhalten wir

$$M_n(t+1) = M_n(t)\, A^n + R_n(t; 1)\,, \tag{4}$$

wobei $R_n(t, 1)$ von $M_l(t)$, $l \leqq n-1$ abhängt. Nach dem Einsetzen der Lösungen der analogen Gleichungen für $M_1(t), M_2(t), \ldots, M_{n-1}(t)$ in (4) lösen wir die Gleichung (4) und finden $M_n(t)$. Insbesondere bestimmen wir die ersten zwei Momente $A(t)$ und $B(t)$ aus der Rekurrenzbeziehung (2) und

$$B(t+1) = B(t)\, A^2 + A(t)\, B\,. \tag{5}$$

Wir erhalten

$$A(t) = A^t\,, \tag{6}$$

$$B(t) = \begin{cases} \dfrac{B + A^t(A^t - 1)}{A(A-1)}\,, & \text{für} \quad A \neq 1\,, \\ Bt\,, & \text{für} \quad A = 1\,. \end{cases} \tag{7}$$

Die Formel (7) ergibt sich nach dem Einsetzen von $B(t) = X(t)\, A^{2t}$ und $A(t) = A^t$ in (5), so daß wir

$$X(t+1) = X(t) + BA^{-t-2}$$

erhalten, woraus

$$X(t) = \frac{B}{A^2} \sum_{k=0}^{t-1} \frac{1}{A^k} = \frac{B(A^t - 1)}{A^{t+1}(A-1)}$$

folgt. Mittels (6), (7) und (3.6) bestimmen wir die Varianz

$$\mathsf{D}\mu(t) = \begin{cases} \dfrac{B + A - A^2}{A(A-1)} A^t(A^t - 1)\,, & \text{für} \quad A \neq 1\,, \\ Bt\,, & \text{für} \quad A = 1\,. \end{cases} \tag{8}$$

Satz 2. *Ist für einen Verzweigungsprozeß mit stetiger Zeit ein Koeffizient $m_k = f^{(k)}(1)$ endlich, so ist das faktorielle Moment $M_k(t)$ endlich. Das Moment $M_k(t)$ läßt sich aus der Differentialgleichung bestimmen, die sich ergibt, wenn man die Gleichung (4.14) k-mal nach s im Punkt $s = 1$ differenziert.*

Beweis. Wir werden hier nicht zeigen, daß aus der Endlichkeit von m_k die Endlichkeit von $M_k(t)$ folgt, da dies im § 2.3 (Satz 2.3.7) und in Kap. VIII (§ 5) in allgemeinerer Form bewiesen wird. Anstelle der Gleichung (4.14) betrachten wir jetzt die dazu äquivalente Gleichung (5.1). Diese Gleichung läßt sich in jedem beliebigen Punkt $0 \leqq s < 1$ beliebig oft nach s differenzieren. Wenn wir sie k-mal differenzieren und den Grenzübergang $s \uparrow 1$ vollziehen, erhalten wir eine Integralgleichung für $M_k(t)$, die, wie leicht zu sehen ist, den Differentialgleichungen äquivalent ist, die man aus (4.14) durch Differenzieren nach s erhält. Insbesondere finden wir für die Momente $A(t)$ und $B(t)$

$$\frac{\mathrm{d}A}{\mathrm{d}t} = aA\,, \tag{9}$$

$$\frac{\mathrm{d}B}{\mathrm{d}t} = aB + bA^2\,. \tag{10}$$

Als Lösungen dieser Gleichungen erhalten wir

$$A(t) = \mathrm{e}^{at}\,, \tag{11}$$

$$B(t) = \begin{cases} \dfrac{b}{a}\,\mathrm{e}^{at}(\mathrm{e}^{at} - 1)\,, & \text{für} \quad a \neq 0\,, \\ bt\,, & \text{für} \quad a = 0\,. \end{cases} \tag{12}$$

Mittels (11) und (12) läßt sich die Varianz bestimmen:

$$\mathsf{D}\mu(t) = \begin{cases} \left(\dfrac{b}{a} - 1\right)\mathrm{e}^{at}(\mathrm{e}^{at} - 1)\,, & \text{für} \quad a \neq 0\,, \\ bt\,, & \text{für} \quad a = 0\,. \end{cases} \tag{13}$$

Die erhaltenen Ausdrücke für $\mathsf{M}\mu(t)$ und $\mathsf{D}\mu(t)$ ermöglichen eine Einteilung der Verzweigungsprozesse in subkritische, kritische und superkritische Prozesse.

Definition 1. Einen Verzweigungsprozeß mit diskreter Zeit (bzw. mit stetiger Zeit) nennen wir *subkritisch*, wenn $A < 1$ (bzw. $a < 0$), *kritisch*, wenn $A = 1$, $B > 0$ (bzw. $a = 0$, $b > 0$), und *superkritisch*, wenn $A > 1$ (bzw. $a > 0$) ist.

Aus (6) und (11) erkennt man, daß $\mathsf{M}\mu(t)$ für kritische Prozesse konstant ist, für subkritische exponentiell fällt und für superkritische exponentiell wächst. Aus (8) und (13) erhält man bei Prozessen mit diskreter Zeit das asymptotische Verhalten von $\mathsf{D}\mu(t)$ für $t \to \infty$

$$\mathsf{D}\mu(t) \sim \begin{cases} \dfrac{B + A - A^2}{A(1 - A)}\,A^t & \text{für} \quad A < 1\,, \\ Bt & \text{für} \quad A = 1\,, \\ \dfrac{B + A - A^2}{A(A - 1)}\,A^{2t} & \text{für} \quad A > 1\,. \end{cases} \tag{14}$$

Hierbei wie im folgenden schreiben wir $\alpha \sim \beta$, falls $\frac{\alpha}{\beta} \to 1$ gilt. Entsprechend finden wir für Prozesse mit stetiger Zeit

$$\mathsf{D}\mu(t) \sim \begin{cases} \left(1 - \frac{b}{a}\right) e^{a t} & \text{für } a < 0\,, \\ bt & \text{für } a = 0\,, \\ \left(\frac{b}{a} - 1\right) e^{2at} & \text{für } a > 0\,. \end{cases} \tag{15}$$

Aus (6), (11), (14) und (15) erhalten wir asymptotische Formeln für den Variationskoeffizienten[1] $\frac{\mathsf{M}\mu(t)}{\sqrt{\mathsf{D}\mu(t)}}$ in den verschiedenen Fällen. Für Prozesse mit diskreter Zeit gilt

$$\frac{\mathsf{M}\mu(t)}{\sqrt{\mathsf{D}\mu(t)}} \sim \begin{cases} \sqrt{\frac{A(1-A)}{B+A-A^2}} \cdot A^{t/2} & \text{für } A < 1\,, \\ \sqrt{\frac{1}{Bt}} & \text{für } A = 1\,, \\ \sqrt{\frac{A(A-1)}{B+A-A^2}} & \text{für } A > 1\,. \end{cases}$$

Für Prozesse mit stetiger Zeit ist

$$\frac{\mathsf{M}\mu(t)}{\sqrt{\mathsf{D}\mu(t)}} \sim \begin{cases} \frac{1}{\sqrt{1 - \frac{b}{a}}} e^{at/2} & \text{für } a < 0\,, \\ \frac{1}{\sqrt{bt}} & \text{für } a = 0\,, \\ \frac{1}{\sqrt{\frac{b}{a} - 1}} & \text{für } a > 0\,. \end{cases}$$

Folglich fällt der Variationskoeffizient bei subkritischen Prozessen exponentiell, bei kritischen Prozessen fällt er wie $1/\sqrt{t}$, bei superkritischen hat er einen endlichen Grenzwert.

B e m e r k u n g 1. In der Definition der kritischen Prozesse haben wir außer der Bedingung $A = 1$ bzw. $a = 0$ noch $B > 0$ bzw. $b > 0$ gefordert. Diese zusätzliche Forderung erlaubt uns, im folgenden die Formulierungen zu vereinfachen, da die Fälle $A = 1$, $B = 0$ und $a = 0$, $b = 0$ den Gleichungen $F(x) = x$ und $f(x) = 0$ entsprechen und zu trivialen Prozessen $\mu(t) \equiv 1$ führen, die man *determiniert* nennen kann.

---

[1]) In der Regel wird der reziproke Wert als Variationskoeffizient bezeichnet (Anm. d. Red.).

Bemerkung 2. Die Begriffe subkritisch, kritisch und superkritisch werden wir auch auf kompliziertere Prozesse ausdehnen. Wir werden sehen, daß $\mathsf{M}\mu(t)$ für $t \to \infty$ bei subkritischen Prozessen immer exponentiell fällt, bei superkritischen exponentiell wächst und bei kritischen in einigen Fällen beschränkt ist und nicht gegen Null strebt und in anderen Fällen potentiell wächst.

§ 7. Zeitlich inhomogene Verzweigungsprozesse

Die Mehrzahl der Resultate in der Theorie der Verzweigungsprozesse bezieht sich auf zeitlich homogene Prozesse, mit denen wir uns daher ausführlich beschäftigen. Wir legen jedoch in diesem Paragraphen kurz einige Fakten für zeitlich inhomogene Verzweigungsprozesse dar.

Wir betrachten wiederum ein System, das durch die Teilchenanzahl 0, 1, 2, ... charakterisiert ist. Mit $P_{rn}(t_1, t_2)$, $t_1 \leqq t_2$, bezeichnen wir die Wahrscheinlichkeit dafür, daß sich r Teilchen, die im Moment t_1 existieren, bis zum Moment t_2 in n Teilchen verwandelt haben. Diese Wahrscheinlichkeiten genügen folgenden Bedingungen:

$$P_{rn}(t_1, t_2) \geqq 0\,, \tag{1}$$

$$\sum_{n=0}^{\infty} P_{rn}(t_1, t_2) = 1 \quad \text{(Normierungsbedingung)}, \tag{2}$$

$$P_{rn}(t_1, t_3) = \sum_{k=0}^{\infty} P_{rk}(t_1, t_2)\, P_{kn}(t_2, t_3),\ t_1 \leqq t_2 \leqq t_3 \quad \text{(Markowsche Bedingung)}\,, \tag{3}$$

$$P_{rn}(t, t) = \delta_{rn} \quad \text{(Anfangsbedingung)}, \tag{4}$$

$$P_{rn}(t_1, t_2) = P_{1n}^{*r}(t_1, t_2) = \sum_{n_1+\cdots+n_r=n} P_{1n_1}(t_1, t_2) \cdots P_{1n_r}(t_1, t_2) \quad \text{(Verzweigungsbedingung)}. \tag{5}$$

Insbesondere bedeutet die Bedingung (5) für $r = 0$

$$P_{0n}(t_1, t_2) = P_{1n}^{*0}(t_1, t_2) = \delta_{0n}\,.$$

Somit werden alle Übergangswahrscheinlichkeiten $P_{rn}(t_1, t_2)$ durch die Wahrscheinlichkeiten $P_n(t_1, t_2) = P_{1n}(t_1, t_2)$ definiert.

Mit $\mu(t_1, t_2)$ bezeichnen wir die Teilchenzahl im Moment t_2, die aus einem Teilchen zum Zeitpunkt $t_1 \leqq t_2$ entstanden ist. Dann ist $\mathsf{P}\{\mu(t_1, t_2) = n\} = P_n(t_1, t_2)$ die Wahrscheinlichkeitsverteilung von $\mu(t_1, t_2)$ und

$$F(t_1, t_2; s) = \sum_{n=0}^{\infty} P_n(t_1, t_2)\, s^n \tag{6}$$

die erzeugende Funktion dieser Verteilung, die wir erzeugende Funktion des Verzweigungsprozesses nennen. Wenn die Zeitpunkte $t_1 \leqq t_2$ nur nichtnegative ganzzahlige Werte annehmen, sprechen wir von einem Prozeß mit diskreter Zeit. In Verzweigungsprozessen mit stetiger Zeit nehmen die Zeitpunkte $t_1 \leqq t_2$ beliebige nichtnegative Werte an.

Satz 1. *Die erzeugende Funktion* $F(t_1, t_2; s)$ *genügt für beliebige* $t_1 \leqq t_2 \leqq t_3$ *und* $|s| \leqq 1$ *der Hauptfunktionalgleichung*

$$F(t_1, t_3; s) = F(t_1, t_2; F(t_2, t_3; s)) \tag{7}$$

und der Anfangsbedingung

$$F(t, t; s) = s\,. \tag{8}$$

Der Beweis verläuft analog dem von Satz 4.1.

In Verzweigungsprozessen, die zeitlich homogen sind, hängen die Wahrscheinlichkeiten $P_{rn}(t_1, t_2)$ und folglich auch $F(t_1, t_2; s)$ nur von der Differenz $t_2 - t_1$ ab. Deshalb geht im homogenen Fall (7) und (8) in (4.2) und in (4.3) über.

In Verzweigungsprozessen mit diskreter Zeit führt die Gleichung (7) zu den Iterationen der Funktion $F(t, t+1; s)$:

$$\begin{aligned} F(t, t+n; s) &= F(t, t+n-1; F(t+n-1, t+n; s)) = \\ &= F(t, t+1; F(t+1, t+n; s))\,. \end{aligned} \tag{9}$$

Differenzieren wir (9) nach s im Punkt $s = 1$, so können wir die Ausdrücke für die faktoriellen Momente von $\mu(t_1, t_2)$ erhalten. Insbesondere ist

$$\mathsf{M}\mu(t, t+n) = A_{t+1}A_{t+2} \cdots A_{t+n} \tag{10}$$

mit

$$A_t = \mathsf{M}\mu(t-1, t) = \left.\frac{\partial F(t-1, t; s)}{\partial s}\right|_{s=1}.$$

In Verzweigungsprozessen mit stetiger Zeit setzen wir voraus, daß die folgenden Stetigkeitsbeziehungen gelten:

$$\lim_{\tau \downarrow 0} P_1(t, t+\tau) = 1\,, \qquad \lim_{\tau \downarrow 0} P_1(t-\tau, t) = 1\,. \tag{11}$$

Satz 2. *Ist die Bedingung* (11) *erfüllt, so ist die erzeugende Funktion* $F(t_1, t_2; s)$ *im Einheitskreis* $|s| < 1$ *in jedem Argument* t_1 *und* t_2 *stetig.*

Beweis. Analog zu (4.8) erhalten wir die Abschätzungen

$$\begin{aligned} |F(t, t+\tau; s) - s| &\leqq 2(1 - P_1(t, t+\tau))\,, \\ |F(t-\tau, t; s) - s| &\leqq 2(1 - P_1(t-\tau, t))\,, \end{aligned} \tag{12}$$

woraus die Stetigkeit von $F(t_1, t_2; s)$ in den Punkten $t_1 = t_2$ folgt. Benutzen wir zweimal (7) und die Abschätzungen (12), so finden wir für $\tau \downarrow 0$

$$\begin{aligned} |F(t_1+\tau, t_2; s) - F(t_1, t_2; s)| &= |F(t_1+\tau, t_2; s) - F(t_1, t_1+\tau; F(t_1+\tau, t_2; s))| \leqq \\ &\leqq 2(1 - P_1(t_1, t_1+\tau)) \to 0\,, \end{aligned}$$

$$\begin{aligned} |F(t_1-\tau, t_2; s) - F(t_1, t_2; s)| &= |F(t_1-\tau, t_1; F(t_1, t_2; s)) - F(t_1, t_2; s)| \leqq \\ &\leqq 2(1 - P_1(t_1-\tau, t_1)) \to 0\,, \end{aligned}$$

woraus die Stetigkeit von $F(t_1, t_2; s)$ im Argument t_1 folgt. Die Stetigkeit im Argument t_2 folgt aus den Gleichungen $(\tau > 0)$

$$F(t_1, t_2 + \tau; s) = F\big(t_1, t_2; F(t_2, t_2 + \tau; s)\big) , \tag{13}$$

$$F(t_1, t_2; s) = F\big(t_1, t_2 - \tau; F(t_2 - \tau, t_2; s)\big) . \tag{14}$$

Für $\tau \downarrow 0$ muß man in (13) davon Gebrauch machen, daß $\lim\limits_{\tau \downarrow 0} F(t_2, t_2 + \tau; s) = s$ gilt und die Funktion $F(t_1, t_2; s)$ in dem Argument s stetig ist.

Sei nun s fest und $|s| < 1$. Da $\lim\limits_{\tau \downarrow 0} F(t_2 - \tau, t_2; s) = s$ ist, existiert ein $r < 1$, so daß bei hinreichend kleinem τ gleichzeitig die Ungleichungen $|s| \leqq r$ und $|F(t_2 - \tau, t_2; s)| \leqq r$ erfüllt sind. Aus der Gleichung (14) erhalten wir

$$F(t_1, t_2; s) - F(t_1, t_2 - \tau; s) = F\big(t_1, t_2 - \tau; F(t_2 - \tau, t_2; s)\big) - F(t_1, t_2 - \tau; s) ,$$

woraus für $\tau \downarrow 0$

$$|F(t_1, t_2; s) - F(t_1, t_2 - \tau; s)| \leqq \sum_{k=0}^{\infty} k r^{k-1} |F(t_2 - \tau, t_2; s) - s| = \frac{|F(t_2 - \tau, t_2; s) - s|}{(1 - r)^2} ,$$

folgt.

Im weiteren werden wir fordern, daß Intensitäten der Übergangswahrscheinlichkeiten existieren, d. h. für $\tau \downarrow 0$ folgende asymptotische Formeln gelten:

$$\begin{aligned} P_n(t, t + \tau) &= p_n(t)\,\tau + o(\tau) , \qquad n \neq 1 , \\ P_n(t - \tau, t) &= p_n(t)\,\tau + o(\tau) , \qquad n \neq 1 , \\ P_1(t, t + \tau) &= 1 + p_1(t)\,\tau + o(\tau) , \\ P_1(t - \tau, t) &= 1 + p_1(t)\,\tau + o(\tau) \end{aligned} \tag{15}$$

mit

$$\sum_{n=0}^{\infty} p_n(t) \equiv 0 . \tag{16}$$

Analog zum Satz 4.4 beweist man

Satz 3. *Unter den Bedingungen* (15) *und* (16) *gilt für* $\tau \downarrow 0$ *gleichmäßig in* $|s| \leqq 1$

$$\begin{aligned} F(t, t + \tau; s) &= s + f(t; s)\,\tau + o(\tau) , \\ F(t - \tau, t; s) &= s + f(t; s)\,\tau + o(\tau) . \end{aligned} \tag{17}$$

Weiterhin erhält man aus (17) einen zu Satz 4.5 analogen Satz.

Satz 4. *Unter den Bedingungen des Satzes* 3 *genügt die erzeugende Funktion* $F(t, \tau; s)$ *eines Verzweigungsprozesses mit stetiger Zeit für* $t \leqq \tau$, $|s| < 1$ *der gewöhnlichen Differentialgleichung*

$$\frac{\partial F(t, \tau; s)}{\partial t} = -\, f\big(t; F(t, \tau; s)\big) \tag{18}$$

mit der Anfangsbedingung

$$F(\tau, \tau; s) = s \tag{19}$$

und der linearen partiellen Differentialgleichung

$$\frac{\partial F(t,\tau;s)}{\partial \tau} = f(\tau;s)\frac{\partial F(t,\tau;s)}{\partial s} \tag{20}$$

mit der Anfangsbedingung

$$F(t,t;s) = s\,. \tag{21}$$

Bemerkung 1. Die Gleichung (18), in die die Ableitung nach dem Anfangszeitpunkt t eingeht, heißt *Rückwärtsgleichung*, und die Gleichung (20) heißt *Vorwärtsgleichung*. Wenn man in (7) die asymptotische Formel (17) anwendet, kann man sich davon überzeugen, daß die Gleichung (18) in allen Punkten $|s| \leqq 1$ des abgeschlossenen Einheitskreises gilt.

Bemerkung 2. Wir werden nicht die Bedingungen für die Existenz und Eindeutigkeit der Lösung der Gleichung im Satz (5) untersuchen. Wir bemerken nur, daß die Gleichung (18) mit der Anfangsbedingung (19) eine in $|s| \leqq 1$ eindeutige Lösung $F(t,\tau;s)$ besitzt, die eine wahrscheinlichkeitserzeugende Funktion darstellt, wenn wir voraussetzen, daß $a(u) = \left.\frac{\partial f(u;s)}{\partial s}\right|_{s=1}$ für alle $0 \leqq u < \infty$ endlich ist. Der Beweis ist analog den in den Sätzen 5.1, 5.2 und 5.3 angeführten.

Die faktoriellen Momente $M_k(t,\tau) = \left.\frac{\partial^k F(t,\tau;s)}{\partial s^k}\right|_{s=1}$ kann man aus den Differentialgleichungen gewinnen, die man durch k-maliges Differenzieren der Gleichung (18) im Punkt $s = 1$ erhält. Insbesondere findet man den Erwartungswert $A(t,\tau) = \mathsf{M}\mu(t,\tau)$ aus der Gleichung

$$\frac{\partial A(t,\tau)}{\partial t} = -\,a(t)\,A(t,\tau) \tag{22}$$

mit $a(t) = \left.\frac{\partial f(t;s)}{\partial s}\right|_{s=1}$ und der Anfangsbedingung

$$A(\tau,\tau) = 1\,. \tag{23}$$

Wenn wir (22) und (23) lösen, erhalten wir

$$A(t,\tau) = \exp\left\{\int_t^\tau a(u)\,du\right\}. \tag{24}$$

Aus (24) ist zu ersehen, daß sich der Erwartungswert $A(t,\tau)$ im zeitlich inhomogenen Fall für $\tau \to \infty$ sehr verschiedenartig verhalten kann. Folglich sind die Eigenschaften inhomogener Verzweigungsprozesse, die übrigens noch ungenügend erforscht sind, wesentlich vielfältiger und lassen sich nicht in dem festen Schema einer Einteilung in subkritische, kritische und superkritische Prozesse beschreiben, wie das im homogenen Fall möglich ist.

§ 8. Spezialfälle

Beim Studium der Verzweigungsprozesse nehmen wir gewöhnlich an, daß ihre lokalen Charakteristika gegeben sind und die Eigenschaften dieser Prozesse für endliche und ferne Zeitpunkte t zu untersuchen sind. Lokale Charakteristika stellen die erzeugenden Funktionen $F(s)$ bzw. $f(s)$ für Prozesse mit diskreter bzw. stetiger Zeit dar. Wie wir schon wissen, erhält man die erzeugenden Funktionen $F(t; s)$ mittels Iteration bzw. aus Differentialgleichungen. In beiden Fällen läßt sich in der Regel $F(t; s)$ nicht explizit ausdrücken, sogar bei hinreichend einfachen $F(s)$ bzw. $f(s)$. Deshalb sind die wenigen vorhandenen Ausnahmen dieser Regel von verschiedenen Standpunkten aus sehr interessant. In diesem Paragraphen führen wir eine Reihe von Beispielen für Verzweigungsprozesse an, die genügend einfache explizite Ausdrücke für $F(t; s)$ bieten.

Beispiel 1. Es sei

$$F(s) = \frac{\alpha + \beta s}{\gamma + \delta s}. \tag{1}$$

Da die Iteration einer gebrochen-linearen Funktion wieder gebrochen-linear ist, ist für beliebige $t = 1, 2, \ldots$

$$F(t; s) = \frac{\alpha_t + \beta_t s}{\gamma_t + \delta_t s}. \tag{2}$$

Wir suchen in (2) die explizite Abhängigkeit der Koeffizienten von t auf. Dazu schreiben wir (1) in einer geeigneteren Form, indem wir die Koeffizienten durch günstigere Parameter ausdrücken. Zunächst bemerken wir, daß in (1) $\gamma = 1$ gesetzt werden kann. Da für $|s| < 1$ die Funktion $F(s)$ analytisch ist und in der Entwicklung von (1) in eine Reihe nach Potenzen von s die Koeffizienten nichtnegativ sind, können wir weiterhin ganz allgemein

$$F(s) = \frac{\alpha + \beta s}{1 - \delta s}$$

mit $0 \leqq \delta \leqq 1$ schreiben. Schließlich hat die Gleichung $F(s) = s$ immer zwei Wurzeln: 1 und noch eine andere, die wir mit K bezeichnen. So bleiben also nur zwei unabhängige Koeffizienten übrig, die wir durch K und $A = F'(1)$ ausdrücken.

Für $A \neq 1$ erhalten wir

$$F(s) = 1 - \frac{A(1 - s)}{1 + \frac{1 - A}{K - 1}(1 - s)}. \tag{3}$$

Da die t-te Iteration dieselbe Wurzel $K = F(t; K)$ hat und $F'(t, 1) = A^t$ ist, erhalten wir aus (3)

$$F(t; s) = 1 - \frac{A^t(1 - s)}{1 + \frac{1 - A^t}{K - 1}(1 - s)}. \tag{4}$$

Im Fall $A = 1$ und $K = 1$ stellen wir $F(s)$ in der Form

$$F(s) = 1 - \frac{1-s}{1 + \frac{B}{2}(1-s)}$$

mit $B = F''(1)$ dar. Da $F''(t; 1) = Bt$ ist (siehe (6.7)), gilt für $A = 1$

$$F(t; s) = 1 - \frac{1-s}{1 + \frac{Bt}{2}(1-s)}. \tag{5}$$

Aus der Entwicklung von (4) und (5) in eine Reihe nach Potenzen von s erhalten wir Ausdrücke für die Wahrscheinlichkeiten

$$P_0(t) = \begin{cases} 1 - \dfrac{A^t(K-1)}{K - A^t} & \text{für} \quad A \neq 1\,, \\ 1 - \dfrac{1}{1 + \dfrac{Bt}{2}} & \text{für} \quad A = 1 \end{cases} \tag{6}$$

und für $n \neq 0$

$$P_n(t) = \begin{cases} A^t\left(\dfrac{K-1}{K-A^t}\right)^2 \left(\dfrac{1-A^t}{K-A^t}\right)^{n-1} & \text{für} \quad A \neq 1\,, \\ \left(\dfrac{2}{Bt+2}\right)^2 \left(\dfrac{Bt}{2+Bt}\right)^{n-1} & \text{für} \quad A = 1\,. \end{cases} \tag{7}$$

Beispiel 2. Es sei in einem Verzweigungsprozeß mit stetiger Zeit $f(s) = p_0 + p_1 s + p_2 s^2$. Drücken wir $f(s)$ durch $a = f'(1)$ und $b = f''(1)$ aus, so folgt

$$f(s) = a(s-1) + \frac{b}{2}(s-1)^2. \tag{8}$$

Die Gleichung

$$\frac{dF}{dt} = a(F-1) + b\left(\frac{F-1}{2}\right)^2, \qquad F(0; s) = s \tag{9}$$

läßt sich leicht lösen. Wenn wir $v = \dfrac{1}{1-F}$ setzen, erhalten wir aus (9)

$$\frac{dv}{dt} = -av + \frac{b}{2}, \qquad v(0) = \frac{1}{1-s}$$

und für $a \neq 0$

$$v(t) = e^{-at}\left(\frac{1}{1-s} + \frac{b}{2a}(e^{at} - 1)\right),$$

d. h.

$$F(t; s) = 1 - \frac{e^{at}(1-s)}{\frac{b}{2a}(e^{at}-1)(1-s) + 1}. \tag{10}$$

Für $a = 0$ gilt

$$v = \frac{bt}{2} + \frac{1}{1 - s}$$

und

$$F(t; s) = 1 - \frac{1 - s}{\frac{bt}{2}(1 - s) + 1}. \tag{11}$$

Entwickeln wir (10) und (11) in eine Reihe nach Potenzen von s, so finden wir

$$P_0(t) = \begin{cases} 1 - \dfrac{e^{at}}{\frac{b}{2a}(e^{at} - 1) + 1}, & a \neq 0 \\ 1 - \dfrac{1}{\frac{bt}{2} + 1}, & a = 0 \end{cases} \tag{12}$$

und für $n \neq 0$

$$P_n(t) = \begin{cases} \dfrac{1}{\left(\frac{b}{2a}(e^{at} - 1) + 1\right)^2} \left[\dfrac{\frac{b}{2a}(e^{at} - 1)}{\frac{b}{2a}(e^{at} - 1) + 1}\right]^{n-1}, & a \neq 0, \\ \left(\dfrac{2}{bt + 2}\right)^2 \left(\dfrac{bt}{bt + 2}\right)^{n-1}, & a = 0. \end{cases} \tag{13}$$

Beispiel 3. Wir erhalten einen Verzweigungsprozeß mit unendlichem zweiten Moment, wenn wir $f(s) = a(s - 1) + \lambda(1 - s)^{1+\alpha}$, $0 < \alpha < 1$, $\lambda > \max\{a, 0\}$ setzen. Die Gleichung

$$\frac{\partial F}{\partial t} = a(F - 1) + \lambda(1 - F)^{1+\alpha}$$

geht durch die Substitution $v = \dfrac{1}{(1 - F)^\alpha}$ in eine lineare Differentialgleichung über

$$\frac{\partial v}{\partial t} = -\alpha a v + \lambda \alpha. \tag{14}$$

Durch Lösung von (14) kommen wir zu

$$F(t; s) = 1 - \left[\frac{\lambda}{a}(1 - e^{-\alpha a t}) + e^{-\alpha a t}(1 - s)^{-\alpha}\right]^{-1/\alpha}, \tag{15}$$

wenn $a \neq 0$ ist, und zu

$$F(t; s) = 1 - [\alpha\lambda t + (1 - s)^{-\alpha}]^{-1/\alpha}, \tag{16}$$

wenn $a = 0$ ist.

Beispiel 4. Es sei $f(s) = \lambda(s - s^{k+1})$, $\lambda > 0$, wobei k eine positive ganze Zahl ist. Die Gleichung

$$\frac{\partial F}{\partial t} = \lambda F - \lambda F^{k+1}$$

überführen wir durch die Substitution $v = 1/F^k$ in eine lineare Gleichung. Ihre Lösung ist

$$F(t; s) = s[e^{\lambda kt} - (e^{\lambda kt} - 1)\, s^k]^{-1/k}\,. \tag{17}$$

Beispiel 5. Es sei $f(s) = \lambda(1 - s)\,[1 + \log(1 - s)]$. Die Gleichung

$$\frac{\partial F}{\partial t} = \lambda(1 - F)\,[\log(1 - F) + 1]$$

führt zu einer linearen Gleichung, wenn wir $v = \log(1 - F)$ setzen. Die endgültige Lösung hat die Form

$$F(t; s) = 1 - \exp\{e^{-\lambda t} - 1 + e^{-\lambda t}\log(1 - s)\}\,. \tag{18}$$

Beispiel 6. Es sei $f(s) = \lambda[1 - s - (1 - s)^\alpha]$ mit $\lambda > 0$, $0 < \alpha < 1$. Die Substitution $v = (1 - F)^{1-\alpha}$ überführt

$$\frac{\partial F}{\partial t} = \lambda[1 - F - (1 - F)^\alpha]$$

in eine lineare Gleichung. Die Lösung hat die Form

$$F(t; s) = 1 - [1 - e^{-(1-\alpha)\lambda t} + e^{-(1-\alpha)\lambda t}(1 - s)^{1-\alpha}]^{\frac{1}{1-\alpha}}\,. \tag{19}$$

Dies ist ein Beispiel eines Prozesses, in dem für $t > 0$

$$F(t; 1) = \lim_{s \uparrow 1} F(t; s) = 1 - (1 - e^{-(1-\alpha)\lambda t})^{\frac{1}{1-\alpha}} < 1 \tag{20}$$

gilt. Das Kriterium (5.7) für die Regularität eines Prozesses ist nicht erfüllt.

Beispiel 7. Es sei $F(t; s)$ die erzeugende Funktion eines regulären Verzweigungsprozesses mit stetiger Zeit. Wenn wir $F(s) = F(1; s)$ setzen und den Prozeß nur in den Zeitpunkten $t = 0, 1, 2, \ldots$ betrachten, erhalten wir einen Verzweigungsprozeß mit diskreter Zeit. Falls wir für $F(t; s)$ eine explizite Formel haben, gibt diese Formel für ganze t die Iterationen der Funktion $F(s)$ an. So erhalten wir aus den Beispielen 2—5 entsprechende Beispiele für Verzweigungsprozesse mit diskreter Zeit. Insbesondere führt Beispiel 2 auf Beispiel 1.

Beispiel 8. Es sei $F(s)$ eine wahrscheinlichkeitserzeugende Funktion und $h(s)$ eine wahrscheinlichkeitserzeugende Funktion, für die $G(s) = h_{-1}(F(h(s)))$ ist, wobei $h_{-1}(s)$ die inverse Funktion von $h(s)$ ist. Wenn nun $F(t; s)$ die t-te Iteration der Funktion $F(s)$ ist, dann ist

$$G(t; s) = h_{-1}(F(t; h(s))) \tag{21}$$

die t-te Iteration der erzeugenden Funktion $G(s)$. Wenn aber $F(t; s)$ die erzeugende Funktion eines Verzweigungsprozesses mit stetiger Zeit ist und die Funktion $h(s)$ so beschaffen ist, daß die durch (21) definierte Funktion $G(t; s)$ für beliebiges t ebenfalls eine wahrscheinlichkeitserzeugende Funktion darstellt, so gilt die Funktionalgleichung

$$G(t + \tau; s) = G\big(t; G(\tau; s)\big)$$

für beliebige $t, \tau \geqq 0$. Sei z. B. $f(s) = p_1 s + p_2 s^2 + \cdots$, $h(s) = s^k$, $k \geqq 2$ und ganzzahlig, und $G(t; s)$ eine erzeugende Funktion. Dann ist für $t \downarrow 0$

$$G(t; s) = s + t \cdot g(s) + o(t)$$

mit

$$g(s) = \frac{1}{k} s^{1-k} f(s^k) = \frac{1}{k} (p_1 s + p_2 s^{k+1} + p_3 s^{2k+1} + \cdots) .$$

Auf diese Weise kann man aus Beispiel 2 mit $p_0 = 0$ Beispiel 4 erhalten.

Beispiel 9. Wir betrachten einen zeitlich inhomogenen Verzweigungsprozeß mit $f(t; s) = p_0(t) + p_1(t) s + p_2(t) s^2$ und schreiben $f(t; s)$ in der Form

$$f(t; s) = a(t)\,(s - 1)^2 + \frac{bt}{2}(s - 1)^2 \tag{22}$$

mit

$$a(t) = \left.\frac{\partial f(t; s)}{\partial s}\right|_{s=1} = p_1(t) + 2p_2(t) = p_2(t) - p_0(t) ,$$

$$b(t) = \left.\frac{\partial^2 f(t; s)}{\partial s^2}\right|_{s=1} = 2p_2(t) .$$

Wenn wir $R(t, \tau, s) = 1 - F(t, \tau; s)$ und (22) in die Differentialgleichung (7.18) einsetzen, erhalten wir

$$\frac{\partial R}{\partial t} = - a(t)\, R + \frac{b(t)}{2} R^2 , \tag{23}$$

$R(\tau, \tau; s) = 1 - s$. Wir dividieren (23) durch $-R^2$ und setzen $w = 1/R$ und finden

$$\frac{\partial w}{\partial t} = a(t)\, w - \frac{b(t)}{2} . \tag{24}$$

Die lineare Gleichung (24) mit der Anfangsbedingung $w(\tau, \tau; s) = (1 - s)^{-1}$ hat die Lösung

$$w(t, \tau; s) = \exp\left\{- \int_t^\tau a(u)\, du\right\}\left[\int_t^\tau \frac{b(u)}{2} \exp\left\{\int_t^\tau a(v)\, dv\right\} du + (1 - s)^{-1}\right]. \tag{25}$$

Aus (25) erhalten wir

$$R(t,\tau;s) = \frac{(1-s)\exp\left\{\int\limits_t^\tau a(u)\,du\right\}}{1+\frac{(1-s)}{2}\int\limits_t^\tau b(u)\exp\left\{\int\limits_u^\tau a(v)\,dv\right\}du}. \tag{26}$$

Setzen wir in (26) $s = 0$, so finden wir folgenden Ausdruck für die Wahrscheinlichkeit des Aussterbens

$$P_0(t,\tau) = 1 - R(t,\tau;0) = 1 - \frac{\exp\left\{\int\limits_t^\tau a(u)\,du\right\}}{1+\int\limits_t^\tau \frac{b(u)}{2}\exp\left\{\int\limits_u^\tau a(v)\,dv\right\}du} \tag{27}$$

Indem wir

$$\frac{b(u)}{2} = p_2(u) = a(u) + p_0(u)$$

und

$$1+\int\limits_t^\tau \frac{b(u)}{2}\exp\left\{\int\limits_u^\tau a(v)\,dv\right\}du = 1+\int\limits_t^\tau a(u)\exp\left\{\int\limits_u^\tau a(v)\,dv\right\}du + \\ + \int\limits_t^\tau p_0(t)\exp\left\{\int\limits_u^\tau a(v)\,dv\right\}du = \exp\left\{\int\limits_t^\tau a(u)\,du\right\}\times \\ \times\left[1+\int\limits_t^\tau p_0(u)\exp\left\{-\int\limits_t^u a(v)\,dv\right\}du\right]$$

benutzen, können wir (27) in der Form

$$P_0(t,\tau) = 1 - \frac{1}{1+\int\limits_t^\tau p_0(u)\exp\left\{-\int\limits_t^u a(v)\,dv\right\}du} \tag{28}$$

schreiben. Es ist leicht zu sehen, daß für $\tau \to \infty$ die Bedingung

$$\lim_{\tau\to\infty} P_0(t,\tau) = 1$$

notwendig und hinreichend für die Divergenz des Integrals

$$\int\limits_t^\infty p_0(u)\exp\left\{-\int\limits_t^u a(v)\,dv\right\}du$$

ist. Mit der Formel (7.24) für den Erwartungswert $A(t,u)$ läßt sich diese Bedingung in der Form

$$\int\limits_t^\infty \frac{p_0(u)}{A(t,u)}\,du = \infty \tag{29}$$

schreiben.

KAPITEL II

ASYMPTOTISCHE EIGENSCHAFTEN VON VERZWEIGUNGSPROZESSEN MIT EINEM TEILCHENTYP

§ 1. Aussterbewahrscheinlichkeiten

Der einfachste absorbierende Zustand eines beliebigen Verzweigungsprozesses $\mu(t)$ ist der Zustand $\mu(t) = 0$.

Definition 1. Wenn in einem Verzweigungsprozeß $\mu(t) = 0$ ist, so sagen wir, daß er *im Zeitpunkt t ausgestorben* ist. Die Wahrscheinlichkeit $P_0(t) = \mathsf{P}\{\mu(t) = 0\}$ nennen wir *Aussterbewahrscheinlichkeit im Zeitpunkt t.*

Definition 2. Wenn in einem Verzweigungsprozeß für ein endliches t die Teilchenzahl $\mu(t)$ Null wird, so sagen wir, daß der Prozeß ausstirbt. Die Wahrscheinlichkeit dieses Ereignisses nennen wir *Aussterbewahrscheinlichkeit.*

Definition 3. Einen Verzweigungsprozeß, dessen Aussterbewahrscheinlichkeit 1 ist, nennen wir *aussterbend.* Ist die Aussterbewahrscheinlichkeit kleiner als 1, so nennen wir den Verzweigungsprozeß *nichtaussterbend.*

Satz 1. *Die Aussterbewahrscheinlichkeit q eines Verzweigungsprozesses ist gleich dem Grenzwert*

$$q = \lim_{t \to \infty} P_0(t) \,. \tag{1}$$

Beweis. Mit A_t bezeichnen wir das Ereignis, daß $\mu(t) = 0$ ist, d. h. der Verzweigungsprozeß bis zum Zeitpunkt t ausgestorben ist. Da für alle $\tau > t$ aus $\mu(t) = 0$ auch $\mu(\tau) = 0$ folgt, gilt $A_t \subseteq A_\tau$ und $\mathsf{P}(A_t) \leqq \mathsf{P}(A_\tau)$. Das Ereignis A, das das Aussterben des Verzweigungsprozesses bedeute, ist die Summe der Ereignisse A_n

$$A = \bigcup_{n=1}^{\infty} A_n \,.$$

Deshalb ergibt sich für die Aussterbewahrscheinlichkeit $q = \mathsf{P}(A) = \lim_{n \to \infty} \mathsf{P}(A_n) = \lim_{t \to \infty} \mathsf{P}\{\mu(t) = 0\}$. Damit ist der Satz bewiesen.

Im weiteren sind folgende Lemmata nützlich:

Lemma 1. *Es sei $F(s) \not\equiv s$ eine wahrscheinlichkeitserzeugende Funktion. Wenn $A = F'(1) \leqq 1$ ist, dann gilt $F(s) > s$ für alle $0 \leqq s < 1$. Wenn $A = F'(1) > 1$ ist, dann existiert ein Punkt s_0, $0 \leqq s_0 < 1$, so daß gilt: $F(s_0) = s_0$, $F(s) > s$ für $0 \leqq s < s_0$ und $F(s) < s$ für $s_0 < s < 1$.*

Beweis. Die Funktion $\varphi(s) = F(s) - s$ hat die Ableitung $\varphi'(s) = F'(s) - 1$, welche in s auf dem Intervall $0 \leqq s \leqq 1$ nicht fällt. Wenn $A \leqq 1$ ist, dann folgt $\varphi'(1) \leqq 0$ und damit $\varphi'(s) < 0$ für $0 \leqq s < 1$; weil $\varphi(1) = 0$ ist, gilt $\varphi(s) > 0$ für $0 \leqq s < 1$. Wenn $A > 1$ ist, dann gilt $\varphi'(1) > 0$ und $\varphi(s) < 0$ in den Punkten $s < 1$, die nahe an $s = 1$ liegen. Andererseits gilt aber $\varphi(0) \geqq 0$, so daß ein Punkt $0 \leqq s_0 < 1$ existiert, für den $\varphi(s_0) = 0$ ist. Zwei solche Punkte können wir nicht finden, da $\varphi(s)$ eine konvexe Funktion ist und den Abschnitt $[0, 1]$ nicht in drei Punkten schneiden kann.

Lemma 2. *Es sei $f(s) \not\equiv 0$ die erzeugende Funktion der Intensitäten der Übergangswahrscheinlichkeiten eines Verzweigungsprozesses mit stetiger Zeit. Wenn $a = f'(1) \leqq 0$ ist, dann gilt $f(s) > 0$ für alle $0 \leqq s < 1$. Wenn $a = f'(1) > 0$ ist, dann existiert ein Punkt $0 \leqq s_0 < 1$, so daß gilt: $f(s_0) = 0$, $f(s) > 0$ für $0 \leqq s < s_0$ und $f(s) < 0$ für $s_0 < s < 1$.*

Beweis. Mit Hilfe von (1.5.1) führen wir die wahrscheinlichkeitserzeugende Funktion $h(s) = s - p_1^{-1} f(s)$ ein, auf die wir Lemma 1 anwenden. Dabei ist zu beachten, daß $A = 1 - a p_1^{-1}$ ist.

Lemma 3. *Es sei $F(t; s) \not\equiv s$ die erzeugende Funktion eines Verzweigungsprozesses, der für $t \in T$ definiert ist, wobei T entweder $[0, \infty)$ oder $\{0, 1, 2, \ldots\}$ bedeute. Es existiert dann eine Zahl $0 \leqq s_0 \leqq 1$, so daß für alle $t > 0$, $t \in T$, die folgenden Beziehungen gelten:*

$$F(t; s_0) = s_0 , \tag{2}$$

$F(t; s) > s$ für $0 \leqq s < s_0$ und $F(t; s) < s$ für $s_0 < s < 1$.

Bemerkung 1. Die Zahl s_0 ist die kleinste nichtnegative Wurzel der Gleichung (2). Ist $s_0 = 0$, dann gilt $F(t; s) < s$ für alle $0 < s < 1$; ist $s_0 = 1$, dann gilt $F(t; s) > s$ für alle $0 \leqq s < 1$.

Beweis von Lemma 3. Wir schließen aus unserer Betrachtung den trivialen Fall $F(t; s) \equiv 1$ aus.

Für jedes $t > 0$, $t \in T$ zerlegen wir die Menge $0 \leqq s < 1$ in drei paarweise disjunkte Untermengen $S_0(t)$, $S_1(t)$ und $S_2(t)$, von denen einige leer sein können. Und zwar sei $s \in S_0(t)$, falls $F(t; s) = s$, $s \in S_1(t)$, falls $F(t; s) > s$, und $s \in S_2(t)$, falls $F(t; s) < s$ gilt. Wir zeigen, daß für beliebiges $\tau \geqq 0$ mit $s \in S_k(t)$ auch $F(\tau; s) \in S_k(t)$ ist. Denn nehmen wir z. B. $s \in S_1(t)$ an, so gilt

$$F\big(t; F(\tau; s)\big) = F(t + \tau; s) = F\big(\tau; F(t; s)\big) > F(\tau; s) .$$

Folglich liegt $F(\tau; s)$ ebenfalls in $S_1(t)$. Analog verfahren wir bei $S_0(t)$ und bei $S_2(t)$. Weiterhin stellen wir fest, daß für beliebige natürliche n

$$S_k(t) \subseteq S_k(nt) , \qquad k = 0, 1, 2 , \tag{3}$$

gilt. Das beweisen wir durch Induktion. Wir wählen wieder $k = 1$, die restlichen Fälle sind analog zu behandeln. Es sei $s \in S_1(t) \subseteq S_1(nt)$. Dann gilt

$$F\big((n + 1)\, t; s\big) = F\big(t; F(nt; s)\big) > F(t; s) > s ,$$

folglich ist $s \in S_1\big((n + 1)\, t\big)$. Da die Relation (3) für $n = 1$ richtig ist, gilt sie für beliebiges n. Nun ist aber

$$S_0(nt) + S_1(nt) + S_2(nt) = [0, 1) , \tag{4}$$

so daß wir mit Hilfe von (3) auf

$$S_k(t) = S_k(nt)\,, \qquad k = 0, 1, 2\,, \qquad n = 1, 2, \ldots, \tag{5}$$

schließen können. Für Prozesse mit diskreter Zeit stellen wir somit fest, daß die Teilmengen $S_i(t)$ bereits durch die Funktion $F(1; s) = F(s)$ gegeben sind, auf die wir Lemma 1 anwenden.

Zum Beweis des Lemmas für Prozesse mit stetiger Zeit bemerken wir, daß aus (5) folgt

$$S_k(t) = S_k(t/n)\,, \qquad k = 0, 1, 2; \qquad n = 1, 2, \ldots. \tag{6}$$

Nach Lemma 2 existiert ein Punkt $0 \leqq s_0 \leqq 1$, so daß $f(s_0) = 0$, $f(s) > 0$ für $0 \leqq s < s_0$ und $f(s) < 0$ für $s_0 < s < 1$ gilt. Wir zeigen, daß bei beliebigem t gilt $S_1(t) = [0, s_0)$, $S_2(t) = (s_0, 1)$, $S_0(t) = \{s_0\}$ $\bigl(S_1(t)$ ist leer für $s_0 = 0$, $S_2(t)$ ist leer für $s_0 = 1\bigr)$. Es gelte $s < s_0$; dann ist $f(s) > 0$. Für beliebiges t und genügend großes n ist

$$F\left(\frac{t}{n}\,; s\right) = s + \frac{t}{n} f(s) + o\left(\frac{t}{n}\right) > s\,. \tag{7}$$

Folglich ist $s \in S_1(t/n)$, und damit nach (6) auch $s \in S_1(t)$. Analog beweisen wir $(s_0, 1) \subseteq S_2(t)$. Die umgekehrten Beziehungen folgen auch leicht aus (7) und (6). Somit gilt $S_1(t) = [0, s_0)$, $S_2(t) = (s_0, 1)$ und $S_0(t) = \{s_0\}$. Damit ist das Lemma bewiesen.

Bemerkung 2. Aus dem Beweis von Lemma 3 folgt, daß für $s < s_0$ $(s > s_0)$ für alle $t \geqq 0$ die Ungleichung $F(t; s) < s_0$, $\bigl(F(t; s) > s_0\bigr)$ gilt. Hieraus folgt weiter, daß für $s < s_0$ $(s > s_0)$ die Funktion $F(t; s)$ in t wächst (fällt).

Satz 2. *Die Aussterbewahrscheinlichkeit q ist gleich der kleinsten nichtnegativen Wurzel s_0 der Gleichung*

$$F(s) = s \tag{8}$$

in Prozessen mit diskreter Zeit bzw. der Gleichung

$$f(s) = 0 \tag{9}$$

in Prozessen mit stetiger Zeit.

Beweis. Wie in Satz 1 bewiesen wurde, ist die Aussterbewahrscheinlichkeit q gleich dem Grenzwert $P_0(t)$ für $t \to \infty$. In der Gleichung

$$F(t + \tau; 0) = F\bigl(t; F(\tau; 0)\bigr) \tag{10}$$

gehen wir für $\tau \to \infty$ zum Grenzwert über. Da $P_0(t) = F(t; 0)$ ist, folgt aus (10) für beliebige $t > 0$

$$F(t; q) = q\,. \tag{11}$$

Wenn $F(t; 0) = 0$ gilt, dann ist $q = 0$ und der Satz ist bewiesen. Ist $F(t; 0) > 0$, dann ist aus Bemerkung 2 ersichtlich, daß für beliebiges t die Ungleichung $F(t; 0) < s_0$ gilt, wobei s_0 die kleinste Wurzel der Gleichung (8) oder (9) darstellt, so daß sich nach dem Grenzübergang $q \leqq s_0$ ergibt, d. h. $q = s_0$.

In § 6 benötigen wir noch die folgende Grenzwertaussage über $F(t; s)$.

Satz 3. *Für alle* $|s| < 1$ *gilt*

$$\lim_{t\to\infty} F(t; s) = q\,, \tag{12}$$

wobei diese Konvergenz für jedes feste $r < 1$ *gleichmäßig in* $|s| \leqq r$ *ist.*

Beweis. Aus Bemerkung 2 ist ersichtlich, daß $F(t; s)$ für beliebiges $0 \leqq s < q$ in t wächst, aber für beliebige $q < s < 1$ fällt. Folglich existiert $\lim_{t\to\infty} F(t; s)$ für beliebige reelle $s \in [0, 1)$. Dieser Grenzwert genügt wegen

$$F(t + \tau; s) = F(t; F(\tau; s))$$

der Gleichung (2). Für $q < 1$ fällt $\lim_{t\to\infty} F(\tau; s)$ als Wurzel der Gleichung (2), die kleiner als 1 ist, mit q zusammen. Für $q = 1$ folgt aus $F(t; 0) \leqq F(t; s) \leqq 1$ und $F(t; 0) \to 1$ ebenfalls (12).

Somit ist für $0 \leqq s < 1$

$$\lim_{\tau\to\infty} [F(t; s) - F(t; 0)] = 0\,. \tag{13}$$

Ist $|s| < 1$, dann gilt für $t \to \infty$

$$|F(t; s) - F(t; 0)| \leqq F(t; |s|) - F(t; 0) \to 0\,.$$

Die Gleichmäßigkeit der Konvergenz folgt aus $F(t; 0) \leqq F(t; s) \leqq F(t; r)$ für alle $0 \leqq s \leqq r$ und aus $F(t; 0) \uparrow q$ und $F(t; r) \downarrow q$ für $r > q$.

Satz 4. *Ein Verzweigungsprozeß ist genau dann aussterbend, wenn er subkritisch oder kritisch ist.*

Beweis. Wenn der Prozeß aussterbend ist, ist $q = 1$ die einzige Wurzel der Gleichung (8) oder (9) aus dem Intervall [0, 1], woraus mit Lemma 1 bzw. 2 $A \leqq 1$ bzw. $a \leqq 0$ folgt. Umgekehrt existiert für $A \leqq 1$ oder $a \leqq 0$ nach den gleichen Lemmata im Intervall [0, 1] eine eindeutig bestimmte Wurzel 1 der Gleichungen (8) und (9), folglich ist nach Satz 2 die Aussterbewahrscheinlichkeit $q = 1$.

§ 2. Asymptotisches Verhalten der Überlebenswahrscheinlichkeit eines Prozesses

Wie wir im § 1 festgestellt haben, strebt in kritischen und subkritischen Verzweigungsprozessen für $t \to \infty$ die Wahrscheinlichkeit $P_0(t)$ gegen 1. Folglich strebt die Überlebenswahrscheinlichkeit des Prozesses, d. h. $Q(t) = 1 - P_0(t) = \mathsf{P}\{\mu(t) > 0\}$, für $t \to \infty$ gegen Null. Die Wahrscheinlichkeit $Q(t)$ können wir in der Regel nicht explizit angeben, während das Hauptglied von $Q(t)$ für $t \to \infty$ eine ziemlich einfache Form hat.

Satz 1. *Wir betrachten einen subkritischen Verzweigungsprozeß mit stetiger Zeit mit der erzeugenden Funktion* $f(s)$. *Dafür, daß für* $t \to \infty$ *die asymptotische Formel*

$$Q(t) = Ke^{at}(1 + o(1)) \tag{1}$$

gilt, ist notwendig und hinreichend, daß das Integral

$$\int_0^1 \frac{au + f(1-u)}{uf(1-u)}\,\mathrm{d}u \tag{2}$$

konvergiert. Das Integral (2) *ist gleich* ln K.

Beweis. Wir setzen in der Gleichung (1.4.14) $s = 0$ und ersetzen $F(t; 0)$ durch $1 - Q(t)$. Damit finden wir

$$\frac{\mathrm{d}Q(t)}{\mathrm{d}t} = -f(1 - Q(t)), \qquad Q(0) = 1. \tag{3}$$

Die Lösung von Gleichung (3) liefert $Q(t)$ in impliziter Form

$$\int_{Q(t)}^1 \frac{\mathrm{d}u}{f(1-u)} = t. \tag{4}$$

Die Gleichung (4) bringen wir in die Form

$$\ln\,[\mathrm{e}^{at}/Q(t)] = \int_{Q(t)}^1 \frac{au + f(1-u)}{uf(1-u)}\,\mathrm{d}u,$$

aus der wir offensichtlich den Satz erhalten.

Um für Prozesse mit diskreter Zeit ein analoges Resultat beweisen zu können, zeigen wir folgendes Lemma:

Lemma 1. *Es sei* $A(s) = \sum_{n=0}^{\infty} a_n s^n$ *eine wahrscheinlichkeitserzeugende Funktion und* δ *eine Zahl aus* $(0, 1)$. *Die Reihe*

$$\sum_{n=0}^{\infty} [1 - A(1 - \delta^n)] \tag{5}$$

konvergiert dann und nur dann, wenn die Reihe

$$\sum_{n=1}^{\infty} a_n \ln n \tag{6}$$

konvergiert.

Beweis. Da $1 - A\,(1 - \delta^n) > 1 - A(1 - \delta^{n+1})$ ist, gilt

$$0 \leqq \sum_{n=1}^{\infty} [1 - A(1 - \delta^n)] - \int_1^{\infty} [1 - A\,(1 - \mathrm{e}^{-\alpha x})]\,\mathrm{d}x \leqq 1 - A(1 - \delta),$$

wobei $\delta = \mathrm{e}^{-\alpha}$ ist. Damit konvergiert oder divergiert die Reihe (5) gleichzeitig mit dem Integral

$$\int_1^{\infty} [1 - A(1 - \mathrm{e}^{-\alpha x})]\,\mathrm{d}x = \frac{1}{\alpha} \int_{1-e^{-\alpha}}^1 \frac{1 - A(y)}{1 - y}\,\mathrm{d}y, \tag{7}$$

wobei die Transformation $y = 1 - e^{-\alpha x}$ vorgenommen wurde. Die Funktion $\frac{1 - A(y)}{1 - y}$ ist die erzeugende Funktion der Restsummen $\sum_{k=n+1}^{\infty} a_k$ der Verteilung $\{a_n\}$. Wenn wir rechts in (7) die erzeugende Funktion gliedweise integrieren, stellen wir fest, daß das Integral (7) und die Reihe $\sum_{n=0}^{\infty} \frac{1}{n+1} \sum_{k=n+1}^{\infty} a_k$ gleichzeitig konvergieren oder divergieren. Die letzte Reihe schreiben wir nun in der Form

$$\sum_{n=1}^{\infty} a_n \sum_{k=0}^{n-1} \frac{1}{k+1} .$$

Diese Reihe konvergiert oder divergiert gleichzeitig mit (6), da

$$\sum_{k=0}^{n} \frac{1}{k+1} = \ln n + O(1)$$

ist. Damit ist das Lemma bewiesen.

Folgerung 1. *Aus Lemma* 1 *folgt, daß die Reihe* (5) *entweder für alle* $0 < \delta < 1$ *oder für kein* $0 < \delta < 1$ *konvergiert.*

Satz 2. *Gegeben sei ein subkritischer Verzweigungsprozeß mit diskreter Zeit. Dafür, daß für $t \to \infty$ die asymptotische Formel*

$$Q(t) = KA^t(1 + o(1)) , \quad 0 < K < \infty , \tag{8}$$

gilt, ist notwendig und hinreichend, daß der Erwartungswert

$$\mathsf{M}\mu(1) \ln \mu(1) < \infty \tag{9}$$

endlich ist.

Beweis. Setzen wir in (1.4.5) $s = 0$ und ersetzen $1 - F(t; 0)$ durch $Q(t)$, dann erhalten wir

$$Q(t+1) = 1 - F(F(t; 0)) . \tag{10}$$

Wir führen die wahrscheinlichkeitserzeugende Funktion $B(s) = \frac{1 - F(s)}{A(1 - s)}$ ein und setzen $K_t = \frac{Q(t)}{A^t}$. Dann können wir (10) schreiben als

$$K_{t+1} = B(F(t; 0)) \, K_t ,$$

woraus wir

$$K_t = \prod_{n=0}^{t-1} B(F(n; 0))$$

und

$$K = \lim_{t \to \infty} K_t = \prod_{n=0}^{\infty} B(F(n; 0)) \tag{11}$$

erhalten. Das unendliche Produkt in (11) konvergiert dann und nur dann, wenn die Reihe

$$\sum_{n} [1 - B(F(n; 0))] \tag{12}$$

konvergiert. Aus dem Mittelwertsatz folgt für $0 \leqq s \leqq 1$

$$1 - F(2; s) = 1 - F(F(s)) = F'(\theta(s)) [1 - F(s)] , \tag{13}$$

mit $F(0) \leqq F(s) < \theta(s) < 1$. Weil $0 < \beta = F'(F(0)) \leqq F'(\theta(s)) \leqq A$ ist, erhalten wir aus (13)

$$\beta(1 - F(s)) \leqq 1 - F(2; s) \leqq A(1 - F(s)) . \tag{14}$$

Wenn wir in (14) s durch $F(s)$ ersetzen und das mehrere Male wiederholen, erhalten wir

$$\beta^{t-1}(1 - F(s)) \leqq 1 - F(t; s) \leqq A^{t-1}(1 - F(s)) . \tag{15}$$

Aus (15) folgt

$$B(1 - K_1 A^{n-1}) \leqq B(F(n; 0)) \leqq B(1 - K_1\beta^{n-1}) ,$$

wobei $K_1 = 1 - F(0)$ ist. Deshalb konvergiert die Reihe (12) gleichzeitig mit der Reihe $\sum\limits_n [1 - B(1 - \delta^n)]$ für ein $0 < \delta < 1$ (siehe Folgerung 1). Wenn wir Lemma 1 benutzen, erweist sich die Konvergenz der Reihe

$$\sum_r \ln r \sum_{k=r+1}^{\infty} P_k \tag{16}$$

als notwendig und hinreichend für die Konvergenz der Reihe (12), da $B(s)$ die erzeugende Funktion der Wahrscheinlichkeitsverteilung $\frac{1}{A} \sum\limits_{k=r+1}^{\infty} P_k$ ist. Die Konvergenz von (16) ist, wie man leicht sieht, der Bedingung (9) äquivalent. Damit ist der Satz bewiesen.

Bemerkung 1. Aus dem Satz 2 können wir schlußfolgern, daß die asymptotische Formel (1) dann und nur dann richtig ist, wenn für beliebiges $t > 0$ der Erwartungswert $\mathsf{M}\mu(t) \ln \mu(t)$ endlich ist. Außerdem ist die Bedingung (2) gleichbedeutend mit der Konvergenz der Reihe

$$\sum_{n=1}^{\infty} p_n n \ln n . \tag{17}$$

Denn in der Tat ist entsprechend dem Beweis von Satz 1.3.1 und der Bemerkung 1.3.3 $f(s)$ als

$$f(s) = a(s - 1) + \frac{\bar{b}(s)}{2} (s - 1)^2 \tag{18}$$

darstellbar, wobei

$$\bar{b}(s) = 2 \sum_{n=2}^{\infty} (1 + (1 + s) + (1 + s + s^2) + \cdots + (1 + s + \cdots + s^{n-2})) p_n$$

ist. Die Konvergenz des Integrals (2) ist gleichbedeutend mit der Konvergenz des Integrals

$$\int_0^1 \bar{b}(s)\, ds = 2 \sum_{n=2}^{\infty} \left[1 + \left(1 + \frac{1}{2}\right) + \left(1 + \frac{1}{2} + \frac{1}{3}\right) + \cdots + \right.$$
$$\left. + \left(1 + \frac{1}{2} + \cdots + \frac{1}{n-1}\right)\right] p_n ,$$

d. h. gleichbedeutend mit der Konvergenz der Reihe (17).

In kritischen Prozessen verhält sich $Q(t)$ für große t ganz anders.

Satz 3. *In kritischen Verzweigungsprozessen mit stetiger Zeit und endlichem $b = f''(1)$ gilt für $t \to \infty$*

$$Q(t) = \frac{2}{bt}\left(1 + o(t)\right) . \tag{19}$$

Beweis. In der Gleichung (3) zerlegen wir die rechte Seite nach der Formel (18) und erhalten

$$\frac{dQ(t)}{dt} = -\frac{\bar{b}(1 - Q(t))}{2} Q^2(t) . \tag{20}$$

Da $\bar{b}(1 - Q(t)) = f''(\theta(t))$ ist, wobei $1 - Q(t) \leqq \theta(t) < 1$ und $Q(t) \to 0$ gilt, erhalten wir $\bar{b}(1 - Q(t)) = b + \varphi(t)$ mit $\varphi(t) \to 0$. Wir schreiben (20) in der Form

$$\frac{dQ}{dt} = -\frac{1}{2}(b + \varphi(t))\, Q^2(t) .$$

Hieraus folgt

$$Q(t) = \frac{2}{bt + \int\limits_0^t \varphi(u)\, du + 2} = \frac{2}{bt} + o\left(\frac{1}{t}\right).$$

Satz 4. *In kritischen Verzweigungsprozessen mit diskreter Zeit und endlichem $B = F''(1)$ gilt für $t \to \infty$*

$$Q(t) = \frac{2}{Bt}\left(1 + o(1)\right) . \tag{21}$$

Beweis. Wir entwickeln $F(s)$ in der Gleichung (10) nach der Formel

$$F(s) = 1 + A(s - 1) + \frac{\bar{B}(s)}{2}(s - 1)^2 = s + \frac{\bar{B}(s)}{2}(s - 1)^2$$

und erhalten somit

$$Q(t + 1) = Q(t) - \frac{\bar{B}(1 - Q(t))}{2} Q^2(t) . \tag{22}$$

Aus $Q(t) \to 0$ folgt $\bar{B}(1 - Q(t)) = B + \varphi(t)$ mit $\varphi(t) \to 0$. (22) schreiben wir in der Form

$$Q(t + 1) = Q(t) - \frac{B + \varphi(t)}{2} Q^2(t) . \tag{23}$$

woraus für $t \to \infty$

$$\frac{Q(t + 1)}{Q(t)} = 1 - \frac{B + \varphi(t)}{2} Q(t) \to 1 \tag{24}$$

folgt.

Die Gleichung (23) können wir in der Form

$$Q(t + 1) = Q(t) - \frac{B}{2} Q(t)\, Q(t + 1) + \psi(t) \tag{25}$$

wiedergeben, wobei

$$\psi(t) = -\frac{\varphi(t)}{2} Q^2(t) - \frac{B}{2} Q(t) \left[Q(t) - Q(t+1)\right],$$

oder, wenn wir nochmals (23) anwenden,

$$\psi(t) = -\frac{\varphi(t)}{2} Q^2(t) - \frac{B}{2} \cdot \frac{B + \varphi(t)}{2} Q^3(t) \tag{26}$$

ist. Aus (26) und (24) folgt $\lim\limits_{t\to\infty} \frac{\psi(t)}{Q(t) \cdot Q(t+1)} = 0$, so daß wir aus (25)

$$\frac{1}{Q(t+1)} = \frac{1}{Q(t)} + \frac{B}{2} + \chi(t)$$

erhalten, wo $\chi(t) \to 0$ für $t \to \infty$ gilt. Aus (27) folgt die Gleichheit

$$\frac{1}{Q(t)} = 1 + \frac{Bt}{2} + \sum_{n=0}^{t-1} \chi(n)$$

und (21).

§ 3. Erwartungswerte von Funktionen einer zufälligen Anzahl von Summanden

Im Satz 2.2 tritt als Kriterium der dort angegebenen Eigenschaft die Bedingung $\mathsf{M}\mu(1) \ln \mu(1) < \infty$ auf. Bedingungen der Art $\mathsf{M}g(\mu(1)) < \infty$ mit $g(x) = x^\alpha \ln x$ kommen häufig bei Untersuchungen asymptotischer Eigenschaften für Verzweigungsprozesse vor. In diesem Paragraphen untersuchen wir die Frage, in welchen Fällen aus der Bedingung $\mathsf{M}g(\mu(1)) < \infty$ die Bedingung $\mathsf{M}g(\mu(t)) < \infty$ folgt, wobei $\mu(t)$ die Anzahl der Teilchen in der t-ten Generation ist. Analog dazu besteht die Aufgabe in Prozessen mit stetiger Zeit darin zu analysieren, wann aus der Bedingung $\sum_n g(n)\, p_n < \infty$ die Bedingung $\mathsf{M}g(\mu(t)) < \infty$ für $t > 0$ folgt.

Anfangs beschäftigen wir uns mit einer umfassenderen Aufgabe, die in folgendem besteht: Es seien $\xi_1, \xi_2, \ldots$ unabhängige, nichtnegative und identisch verteilte Zufallsgrößen und ν eine von ihnen unabhängige nichtnegative ganzzahlige Zufallsgröße.

Wir führen folgende Bezeichnungen ein: $\zeta_0 = 0$, $\zeta_n = \xi_1 + \cdots + \xi_n$, $n \geqq 1$. Im weiteren Verlauf werden wir die Summe ζ_ν einer zufälligen Anzahl zufälliger Summanden untersuchen. Wir setzen voraus, daß alle weiter unten betrachteten, auf der reellen Achse definierten Funktionen meßbar sind, ohne das jedesmal hervorzuheben.

Definition 1. Wir sagen, daß die Funktion $g(x)$, die auf $[0, \infty)$ definiert ist, der *Bedingung $\mathcal{A}$ genügt* (oder *der Menge $\mathcal{A}$ angehört*, $g \in \mathcal{A}$), wenn aus der Existenz und Endlichkeit der Erwartungswerte $\mathsf{M}g(\xi_i)$ und $\mathsf{M}g(\nu)$ die Existenz und Endlichkeit des Erwartungswertes $\mathsf{M}g(\zeta_\nu)$ folgt.

Aus den Eigenschaften der erzeugenden Funktionen 5° und 8° in § 1.3 folgt, daß die Bedingungen $\mathsf{M}\nu^r < \infty$ und $\mathsf{M}\,\xi_i^r < \infty$ für ganzzahlige $r > 0$ die Bedingung $\mathsf{M}\zeta_\nu^r < \infty$ nach sich ziehen, wobei sich $\mathsf{M}\zeta_\nu^r$ als Funktion der Größen $\mathsf{M}\nu^{r_1}$, $\mathsf{M}\xi_i^{r_1}$ für ganzzahlige r_1, $0 < r_1 \leqq r$ ergibt, z. B. $\mathsf{M}\zeta_\nu = \mathsf{M}\nu \cdot \mathsf{M}\xi_i$; $\mathsf{M}\zeta_\nu^2 = \mathsf{M}\nu\mathsf{D}\xi_i + (\mathsf{M}\xi_i)^2 \cdot \mathsf{M}\nu^2$ usw. Folglich sind alle Potenzfunktionen x^r für $r = 1, 2, \ldots$ in $\mathcal{A}$ enthalten. Wie man leicht sieht, genügen auch die beschränkten Funktionen $g(x)$ der Bedingung $\mathcal{A}$. Unten geben wir hinreichend umfassende Bedingungen für die Zugehörigkeit einer Funktion g zur Menge $\mathcal{A}$ an.

Definition 2. Wir sagen, daß eine Funktion $g(x)$, die auf $[0, \infty)$ definiert ist, *der Bedingung $\mathcal{B}$ genügt* (oder *der Menge $\mathcal{B}$ angehört*, $g \in \mathcal{B}$), wenn $g(x)$ nichtnegativ ist und ein $C > 0$ existiert, so daß für beliebige $x, y \geqq 0$

$$g(xy) \leqq Cg(x)\,g(y) \tag{1}$$

gilt.

Definition 3. Wir sagen, daß eine Funktion $g(x)$, die auf $[0, \infty)$ definiert ist, *der Bedingung $\mathcal{C}$ genügt* (oder *der Menge $\mathcal{C}$ angehört*, $g \in \mathcal{C}$), wenn g eine nichtnegative, nichtfallende und konvexe Funktion ist.

Es gilt:

Satz 1. *Aus $g \in \mathcal{B} \cap \mathcal{C}$ folgt $g \in \mathcal{A}$.*

Beweis. Wir zeigen, daß unter den Bedingungen des Satzes aus (1) die Ungleichung

$$\mathsf{M}g(\zeta_\nu) \leqq C\mathsf{M}g(\xi_i)\,\mathsf{M}g(\nu) \tag{2}$$

folgt. Da $g(x)$ konvex ist und (1) genügt, gilt

$$g(\xi_1 + \cdots + \xi_\nu) = g\left(\frac{\xi_1\nu + \cdots + \xi_\nu\nu}{\nu}\right) \leqq \frac{1}{\nu}\sum_{i=1}^{\nu} g(\xi_i\nu) \leqq C\frac{g(\nu)}{\nu}\sum_{i=1}^{\nu} g(\xi_i).$$

Wir bilden weiter vom linken und rechten Teil den bedingten Erwartungswert unter der Bedingung $\nu = n$ und erhalten

$$\mathsf{M}\{g(\zeta_\nu) | \nu = n\} \leqq Cg(n)\,\mathsf{M}g(\xi_i)\,. \tag{3}$$

Wenn wir (3) nach der Verteilung der Zufallsgröße ν mitteln, kommen wir zu der Ungleichung (2). Der Satz ist damit bewiesen.

Wir zeigen jetzt, daß dieser Satz die Klasse der Funktionen, die der Bedingung $\mathcal{A}$ genügen, hinreichend gut aussondert.

Satz 2. *Wenn $g(x)$ nicht fällt und der Bedingung $\mathcal{B}$ genügt, dann gilt für ein $n > 0$ $g(x) = O(x^n)$ für $x \to \infty$.*

Beweis. Aus (1) folgt, daß $g(1) \geqq \frac{1}{C}$ und

$$g(2^r) \leqq \frac{1}{C}\,C^r[g(2)]^r = \frac{1}{C} \cdot 2^{r\log_2 Cg(2)}$$

gilt. Da $Cg(2) \geqq Cg(1) \geqq 1$ ist, gilt auch $\log Cg(2) \geqq 0$.

Es sei $n > \log_2 Cg(2)$ und $2^{r-1} < x \leqq 2^r$. Dann folgt

$$g(x) \leqq g(2^r) \leqq Cg(2) \cdot g(2^{r-1}) \leqq g(2) \cdot 2^{(r-1)n} \leqq g(2)\, x^n\,.$$

Damit ist der Satz bewiesen.

Somit wächst $g(x)$ in Satz 1 nicht schneller als eine Potenzfunktion. Wir konstruieren zwei Beispiele, die uns zeigen, daß die Beschränkung des Wachstums der Funktionen sowie die Konvexitätsbedingung in Satz 1 wesentlich sind.

Beispiel 1. Wir betrachten $g(x) = x^\lambda$, $0 < \lambda < 1$. Die Funktion $g(x)$ ist konkav. $\varepsilon > 0$ sei so gewählt, daß $\lambda > (\lambda + \varepsilon)^2$ ist. Wir betrachten Zufallsgrößen ξ_i mit der charakteristischen Funktion $e^{-|t|^\alpha\left(1-i\beta\frac{t}{|t|}\right)}$ einer stabilen Verteilung mit den Parametern $\alpha = \lambda + \varepsilon$ und $\beta = 1$.

Für die Zufallsgröße ν gelte $\mathsf{M}\nu^\lambda < \infty$ und $\mathsf{M}\nu^{\lambda+\varepsilon} = \infty$. Es ist bekannt, daß das Moment $\mathsf{M}\xi_i^\lambda$ endlich ist und $\zeta_n = \xi_1 + \cdots + \xi_n$ die gleiche Verteilung wie die Zufallsgröße $n^{1/(\lambda+\varepsilon)}\,\xi_i$ hat. Deshalb hat für festes ν die Zufallsgröße $g(\zeta_\nu) = \zeta_\nu^\lambda$ die gleiche Verteilung wie die Zufallsgröße $\nu^{\lambda/(\lambda+\varepsilon)} \cdot \xi_i^\lambda$. Wir gehen zu den bedingten Erwartungswerten über und erhalten

$$\mathsf{M}\{\zeta_\nu^\lambda | \nu = n\} = n^{\lambda/(\lambda+\varepsilon)} \cdot \mathsf{M}\xi_i^\lambda \geqq n^{\lambda+\varepsilon}\mathsf{M}\xi_i^\lambda\,.$$

Wenn wir nach ν mitteln, erhalten wir $\mathsf{M}\zeta_\nu^\lambda \geqq \mathsf{M}\nu_\nu^{\lambda+\varepsilon}\,\mathsf{M}\xi_i^\lambda$.

Beispiel 2. ξ_i und ν seien ganzzahlig und mögen eine geometrische Verteilung mit der erzeugenden Funktion

$$F(s) = F_\nu(s) = F_{\xi_i}(s) = \frac{q}{1 - ps}$$

besitzen. Dann ist $\zeta_\nu = \xi_1 + \cdots + \xi_\nu$ (siehe (1.3.18)) ganzzahlig verteilt mit der erzeugenden Funktion

$$F_{\zeta_\nu}(s) = F(F(s)) = \frac{(1 - ps)\,q}{1 - pq - ps}\,.$$

Es sei $g(x) = \left[\frac{1}{p}(1 - pq)\right]^x$. Die Exponentialfunktion $g(x)$ genügt nicht der Bedingung $\mathcal{B}$. Leicht erkennbar ist auch, daß $g(x)$ nicht der Bedingung $\mathcal{A}$ genügt, da

$$\mathsf{M}g(\nu) = \mathsf{M}g(\xi_i) = F_\nu\left(\frac{1}{p}(1 - pq)\right) = \frac{1}{p}$$

und

$$\mathsf{M}g(\zeta_\nu) = F_{\zeta_\nu}\left(\frac{1}{p}(1 - pq)\right) = \infty$$

gilt.

Satz 3. *Wenn $g_1 \in \mathcal{A}$ und für alle $x \in [0, \infty)$*

$$0 \leqq C_1 g_1(x) \leqq g(x) \leqq C_2 g_1(x) \tag{4}$$

gilt, dann ist $g \in \mathcal{A}$.

Beweis. Wenn $\mathsf{M}g(\xi_i) < \infty$, $\mathsf{M}g(\nu) < \infty$ erfüllt ist, gelten wegen (4) auch die Bedingungen $\mathsf{M}g_1(\xi_i) < \infty$ und $\mathsf{M}g_1(\nu) < \infty$. Aus $g_1 \in \mathcal{A}$ folgt $\mathsf{M}g_1(\xi_\nu) < \infty$. Dann ergibt sich aber aus (4) auch $\mathsf{M}g(\zeta_\nu) < \infty$, d. h. $g \in \mathcal{A}$.

Definition 4. Wir sagen, daß eine Funktion $g(x)$, die auf $[x_0, \infty)$ definiert ist, *der Bedingung* $\mathcal{C}_{x_0}$ *genügt* (oder *der Menge* $\mathcal{C}_{x_0}$ *angehört*, $g \in \mathcal{C}_{x_0}$), wenn sie für $x \geqq x_0$ nichtnegativ, nichtfallend und konvex ist.

Definition 5. Wir sagen, daß eine Funktion $g(x)$, die auf $[x_0, \infty)$ definiert ist, der *Bedingung* $\mathcal{B}_{x_0}$ *genügt* (oder *der Menge* $\mathcal{B}_{x_0}$ *angehört*, $g \in \mathcal{B}_{x_0}$), wenn ein C derart existiert, daß für beliebige $x \geqq x_0$, $y \geqq x_0$ die Ungleichung (1) erfüllt ist.

Satz 4. *Eine auf* $[0, \infty)$ *definierte Funktion* $g(x)$ *sei nichtnegativ und auf jedem endlichen Intervall beschränkt. Wenn ein* $x_0 > 0$ *existiert mit* $g \in \mathcal{B}_{x_0} \cap \mathcal{C}_{x_0}$, *dann ist* $g \in \mathcal{A}$.

Beweis. Der Fall beschränkter $g(x)$ ist trivial, es gelte also $g(x) \to \infty$. Den Punkt x_0 kann man so auswählen, daß $g(x_0) > 0$, $g(x) \geqq g(x_0)$ für beliebige $x \geqq x_0$ und $g(x) \leqq g(x_0)$ für alle $x \leqq x_0$ ist. Die Funktion

$$g_1(x) = \begin{cases} g(x_0) & \text{für} \quad x \leqq x_0\,, \\ g(x) & \text{für} \quad x \geqq x_0 \end{cases}$$

genügt, wie man leicht sieht, den Bedingungen des Satzes 1, d. h. $g_1(x) \in \mathcal{A}$. Außerdem gilt für alle $x \geqq 0$

$$g_1(x) \leqq g(x) + g(x_0) \leqq 2g_1(x)\,.$$

Daraus ergibt sich nach Satz 3 $g(x) + g(x_0) \in \mathcal{A}$ und folglich auch $g(x) \in \mathcal{A}$.

Lemma 1. *Gegeben seien* $g_1, g_2 \in \mathcal{B}$. *Wenn* $g = g_1 + g_2$ *oder* $g = g_1 \cdot g_2$ *oder* $g(x) = g_1(g_2(x))$ *oder* $0 < C_1 g_1(x) \leqq g(x) \leqq C_2 g_1(x)$ *gilt, wobei* C_1 *und* C_2 *Konstanten sind, dann ist* $g \in \mathcal{B}$.

Der Beweis folgt unmittelbar aus der Definition der Eigenschaft $\mathcal{B}$.

Lemma 2. *Die Funktion* $\varphi(x) = 1 + \log(1 + x)$ *genügt der Eigenschaft* $\mathcal{B}$.

Beweis. Da

$$\varphi(xy) = 1 + \log(1 + xy) \leqq 1 + \log(1 + x)(1 + y) \leqq \varphi(x)\,\varphi(y)$$

erfüllt ist, gilt auch $\varphi \in \mathcal{B}$.

Wir führen die Bezeichnungen $\varphi_k(x) = \varphi_{k-1}(\varphi(x))$, $\varphi_1(x) = \varphi(x)$ und $\log_{(k)} x = \log_{(k-1)}(\log x)$, $\log_{(1)} x = \log x$ ein. Die Funktionen $\varphi_k(x)$ sind auf $[0, \infty)$ und die Funktionen $\log_{(k)} x$ für $x > x_k^*$ definiert, wobei die x_k^* gewisse positive Zahlen sind. Aus den Lemmata 1 und 2 folgt, daß alle $\varphi_k(x) \in \mathcal{B}$ sind.

Lemma 3. *Für jedes* $k = 1, 2, \ldots$ *existiert ein* $x_k > 0$ *mit* $\log_{(k)} x \in \mathcal{B}_{x_k}$.

Beweis. Zunächst stellen wir fest, daß für beliebige $a > 0$ die Ungleichung

$$\frac{1}{2}\,\varphi(x) < \log ax \tag{5}$$

für alle $x \geqq x_1$ gültig ist, wobei x_1 eine (von a abhängige) positive Zahl ist. In der Tat folgt aus der Definition der Funktion $\varphi(x)$, daß die Ungleichung (5) der Ungleichung $(1 + x)\,\mathrm{e} \leqq x^2 a^2$ gleichwertig ist, die für $x \geqq x_1(a) = a^{-2}\left(\mathrm{e} + \sqrt{\mathrm{e}^2 + 4\mathrm{e}a^2}\right)$ immer erfüllt ist. Außerdem ergibt sich für alle $x > x_k^*$ die Ungleichung

$$\log_{(k)} x \leqq \varphi_k(x)\,. \tag{6}$$

Durch Induktion zeigen wir, daß für beliebige $k \geqq 1$ solche $x_k > 0$ existieren, daß für $x \geqq x_k$ die Relation

$$\tfrac{1}{2}\varphi_k(x) \leqq \log_{(k)} x \tag{7}$$

erfüllt ist. Für $k = 1$ folgt die Ungleichung (7) aus (5). Wir setzen voraus, daß die Ungleichung (7) für alle $k \leqq n$ erfüllt ist und zeigen, daß daraus auch ihre Richtigkeit für $k = n + 1$ folgt. Aus der Induktionsvoraussetzung und aus der Monotonie von $\log x$ folgt

$$\log\left(\tfrac{1}{2}\varphi_n(x)\right) \leqq \log_{(n+1)} x\,. \tag{8}$$

Wenn wir in der Ungleichung (5) für a den Wert 1/2 und für x den Wert $\varphi_n(x)$ einsetzen, erhalten wir

$$\tfrac{1}{2}\varphi_{n+1}(x) \leqq \log\left(\tfrac{1}{2}\varphi_n(x)\right) \tag{9}$$

für $\varphi_n(x) \geqq x_1\left(\frac{1}{2}\right)$. Aus (8) und (9) folgt, daß (7) für $k = n + 1$ und $x \geqq x_{n+1}$ richtig ist, wobei $\varphi_n(x_{n+1}) = x_1\left(\frac{1}{2}\right)$ ist. Aus den Ungleichungen (6) und (7) und Lemma 1 folgt $\log_{(k)} x \in \mathcal{B}_{x_k}$.

Satz 5. *Es sei $x > x_0$, wobei x_0 eine positive Zahl darstellt, die größer ist als x_r^*, die Funktion $g(x)$ mit $g(x) = x^{\beta_0} \prod_{k=1}^{r} \log_{(k)}^{\beta_k} x$ für $x > x_0$ sei auf dem Intervall $[0, x_0]$ beschränkt. Wenn $\beta_0 > 1$ oder $\beta_0 = 1$, $\beta_1 = \beta_2 = \cdots = \beta_{s-1} = 0$, $\beta_s > 0$, $1 \leqq s \leqq r$ ist, dann ist $g(x) \in \mathcal{A}$.*

Beweis. Aus den Lemmata 1 und 3 folgt $g(x) \in \mathcal{B}_z$ für ein $z > 0$. Es ist leicht zu zeigen, daß $g(x) \in \mathcal{C}_z$ ist, wenn z genügend groß ist. Die Behauptung folgt nun aus Satz 4.

Auf Verzweigungsprozesse werden die oben bewiesenen Sätze folgendermaßen angewandt:

Satz 6. *Es sei $\mu(t)$ die Anzahl der Teilchen im Zeitpunkt t in einem Verzweigungsprozeß mit diskreter Zeit, $\mu(0) = 1$. Falls $g(x) \in \mathcal{A}$ ist, folgt aus $\mathsf{M}g(\mu(1)) < \infty$ die Beziehung $\mathsf{M}g(\mu(t)) < \infty$ für alle $t = 1, 2, \ldots$.*

Beweis. Der Beweis wird durch Induktion geführt. Wir nehmen an, es sei $\mathsf{M}g(\mu(t - 1)) < \infty$. Da wir $\mu(t)$ als Summe einer zufälligen Anzahl $\mu(t - 1)$ unabhängiger Zufallsgrößen $\mu^i(1)$ darstellen können, deren Verteilung mit der von $\mu(1)$ übereinstimmt, folgt wegen $g \in \mathcal{A}$ auch $\mathsf{M}g(\mu(t)) < \infty$.

Satz 7. *Es sei $\mu(t)$ die Anzahl der Teilchen eines Verzweigungsprozesses mit stetiger Zeit und $f(s)$ seine erzeugende Funktion. Wenn $g(x)$ der Bedingung des*

Satzes 1 genügt, dann folgt aus

$$\sum_{n=0}^{\infty} g(n)\, p_n < \infty$$

die Endlichkeit des Momentes $\mathsf{M}g(\mu(t))$ *für beliebige* $t > 0$.

Beweis. Die Gleichung (1.4.14) ist den folgenden Gleichungen für die Wahrscheinlichkeiten $P_n(t)$ äquivalent:

$$\frac{\mathrm{d}P_0(t)}{\mathrm{d}t} = p_0 + p_1 P_0(t) + \sum_{k=2}^{\infty} p_k P_0^k(t)\,, \tag{10}$$

$$\frac{\mathrm{d}P_n(t)}{\mathrm{d}t} = p_1 P_n(t) + \sum_{k=2}^{\infty} p_k \sum{}' P_{n_1}(t) \cdots P_{n_k}(t)\,, \qquad n \neq 0\,, \tag{11}$$

wobei $\sum{}'$ die Summierung über alle $n_1, \ldots, n_k$ mit $n_i \geqq 0$ bedeutet. Wir multiplizieren (10) mit $g(0)$ und (11) mit $g(n)$ und addieren die linken und rechten Seiten dieser Gleichungen für $n = 0, 1, \ldots, N$:

$$\frac{\mathrm{d}}{\mathrm{d}t} \sum_{n=0}^{N} g(n)\, P_n(t) = p_0 g(0) + p_1 \sum_{n=0}^{N} g(n)\, P_n(t) + \\ + \sum_{k=2}^{\infty} p_k \sum_{n=0}^{N} \sum{}' g\,(n_1 + \cdots + n_k)\, P_{n_1}(t) \cdots P_{n_k}(t)$$

Wenn wir $\sum_{n=0}^{N} g(n)\, P_n(t) = G_N(t)$, $\tilde{g} = \sum_{n=2}^{\infty} g(n)\, p_n$ setzen und die Eigenschaften der Funktion $g(n)$ ausnutzen, dann erhalten wir wie im Satz 1

$$\frac{\mathrm{d}}{\mathrm{d}t} G_N(t) \leqq p_0 g(0) + C\tilde{g} G_N(t)\,, \tag{12}$$

wobei $C > 0$ die Konstante aus der Ungleichung (1) ist. Aus (12) folgt, daß $G_N(t)$ für alle N von oben durch eine nicht von N abhängige Funktion von t majorisiert werden kann, deren Funktionswerte endlich sind. Folglich ist das Moment $\mathsf{M}g(\mu(t)) = \lim_{N\to\infty} G_N(t)$ endlich. Der Satz ist bewiesen.

Bemerkung 1. Unter den Funktionen $g \in \mathcal{A}$ finden wir wegen Satz 5 auch die Funktion $g(x) = x \log x$, die im Satz 2.2 vorkam.

Bemerkung 2. Für Verzweigungsprozesse mit stetiger Zeit lassen sich auch Aussagen ableiten, die analog denen sind, die aus den Sätzen 3, 4 und 5 für Prozesse mit diskreter Zeit resultieren.

§ 4. Grenzwertsätze für subkritische Prozesse

In § 2 stellten wir fest, daß in subkritischen und kritischen Prozessen für $n = 1, 2, \ldots$

$$0 \leqq P_n(t) \leqq Q(t) \to 0$$

gilt. Wir zeigen, daß in subkritischen Prozessen die Grenzwerte

$$\lim_{t\to\infty} \frac{P_n(t)}{Q(t)} = P_n^* \tag{1}$$

existieren, wobei darüber hinaus die Grenzwahrscheinlichkeiten $P_1^*, P_2^*, \ldots$ eine Wahrscheinlichkeitsverteilung bilden, d. h. $\sum_{n=1}^{\infty} P_n^* = 1$ gilt.

Satz 1. *Es sei $\mu(t)$ ein subkritischer Verzweigungsprozeß mit stetiger Zeit und der erzeugenden Funktion $f(s)$.*

Für beliebige $n \geqq 1$ existieren die Grenzwerte

$$\lim_{t\to\infty} \mathsf{P}\,\{\mu(t) = n|\mu(t) > 0\} = P_n^*\,. \tag{2}$$

Die erzeugende Funktion

$$F^*(s) = \sum_{n=1}^{\infty} P_n^* s^n$$

hat folgendes Aussehen:

$$F^*(s) = 1 - \exp\left\{a \int_0^s \frac{du}{f(u)}\right\}. \tag{3}$$

Beweis. Die erzeugende Funktion $F^*(t; s)$ der bedingten Wahrscheinlichkeiten $\mathsf{P}\{\mu(t) = n|\mu(t) > 0\}$ stellen wir in der Form

$$F^*(t; s) = \sum_{n=1}^{\infty} \mathsf{P}\{\mu(t) = n|\mu(t) > 0\}\, s^n = \frac{\sum_{n=1}^{\infty} P_n(t)\, s^n}{Q(t)} = \frac{F(t; s) - F(t; 0)}{Q(t)} =$$
$$= 1 - \frac{R(t; s)}{Q(t)} \tag{4}$$

dar, wobei $R(t; s) = 1 - F(t; s)$, $Q(t) = R(t; 0)$ ist. Aus den Gleichungen (1.4.14) und (1.4.15) erhalten wir

$$t = \int_{R(t;s)}^{1-s} \frac{du}{f(1-u)}. \tag{5}$$

Aus (5) und (2.4) ergibt sich

$$\int_{R(t;s)}^{1-s} \frac{du}{f(1-u)} = \int_{Q(t)}^{1} \frac{du}{f(1-u)}$$

oder

$$\int_0^s \frac{du}{f(u)} = \int_{R(t;s)}^{Q(t)} \frac{du}{f(1-u)}. \tag{6}$$

Es sei $0 \leqq s < 1$. Da $R(t; s) \leqq Q(t) \to 0$ ist, können wir

$$f(1 - u) = -au\,(1 + \varepsilon(u))$$

schreiben, wobei die Funktion $\varepsilon(u)$ stetig ist und $\varepsilon(u) \to 0$ für $u \to 0$ gilt. Wenn wir auf die rechte Seite von (6) den Mittelwertsatz anwenden, dann erhalten wir

$$\int_0^s \frac{du}{f(u)} = \frac{1}{a(1 + \varepsilon(\theta))} \ln \frac{R(t; s)}{Q(t)} \tag{7}$$

mit $R(t; s) \leqq \theta \leqq Q(t)$. Aus (7) ergibt sich

$$\lim_{t\to\infty} \frac{R(t; s)}{Q(t)} = \exp\left\{a \int_0^s \frac{du}{f(u)}\right\},$$

woraus (2) folgt. Wir stellen noch fest, daß $F^*(1) = 1$ gilt, da $\int_0^1 \frac{du}{f(u)} = \infty$ ist.

Satz 2. *Wenn das Integral (2.2) im Satz 2.1 konvergiert, dann hat die Grenzverteilung $F^*(s)$ einen endlichen Erwartungswert $F^{*\prime}(1) = 1/K$, wobei K die im Satz 2.1 definierte Konstante ist, und für den bedingten Erwartungswert ergibt sich*

$$\mathsf{M}\{\mu(t) | \mu(t) > 0\} \to \frac{1}{K} \tag{8}$$

für $t \to \infty$.

B e w e i s. Da

$$\mathsf{M}\{\mu(t) | \mu(t) > 0\} = \frac{\mathsf{M}\mu(t)}{\mathsf{P}\{\mu(t) > 0\}} = \frac{e^{at}}{Q(t)}$$

erfüllt ist, erhalten wir wegen $Q(t) \sim K e^{at}$ die Beziehung (8). Weiterhin ist der Erwartungswert der Grenzverteilung gleich

$$\lim_{s\uparrow 1} F^{*\prime}(s) = \lim_{s\uparrow 1}\left[-a \exp\left\{a \int_0^s \frac{du}{f(u)}\right\} \frac{1}{f(s)}\right]; \tag{9}$$

da $f(s) \sim -a(1 - s)$ für $s \to 1$ ist, folgt aus (9)

$$\lim_{s\uparrow 1} F^{*\prime}(s) = \lim_{s\uparrow 1} \exp\left\{a \int_0^s \frac{du}{f(u)} + \int_0^s \frac{du}{1-u}\right\}. \tag{10}$$

Wegen der Bedingung (2.2) existiert rechts der Grenzwert und ist gleich $\frac{1}{K}$.

Einen analogen Satz zeigen wir für Prozesse mit diskreter Zeit.

Satz 3. *In subkritischen Verzweigungsprozessen mit diskreter Zeit und der erzeugenden Funktion $F(s)$ existieren die Grenzwerte*

$$\lim_{t\to\infty} \mathsf{P}\{\mu(t) = n|\mu(t) > 0\} = P_n^*, \qquad \sum_{n=1}^{\infty} P_n^* = 1. \tag{11}$$

Die erzeugende Funktion

$$F^*(s) = \sum_{n=1}^{\infty} P_n^* s^n$$

genügt der Funktionalgleichung

$$1 - F^*(F(s)) = A(1 - F^*(s)). \tag{12}$$

Beweis. Die Funktion $B(s) = \dfrac{1 - F(s)}{A(1 - s)}$ ist eine wahrscheinlichkeitserzeugende Funktion.

Wegen (4) müssen wir zeigen, daß für $t \to \infty$ die Funktion $\dfrac{R(t; s)}{Q(t)}$ für alle $0 \leqq s < 1$ gegen den Grenzwert $1 - F^*(s)$ konvergiert. Wir setzen $X(t; s) = \dfrac{R(t; s)}{Q(t)\,(1 - s)}$ und beweisen, daß $X(t; s)$ für $t \to \infty$ konvergiert. In der Tat folgt aus $R(t + 1; s) = R(F(t; s))$, $R(s) = R(1; s)$, $F(t; 0) = 1 - Q(t)$

$$X(t; s) = \frac{B(F(t - 1; s))}{B(F(t - 1; 0))} X(t - 1; s). \tag{13}$$

Da $F(t - 1; s) \geqq F(t - 1; 0)$ ist, folgt aus (13)

$$\frac{1}{1 - s} \geqq X(t; s) \geqq X(t - 1; s),$$

so daß der Grenzwert $\lim\limits_{t\to\infty} X(t; s) = \dfrac{1 - F^*(s)}{1 - s}$ existiert und folglich $\lim\limits_{t\to\infty} F^*(t; s) = F^*(s)$ ist. Aus (13) folgt

$$X(t; s) = \prod_{k=0}^{t-1} \frac{B(F(k; s))}{B(F(k; 0))}, \qquad F(0; s) = s$$

und hieraus

$$X(t; F(s)) = \frac{B(F(t; s))}{B(s)} X(t; s).$$

Wegen $F(t; s) \to 1$ für $t \to \infty$ erhalten wir, indem wir in (14) t gegen ∞ streben lassen, die Gleichung

$$\frac{1 - F^*(F(s))}{1 - F(s)} = \frac{1}{B(s)} \cdot \frac{1 - F^*(s)}{1 - s},$$

die der Gleichung (12) äquivalent ist. Aus (12) ergibt sich nun für $s \uparrow 1$ $F^*(1) = \lim\limits_{s\uparrow 1} F^*(s)$ die Beziehung

$$1 - F^*(1) = A(1 - F^*(1)),$$

woraus $F^*(1) = 1$ folgt.

Satz 4. *Die Grenzverteilung von $F^*(s)$ in Satz 3 hat dann und nur dann einen endlichen Erwartungswert, der gleich $\frac{1}{K}$ ist (mit der im Satz 2.2. definierten Größe K), wenn das Moment $\mathsf{M}\mu(1)\log\mu(1)$ endlich ist.*

Beweis. Aus der Gleichung (12) erhalten wir unschwer

$$1 - F^*(F(t;s)) = A^t(1 - F^*(s)) \tag{15}$$

für beliebige ganzzahlige t. Setzen wir in (15) $s = 0$, so können wir

$$\frac{1 - F^*(F(t;0))}{1 - F(t;0)} = \frac{A^t}{Q(t)} \tag{16}$$

schreiben. Nach Satz 2.2 strebt der rechte Teil in (16) genau dann gegen $1/K$ mit $K > 0$, wenn $\mathsf{M}\mu(1)\log\mu(1) < \infty$ ist.

Die linke Seite von (16) ist als $F^{*\prime}(\theta(t))$ darstellbar, wobei $F(t;0) \leqq \theta(t) \leqq 1$ ist, und konvergiert für $t \to \infty$ gegen $F^{*\prime}(1) = \lim\limits_{s\uparrow 1} F^{*\prime}(s)$. Damit ist der Satz bewiesen.

Satz 5. *Wenn $\mathsf{M}\mu(1)\log\mu(1) < \infty$ ist, dann besitzt die Gleichung*

$$1 - \varphi(F(s)) = A(1 - \varphi(s)) \tag{17}$$

eine auf $0 \leqq s \leqq 1$ eindeutige Lösung in der Klasse der Funktionen, die im Punkt $s = 1$ eine endliche Ableitung haben.

Beweis. Wir nehmen die Darstellung

$$\varphi(s) = 1 + (s - 1)\,\theta(s)\,, \tag{18}$$

in der $\lim\limits_{s\uparrow 1}\theta(s) = \theta(1)$ endlich ist. Aus Satz 4 folgt, daß $\varphi'(1) = \theta(1) = \frac{1}{K}$ erfüllt ist. Für beliebige ganzzahlige $t \geqq 1$ erhalten wir aus (17) und (18)

$$\frac{1 - F(t;s)}{A^t} = \frac{1 - \varphi(s)}{\theta(F(t;s))}\,. \tag{19}$$

Für $t \to \infty$ strebt die linke Seite gegen $K(1 - F^*(s))$ (Sätze 3 und 2.2) und die rechte Seite gegen $\frac{1 - \varphi(s)}{\theta(1)}$. Hieraus folgt $\varphi(s) = F^*(s)$.

§ 5. Grenzwertsätze für kritische Prozesse

Die kritischen Verzweigungsprozesse haben die Eigenschaft, daß die Verteilung von $\mu(t)$ für $t \to \infty$ asymptotisch nur von den ersten zwei Momenten abhängt. Diese Eigenschaft tauchte schon in den Sätzen 2.3 und 2.4 bei der Untersuchung des asymptotischen Verhaltens der Wahrscheinlichkeit $\mathsf{P}\{\mu(t) > 0\}$ auf. Wir betrachten das bedingte Verteilungsgesetz

$$S_t(x) = \mathsf{P}\left\{\frac{\mu(t)}{\mathsf{M}\{\mu(t) \mid \mu(t) > 0\}} < x \mid \mu(t) > 0\right\}. \tag{1}$$

Der bedingte Erwartungswert

$$\mathsf{M}\{\mu(t) \mid \mu(t) > 0\} = \frac{\mathsf{M}\mu(t)}{Q(t)}$$

ist im kritischen Fall asymptotisch äquivalent $\frac{bt}{2}$ für Prozesse mit stetiger Zeit bzw. $\frac{Bt}{2}$ für Prozesse mit diskreter Zeit.

Wir beweisen folgenden Grenzwertsatz.

Satz 1. *Für $t \to \infty$ konvergiert die bedingte Verteilung $S_t(x)$ eines kritischen Prozesses mit endlichem zweiten Moment gegen die Exponentialverteilung $S(x) = 1 - e^{-x}$, $x \geqq 0$. Die Aussage ist für Prozesse mit stetiger und diskreter Zeit richtig (im letzteren durchläuft t ganzzahlige Werte).*

Beweis. Die charakteristische Funktion der bedingten Verteilung (1) ist gleich

$$\varphi_t(\lambda) = \mathsf{M}\{e^{i\lambda\mu(t)Q(t)} \mid \mu(t) > 0\} = \frac{F(t; e^{i\lambda Q(t)}) - F(t; 0)}{Q(t)} = 1 - \frac{R(t; e^{i\lambda Q(t)})}{Q(t)} \tag{2}$$

mit $R(t; s) = 1 - F(t; s)$. Wir betrachten zuerst den Fall stetiger Zeit. Dann genügt $R(t; s)$ der Gleichung

$$\frac{\partial R}{\partial t} = -f(1 - R)\,, \qquad R(0; s) = 1 - s\,. \tag{3}$$

Da $a = 0$ und das zweite Moment b endlich ist, folgt wegen Satz 1.3.1 und der Bemerkung 1.3.3

$$f(s) = \frac{\bar{b}(s)}{2}(s - 1)^2 \tag{4}$$

mit $|\bar{b}(s)| \leqq b$ und $\bar{b} \to b$ für $s \to 1$. Wenn wir jetzt (4) in (3) einsetzen, ergibt sich

$$\frac{\partial R}{\partial t} = -\frac{b + \varepsilon(t; s)}{2} R^2\,, \tag{5}$$

mit $\bar{b}(1 - R(t; s)) = b + \varepsilon(t, s)$, wobei für $t \to \infty$ gleichmäßig in $|s| \leqq 1$ die Konvergenz $\varepsilon(t, s) \to 0$ gilt, da $|R(t; s)| \leqq 2Q(t) \to 0$ erfüllt ist.

Wir lösen (5)

$$\frac{1}{R(t; s)} - \frac{1}{1 - s} = \frac{1}{2}\left(bt + \int_0^t \varepsilon(u; s)\,du\right),$$

woraus

$$R(t; s) = \frac{1 - s}{\frac{bt}{2}(1 - s) + 1}\,(1 + \alpha(t; s)) \tag{6}$$

mit $\alpha(t; s) \to 0$ gleichmäßig in $|s| \leqq 1$ für $t \to \infty$ folgt. In (6) setzen wir jetzt $s = e^{i\lambda Q(t)}$, und den so erhaltenen Ausdruck setzen wir in (2) ein

$$\varphi_t(\lambda) = 1 - \frac{1 - e^{i\lambda Q(t)}}{Q(t)\left[\frac{bt}{2}(1 - e^{i\lambda Q(t)}) + 1\right]}(1 + \alpha) . \tag{7}$$

Wenn wir in (7) den Grenzübergang $t \to \infty$ durchführen und (2.19) benutzen, erhalten wir die Konvergenz von $\varphi_t(\lambda)$ gegen die charakteristische Funktion der Exponentialverteilung $S(x)$

$$\lim_{t\to\infty} \varphi_t(\lambda) = \frac{1}{1 - i\lambda} . \tag{8}$$

Im Fall diskreter Zeit zeigen wir die der Gleichung (6) analoge Darstellung von $R(t; s)$

$$R(t; s) = \frac{1 - s}{\frac{Bt}{2}(1 - s) + 1}(1 + \alpha(t; s)) , \tag{9}$$

mit $\alpha(r; s) \to 0$ gleichmäßig in $|s| \leqq 1$ für $t \to \infty$.

Wir schreiben die Rekurrenzbeziehung (1.4.5) in der Form

$$R(t + 1; s) = 1 - F(1 - R(t; s)) \tag{10}$$

und benutzen die Zerlegung

$$F(s) = 1 + A(s - 1) + \frac{\bar{B}}{2}(s - 1)^2 , \tag{11}$$

mit $|\bar{B}| \leqq B$ und $\bar{B} \to B$ für $s \to 1$. Wenn wir (11) in (10) einsetzen, dann ergibt sich wegen $A = 1$

$$R(t + 1; s) = R(t; s) - \frac{B + \varepsilon(t; s)}{2} R^2(t; s) , \tag{12}$$

mit $|B + \varepsilon(t; s)| \leqq B$ und $\varepsilon(t; s) \to 0$ gleichmäßig in $|s| \leqq 1$ für $t \to \infty$. Aus (12) folgt

$$|R(t + 1; s) - R(t, s)| \leqq \frac{B}{2} |R^2(t; s)|$$

und

$$R(t + 1; s) = R(t; s) - \frac{B}{2} R(t; s)\, R(t + 1; s) + \\ + \eta(t; s)\, R(t; s)\, R(t + 1; s) , \tag{13}$$

wobei $\eta(t; s) \to 0$ gleichmäßig in $|s| \leqq 1$ für $t \to \infty$ gilt.

Wenn wir die rechte und linke Seite in (13) durch $R(t; s)\, R(t + 1; s)$ dividieren, erhalten wir

$$\frac{1}{R(t + 1; s)} = \frac{1}{R(t; s)} + \frac{B}{2} - \eta(t; s) ,$$

woraus sich

$$\frac{1}{R(t;s)} = \frac{1}{1-s} + \frac{Bt}{2} - \sum_{k=0}^{t-1} \eta(k;s) \tag{14}$$

ergibt. Aus (14) folgt (9), und damit ist der Satz bewiesen.

Satz 2. *Wenn wir in Satz* 1 *zusätzlich noch die Endlichkeit des dritten Momentes fordern, dann erhalten wir in den asymptotischen Formeln* (6) *und* (9) *folgende in* $|s| \leqq 1$ *gleichmäßige Abschätzung des Restgliedes*:

$$\alpha(t;s) = O\left(\frac{\ln t}{t}\right). \tag{15}$$

Beweis. Wir betrachten einen Prozeß mit stetiger Zeit. Wenn $c = f'''(1)$ endlich ist, dann können wir in der Gleichung (5) das Restglied als $\varepsilon(t;s) = = \frac{\bar{c}}{3} R(t;s)$ mit $|\bar{c}| \leqq c$ schreiben. Dann gilt auch $|\varepsilon(t;s)| \leqq \frac{c}{3} |R(t;s)| \leqq \leqq \frac{2c}{3} Q(t) < \frac{c_1}{t+1}$ für ein $0 < c_1 < \infty$. Hieraus folgt (15), da in der Formel (6)

$$\alpha(t;s) = O\left(\frac{1}{t}\int_0^t \varepsilon(u;s)\,du\right) = O\left(\frac{\ln t}{t}\right)$$

ist.

Analog läßt sich der diskrete Fall behandeln.

§ 6. Grenzwertsätze für superkritische Prozesse

Satz 1. *Wenn in einem superkritischen Verzweigungsprozeß mit diskreter Zeit* $B < \infty$ *ist, dann konvergiert* $\xi_n = \mu(n)/A^n$ *im quadratischen Mittel und mit Wahrscheinlichkeit* 1 *für* $n \to \infty$ *gegen eine Zufallsgröße* ξ, *für die*

$$\mathsf{M}\xi = 1\,, \qquad \mathsf{D}\xi = \frac{\mathsf{D}\mu(1)}{A^2 - A} \tag{1}$$

erfüllt ist.

Beweis. Aus der Definition des Verzweigungsprozesses folgt für $k \geqq 0$

$$\mathsf{M}\{\mu(n+k) \mid \mu(n)\} = A^k \mu(n) \tag{2}$$

oder

$$\mathsf{M}\{\xi_{n+k} \mid \xi_n\} = \xi_n\,. \tag{3}$$

Aus (3), (1.6.6) und (1.6.7) erhalten wir für $k \geqq 0$

$$\mathsf{M}\xi_{n+k}\xi_n = \mathsf{M}\xi_n^2 = \frac{B}{A(A-1)} - \frac{B+A-A^2}{A^n A(A-1)}$$

und

$$\mathsf{M}(\xi_{n+k} - \xi_n)^2 = \mathsf{M}\xi_{n+k}^2 + \mathsf{M}\xi_n^2 - 2\mathsf{M}\xi_{n+k}\xi_n = \frac{B+A-A^2}{A(A-1)\,A^n}\left(1 - \frac{1}{A^k}\right). \tag{4}$$

Aus (4) folgt, daß für $n \to \infty$ gleichmäßig bezüglich $k \geqq 0$ der Ausdruck $\mathsf{M}(\xi_{n+k} - \xi_n)^2$ gegen Null strebt. Deshalb existiert eine Zufallsgröße ξ, für die

$$\lim_{n\to\infty} \mathsf{M}(\xi_n - \xi)^2 = 0 \tag{5}$$

gilt. Somit konvergiert ξ_n im quadratischen Mittel gegen ξ. Aus (5) folgt

$$\mathsf{M}\xi = \lim_{n\to\infty} \mathsf{M}\xi_n = 1 \quad \text{und} \quad \mathsf{D}\xi = \lim_{n\to\infty} \mathsf{D}\xi_n = \lim_{n\to\infty} \mathsf{M}\xi_n^2 - 1 = \frac{B + A - A^2}{A(A-1)}.$$

Darüber hinaus erhalten wir, wenn wir in (4) zum Grenzwert für $k \to \infty$ übergehen,

$$\mathsf{M}(\xi - \xi_n)^2 = \frac{B + A - A^2}{A(A-1)\,A^n}, \tag{6}$$

woraus die Endlichkeit des Erwartungswertes der Summe der Reihe

$$\mathsf{M} \sum_{n=1}^{\infty} (\xi - \xi_n)^2 = \sum_{n=1}^{\infty} \mathsf{M}(\xi - \xi_n)^2 < \infty$$

folgt. Damit konvergiert die Reihe $\sum_n (\xi - \xi_n)^2$ mit Wahrscheinlichkeit 1 und $\mathsf{P}\{\xi_n \to \xi\} = 1$.

Satz 2. *Die charakteristische Funktion* $\varphi(\lambda) = \mathsf{M}e^{i\lambda\xi}$ *der Grenzzufallsgröße genügt der Gleichung*

$$\varphi(A\lambda) = F(\varphi(\lambda)) . \tag{7}$$

Die Gleichung (7) *besitzt eine eindeutige Lösung* $\varphi(\lambda)$ *in der Klasse der charakteristischen Funktionen, deren erstes Moment gleich Eins und deren zweites Moment endlich ist.*

Beweis. Aus der Konvergenz von ξ_n gegen ξ, die im vorangegangenen Satz bewiesen wurde, folgt die Konvergenz der Verteilungsgesetze. Damit konvergieren auch ihre charakteristischen Funktionen $\varphi_n(\lambda) = \mathsf{M}e^{i\lambda\xi_n} = F(n; e^{i\lambda A^{-n}})$ gegen $\varphi(\lambda)$. Aus der Funktionalgleichung

$$F(n+1; s) = F(F(n; s))$$

folgt

$$\varphi_{n+1}(A\lambda) = F(\varphi_n(\lambda)) ,$$

woraus wir für $n \to \infty$ (7) erhalten. Zwei beliebige Lösungen $\varphi_1(\lambda)$, $\varphi_2(\lambda)$ des betrachteten Typs können wir in der Form

$$\varphi_r(\lambda) = 1 + i\lambda - \lambda^2\beta_r(\lambda) , \qquad r = 1, 2 ,$$

$$\varphi_0(\lambda) = \varphi_1(\lambda) - \varphi_2(\lambda) = \lambda^2\beta(\lambda)$$

mit der für $\lambda \to 0$ beschränkten Funktion $\beta(\lambda) = \beta_2(\lambda) - \beta_1(\lambda)$ schreiben. Dann erhalten wir aus (7)

$$\varphi_0(A\lambda) = A^2\lambda^2\beta(A\lambda) = F(\varphi_1(\lambda)) - F(\varphi_2(\lambda)) ,$$

$$A^2\lambda^2|\beta(A\lambda)| \leqq A|\varphi_1(\lambda) - \varphi_2(\lambda)| = A\lambda^2|\beta(\lambda)| ,$$

$A|\beta(\lambda)| \leqq \left|\beta\left(\frac{\lambda}{A}\right)\right|$, woraus $A^t|\beta(\lambda)| \leqq \left|\beta\left(\frac{\lambda}{A^t}\right)\right|$ folgt, und damit kann $\beta(\lambda)$ im Punkt Null nur beschränkt sein, wenn $\beta(\lambda) \equiv 0$ ist.

Satz 3. *Wenn* $\mathsf{D}\mu(1) = B + A - A^2 > 0$ *ist, dann hat das Verteilungsgesetz* $K(x) = \mathsf{P}\{\xi \leqq x\}$ *der Zufallsgröße* ξ *in Null eine Sprungstelle mit* $q = \mathsf{P}\{\xi = 0\}$. *Die bedingte Verteilungsfunktion*

$$K_0(x) = \mathsf{P}\{\xi \leqq x \mid \xi > 0\} = \frac{K(x) - K(0)}{1 - K(0)} = \frac{K(x) - q}{1 - q}$$

ist absolutstetig und die bedingte Varianz $\mathsf{D}\{\xi \mid \xi > 0\}$ *ist positiv.*

Beweis. Wie aus dem Beweis des Satzes 2 ersichtlich ist, genügt die LAPLACE-Transformation $\mathsf{M}e^{-u\xi} = \psi(u)$ der Gleichung

$$\psi(Au) = F(\psi(u)), \tag{8}$$

die äquivalent zu (7) ist. Da die Zufallsgröße ξ nichtnegativ ist, gilt $\mathsf{P}\{\xi = 0\} = \lim_{u\to\infty} \psi(u)$. Wenn wir in (8) zum Grenzwert für $u \to \infty$ übergehen, dann erhalten wir

$$\mathsf{P}\{\xi = 0\} = F(\mathsf{P}\{\xi = 0\}). \tag{9}$$

Wegen $\mathsf{M}\xi = 1$ ist $\mathsf{P}\{\xi = 0\} < 1$. Deshalb ist die andere Wurzel der Gleichung (9) $\mathsf{P}\{\xi = 0\} = q$ gleich der Aussterbewahrscheinlichkeit. Die charakteristische Funktion $\varphi_0(\lambda)$ der bedingten Verteilung $K_0(x)$ ist gleich

$$\varphi_0(\lambda) = \frac{\varphi(\lambda) - q}{1 - q} \tag{10}$$

und genügt, wie wir leicht sehen, der Gleichung

$$\varphi_0(A\lambda) = G(\varphi_0(\lambda)), \tag{11}$$

mit

$$G(s) = \frac{F(s(1-q) + q) - q}{1 - q}. \tag{12}$$

Die bedingte Varianz $\mathsf{D}\{\xi \mid \xi > 0\}$ ist gleich

$$\begin{aligned}\mathsf{D}\{\xi \mid \xi > 0\} &= \mathsf{M}\{\xi^2 \mid \xi > 0\} - (\mathsf{M}\{\xi \mid \xi > 0\})^2 = \\ &= \frac{\mathsf{M}\xi^2}{1-q} - \frac{(\mathsf{M}\xi)^2}{1-q} = \frac{B}{A(A-1)(1-q)} - \frac{1}{(1-q)^2} = \\ &= \frac{(1-q)B - A(A-1)}{A(A-1)(1-q)^2}.\end{aligned}$$

Die Funktion $G(s)$ ist eine wahrscheinlichkeitserzeugende Funktion mit $G'(1) = A$ und $G''(1) = (1-q)B$, und $G''(1) + G'(1) - [G'(1)]^2 = (1-q)B + A - A^2$ ist gleich der Varianz der entsprechenden Zufallsgröße. Diese Varianz kann nur dann gleich Null sein, wenn $G(s) = s^n$ ist für ein gewisses ganzzahliges n. Da $G'(1) = n = A > 1$ ist, folgt $n \geqq 2$. Der Fall $G(s) = s^n$,

$n \geqq 2$ ist aber unmöglich. In der Tat folgt aus (12) die Gleichung $F(s(1-q)+q) = q + (1-q)\, s^n$ und $F(s) = q + (1-q)\left(\frac{s-q}{1-q}\right)^n$, was unmöglich ist, da einerseits $q = 0$ der Bedingung $\mathsf{D}\mu(1) > 0$ widerspricht und andererseits für $q > 0$ die Funktion $F(s)$ nicht als Reihe nach Potenzen von s mit nichtnegativen Koeffizienten darstellbar ist. Folglich ist $\mathsf{D}\{\xi \mid \xi > 0\}$ positiv. Somit existiert ein λ derart, daß $|\varphi_0(\lambda)| < 1$ ist. Aus der Gleichung (11) folgt für beliebiges ganzzahliges t

$$\varphi_0(A^t\lambda) = G(t; \varphi_0(\lambda)) \tag{13}$$

mit $G(t;\, s) = \dfrac{F(t;\, s(1-q)+q) - q}{1-q}$. Wegen Satz 1.3 konvergiert $G(t; \varphi_0(\lambda)) \to 0$ für $t \to \infty$ und damit auch $\varphi_0(A^t\lambda) \to 0$; das ist aber gleichbedeutend damit, daß die Verteilungsfunktion $K_0(x)$ stetig ist.

Für den Beweis der Absolutstetigkeit des Grenzverteilungsgesetzes $K_0(x)$ ist hinreichend festzustellen, daß für $\lambda \to \infty$

$$\varphi_0(\lambda) = O(\lambda^{-\gamma})\,, \quad \varphi_0'(\lambda) = O(\lambda^{-\gamma-1})\,, \quad \varphi_0''(\lambda) = O(\lambda^{-\gamma-2}) \tag{14}$$

erfüllt ist, wobei γ eine beliebige Zahl aus dem Intervall $0 < \gamma \leqq -\dfrac{\ln q_1}{\ln A}$, und $q_1 = G'(0) = F'(q)$ ist. Entsprechend Lemma 1.3 erhalten wir für alle $t = 1, 2, \ldots$ und $0 < s < 1$ die Beziehung $G(t; s) < s$. Wir setzen $q_2 = G'(s)$. Für alle $t = 1, 2, \ldots$ und $0 < s < 1$ ergeben sich die Ungleichungen

$$G(t; s) \leqq q_2^t\,, \quad G'(t; s) \leqq q_2^t\,, \quad G''(t; s) \leqq \frac{G''(s)\, q_2^t}{q_2(1-q_2)}\,. \tag{15}$$

Das folgt aus den Ungleichungen $G(s) \leqq G'(s)\, s$, $G(t; s) \leqq s$, der Rekurrenzbeziehung $G(t+1; s) = G(t; G(s))$ und den Gleichungen, die sich aus der Rekurrenzbeziehung durch Differentiation nach s ergeben

$$G'(t+1; s) = G'(t; G(s))\, G'(s)\,,$$
$$G''(t+1; s) = G''(t; G(s))\, (G'(s))^2 + G'(t, G(s))\, G''(s)\,.$$

Aus den letzten Gleichungen erhalten wir

$$G'(t+1; s) \leqq G'(t; s)\, q_2 \leqq q_2^{t+1}\,,$$
$$G''(t+1; s) \leqq G''(t; s)\, q_2^2 + G''(s)\, q_2^t\,,$$

woraus unschwer die zu zeigenden Ungleichungen (15) folgen,

Wir wenden jetzt (15) auf die rechte Seite von (13) und auf die Gleichungen, die wir durch Differenzieren von (13) nach λ erhalten, an, und erhalten

$$|\varphi_0(\lambda A^t)| = |G(t; \varphi_0(\lambda))| \leqq G(t; |\varphi_0(\lambda)|) \leqq q_2^t\,,$$
$$|A^t\varphi_0'(A^t\lambda)| = |G'(t; \varphi_0(\lambda))\, \varphi_0'(\lambda)| \leqq G'(t; |\varphi_0(\lambda)|)\, |\varphi_0'(\lambda)| \leqq q_2^t |\varphi_0'(\lambda)|\,,$$
$$|A^{2t}\varphi_0''(A^t\lambda)| = |G''(t; \varphi_0(\lambda))\, [\varphi_0'(\lambda)]^2 + G'(t; \varphi_0(\lambda))\, \varphi_0''(\lambda)| \leqq$$
$$\leqq G''(t; |\varphi_0(\lambda)|)\, |\varphi_0'(\lambda)|^2 + G'(t; |\varphi_0(\lambda)|) \cdot |\varphi_0''(\lambda)| = O(q_2^t)\,.$$

Wenn wir λ so auswählen, daß $\varphi_0(\lambda)$ genügend nahe bei Null liegt, können wir $q_2 = G'(|\varphi_0(\lambda)|)$ genügend nahe bei $q_1 = G'(0)$ annehmen. Danach können wir aus den oben erhaltenen Ungleichungen unschwer die Abschätzung (14) gewinnen. Wenn wir z. B. $A^t\lambda_0 = \lambda$ setzen, erhalten wir

$$|\varphi_0(\lambda)| \leqq q_2^t = q_2^{(\ln\lambda - \ln\lambda_0)/\ln A} = \lambda^{\frac{\ln q_2}{\ln A}} \cdot q_2^{-\frac{\ln\lambda_0}{\ln A}} = O(\lambda^{-\gamma})$$

usw. Die Absolutstetigkeit des Verteilungsgesetzes $K_0(x)$ erhalten wir aus den Abschätzungen (14) genau so wie in Satz 5, den wir weiter unten für stetige Zeit beweisen.

Satz 4. *In superkritischen Verzweigungsprozessen mit stetiger Zeit und $b < \infty$ konvergiert die Zufallsgröße $\xi_t = \mu(t)\, e^{-at}$ für $t \to \infty$ im quadratischen Mittel gegen eine Zufallsgröße ξ, deren charakteristische Funktion $\varphi(\lambda)$ die Differentialgleichung*

$$\frac{d\varphi(\lambda)}{d\lambda} = \frac{f(\varphi(\lambda))}{\lambda a}, \qquad \varphi(0) = 1 \tag{16}$$

erfüllt. Die Lösung dieser Gleichung können wir folgendermaßen implizit angeben:

$$1 - \varphi(\lambda) = -i\lambda \exp\left\{\int_1^{\varphi(\lambda)} \frac{f(x) - a(x-1)}{f(x)\,(x-1)}\, dx\right\}. \tag{17}$$

Beweis. Analog zum Beweis des Satzes 1 erhalten wir für $\tau > 0$

$$\mathsf{M}\{\xi_{t+\tau} \mid \xi_t\} = \xi_t\,, \qquad \mathsf{M}\xi_t^2 = \frac{b}{a} + \left(1 - \frac{b}{a}\right) e^{-at}\,,$$

und gleichmäßig in $\tau \geqq 0$ für $t \to \infty$

$$\mathsf{M}(\xi_{t+\tau} - \xi_t)^2 = \mathsf{M}\xi_{t+\tau}^2 - \mathsf{M}\xi_t^2 = \left(\frac{b}{a} - 1\right) e^{-at}(1 - e^{-a\tau}) \to 0\,.$$

Folglich existiert eine Zufallsgröße ξ, gegen die ξ_t im quadratischen Mittel strebt. Aus dieser Konvergenz folgt die Konvergenz der charakteristischen Funktionen

$$\varphi_t(\lambda) = \mathsf{M}e^{i\lambda\xi_t} = F(t; e^{i\lambda e^{-at}}) \to \varphi(\lambda) = \mathsf{M}e^{i\lambda\xi}\,.$$

In die Gleichung $F(t+\tau; s) = F(\tau; F(t; s))$ setzen wir $s = \exp\{i\lambda e^{-a(t+\tau)}\}$. Wir erhalten

$$\varphi_{t+\tau}(\lambda) = F(\tau; \varphi_t(\lambda e^{-a\tau}))\,,$$

woraus für $t \to \infty$

$$\varphi(\lambda) = F(\tau; \varphi(\lambda e^{-a\tau}))$$

folgt. Lassen wir nun τ gegen ∞ streben, so ergibt sich

$$\varphi(\lambda) = \varphi(\lambda e^{-a\tau}) + \tau f(\varphi(\lambda e^{-a\tau})) + o(\tau)\,.$$

Hieraus folgt dann auch die Gleichung (16). Die Gleichung (17) erhalten wir aus der Gleichung (1.4.14), die wir in der Form

$$1 - F(t; s) = (1 - s)\, e^{at} \exp\left\{ \int_s^{F(t;s)} \frac{f(x) - a(x-1)}{f(x)\,(x-1)}\, dx \right\} \tag{18}$$

darstellen können. Dazu benutzen wir eine andere Schreibweise dieser Gleichung:

$$\frac{dF}{F-1} - \frac{f(F) - a(F-1)}{f(F)\,(F-1)} = a\, dt\,.$$

Wir integrieren diesen Ausdruck nach t von 0 bis t. Wenn wir in (18) $s = \exp\{i\lambda e^{-at}\}$ einsetzen, erhalten wir

$$1 - F(t; e^{-i\lambda e^{-at}}) = (1 - e^{i\lambda e^{-at}})\, e^{at} \exp\left\{ \int_{e^{i\lambda e^{-at}}}^{F} \frac{f(x) - a(x-1)}{f(x)\,(x-1)}\, dx \right\}; \tag{19}$$

Gehen wir in (19) zum Grenzwert für $t \to \infty$ über, dann kommen wir zu (17).

Die Verteilungsfunktion $K(x) = \mathsf{P}\{\xi \leqq x\}$ der Grenzverteilung hat im Nullpunkt eine Sprungstelle mit $\mathsf{P}(\xi = 0) = q$. Das können wir analog wie in Satz 3 zeigen. Wie im Fall mit diskreter Zeit kann auch die Stetigkeit des bedingten Verteilungsgesetzes

$$K_0(x) = \mathsf{P}\{\xi \leqq x \mid \xi > 0\} = \frac{K(x) - q}{1 - q} \tag{20}$$

bewiesen werden.

Für Prozesse mit stetiger Zeit können wir die Absolutstetigkeit von $K_0(x)$ einfacher zeigen.

Satz 5. *Die bedingte Verteilung $K_0(x)$ besitzt eine Dichte $k_0(x)$, die stetig ist für $x > 0$.*

Beweis. Die charakteristische Funktion $\varphi_0(\lambda)$ der Verteilung $K_0(x)$ ist gleich $\varphi_0(\lambda) = \dfrac{\varphi(\lambda) - q}{1 - q}$ und erfüllt die Gleichung

$$\frac{d\varphi_0(\lambda)}{d\lambda} = \frac{g(\varphi_0(\lambda))}{\lambda a}, \tag{21}$$

wobei $g(s) = \dfrac{f(s(1-q) + q)}{1 - q}$ ist. Dieses Ergebnis erhalten wir, indem wir $\varphi(\lambda) = \varphi_0(\lambda)\,(1 - q) + q$ in die Gleichung (16) einsetzen. Wegen $\varphi_0(\lambda) \to 0$ für $\lambda \to \infty$ und $g(0) = 0$ folgt aus (21)

$$\frac{d\varphi_0(\lambda)}{d\lambda} = o\left(\frac{1}{|\lambda|}\right). \tag{22}$$

Wenn wir beide Seiten in (21) nach λ differenzieren, dann erhalten wir für $\lambda \to \infty$

$$\frac{d^2\varphi_0(\lambda)}{d\lambda^2} = \frac{g'(\varphi_0(\lambda))}{\lambda a}\varphi_0'(\lambda) - \frac{g(\varphi_0(\lambda))}{\lambda^2 a} = o\left(\frac{1}{|\lambda|^2}\right). \tag{23}$$

Aus der Endlichkeit von a und b folgt die Endlichkeit von $M\xi$, $M\xi^2$ und die Beschränktheit der Ableitungen $\varphi_0'(\lambda)$ und $\varphi_0''(\lambda)$. Wir zeigen, daß die Funktion

$$k_T(x) = \frac{1}{2\pi}\int_{-T}^{T} e^{-i\lambda x}\,\varphi_0(\lambda)\,d\lambda \tag{24}$$

für $T \to \infty$ gleichmäßig auf jedem beliebigen Intervall $0 < c_1 \leqq x \leqq c_2 < \infty$ gegen eine Grenzfunktion $k_0(x)$ konvergiert, die die in $x \neq 0$ stetige Dichte der Verteilung $K_0(x)$ ist. Wenn wir (24) zweimal partiell integrieren, ergibt sich

$$k_T(x) = -\frac{1}{2\pi i x}\left[\varphi_0(T)\,e^{-iTx} - \varphi_0(-T)\,e^{iTx}\right] + \\ + \frac{1}{2\pi x^2}\left[\frac{d\varphi_0(\lambda)}{d\lambda}\,e^{-i\lambda x}\right]\Bigg|_{-T}^{T} - \frac{1}{2\pi x^2}\int_{-T}^{T} e^{-i\lambda x}\,\frac{d^2\varphi_0(\lambda)}{d\lambda^2}\,d\lambda\,. \tag{25}$$

Wegen (22) und (23) streben die ersten beiden Summanden für $T \to \infty$ gleichmäßig auf $c_1 \leqq x \leqq c_2$ gegen Null. Der dritte Summand konvergiert gegen den Grenzwert

$$k_0(x) = \lim_{T\to\infty} k_T(x) = -\frac{1}{2\pi x^2}\int_{-\infty}^{\infty} e^{-i\lambda x}\,\frac{d^2\varphi_0(\lambda)}{d\lambda^2}\,d\lambda\,.$$

Wir zeigen, daß $k_0(x)$ die Dichte zu der Verteilung $K_0(x)$ ist. Nach der Umkehrformel erhalten wir für $x_1 < x_2$

$$K_0(x_2) - K_0(x_2) = \lim_{T\to\infty}\int_{-T}^{T}\frac{e^{-i\lambda x_1} - e^{-i\lambda x_2}}{2\pi i\lambda}\,\varphi_0(\lambda)\,d\lambda\,.$$

Nun gilt

$$\int_{-T}^{T}\frac{e^{-i\lambda x_1} - e^{-i\lambda x_2}}{2\pi i\lambda}\,\varphi_0(\lambda)\,d\lambda = \int_{x_1}^{x_2} k_T(y)\,dy\,.$$

Folglich gilt wegen der gleichmäßigen Konvergenz von $k_T(y)$ gegen $k_0(y)$

$$K_0(x_2) - K_0(x_1) = \lim_{T\to\infty}\int_{x_1}^{x_2} k_T(y)\,dy = \int_{x_1}^{x_2} k_0(y)\,dy\,,$$

was zu zeigen war.

§ 7. Bedingungen für das Aussterben von zeitlich inhomogenen Prozessen

Im § 1.8 (Beispiel 9) haben wir eine notwendige und hinreichende Bedingung für das Aussterben eines zeitlich inhomogenen Verzweigungsprozesses gefunden, und zwar eines Geburts- und Todesprozesses, d. h. eines Prozesses, in dem die Teilchen nur entweder sterben oder sich in 2 Teilchen aufteilen können.

Diese Bedingung, die in der Divergenz des Integrals (1.8.24) bestand, erweist sich allgemein als hinreichend und für eine große Klasse von Fällen auch als notwendig.

Wir benutzen die Bezeichnungen von § 1.7. Es sei die Funktion $f(t; s)$ gegeben, die eine auf jedem endlichen Intervall $(t, \tau) \in [0, \infty)$ RIEMANN-integrierbare Ableitung $a(t) = \left.\frac{\partial f(t; s)}{\partial s}\right|_{s=1}$ besitze.

Der Prozeß heißt *aussterbend*, wenn $\lim\limits_{\tau \to \infty} P_0(t; \tau) = P_0(t) = 1$ ist. Dieser Grenzwert existiert immer, da $P_0(t, \tau_1) \leqq P_0(t, \tau_2)$ ist für $\tau_1 \leqq \tau_2$. Wir zeigen, daß entweder $P_0(t) \equiv 1$ oder $P_0(t) < 1$ für alle t ist. Für $t_0 < t$ ist nämlich

$$P_0(t_0) = \sum_{k=0}^{\infty} P_k(t_0, t)\, P_0^k(t) \tag{1}$$

und aus $P_0(t) = 1$ ergibt sich $P_0(t_0) = 1$. Da andererseits

$$P_1(t_0, t) \geqq e^{\int_{t_0}^{t} p_1(u)\mathrm{d}u} > 0$$

erfüllt ist, folgt aus (1) für $P_0(t) < 1$ auch $P_0(t_0) < 1$.

Satz 1. *Gilt*

$$\int_t^{\infty} p_0(v) \exp\left\{-\int_t^{v} a(u)\,\mathrm{d}u\right\} \mathrm{d}v = \infty\,, \tag{2}$$

dann ist der Verzweigungsprozeß aussterbend.

Beweis. Wenn wir die Darstellung

$$f(v; s) = a(v)\,(s - 1) + \frac{\bar{b}(v, s)}{2}\,(s - 1)^2$$

mit der in s monoton wachsenden Funktion $\bar{b}(v, s)$ benutzen, können wir die Gleichung (1.7.18)

$$\frac{\partial F}{\partial t} = -f(t; F)$$

in der Form

$$\frac{\partial R}{\partial t} = a(t)\,R - \frac{\bar{b}(t; 1 - R)}{2}\,R^2 \tag{3}$$

schreiben, wobei $R(t, \tau; s) = 1 - F(t, \tau; s)$ ist.

Nehmen wir die Funktion $\bar{b}$ als bekannt an, dann können wir die Lösung von (3) in der Form

$$R(t, \tau; s) = \frac{1 - s}{e^{-\varrho(t,\tau)} + (1 - s) \int\limits_t^\tau \frac{1}{2} \bar{b}(v, 1 - R)\, e^{-\varrho(t,v)}\, dv} \tag{4}$$

angeben. Hierbei ist $\varrho(t, \tau) = \int\limits_t^\tau a(u)\, du$ (siehe § 1.8). Setzen wir in (4) $s = 0$, so erhalten wir

$$1 - P_0(t, \tau) = \frac{1}{e^{-\varrho(t,\tau)} + \frac{1}{2} \int\limits_t^\tau \bar{b} e^{-\varrho(t,v)}\, dv}. \tag{5}$$

Mit $\bar{b}(v, P_0(v, \tau)) \geqq \bar{b}(v, 0) = 2(p_0(v) + a(v))$ folgt aus (5)

$$1 - P_0(t, \tau) \leqq \frac{1}{e^{-\varrho(t,\tau)} + \int\limits_t^\tau [p_0(v) + a(v)]\, e^{-\varrho(t,v)}\, dv}. \tag{6}$$

Aus $\int\limits_t^\tau a(v)\, e^{-\varrho(t,v)}\, dv = 1 - e^{-\varrho(t,\tau)}$ und aus (6) erhalten wir

$$1 - P_0(t, \tau) \leqq \frac{1}{1 + \int\limits_t^\tau p_0(v)\, e^{-\varrho(t,v)}\, dv},$$

woraus die Behauptung des Satzes folgt.

Satz 2. *Ist $f(t; s)$ in s ein Polynom, dann ist die Bedingung* (2) *notwendig dafür, daß der Prozeß ausstirbt.*

Beweis. In der Gleichung (5) ersetzen wir $\bar{b}$ durch die größere Zahl $b(v) = \left.\frac{\partial^2 f(v; s)}{\partial s^2}\right|_{s=1}$. Wir erhalten dann

$$1 - P_0(t, \tau) \geqq \frac{1}{e^{-\varrho(t,\tau)} + \frac{1}{2} \int\limits_t^\tau b(v)\, e^{-\varrho(t,v)}\, dv}. \tag{7}$$

Für $\lim\limits_{\tau \to \infty} P_0(t, \tau) = 1$ folgt aus (7)

$$\lim_{\tau \to \infty} \left[e^{-\varrho(t,\tau)} + \frac{1}{2} \int\limits_t^\tau b(v)\, e^{-\varrho(t,v)}\, dv \right] = \infty. \tag{8}$$

Ist $\lim\limits_{\tau \to \infty} \int\limits_t^\tau b(v)\, e^{-\varrho(t,v)}\, dv = \infty$, so gilt auch

$$\lim_{\tau \to \infty} \int\limits_t^\tau \left(a(v) + p_0(v)\right) e^{-\varrho(t,v)}\, dv = \infty,$$

weil die Ungleichung

$$a(v) + p_0(v) = \sum_{k=2}^{n} (k - 1)\, p_k(v) \geqq \frac{1}{n} \sum_{k=2}^{n} k(k - 1)\, p_k(v) = \frac{1}{n} b(v) \tag{9}$$

erfüllt ist. Aus der Identität

$$1 + \int_t^\tau p_0(v)\, e^{-\varrho(t,v)}\, dv = e^{-\varrho(t,\tau)} + \int_t^\tau [a(v) + p_0(v)]\, e^{-\varrho(t,v)}\, dv \qquad (10)$$

folgt dann aber die Beziehung (2). Ist dagegen $\lim_{\tau\to\infty} \int_t^\tau b(v)\, e^{-\varrho(t,v)}\, dv < \infty$, dann ergibt sich aus (7) $\lim_{\tau\to\infty} e^{-\varrho(t,\tau)} = \infty$, so daß aus (10) wiederum (2) folgt, da $a(v) + p_0(v)$ wegen (9) nichtnegativ ist. Damit ist der Satz bewiesen.

Somit ist die Bedingung (2) notwendig und hinreichend dafür, daß ein Prozeß, dessen erzeugende Funktion $f(t; s)$ ein Polynom ist, mit Wahrscheinlichkeit 1 ausstirbt. Es läßt sich ein Beispiel dafür konstruieren, daß die Bedingung (2) im allgemeinen Fall nicht notwendig für das Aussterben ist.

KAPITEL III

ÜBERGANGSERSCHEINUNGEN

§ 1. Aufgabenstellung

Im vergangenen Paragraphen untersuchten wir asymptotische Eigenschaften von Verzweigungsprozessen. Wir stellten fest, daß die Eigenschaften wesentlich davon bestimmt werden, ob der Prozeß subkritisch, kritisch oder superkritisch ist. In Prozessen mit stetiger Zeit und endlichen $a = f'(1)$ und $b = f''(1)$ gelten z. B. für $t \to \infty$ folgende asymptotischen Formeln für die Wahrscheinlichkeit $Q(t) = \mathsf{P}\{\mu(t) > 0\}$ dafür, daß die Nachkommenschaft eines Teilchens zum Zeitpunkt t noch lebt:

$$Q(t) \sim \begin{cases} K e^{at}, & a < 0, \\ \dfrac{2}{bt}, & a = 0, \quad b > 0, \\ 1 - q, & a > 0, \end{cases}$$

wobei K eine positive Konstante und $q < 1$ eine nichtnegative Wurzel der Gleichung $f(s) = 0$ ist. Für den bedingten Erwartungswert

$$M^*(t) = \mathsf{M}\{\mu(t) \mid \mu(t) > 0\} = \frac{e^{at}}{Q(t)}$$

gelten für $t \to \infty$ die asymptotischen Formeln

$$M^*(t) \sim \begin{cases} \dfrac{1}{K}, & a < 0, \\ \dfrac{bt}{2}, & a = 0, \\ \dfrac{e^{at}}{1 - q}, & a > 0. \end{cases}$$

Das bedingte Verteilungsgesetz

$$S_t(x) = \mathsf{P}\left\{\frac{\mu(t)}{M^*(t)} < x \mid \mu(t) > 0\right\} \tag{1}$$

konvergiert für $t \to \infty$ schwach gegen eine Grenzverteilung $S(x)$

$$\lim_{t \to \infty} S_t(x) = S(x).$$

Für $a < 0$ und $a > 0$ hängt die Grenzverteilung $S(x)$ wesentlich von der Gestalt der erzeugenden Funktion $f(s)$ ab, wobei sie im subkritischen Fall diskret ist, hingegen im superkritischen Fall absolutstetig. Im kritischen Fall ist

$$S(x) = \begin{cases} 0\,, & x \leqq 0\,, \\ 1 - \mathrm{e}^{-x}\,, & x > 0\,. \end{cases} \tag{2}$$

Somit existiert für den kritischen Verzweigungsprozeß ein explizites Verteilungsgesetz, das nicht von der speziellen Gestalt der erzeugenden Funktion $f(s)$ abhängt, wobei die Normierung von $\mu(t)$ durch den Parameter b bestimmt ist. Interessant ist nun die Frage, ob diese Besonderheit des asymptotischen Verhaltens des Prozesses erhalten bleibt, wenn a nicht genau Null, sondern nur nahe bei Null ist. Erscheinungen, die für $t \to \infty$, $a \to 0$ auftreten, d. h. asymptotische Eigenschaften von Prozessen, die nahe den kritischen sind, nennen wir *Übergangserscheinungen.*

§ 2. Übergangserscheinungen in Prozessen mit stetiger Zeit

In diesem und im nächsten Paragraphen setzen wir immer voraus, ohne das jedes Mal speziell zu betonen, daß die erzeugende Funktion $f(s)$ der unten definierten Klasse $\mathfrak{K}(b_0, c_0)$ angehört.

Definition 1. Wir sagen, daß eine erzeugende Funktion (oder der entsprechende Verzweigungsprozeß) *der Klasse* $\mathfrak{K}(b_0, c_0)$ *angehört mit* $0 < b_0 < \infty$, $0 \leqq c_0 < \infty$, wenn die Ungleichungen $f''(1) = b \geqq b_0$ und $f'''(1) = c \leqq c_0$ gelten.

Wir geben für $t \to \infty$, $a \to 0$ eine asymptotische Formel für $R(t; s) = 1 - F(t; s)$ an. Die entsprechende Formel für $Q(t)$ stellt einen Sonderfall dar, da $Q(t) = R(t; 0)$ ist. Die Funktion $R(t; s)$ genügt der Gleichung

$$\frac{\mathrm{d}R}{\mathrm{d}t} = -f(1 - R) \tag{1}$$

mit

$$R(0; s) = 1 - s\,. \tag{2}$$

Die Lösung der Aufgabe (1), (2) im speziellen Fall $f(s) = a(s - 1) + \frac{b}{2}(s - 1)^2$ bezeichnen wir mit $r(t; s)$. Dafür haben wir in § 1.8 (Beispiel 2) die Formel

$$r(t; s) = \begin{cases} \dfrac{\mathrm{e}^{a'}(1 - s)}{\dfrac{b}{2a}(\mathrm{e}^{at} - 1)(1 - s) + 1} & \text{für} \quad a \neq 0\,, \\[2ex] \dfrac{1 - s}{\dfrac{bt}{2}(1 - s) + 1} & \text{für} \quad a = 0 \end{cases} \tag{3}$$

gefunden. Wir zeigen, daß $r(t; s)$ die gesuchte asymptotische Formel für $(t; s)$ ist. Wir beweisen folgenden

Satz 1. *Es gilt die Gleichung*

$$R(t; s) = r(t; s)\,\bigl(1 + \eta(t; s)\bigr)\,, \tag{4}$$

wobei $r(t; s)$ *durch die Formel* (3) *gegeben ist, und gleichmäßig bezüglich aller* $f(s) \in \mathfrak{K}(b_0, c_0)$ *und* $|s| \leqq 1$ *für* $t \to \infty$, $a \to 0$ *die Konvergenz* $\eta(t; s) \to 0$ *gilt.*

Zunächst zeigen wir einige Lemmata.

Lemma 1. *Ist* $f(s) \in \mathfrak{K}(b_0, c_0)$, *so gilt für*

$$0 \leqq h \leqq \min\left\{\frac{3b_0}{2c_0}, 1\right\}, \; |a| < \frac{bh}{8}, \; 0 \leqq s \leqq 1 - h$$

die Ungleichung

$$f(s) \geqq \frac{b_0}{8} h^2 .$$

Beweis. Wir entwickeln die Funktion $f(s)$ nach der Taylor-Formel im Punkt $s = 1$ und erhalten

$$f(s) = a(s - 1) + \frac{b}{2}(s - 1)^2 + \frac{\bar{c}}{6}(s - 1)^3 ,$$

wobei wegen $s \leqq \theta \leqq 1$ die Beziehung $0 \leqq \bar{c} = f'''(\theta) \leqq c_0$ gilt. Es sei $0 < h \leqq \leqq \min\left\{\frac{3b_0}{2c_0}, 1\right\}$, dann gilt

$$f(1 - h) = -\,ah + \frac{b}{2}h^2 - \frac{\bar{c}}{6}h^3 \geqq \left(\frac{b_0}{2} - \frac{c_0}{6}h\right)h^2 - |a| \cdot h \geqq \frac{b_0}{4}h^2 - |a| \cdot h .$$

Für $|a| \leqq \frac{b_0}{8}h$ ist $f(1 - h) \geqq \frac{b_0}{8}h^2$. Für $0 \leqq s \leqq 1 - h$ erhalten wir

$$f(s) \geqq f(1 - h) \geqq \frac{b_0}{8} h^2 .$$

Damit ist das Lemma bewiesen.

Folgerung 1. *Für* $f(s) \in \mathfrak{K}(b_0, c_0)$ *und* $|a| \leqq \min\left\{\frac{3b_0^2}{16c_0}, \frac{b_0}{8}\right\}$ *genügt die kleinste nichtnegative Wurzel* q *der Gleichung* $f(s) = 0$ *der Ungleichung*

$$q \geqq 1 - \frac{8|a|}{b_0} .$$

Beweis. Wir wissen, daß für $a \leqq 0$ $q = 1$ ist. Sei jetzt $a > 0$. In Lemma 1 setzen wir $h = \frac{8a}{b_0}$. Dann folgt aus $0 < a \leqq \min\left\{\frac{3b_0^2}{16c_0}, \frac{b_0}{8}\right\}$ die Beziehung $0 <$

$< h = \min\left\{\frac{3b_0}{2c_0}, 1\right\}$, und nach Lemma 1 erhalten wir für $0 \leqq s \leqq 1 - h$ die Ungleichung $f(s) \geqq \frac{b_0}{8} h^2$. Für $0 \leqq s < q$ ist $f(s) > 0$ und für $q < s < 1$ ist $f(s) < 0$, also folgt hieraus $q > 1 - h = 1 - \frac{8a}{b_0}$.

Lemma 2. *Für $t \to \infty$, $a \to 0$ strebt die Wahrscheinlichkeit $Q(t)$ gleichmäßig bezüglich aller Verzweigungsprozesse mit $f(s) \in \mathfrak{K}(b_0, c_0)$ gegen Null.*

Beweis. Wir müssen zeigen, daß zu beliebigem $\varepsilon > 0$ positive reelle Zahlen a_0, t_0 existieren, so daß für alle a und t mit $|a| \leqq a_0$ und $t \geqq t_0$ und für alle $f(s) \in \mathfrak{K}(b_0, c_0)$

$$Q(t) \leqq \varepsilon$$

ist.

Wir nehmen an, die Beziehung gelte nicht. Dann existieren zu einem geeigneten $\varepsilon_0 > 0$ beliebig kleine a_0 und beliebig große t, so daß für ein gewisses $f(s) \in \mathfrak{K}(b_0, c_0)$ mit $f'(1) = a_0$ die Ungleichung $Q(t_0) > \varepsilon_0$ erfüllt ist. Wir zeigen, daß dies nicht möglich ist.

Es sei $0 < \varepsilon_0 \leqq \min\left\{\frac{3b_0}{2c_0}, 1\right\}$ und $|a_0| \leqq \frac{b_0}{8}\varepsilon_0$, $t_0 \geqq \frac{1 - \varepsilon_0/2}{b_0\varepsilon_0^2/8}$. Da $Q(t)$ mit wachsendem t fällt, folgt aus $Q(t_0) > \varepsilon_0$ für $0 \leqq t \leqq t_0$ gleichfalls $Q(t) > \varepsilon_0$. Wir betrachten die Gleichung

$$\frac{dQ}{dt} = -f(1 - Q)$$

mit der Anfangsbedingung $Q(0) = 1$. Da $1 - Q(t) \leqq 1 - \varepsilon_0$ ist für $t \leqq t_0$, erhalten wir aus Lemma 1

$$\frac{dQ}{dt} \leqq -\frac{b_0\varepsilon_0^2}{8}.$$

Wenn wir beide Seiten der Ungleichung über dem Intervall $(0, t_0)$ integrieren, erhalten wir

$$Q(t_0) - Q(0) \leqq -\frac{b_0\varepsilon_0^2}{8} t_0,$$

$$Q(t_0) \leqq 1 - \frac{b_0\varepsilon_0^2}{8} \frac{1 - \varepsilon_0/2}{b_0\varepsilon_0^2/8} = \frac{\varepsilon_0}{2},$$

was der Ungleichung $Q(t_0) \geqq \varepsilon_0$ widerspricht. Somit ist das Lemma gezeigt.

Lemma 3. *Für beliebige $|s| \leqq 1$ und $t \geqq 0$ gilt die Ungleichung $|R(t; s)| \leqq 2Q(t)$.*

Beweis. Die Aussage folgt aus der Ungleichung

$$|R(t; s)| \leqq 1 - P_0(t) + \sum_{k=1}^{\infty} P_k(t)\,|s|^k \leqq 2Q(t),$$

da $1 - P_0(t) = \sum_{k=1}^{\infty} P_k(t) = Q(t)$, $|s| \leqq 1$ ist.

Lemma 4. *Die Funktion*

$$g(a, t) = \begin{cases} \dfrac{e^{at} - 1}{a} & \textit{für} \quad a \neq 0, \\ t & \textit{für} \quad a = 0, \end{cases} \tag{5}$$

die für reelle a und positive t definiert ist, wächst in jedem Argument bei festgehaltenem anderen Argument. Außerdem gilt $g(a, t) \to \infty$ für $t \to \infty$ und $a \to 0$.

Beweis. Das Wachsen in t für festes a ist trivial. Ist $t > 0$ fest, so erhalten wir, wie man leicht sieht,

$$\frac{\partial g}{\partial a} = \frac{ate^{at} - e^{at} + 1}{a^2} > 0$$

für alle a. Weiter folgt aus der gezeigten Monotonie $g(a, t) = g(-|a|, t) = \dfrac{1 - e^{-|a|t}}{|a|}$. Für $|a|t \geqq 1$ ist $g(a, t) \geqq \dfrac{1 - e^{-1}}{|a|}$. Sei nun $|a|t \leqq 1$. Dann ist, wie man leicht sieht, $1 - e^{-|a|t} \geqq |a|t(1 - e^{-1})$, woraus $g(a, t) \geqq (1 - e^{-1})t$ folgt. Folglich erhalten wir

$$g(a, t) \geqq (1 - e^{-1}) \min \left\{\frac{1}{|a|}, t\right\} \to \infty,$$

für $t \to \infty$, $a \to 0$. Das Lemma ist bewiesen.

Beweis des Satzes 1. Wir entwickeln den rechten Teil der Differentialgleichung (1) nach der Taylorschen Formel im Punkt $R = 0$

$$\frac{dR}{dt} = aR - \left(\frac{b}{2} - \frac{\bar{c}}{6} R\right) R^2. \tag{6}$$

Aus dem Satz 1.3.1 kennen wir die Abschätzung $|\bar{c}| \leqq c \leqq c_0$. Wir betrachten $\dfrac{b}{2} - \dfrac{\bar{c}}{6} R$ als bekannte Funktion und überführen die Gleichung (6), indem wir beide Seiten durch R^2 dividieren und $w = \dfrac{1}{R}$ setzen, in die lineare Gleichung

$$\frac{dw}{dt} = -aw - \left(\frac{b}{2} - \frac{\bar{c}}{6} R\right),$$

die mit elementaren Methoden lösbar ist. Somit können wir die Lösung von (6) in der Form

$$R(t; s) = \frac{e^{at}}{(1 - s)^{-1} + \dfrac{b}{2} g(a, t) + \beta(t; s)} \tag{7}$$

mit

$$\beta(t; s) = -\frac{1}{6} \int_0^t \bar{c} R(u; s)\, e^{au}\, du \tag{8}$$

schreiben. Sei jetzt $\varepsilon < \frac{b_0}{c_0}$. t_1 und a_1 wählen wir so aus, daß für alle $f(s) \in \mathfrak{K}(b_0, c_0)$, $|a| \leqq a_1$ und $t \geqq t_1$ die Ungleichung $Q(t) \leqq \varepsilon$ erfüllt ist (das ist nach Lemma 2 möglich). Wenn wir nun die Ungleichung $|R(t; s)| \leqq 2Q(t)$ benutzen, dann erhalten wir für $|a| \leqq a_1$ und $t \geqq t_1$

$$|\beta(t; s)| \leqq \frac{c_0}{6} \int_0^t |R| e^{au}\, du + \frac{c_0}{6} \int_{t_1}^t |R|\, e^{au}\, du \leqq \frac{2c_0 \varepsilon}{6} g(a, t_1) +$$

$$+ \frac{c_0 \varepsilon}{3} \big(g(a, t) - g(a, t_1)\big) \leqq C_1 + \frac{c_0 \varepsilon}{3} g(a, t)\,, \tag{9}$$

wobei C_1 eine Konstante ist, die von a_1 und t_1 abhängt. Aus (7) erhalten wir, daß die Funktion $\eta(t; s)$, die durch die Gleichung (4) eingeführt wurde, in der Form

$$\eta(t; s) = \frac{-\beta(t; s)}{(1 - s)^{-1} + \frac{b}{2} g(a, t) + \beta(t; s)}$$

darstellbar ist. Hieraus erhalten wir wegen (9) für alle $|s| \leqq 1$, $|a| \leqq a_1$, $t \geqq t_1$

$$|\eta(t; s)| \leqq \frac{C_1 + \frac{c_0}{3} \varepsilon g(a, t)}{\frac{b_0}{2} g(a, t) - C_1 - \frac{c_0}{3} \varepsilon g(a, t)} \leqq \frac{C_1 + \frac{c_0}{3} \varepsilon g(a, t)}{\frac{b_0}{6} g(a, t) - C_1}\,, \tag{10}$$

denn für $|s| \leqq 1$ gilt $\operatorname{Re} (1 - s)^{-1} \geqq \frac{1}{2}$ und

$$\left|(1 - s)^{-1} + \frac{b}{2} g(a, t) + \beta(t; s)\right| \geqq \operatorname{Re} (1 - s)^{-1} + \frac{b}{2} g(a, t) -$$

$$- |\beta(t; s)| \geqq \frac{b_0}{2} g(a, t) - |\beta(t; s)|\,.$$

Wir wählen jetzt a_2 und t_2 so aus, daß der Ausdruck, der rechts in (10) steht, für $t \geqq t_2$ und $|a| \leqq a_2$ kleiner als $\frac{4c_0}{b_0} \varepsilon$ ist. Das kann immer erreicht werden, da nach Lemma 4 $g(a, t) \to \infty$ gilt. Damit finden wir $|\eta(t; s)| < \frac{4c_0}{b_0} \varepsilon$ für alle $|a| \leqq a_2$, $t \geqq t_2$, $|s| \leqq 1$. Da wir ε beliebig klein wählen können, folgt hieraus die Aussage des Satzes.

Folgerung 2. *Für $t \to \infty$, $a \to 0$ folgt gleichmäßig bezüglich aller $f(s) \in \mathfrak{K}(b_0, c_0)$*

$$Q(t) \sim q(t, a) = \begin{cases} \dfrac{e^{at}}{\frac{b}{2a}(e^{at} - 1) + 1} & \text{für} \quad a \neq 0\,, \\[2ex] \dfrac{1}{\frac{bt}{2} + 1} & \text{für} \quad a = 0\,. \end{cases} \tag{11}$$

Die Formel (11) folgt aus Satz 1 für $s = 0$.

Wir benötigen noch das nachstehende Lemma.

Lemma 5. *Es sei $F_0(x)$ eine stetige Verteilungsfunktion und φ_0 ihre charakteristische Funktion. $K_n \supseteq K_{n+1}$ sei eine solche fallende Folge von Familien von Verteilungsgesetzen, die durch eine Verteilungsfunktion $F(x)$ oder durch eine charakteristische Funktion $\varphi(\tau)$ gegeben sind, daß für beliebige $T > 0$ für $n \to \infty$*

$$\sup_{\varphi \in K_n} \sup_{|\tau| \leqq T} |\varphi(\tau) - \varphi_0(\tau)| \to 0$$

folgt. Dann gilt für $n \to \infty$

$$\sup_{F \in K_n} \sup_{x} |F(x) - F_0(x)| \to 0 .$$

Beweis. Wir nehmen an, es gebe ein $\varepsilon > 0$ und eine solche Folge von Funktionen $F_n(x) \in K_n$ und Punkte x_n, daß für alle n die Ungleichung

$$|F_n(x_n) - F_0(x_n)| \geqq \varepsilon$$

erfüllt ist. Mit $\varphi_n(\tau)$ bezeichnen wir die charakteristische Funktion, die der Funktion $F_n(x)$ entspricht. Aus der Voraussetzung des Satzes folgt

$$\lim_{n \to \infty} \varphi_n(\tau) = \varphi_0(\tau) .$$

Deshalb gilt auch $\lim\limits_{n \to \infty} F_n(x) = F_0(x)$ gleichmäßig in x, da $F_0(x)$ stetig ist. Der erhaltene Widerspruch beweist das Lemma.

Satz 2. *Die Verteilungsfunktion $S_t(x)$ sei durch die Formel* (1.1) *bestimmt und die Exponentialverteilung $S(x)$ durch* (1.2). *Für $t \to \infty$, $a \to 0$ gilt*

$$\max_{x} |S_t(x) - S(x)| \to 0$$

gleichmäßig bezüglich aller $f(s) \in \mathfrak{K}(b_0, c_0)$.

Beweis. Die charakteristische Funktion $\varphi_t(\tau)$ der Verteilung $S_t(x)$ ist gleich

$$\varphi_t(\tau) = 1 - \frac{R\big(t; \exp\{i\tau Q(t)\,\mathrm{e}^{-at}\}\big)}{Q(t)} . \tag{12}$$

Nach Satz 1 ergibt sich daraus

$$\varphi_t(\tau) = 1 - \frac{\big(1 - \exp\{i\tau Q(t)\,\mathrm{e}^{-at}\}\big)\,\mathrm{e}^{at}}{Q(t)\left[1 + \frac{b}{2} g(a, t)\,\big(1 - \exp\{i\tau Q(t)\,\mathrm{e}^{-at}\}\big)\right]}(1 + \eta) .$$

Aus Folgerung 2 und Lemma 4 entnehmen wir

$$\mathrm{e}^{-at} Q(t) = \frac{1 + \eta(t; 0)}{1 + \frac{b}{2} g(a, t)} \to 0$$

für $a \to 0$, $t \to \infty$ gleichmäßig bezüglich $f(s) \in \mathfrak{K}(b_0, c_0)$. Deshalb existieren für beliebige $\varepsilon > 0$ und $T > 0$ derartige $a_0 > 0$ und $t_0 > 0$, daß für alle $|a| \leqq a_0$ und $t > t_0$ und für alle $|\tau| \leqq T$

$$\left| \varphi_t(\tau) - \frac{1}{1 - i\tau} \right| < \varepsilon$$

gleichmäßig bezüglich $f(s) \in \mathfrak{K}(b_0, c_0)$ gilt. Hieraus folgt mit Lemma 5 die Aussage von Satz 2. Als Familie von Verteilungen K_n in Lemma 5 ist hierbei die Menge aller $S_t(x)$ zu wählen, die zu den $f(x) \in \mathfrak{K}(b_0, c_0)$ mit $|a| \leqq a_n$, $t \geqq t_n$ gehören, wobei die a_n, t_n Folgen bilden, für die $a_n \to 0$, $t_n \to \infty$ gilt.

§ 3. Übergangserscheinungen in Prozessen, die mit einer großen Teilchenanzahl beginnen

Wir nehmen an, daß der Prozeß mit einer großen Anzahl von Teilchen beginnt. Mit ν bezeichnen wir die Teilchenanzahl im Zeitpunkt t. Wenn der Prozeß mit n Teilchen begann, erhalten wir

$$\nu = \mu_1(t) + \cdots + \mu_n(t) , \tag{1}$$

wobei $\mu_i(t)$ die Anzahl der Teilchen angibt, die aus dem i-ten Teilchen während der Zeit t entstanden sind. Die Zufallsgröße ϱ bezeichne die Anzahl der positiven Summanden in (1) im Zeitpunkt t. Die Zufallsgröße ϱ ist binomialverteilt,

$$\mathsf{P}\{\varrho = r\} = C_n^r Q^r (1 - Q)^{n-r} , \qquad Q = Q(t)$$

mit dem Erwartungswert $\mathsf{M}\varrho = nQ$. Wegen (2.11) erhalten wir für $t \to \infty$, $a \to 0$

$$\mathsf{M}\varrho \sim nq(t, a) = \gamma = \begin{cases} \dfrac{ne^{at}}{1 + \dfrac{b}{2a}(e^{at} - 1)} & \text{für} \quad a \neq 0, \\[2ex] \dfrac{n}{1 + \dfrac{bt}{2}} & \text{für} \quad a = 0 . \end{cases} \tag{2}$$

Wir führen folgende Bezeichnungen ein:

$$\begin{aligned} \overline{Q} &= \mathsf{P}\{\nu > 0\} = 1 - (1 - Q^n) , \\ \overline{M} &= \mathsf{M}\nu = ne^{at} , \\ \overline{M}^* &= \mathsf{M}\{\nu \mid \nu > 0\} = \frac{\overline{M}}{\overline{Q}} = \frac{ne^{at}}{1 - (1 - Q)^n} . \end{aligned}$$

Wir untersuchen nun das bedingte Verteilungsgesetz

$$H_1(x) = \mathsf{P}\{\zeta \leqq x \mid \zeta > 0\} \tag{3}$$

der Zufallsgröße $\zeta = \frac{\nu}{M^*}$ unter der Bedingung $\zeta > 0$. Die charakteristische Funktion von $H_1(x)$ ist

$$\psi_{1t}(\tau) = \frac{\left[F\left(t; \exp\left\{\frac{i\tau}{M^*}\right\}\right)\right]^n - [F(t;0)]^n}{1 - [F(t;0)]^n}.$$

Mit Hilfe von (2.12) können wir die Funktion $\psi_{1t}(\tau)$ schreiben in der Form

$$\psi_{1t}(\tau) = \frac{\left[1 - Q + Q\varphi_t\left(\tau \frac{1-(1-Q)^n}{nQ}\right)\right]^n - (1-Q)^n}{1-(1-Q)^n}. \tag{4}$$

Wenn wir die Ableitungen von $\psi_{1t}(\tau)$ nach τ im Punkt $\tau = 0$ berechnen, erhalten wir für den Erwartungswert bzgl. $H_1(x)$ Eins und für die Varianz

$$\sigma_1^2 = \frac{(1-(1-Q)^n)(1-e^{-at})(b-a)}{na} - (1-Q)^n. \tag{5}$$

Weiterhin werden wir die asymptotischen Eigenschaften der Verteilungsfunktion $H_1(x)$ für $n \to \infty$, $a \to 0$, $t \to \infty$ untersuchen. Dabei ist es günstig, den durch die Gleichung (2) eingeführten Parameter γ zu benutzen.

Satz 1. *Gilt $n \to \infty$, $a \to 0$, $t \to \infty$ derart, daß γ mit $0 < \gamma < \infty$ konstant bleibt, dann gilt gleichmäßig bezüglich $f(s) \in \mathfrak{K}(b_0, c_0)$*

$$\sup_x |H_1(x) - h_1(x,\gamma)| \to 0$$

mit

$$h_1(x,\gamma) = \begin{cases} 0, & x < 0, \\ \dfrac{\gamma e^{-\gamma}}{(1-e^{-\gamma})^{3/2}} \displaystyle\int_0^x y^{-1/2} \exp\left\{-\frac{y\gamma}{1-e^{-\gamma}}\right\} I_1\left(2\gamma\sqrt{\frac{y}{1-e^{-\gamma}}}\right) dy, & x \geq 0, \end{cases} \tag{6}$$

wobei $I_1(y) = \frac{y}{2} + \frac{1}{1!2!}\left(\frac{y}{2}\right)^3 + \frac{1}{2:3!}\left(\frac{y}{2}\right)^5 + \cdots$ die Bessel*-Funktion ist. Hierbei geht die Varianz von $H_1(x)$ nach dem Grenzübergang in die Varianz*

$$\sigma^2 = \frac{2}{\gamma}(1-e^{-\gamma}) - e^{-\gamma} \tag{7}$$

der Verteilung $h_1(x,\gamma)$ über.

Beweis. Da für $t \to \infty$, $a \to 0$

$$\varphi_t(\tau) \to \frac{1}{1-i\tau}$$

ist, aber nach Voraussetzung $nQ \to \gamma$ gilt, folgt $(1 - Q)^n \to e^{-\gamma}$ und

$$\psi_{1t}(\tau) \to \psi_1(\tau, \gamma) = \frac{[\exp\{\gamma(1 - i\tau\gamma^{-1}(1 - e^{-\gamma}))^{-1}\} - 1]\, e^{-\gamma}}{1 - e^{-\gamma}}. \tag{8}$$

Wir zeigen, daß $\psi_1(\tau, \gamma)$ die charakteristische Funktion der Verteilung $h_1(x, \gamma)$ ist. Es ist

$$\psi_1(\tau, \gamma) = \frac{e^{-\gamma}}{1 - e^{-\gamma}} \sum_{m=1}^{\infty} \frac{\gamma^m}{[1 - i\tau\gamma^{-1}(1 - e^{-\gamma})]^m \cdot m!},$$

und weil $\left(1 - i\tau \dfrac{1 - e^{-\gamma}}{\gamma}\right)^{-m}$ die charakteristische Funktion einer m-fachen Faltung von Exponentialverteilungen mit der Dichte

$$\frac{1}{(m-1)!}\left(\frac{\gamma}{1 - e^{-\gamma}}\right)^m x^{m-1} \exp\left\{-\frac{\gamma x}{1 - e^{-\gamma}}\right\}, \qquad x > 0$$

ist, hat die Grenzverteilung (8) die Dichte

$$h_1'(x, \gamma) = \frac{e^{-\gamma}}{1 - e^{-\gamma}} \sum_{m=1}^{\infty} \frac{\gamma^{2m} x^{m-1}}{m!(m-1)!} \cdot \frac{\exp\{-x\gamma(1 - e^{-\gamma})^{-1}\}}{(1 - e^{-\gamma})^m} =$$
$$= \frac{\gamma e^{-\gamma} \exp\{-x\gamma(1 - e^{-\gamma})^{-1}\}}{(1 - e^{-\gamma})\sqrt{x}}\, I_1\left(2\gamma \sqrt{\frac{x}{1 - e^{-\gamma}}}\right).$$

Man kann durch Berechnung der Ableitungen des Grenzwertes der charakteristischen Funktionen $\psi_1(\tau, \gamma)$ zeigen, daß die Varianz σ^2 der Grenzverteilung durch Gleichung (7) gegeben ist. Die Beziehung $\sigma_1^2 \to \sigma^2$ läßt sich auch leicht nachprüfen. Die Anwendung von Lemma 2.5 vervollständigt den Beweis des Satzes.

Wir können folgende stärkere Aussage beweisen: Wir zentrieren und normieren die Grenzverteilung $h_1(x, \gamma)$. Dann erhalten wir die Verteilungsfunktion

$$h(x, \gamma) = h_1(x\sigma + 1, \gamma)$$

mit der charakteristischen Funktion

$$\psi(\tau, \gamma) = \psi_1\left(\frac{\tau}{\sigma}, \gamma\right) e^{-\frac{i\tau}{\sigma}}.$$

Analoge Umformungen führen wir mit den Verteilungsgesetzen $H_1(x)$ durch, wobei wir folgende Bezeichnungen benutzen:

$$H(x) = H_1(x\sigma_1 + 1), \qquad \psi_t(\tau) = \psi_{1t}\left(\frac{\tau}{\sigma_1}\right) e^{-\frac{i\tau}{\sigma}}.$$

Es ergibt sich folgender

Satz 2. *Für $n \to \infty$, $a \to 0$, $t \to \infty$ gilt gleichmäßig für alle $0 \leqq \gamma \leqq \infty$ und $f(s) \in \mathfrak{K}(b_0, c_0)$*

$$\sup_x |H(x) - h(x, \gamma)| \to 0. \tag{9}$$

Bevor wir Satz 2 beweisen, zeigen wir 3 Lemmata.

Lemma 1. *Es sei $\{F_0(x, \theta)\}$ eine vom Parameter θ abhängende, im Sinne der bezüglich x gleichmäßigen Konvergenz kompakte Familie stetiger Verteilungsfunktionen, zu denen die charakteristischen Funktionen $\varphi_0(\tau, \theta)$ gehören. Weiterhin sei $K_n \supseteq K_{n+1}$ eine fallende Folge von Familien von Verteilungsgesetzen, die so vom Parameter θ abhängen, daß für beliebige $T > 0$ und $n \to \infty$*

$$\sup_{\theta} \sup_{\varphi(\tau,\theta)\in K_n} \sup_{|\tau|\leqq T} |\varphi(\tau, \theta) - \varphi_0(\tau, \theta)| \to 0 \tag{10}$$

gilt. Dann folgt für $n \to \infty$

$$\sup_{\theta} \sup_{F(x,\theta)\in K_n} \sup_{x} |F(x, \theta) - F_0(x, \theta)| \to 0 \tag{11}$$

(*hierbei sind $F(x, \theta)$ und $\varphi(\tau, \theta)$ die einander entsprechenden Verteilungsfunktionen und charakteristischen Funktionen*).

Beweis. Wir nehmen an, daß (11) nicht erfüllt sei. Für alle $\varepsilon > 0$ existieren dann Folgen θ_n, $F_n(x, \theta) \in K_n$ und x_n, so daß für beliebige n

$$|F_n(x_n, \theta_n) - F_0(x_n, \theta_n)| \geqq \varepsilon \tag{12}$$

ist. Aus der Kompaktheit von $\{F_0(x, \theta)\}$ folgt die Existenz einer Verteilungsfunktion $F^*(x)$, und einer Teilfolge n_k von n, so daß für $n_k \to \infty$

$$\sup_{x} |F^*(x) - F_0(x, \theta_{n_k})| \to 0 \tag{13}$$

gilt. Aus (12) und (13) folgt für genügend große n_k

$$|F_{n_k}(x_{n_k}, \theta_{n_k}) - F^*(x_{n_k})| \geqq \frac{\varepsilon}{2} \,. \tag{14}$$

Aus (10) und (13) folgern wir andererseits leicht für beliebige $T > 0$

$$\lim_{k\to\infty} \sup_{|\tau|\leqq T} |\varphi(\tau, \theta_{n_k}) - \varphi^*(\tau)| = 0 \,, \tag{15}$$

wobei $\varphi_n(\tau, \theta_n)$ bzw. $\varphi^*(\tau)$ die charakteristischen Funktionen von $F_n(x, \theta_n)$ bzw. $F^*(x)$ sind. Da sich (14) und (15) gegenseitig widersprechen, ist unsere ursprüngliche Annahme falsch. Das Lemma ist bewiesen.

Lemma 2. *Eine Familie von Verteilungsfunktionen $\{F_0(x, \theta)\}$ ist kompakt im Sinne der gleichmäßigen Konvergenz, wenn sie kompakt im Sinne der schwachen Konvergenz ist und die $F_0(x, \theta)$ eine Dichte besitzen, die bezüglich x und θ gleichmäßig beschränkt ist.*

Beweis. Aus der Kompaktheit von $\{F_0(x, \theta)\}$ im Sinne der schwachen Konvergenz folgt, daß man aus jeder beliebigen Folge $F_0(x, \theta_n)$ eine auf jeder endlichen Menge $x_1, \ldots, x_N$ konvergierende Teilfolge auswählen kann. Hieraus läßt sich leicht mit Hilfe der gleichmäßigen Beschränktheit der Dichten $F'_x(x, \theta)$ die gleichmäßige Konvergenz folgern.

Lemma 3. *Die Menge der Dichten $h'(x,\gamma)$ ist gleichmäßig beschränkt in γ für $0 \leqq \gamma \leqq \infty$. Außerdem gelten gleichmäßig in x die Konvergenzaussagen*

$$\lim_{\gamma\to 0} h(x,\gamma) = \begin{cases} 0\,, & x < -1\,, \\ 1 - \mathrm{e}^{-(x+1)}\,, & x \geqq -1\,, \end{cases}$$
$$\lim_{\gamma\to\infty} h(x,\gamma) = \frac{1}{\sqrt{2\pi}} \int_{-\infty}^{x} \mathrm{e}^{-u^2/2}\,du\,. \tag{16}$$

Beweis. Wir beweisen die gleichmäßige Beschränktheit für die Dichte der Verteilungsfunktionen $h_2(x,\gamma) = h(x,\sigma,\gamma)$, die sich von $h_1(x,\gamma)$ nur durch eine Verschiebung unterscheiden. Wegen

$$h_2'(x,\gamma) = \frac{\gamma \mathrm{e}^{-\gamma} \exp\{-\gamma\sigma x(1-\mathrm{e}^{-\gamma})^{-1}\}}{(1-\mathrm{e}^{-\gamma})^{3/2}\sqrt{x\sigma}}\, I_1\left(2\gamma\sqrt{\frac{2\sigma x}{1-\mathrm{e}^{-\gamma}}}\right)$$

und $I_1(x) \leqq \dfrac{x}{2}\mathrm{e}^x$ für alle $x \geqq 0$ folgt

$$h_2'(x,\gamma) \leqq \frac{\gamma^2\sigma}{(1-\mathrm{e}^{-\gamma})^2} \exp\left\{-\gamma\left[1-\sqrt{\frac{\sigma x}{1-\mathrm{e}^{-\gamma}}}\right]^2\right\}. \tag{17}$$

Aus (7) ergibt sich $\sigma \leqq 1$. Deshalb folgt für $0 \leqq \gamma \leqq \gamma_0$ aus (17)

$$h_2'(x,\gamma) \leqq \frac{\gamma_0^2}{(1-\mathrm{e}^{-\gamma_0})^2}\,. \tag{18}$$

Sei andererseits $x_0 = \dfrac{1-\mathrm{e}^{-2}}{4}$. Dann ist für $x \leqq x_0$, $\gamma \geqq 2$

$$\frac{\sigma x}{1-\mathrm{e}^{-\gamma}} \leqq \frac{x_0}{1-\mathrm{e}^{-2}} = \frac{1}{4}\,,$$

und aus (17) erhalten wir

$$h_2'(x,\gamma) \leqq \frac{\gamma^2 \mathrm{e}^{-\gamma/2}}{(1-\mathrm{e}^{-\gamma})^2} \leqq \frac{16}{(\mathrm{e}-1)^2}\,. \tag{19}$$

Jetzt nutzen wir die für $x \to \infty$ geltende asymptotische Formel $I_1(x) \sim \dfrac{\mathrm{e}^{-x}}{\sqrt{2\pi x}}$ (siehe [40]). Wir wählen $x_1 > 0$ so, daß für $x > x_1$ die Ungleichung $I_1(x) < \dfrac{\mathrm{e}^x}{\sqrt{x}}$ gilt, und setzen

$$\gamma_0 = \max\left[\left(\frac{x_1^2}{4x_0}\right)^{2/3}, 2\right].$$

Da sich für $\gamma \geqq 2$ aus (7) $\sigma^2 \geqq \dfrac{1}{\gamma}$ ergibt, erhalten wir für $\gamma \geqq \gamma_0$ und $x \geqq x_0$

$$2\gamma\sqrt{\frac{\sigma x}{1-\mathrm{e}^{-\gamma}}} \geqq 2\gamma_0\sqrt{\sigma x} \geqq 2\gamma_0^{3/4}\sqrt{x_0} \geqq x_1\,.$$

Deshalb ist für $x \geqq x_0$, $\gamma \geqq \gamma_0$ die Ungleichung

$$h_2'(x, \gamma) \leqq \frac{\sqrt{\gamma}\sigma \exp\left\{-\gamma\left[1 - \sqrt{\frac{\sigma x}{1 - e^{-\gamma}}}\right]^2\right\}}{\sqrt{2}(1 - e^{-\gamma})^{5/4}(\sigma x)^{3/4}}$$

richtig. Hieraus erhalten wir für $\sigma x \geqq \frac{1 - e^{-\gamma}}{4}$

$$h_2'(x, \gamma) \leqq \frac{2}{(1 - e^{-\gamma_0})^2} \tag{20}$$

und für $\sigma x < \frac{1 - e^{-\gamma}}{4}$

$$h_2'(x, \gamma) \leqq \frac{\sqrt{\gamma}\sigma^{1/4} e^{-\gamma/2}}{\sqrt{2}x_0^{3/4}(1 - e^{-\gamma_0})^{5/4}} \leqq$$

$$\leqq \frac{\gamma^{3/8} e^{-\gamma/2}}{\sqrt{2}x_0^{3/4}(1 - e^{-\gamma_0})^{5/4}} \leqq \frac{\left(\frac{3}{4}\right)^{3/8} e^{-3/8}}{\sqrt{2}(1 - e^{-\gamma_0})^{5/4} x_0^{3/4}}. \tag{21}$$

Aus den Ungleichungen (18)—(21) folgt die gleichmäßige Beschränktheit der $h_2'(x, \gamma)$ und damit auch der $h'(x, \gamma)$. Die Grenzwerte (16) ergeben sich aus den leicht nachprüfbaren Beziehungen

$$\lim_{\gamma \to 0} \psi(\tau, \gamma) = \frac{e^{-i\tau}}{1 - i\tau}, \qquad \lim_{\gamma \to \infty} \psi(\tau, \gamma) = e^{-\tau^2/2}. \tag{22}$$

Beweis des Satzes 2. Um den Satz zu beweisen, müssen wir zeigen, daß für beliebige $\varepsilon > 0$, $T > 0$ solche $a_0 > 0$, $t_0 > 0$, $n_0 > 0$ existieren, daß für alle $|a| \leqq a_0$, $t \geqq t_0$, $n \geqq n_0$, $|\tau| \leqq T$ sowie für alle $f(s) \in \mathfrak{K}(b_0, c_0)$ und alle γ, $0 \leqq \gamma \leqq \infty$,

$$|\psi_t(\tau) - \psi(\tau, \gamma)| < \varepsilon \tag{23}$$

gilt. Wir nehmen an, daß dieses schon bewiesen sei. Da die Familie der Verteilungsfunktionen $h(x, \gamma)$ nach Lemma 3 eine beschränkte Dichte besitzt und kompakt ist (weil der Erwartungswert jeder Verteilungen dieser Familie Null und die Varianz 1 ist), ergibt sich (9) durch Anwendung der Lemmata 1 und 2.

Die Beziehung (23) beweisen wir folgendermaßen. Es ist leicht zu erkennen, daß die Konvergenzen $\sigma_1^2 \to \sigma^2$ und $\psi_{1t}(\tau) \to \psi_1(\tau, \gamma)$ in Satz 1 gleichmäßig auf jedem endlichen Intervall $0 < \gamma_1 \leqq \gamma \leqq \gamma_2 < \infty$ sind. Andererseits gilt für $n \to \infty$, $a \to 0$, $t \to \infty$, $\gamma \to 0$ die Konvergenz $\psi_t(\tau) \to \frac{e^{-i\tau}}{1 - i\tau}$ und für $n \to \infty$, $a \to 0$, $t \to \infty$, $\gamma \to \infty$ die Konvergenz $\psi_t(\tau) \to e^{-\tau^2/2}$ gleichmäßig bezüglich $f(s) \in \mathfrak{K}(b_0, c_0)$. Hieraus ergibt sich, wenn wir die Beziehung (22) berücksichtigen die Behauptung (23).

§ 4. Übergangserscheinungen in Prozessen mit diskreter Zeit

Kritische Verzweigungsprozesse mit diskreter Zeit sind durch den Erwartungswert $A = 1$ charakterisiert. Somit treten Übergangserscheinungen für $A \to 1$ und $t \to \infty$ auf. In diesem Fall wird das asymptotische Verhalten eines Verzweigungsprozesses durch einen Prozeß mit gebrochen-linearer erzeugender Funktion

$$F(s) = 1 - \frac{A(1-s)}{1 + \frac{B}{2A}(1-s)} \tag{1}$$

mit $A = F'(1)$, $B = F''(1)$ bestimmt. Die Formel (1) erhalten wir leicht aus (1.8.3), indem wir K durch B ausdrücken. Für die erzeugende Funktion (1) können wir die Iteration von $F(t; s)$ explizit aufschreiben

$$R(t; s) = 1 - F(t; s) = \frac{A^t(1-s)}{1 + \frac{B}{2A}\frac{A^t - 1}{A - 1}(1-s)}\,. \tag{2}$$

Für $A = 1$ ist $R(t; s)$ als Grenzwert von (2) für $A \to 1$ zu definieren: $R(t; s) = \frac{1-s}{1 + \frac{Bt}{2}(1-s)}$. Die Ausdrücke, die rechts stehen, sind für $A \to 1$ und $t \to \infty$ äquivalent den Ausdrücken

$$r(t; s) = \begin{cases} \dfrac{A^t(1-s)}{1 + \frac{B}{2}\cdot\frac{A^t - 1}{A - 1}(1-s)} & \text{für} \quad A \neq 1\,, \\[2ex] \dfrac{1-s}{1 + \frac{Bt}{2}(1-s)} & \text{für} \quad A = 1\,. \end{cases} \tag{3}$$

Analog zur Definition 2.1 führen wir die Klasse $\mathfrak{K}(B_0, C_0)$ der wahrscheinlichkeitserzeugenden Funktionen $F(s)$ ein, für die $F''(1) = B \geqq B_0 > 0$ und $F'''(1) = C \leqq C_0 < \infty$ ist.

Wir zeigen hier einen Satz, der analog Satz 2.1 ist, aus dem dann alle anderen Resultate folgen, die wir in den §§ 2, 3 hergeleitet haben.

Zuerst zeigen wir zwei Hilfssätze.

Wir führen die Funktion

$$G(t, A) = \sum_{k=0}^{t-1} A^k = \frac{A^t - 1}{A - 1} \tag{4}$$

ein, die für ganzzahlige $t \geqq 2$ und positive A definiert ist.

Lemma 1. *Die Funktion $G(t, A)$ wächst in jedem Argument für festes zweites Argument. Für alle t und A ergibt sich die Ungleichung*

$$G(t, A) \geqq \frac{1}{2} \min\left\{t, \frac{1}{|1 - A|}\right\}. \tag{5}$$

Beweis. Wir beweisen nur (5), da die anderen Aussagen trivial sind. Für $A \geqq 1$ gilt immer $G(t, A) \geqq t$. Wir betrachten jetzt $A < 1$. Aus der Definition (4) folgt, daß $G(t, A) \geqq \frac{1}{2(1-A)}$ für $A^t \leqq \frac{1}{2}$, und $G(t, A) \geqq \frac{t}{2}$ für $A^t \geqq \frac{1}{2}$ ist. Damit ist das Lemma bewiesen.

Lemma 2. *Für $t \to \infty$, $A \to 1$ strebt die Überlebenswahrscheinlichkeit $Q(t)$ eines Prozesses gleichmäßig bezüglich $F(s) \in \mathfrak{K}(B_0, C_0)$ gegen Null.*

Beweis. Wegen

$$\sum_{k=N+1}^{\infty} k(k-1)\, P_k < \frac{C_0}{N-1}$$

können wir N so auswählen, daß $\sum\limits_{k=N+1}^{\infty} k(k-1)\, P_k < \frac{B_0}{2}$ für alle $F(s) \in \mathfrak{K}(B_0, C_0)$ ist. Dann ergibt sich

$$\sum_{k=2}^{N} k(k-1)\, P_k > \frac{B_0}{2} \tag{6}$$

und $\sum\limits_{k=2}^{N} P_k > \frac{B_0}{2N^2}$, woraus

$$P_1 \leqq 1 - \frac{B_0}{2N^2}$$

folgt. Aus dieser Ungleichung und der Ungleichung

$$\sum_{k=2}^{\infty} P_k \leqq \frac{1}{2} \sum_{k=2}^{\infty} kP_k = \frac{A - P_1}{2}$$

erhalten wir

$$1 - P_0 = \sum_{k=1}^{\infty} P_k \leqq \frac{A + P_1}{2} \leqq \frac{A+1}{2} - \frac{B_0}{4N^2}.$$

Deshalb ergibt sich für $A < 1 + \frac{B_0}{4N^2}$

$$P_0 > \frac{B_0}{8N^2}$$

für alle $F(s) \in \mathfrak{K}(B_0, C_0)$. Weiterhin folgt aus der Gleichung

$$F(t+1; 0) = F\big(F(t; 0)\big)$$

und der Darstellung $F(s) = 1 + A(s-1) + \frac{\overline{B}}{2}(s-1)^2$ mit $\overline{B} = F''(\theta)$ und $s \leqq \theta \leqq 1$ die Gleichung

$$Q(t+1) = AQ(t) - \frac{\overline{B}}{2} Q^2(t) \tag{8}$$

mit $\bar{B} = F''(\theta)$, $P_0(t) \leqq \theta \leqq 1$. Wegen $\theta \geqq P_0(t) \geqq P_0 \geqq \frac{B_0}{8N^2}$ ist $\bar{B} \geqq F''\left(\frac{B_0}{2N^2}\right)$. Aus der Ungleichung (6) folgt

$$F''\left(\frac{B_0}{2N^2}\right) \geqq \sum_{k=2}^{N} k(k-1) P_k \left(\frac{B_0}{2N^2}\right)^{k-2} \geqq \left(\frac{B_0}{2N^2}\right)^{N-2} \frac{B_0}{2} = D .$$

Folglich ist für alle $F(s) \in \mathfrak{K}(B_0, C_0)$

$$\bar{B} \geqq D > 0 . \tag{9}$$

Wenn wir beide Teile von (8) durch $AQ(t)\,Q(t+1)$ dividieren, erhalten wir

$$w(t+1) = \frac{w(t)}{A} + \frac{\bar{B}}{2A} \cdot \frac{Q(t)}{Q(t+1)} \tag{10}$$

mit $w(t) = \frac{1}{Q(t)}$. Aus den Beziehungen (9), (10) und der Ungleichung $Q(t) \geqq Q(t+1)$ ergibt sich

$$w(t+1) \geqq \frac{w(t)}{A} + \frac{D}{2A}$$

woraus

$$A^{t+1} w(t+1) \geqq A^t w(t) + \frac{D}{2} A^t , \qquad A^t w(t) \geqq \frac{D}{2} G(t, A) + 1$$

und

$$w(t) \geqq \frac{D}{2A} G(t, A^{-1}) \tag{11}$$

folgt. Aus (11) und Lemma 1 ergibt sich, daß für $t \to \infty$, $A \to 1$ die Größe $w(t)$ gleichmäßig bezüglich $F(s) \in \mathfrak{K}(B_0, C_0)$ gegen Unendlich strebt. Hieraus folgt die Aussage des Lemmas.

Satz 1. *Es gilt die Gleichung*

$$R(t; s) = r(t; s)\,\big(1 + \eta(t; s)\big) . \tag{12}$$

Hierbei ist $r(t, s)$ durch die Formel (3) definiert und für $t \to \infty$, $A \to 1$ gilt gleichmäßig bezüglich $F(s) \in \mathfrak{K}(B_0, C_0)$ und s, $|s| \leqq 1$, die Konvergenz $\eta(t; s) \to 0$.

Beweis. Wenn wir $F(s)$ in die Beziehung $F(t+1; s) = F(F(t; s))$ durch die Formel $F(s) = 1 + A(s-1) + \frac{B}{2}(s-1)^2 + \frac{\bar{C}}{6}(s-1)^3$ ausdrücken, wobei $|\bar{C}| \leqq C$ ist, dann erhalten wir für $R(t; s) = 1 - F(t; s)$ die Rekurrenzbeziehung

$$R(t+1; s) = AR(t; s) - \frac{B}{2} R^2(t; s) + \frac{\bar{C}}{6} R^3(t; s) . \tag{13}$$

Aus (13) und Lemma 2.3 folgt

$$\left| \frac{R(t+1; s)}{R(t; s)} - A \right| \leqq C_1 Q(t) , \qquad \left| \frac{R(t; s)}{R(t+1; s)} - \frac{1}{A} \right| \leqq C_2 Q(t) , \tag{14}$$

wo C_1 und C_2 Konstanten sind. Unten werden wir mit C_i positive Konstanten bezeichnen. Wir führen noch die Bezeichnung $w(t; s) = \frac{1}{R(t; s)}$ ein. Wenn wir (13) durch $AR(t; s)\, R(t + 1; s)$ dividieren, ergibt sich

$$w(t + 1; s) = \frac{1}{A} w(t; s) + \frac{B}{2A} \cdot \frac{R(t; s)}{R(t + 1; s)} - \frac{\bar{C}}{6A} \cdot \frac{R^2(t; s)}{R(t + 1; s)} . \quad (15)$$

Mit Hilfe von (14) können wir (15) in der Form

$$A^{t+1} w(t + 1; s) = A^t w(t; s) + \frac{B}{2A} A^{t_0} + \lambda(t; s) \quad (16)$$

schreiben, wobei

$$|\lambda(t; s)| \leqq C_3 A^t Q(t) \quad (17)$$

ist. Aus (16) erhalten wir

$$A^t w(t; s) = \frac{1}{1 - s} + \frac{B}{2A} G(t, A) + \Lambda(t; s) , \quad (18)$$

wobei $\Lambda(t; s) = \sum_{k=0}^{t-1} \lambda(k; s)$ ist. Entsprechend Lemma 2 existieren für jedes $\varepsilon > 0$ solche $t_0 > 0$ und $\delta > 0$, daß für alle t, A und $F(s)$ mit $t \geqq t_0$, $|A - 1| \leqq \delta$ und $F(s) \in \mathfrak{K}(B_0, C_0)$ die Beziehung $Q(t) \leqq \varepsilon$ gilt. Unter Benutzung der Abschätzung (17) erhalten wir hieraus

$$|\Lambda(t; s)| \leqq \sum_{k=0}^{t_0-1} |\lambda(k; s)| + \sum_{k=t_0}^{t-1} C_3 \varepsilon A^k \leqq C_4 + \varepsilon C_3 A^{t_0} G(t - t_0, A) .$$

Deshalb ist für $t \to \infty$, $A \to 1$

$$\Lambda(t; s) = o(G(t, A)) \quad (19)$$

gleichmäßig bezüglich $|s| \leqq 1$ und $F(s) \in \mathfrak{K}(B_0, C_0)$ erfüllt. Aus (18) und (19) erhalten wir (12).

Folgerung 1. *Für $t \to \infty$, $A \to 1$ gilt gleichmäßig bezüglich $F(s) \in \mathfrak{K}(B_0, C_0)$ die Formel*

$$Q(t) \sim q(t) = \begin{cases} \dfrac{A^t}{1 + \dfrac{B}{2} \dfrac{A^t - 1}{A - 1}} & \text{für} \quad A \neq 1 , \\[2ex] \dfrac{1}{1 + \dfrac{Bt}{2}} & \text{für} \quad A = 1 . \end{cases} \quad (20)$$

Die Formel (20) erhalten wir, wenn wir in (12) $s = 0$ setzen.

Aus dem Satz 1 und der Folgerung 1 erhalten wir die Grenzwertsätze für Übergangserscheinungen in Verzweigungsprozessen mit diskreter Zeit mit den gleichen Methoden wie in den analogen Sätzen für Prozesse mit stetiger Zeit in den §§ 2 und 3.

KAPITEL IV

MARKOWSCHE VERZWEIGUNGSPROZESSE MIT ENDLICH VIELEN TEILCHENTYPEN

§ 1. Mehrdimensionale erzeugende Funktionen

Wie wir schon in Kapitel 1 gesehen haben, spielen die erzeugenden Funktionen eine entscheidende Rolle bei der Untersuchung der Verzweigungsprozesse mit einem Teilchentyp. Für Verzweigungsprozesse mit endlicher Typenanzahl spielen die mehrdimensionalen erzeugenden Funktionen eine ähnliche Rolle. Mit ihnen beschäftigen wir uns in diesem Paragraphen.

Sei $N = \{0, 1, 2, \ldots\}$ die Menge aller ganzen nichtnegativen Zahlen und N^n die Menge aller Vektoren $\alpha = (\alpha_1, \ldots, \alpha_n)$ mit ganzzahligen nichtnegativen Komponenten.

Mit g_α bezeichnen wir den Funktionswert einer reellen Funktion auf N^n im Punkt α.

Die Summe der Reihe

$$G(s) = \sum_{\alpha \in N^n} g_\alpha (s^1)^{\alpha_1} \cdots (s^n)^{\alpha_n} \tag{1}$$

heißt die zur Familie $\{g_\alpha\}$ gehörige *mehrdimensionale erzeugende Funktion* oder einfach *erzeugende Funktion* $G(s)$, $s = (s^1, \ldots, s^n)$. Im weiteren verwenden wir die verkürzten Schreibweisen $s^\alpha = (s^1)^{\alpha_1} \cdots (s^n)^{\alpha_n}$, $s^0 = 1$ und statt $\sum\limits_{\alpha \in N^n}$ einfach $\sum\limits_{\alpha}$. Somit können wir (1) als

$$G(s) = \sum_\alpha g_\alpha s^\alpha \tag{2}$$

schreiben.

Für die Vektoren $s = (s^1, \ldots, s^n)$ werden wir die Abkürzung 0 bzw. 1 verwenden, wenn alle Komponenten gleich Null bzw. 1 sind. Wir schreiben $s_1 < s_2$ bzw. $s_1 \leqq s_2$, wenn für alle i die Ungleichung $s_1^i < s_2^i$, bzw. $s_1^i \leqq s_2^i$ gilt. Mit $|s|$ bezeichnen wir den Vektor mit den Komponenten $|s^i|$.

Es sei $\alpha, \beta \in N^n$ und $G(s)$ eine mehrdimensionale erzeugende Funktion. Weiterhin setzen wir

$$\bar{\alpha} = \alpha_1 + \cdots + \alpha_n, \qquad \alpha! = \alpha_1! \cdots \alpha_n!, \qquad \alpha^{[\beta]} = \alpha_1^{[\beta_1]} \cdots \alpha_n^{[\beta_n]} \tag{3}$$

mit $\alpha_i^{[\beta_i]} = \alpha_i(\alpha_i - 1) \cdots (\alpha_i - \beta_i + 1)$ und

$$G_\alpha(s) = \frac{\partial^{\bar{\alpha}} G(s)}{(\partial s^1)^{\alpha_1} \cdots (\partial s^n)^{\alpha_n}} = \frac{\partial^\alpha G(s)}{\partial s^\alpha}. \tag{4}$$

Wenn die Reihe (2) in einem Punkt $s_0 \neq 0$ konvergiert, so konvergiert sie bekanntlich für alle s mit $|s| < s_0$ und ihre Summe $G(s)$ ist in diesem Gebiet eine analytische Funktion bezüglich aller Veränderlichen $s^1, \ldots, s^n$. In diesem Falle sagen wir, das Konvergenzgebiet von (2) sei *nichttrivial*.

Definition 1. Wir nennen eine erzeugende Funktion $G(s)$ *positiv*, wenn alle $g_\alpha \geqq 0$ und *quasipositiv*, wenn nur endlich viele $g_\alpha < 0$ und die übrigen $g_\alpha \geqq 0$ sind. Eine positive erzeugende Funktion nennen wir *wahrscheinlichkeitserzeugende Funktion*, wenn $G(1) = 1$ ist.

Hat die Reihe (2) ein nichttriviales Konvergenzgebiet, so können wir wegen

$$g_\alpha = \frac{1}{\alpha!} G_\alpha(0) \tag{5}$$

aus $G(s)$ eindeutig die Koeffizienten g_α bestimmen.

Im weiteren Verlauf betrachten wir, ohne das immer besonders hervorzuheben, nur erzeugende Funktionen $G(s)$, die einen nichttrivialen Konvergenzbereich haben. Somit können wir zwischen den Familien $\{g_\alpha\}$ und den erzeugenden Funktionen $G(s)$ eine eineindeutige Zuordnung herstellen. Es sei $\beta \in N^n$. Wenn $G(s)$ die erzeugende Funktion für $\{g_\alpha\}$ ist, dann ist $G_\beta(s)$ die erzeugende Funktion für $\{\alpha^{[\beta]} g_\alpha\}$.

Ist die erzeugende Funktion $G(s)$ positiv, so sind alle $G_\beta(s)$ ebenfalls positive erzeugende Funktionen. Für $s \geqq 0$ sind die positiven erzeugenden Funktionen $G(s)$ und alle ihre Ableitungen $G_\beta(s)$ nichtnegativ.

Eine wahrscheinlichkeitserzeugende Funktion $G(s)$ entspricht einer n-dimensionalen Wahrscheinlichkeitsverteilung $\{g_\alpha\}$ auf N^n. Manchmal ist es günstig, die wahrscheinlichkeitserzeugende Funktion $G(s)$ nicht auf das Verteilungsgesetz $\{g_\alpha\}$ zu beziehen, sondern auf einen zufälligen Vektor $\xi = (\xi_1, \ldots, \xi_n)$, der $\{g_\alpha\}$ als Wahrscheinlichkeitsverteilung hat. Mit Hilfe des zufälligen Vektors ξ läßt sich eine andere äquivalente Definition für die wahrscheinlichkeitserzeugenden Funktion $G(s)$ geben

$$G(s) = \mathsf{M} s^\xi . \tag{6}$$

Den Begriff des faktoriellen Moments übertragen wir folgendermaßen auf zufällige Vektoren.

Definition 2. Der Erwartungswert $\mathsf{M}\xi^{[\beta]}$ heißt *faktorielles Moment* der Ordnung $\overline{\beta} = \beta_1 + \cdots + \beta_n$. Manchmal nennen wir $\mathsf{M}\xi^{[\beta]}$ auch β-Moment.

Analog zum eindimensionalen Fall (siehe § 1.3) ergibt sich für den mehrdimensionalen Fall

$$\mathsf{M}\xi^{[\beta]} = G_\beta(1) , \tag{7}$$

wobei wir die Ableitung $G_\beta(1)$ im Punkt $s = 1$ als entsprechende linke Ableitung nach allen Koordinaten s^i oder, was hier dasselbe ist, als $\lim_{s \uparrow 1} G_\beta(s) = G(1)$ definieren.

Für den Beweis eines zu Satz 1.3.1 analogen Satzes benötigen wir

Lemma 1. *Es seien r, k natürliche und $n_1, \ldots, n_r$ nichtnegative ganze Zahlen. Das Restglied $R_k(n_1, \ldots, n_r)$, das durch die Gleichung*

$$(1 - y_1)^{n_1} \cdots (1 - y_r)^{n_r} = \sum_{\substack{k_1 + \cdots + k_r < k \\ k_i \geqq 0}} C_{n_1}^{k_1} \cdots C_{n_r}^{k_r} (-1)^{k_1 + \cdots + k_r} y_1^{k_1} \cdots y_r^{k_r} + \\ + R_k(n_1, \ldots, n_r) \tag{8}$$

definiert ist, ist in der Form

$$R_k(n_1, \ldots, n_r) = \sum_{\substack{k_1+\cdots+k_r=k \\ k_i \geqq 0}} (-1)^k \varepsilon_{k_1\ldots k_r}(n_1, \ldots, n_r; y)\, y_1^{k_1} \cdots y_r^{k_r} \tag{9}$$

darstellbar, wobei $\varepsilon_{k_1\ldots k_r}$ *für* $0 \leqq y_i \leqq y_i' \leqq 1$, $i = 1, \ldots, n$ *den Beziehungen*

$$0 \leqq \varepsilon_{k_1\ldots k_r}(n_1, \ldots, n_r; y') \leqq \varepsilon_{k_1\ldots k_r}(n_1, \ldots, n_r; y) \leqq C_{n_1}^{k_1} \cdots C_{n_r}^{k_r} \tag{10}$$

und

$$\lim_{y \downarrow 0} \varepsilon_{k_1\ldots k_r}(n_1, \ldots, n_r; y) = C_{n_1}^{k_1} \cdots C_{n_r}^{k_r},$$

jedoch für $|1 - y_i| \leqq 1$, $i = 1, \ldots, n$, *den Ungleichungen*

$$|\varepsilon_{k_1\ldots k_r}(n_1, \ldots, n_r; y)| \leqq C_{n_1}^{k_1} \cdots C_{n_r}^{k_r} \tag{11}$$

genügen.

Beweis. Ist $k_i = n_i$, $i = 1, \ldots, r$ bzw. $k_1 + \cdots + k_r > n_1 + \cdots + n_r$, dann sind die Beziehungen (10) und (11) leicht nachprüfbar, denn es gilt hierbei $\varepsilon_{k_1\ldots k_r}(n_1, \ldots, n_r; y) = 1$ bzw. $\varepsilon_{k_1\ldots k_r}(n_1, \ldots, n_r; y) = 0$. Den weiteren Beweis führen wir mit Hilfe der vollständigen Induktion nach $n_1, \ldots, n_r$ durch. Es seien für gegebene $k_1, \ldots, k_r$ und gegebene $n_1, \ldots, n_r$ die Beziehungen (10) und (11) richtig. Wir zeigen, daß sie dann auch für $n_1 + 1, n_2, \ldots, n_r$ gelten. Wir multiplizieren (8) von links und rechts mit $1 - y_1$ und benutzen die Identität

$$C_{n_1}^{k_1} + C_{n_1}^{k_1-1} = C_{n_1+1}^{k_1}, \tag{12}$$

um das durch Multiplikation erhaltene Resultat in der Form

$$\begin{aligned}&(1 - y_1)^{n_1+1}(1 - y_2)^{n_2} \cdots (1 - y_r)^{n_r} = \\ &= \sum_{\substack{k_1+\cdots+k_r<k \\ k_i \geqq 0}} C_{n_1+1}^{k_1} C_{n_2}^{k_2} \cdots C_{n_r}^{k_r} (-1)^{k_1+\cdots+k_r} y_1^{k_1} \cdots y_r^{k_r} + R_k(n_1, \ldots, n_r)(1 - y_1) + \\ &+ \sum_{\substack{k_1+\cdots+k_r=k \\ k_i \geqq 0}} C_{n_1}^{k_1-1} C_{n_2}^{k_2} \cdots C_{n_r}^{k_r} (-1)^k y_1^{k_1} \cdots y_r^{k_r}\end{aligned}$$

darstellen zu können. Daraus erhalten wir

$$\begin{aligned}&R_k(n_1 + 1, n_2, \ldots, n_r) = \\ &= R_k(n_1, \ldots, n_r)(1 - y_1) + \sum_{\substack{k_1+\cdots+k_r=k \\ k_i \geqq 0}} C_{n_1}^{k_1-1} C_{n_2}^{k_2} \cdots C_{n_r}^{k_r} (-1)^k y_1^{k_1} \cdots y_r^{k_r}.\end{aligned} \tag{13}$$

Wenn wir rechts in (13) die Formel (9) berücksichtigen, dann erhalten wir eine analoge Darstellung für $R_k(n_1 + 1, n_2, \ldots, n_r)$, indem wir

$$\varepsilon_{k_1\ldots k_r}(n_1 + 1, n_2, \ldots, n_r; y) = \varepsilon_{k_1\ldots k_r}(n_1, \ldots, n_r; y)(1 - y_1) + C_{n_1}^{k_1-1} C_{n_2}^{k_2} \cdots C_{n_r}^{k_r} \tag{14}$$

setzen. Schätzen wir die rechte Seite von (14) mittels (10) oder (11) ab und benutzen wieder (12), erhalten wir Ungleichungen, die analog zu (10) und (11) sind und in denen n_1 durch $n_1 + 1$ ersetzt ist. Auf diese Weise können wir auch n_2 durch $n_2 + 1$ usw. ersetzen.

Satz 1. *Es sei*

$$G(s) = \sum_{\alpha} \mathsf{P}\{\xi = \alpha\}\, s^{\alpha} \tag{15}$$

eine wahrscheinlichkeitserzeugende Funktion eines zufälligen Vektors $\xi = (\xi_1, \ldots, \xi_n)$ *mit Werten aus* N^n. *Wir setzen voraus, daß alle* β*-Momente* k*-ter Ordnung (d. h. mit* $\bar{\beta} = \beta_1 + \cdots + \beta_n = k$*)*

$$\varphi_\beta = \mathsf{M}\xi^{[\beta]}$$

endlich sind. Dann gilt die Entwicklung

$$G(s) = \sum_{\bar{\beta}<k} \frac{\varphi_\beta}{\beta!} (s^1 - 1)^{\beta_1} \cdots (s^n - 1)^{\beta_n} + R_k, \tag{16}$$

in der das Restglied R_k *in der Form*

$$R_\beta = \sum_{\bar{\beta}=k} (-1)^k \varepsilon_\beta(s)\, (1 - s^1)^{\beta_1} \cdots (1 - s^n)^{\beta_n} \tag{17}$$

darstellbar ist, wobei für $0 \leqq s \leqq s' \leqq 1$

$$0 \leqq \varepsilon_\beta(s) \leqq \varepsilon_\beta(s') \leqq \frac{\varphi_\beta}{\beta!}, \qquad \lim_{s\uparrow 1} \varepsilon_\beta(s) = \frac{\varphi^\beta}{\beta!} \tag{18}$$

und für $|s| \leqq 1$

$$|\varepsilon_\beta(s)| \leqq \frac{\varphi_\beta}{\beta!} \tag{19}$$

gilt.

Beweis. Wir setzen $s^i = 1 - y_i$ und stellen in jedem Glied der Reihe (15) das Produkt $\prod_{i=1}^{n} (1 - y_i)^{\alpha_i}$ als Summe (8) mit dem Restglied (9) dar. Dann können wir $G(s)$ in der Form

$$G(s) = \sum_{\bar{\beta}<k} \frac{\varphi_\beta}{\beta!} (-1)^{\bar{\beta}}\, y_1^{\beta_1} \cdots y_n^{\beta_n} + R_k$$

schreiben mit

$$R_k = \sum_{\bar{\beta}=k} (-1)^k \sum_{\alpha} \mathsf{P}\{\xi = \alpha\}\, \varepsilon_{\beta_1\cdots\beta_n}(\alpha_1, \ldots, \alpha_n; y)\, y_1^{\beta_1} \cdots y_n^{\beta_n}. \tag{20}$$

Wenn wir (17) und (20) vergleichen, erhalten wir

$$\varepsilon_\beta(s) = \sum_{\alpha} \mathsf{P}\{\xi = \alpha\}\, \varepsilon_{\beta_1\cdots\beta_n}(\alpha_1, \ldots, \alpha_n; y). \tag{21}$$

Die Eigenschaften (18) und (19) erhalten wir aus (21), wenn wir auf $\varepsilon_{\beta_1\cdots\beta_n}(\alpha_1, \ldots, \alpha_n; y)$ die Ungleichungen (10) und (11) aus Lemma 1 anwenden.

Bemerkung 1. Aus Satz 1 folgt, daß das durch die Gleichung (16) definierte Restglied R_k für $0 \leqq s \leqq 1$ der Ungleichung

$$0 \leqq (-1)^k R_k \leqq \sum_{\bar{\beta}=k} \frac{\varphi_\beta}{\beta!} (1 - s^1)^{\beta_1} \cdots (1 - s^n)^{\beta_n} \tag{22}$$

und für $|s| \leqq 1$ der Ungleichung

$$|R_k| \leqq \sum_{\bar{\beta}=k} \frac{\varphi_\beta}{\beta!} |1 - s^1|^{\beta_1} \dots |1 - s^n|^{\beta_n} \tag{23}$$

genügt.

Bemerkung 2. Satz 1 haben wir für wahrscheinlichkeitserzeugende Funktionen bewiesen. Wir können uns leicht davon überzeugen, daß der Satz auch für positive $G(s)$ gilt, wenn wir in (16), (18) und (19) $\varphi_\beta = G_\beta(1)$ einsetzen. In dieser Form ist der Satz auch für quasipositive $G(s) = \sum_\alpha g_\alpha s^\alpha$ richtig, falls alle g_α mit $\bar{\alpha} \geqq k$ nichtnegativ sind.

Bemerkung 3. Es sei $\gamma \in N^n$ und $\bar{\gamma} = k$. Wenn wir (16) differenzieren, so erhalten wir für beliebige $0 \leqq s < 1$ die Beziehung $G_\gamma(s) = R_{k\gamma}(s)$, woraus für $s \uparrow 1$ die Gleichheit $G_\gamma(1) = R_{k\gamma}(1)$ folgt.

Wir beweisen noch eine einfache Aussage, die wir später benötigen.

Satz 2. *Wenn $G(s)$ eine wahrscheinlichkeitserzeugende Funktion ist und alle* $\left|\frac{\partial G(s)}{\partial s^i}\right|_{s=1} = A_i$ *endlich sind, dann gilt für beliebige* $|s_1| \leqq 1$, $|s_2| \leqq 1$

$$|G(s_1) - G(s_2)| \leqq \sum_{i=1}^n A_i |s_1^i - s_2^i| . \tag{24}$$

Beweis. Die Ungleichung (24) erhalten wir aus der Identität

$$G(s_1^1, \dots, s_1^n) - G(s_2^1, \dots, s_2^n) =$$
$$= \sum_{k=1}^n [G(s_1^1, \dots, s_1^k, s_2^{k+1}, \dots, s_2^n) - G(s_1^1, \dots, s_1^{k-1}, s_2^k, \dots, s_2^n)]$$

mit Hilfe der Ungleichung $|x^n - y^n| \leqq n|x - y|$, die für alle $|x| \leqq 1$ und $|y| \leqq 1$ gilt, und aus der Ungleichung $\left|\frac{\partial G(s)}{\partial s^i}\right| \leqq A_i$, die für $|s| \leqq 1$ erfüllt ist.

In Satz 1 haben wir eine Eigenschaft bewiesen, die eine Verallgemeinerung der Eigenschaft 6° aus § 1.3 für eindimensionale erzeugende Funktionen darstellt. Das ist die einzige nichttriviale Verallgemeinerung der Eigenschaften 1°—9° aus § 1.3. Alle anderen Eigenschaften sind auf den mehrdimensionalen Fall fast wörtlich übertragbar. Wir formulieren nur noch folgende Verallgemeinerung der Eigenschaft 8° aus § 1.3. Es seien $\xi^i(k) = (\xi_1^i(k), \dots, \xi_n^i(k))$, $i = 1, 2, \dots, n$, $k = 1, 2, \dots$, zufällige Vektoren mit nichtnegativen ganzzahligen Komponenten $\xi_j^i(k)$, die in ihrer Gesamtheit bezüglich aller Indizes i und k unabhängig und für festes i identisch verteilt sind. $\nu = (\nu_1, \dots, \nu_n)$ sei ebenfalls ein n-dimensionaler zufälliger Vektor mit nichtnegativen ganzzahligen Komponenten, der unabhängig von der Gesamtheit der Vektoren $\{\xi^i(k)\}$ ist. Wir definieren $\zeta^\nu = (\zeta_1^\nu, \dots, \zeta_n^\nu)$ folgendermaßen: $\zeta_r^0 = 0$,

$$\zeta_r^\nu = \sum_{i=1}^n \sum_{k=1}^{\nu_i} \xi_r^i(k) , \qquad r = 1, \dots, n .$$

Für $\nu_r = 0$ setzen wir die Summe $\sum_{k=1}^{0}$ gleich Null. Wir führen die Bezeichnungen $F_{\zeta^\nu}(s)$, $F_\nu(s^1, \ldots, s^n)$, $F^i(s) \doteq F_{\xi^i(1)}(s)$ für die n-dimensionalen erzeugenden Funktionen der zufälligen Vektoren ζ^ν, ν, $\xi^i(1)$ ein. Es gilt die Gleichung

$$F_{\zeta^\nu}(s) = F_\nu\big(F^1(s), \ldots, F^n(s)\big)\,,$$

die man durch Berechnung von $\mathsf{M}s^{\zeta^\nu}$ erhält, indem wir erst den bedingten Erwartungswert für festes ν berechnen und dann über ν mitteln.

§ 2. Definition des Prozesses

Wir wiesen in Kapitel 1 schon darauf hin, daß die Verzweigungsprozesse mit einem Teilchentyp einen Sonderfall der Markowschen Prozesse mit einer abzählbaren Zustandsmenge darstellen. Das gleiche gilt für Verzweigungsprozesse mit endlich vielen Typen. Im ersten Fall erhalten wir durch die ganzen nichtnegativen Zahlen $n = 0, 1, \ldots$ eine natürliche Numerierung der Zustände, die die Gesamtanzahl der Teilchen bedeuten. Im allgemeineren zweiten Fall werden wir die Zustände durch die Vektoren $\alpha = (\alpha_1, \ldots, \alpha_n)$ mit ganzzahligen nichtnegativen Komponenten „durchnumerieren".

Es seien Teilchen von n Typen

$$T_1, \ldots, T_n$$

gegeben. Wenn wir eine Gesamtheit von Teilchen haben, die aus α_1 Teilchen vom Typ T_1, α_2 Teilchen vom Typ $T_2, \ldots, \alpha_n$ Teilchen vom Typ T_n besteht, dann sagen wir, daß sich unser Verzweigungsprozeß im Zustand $\alpha = (\alpha_1, \alpha_2, \ldots$ $\ldots, \alpha_n)$ befinde. Der Prozeß ist durch die Übergangswahrscheinlichkeiten $P^i_\alpha(t)$ gegeben, den Wahrscheinlichkeiten dafür, daß ein Teilchen vom Typ T_i in der Zeit t in eine Gesamtheit von Teilchen übergeht, die dem Vektor $\alpha = (\alpha_1, \ldots$ $\ldots, \alpha_n) \in N^n$ entspricht. Für die Wahrscheinlichkeiten $P^i_\alpha(t)$ führen wir die mehrdimensionalen erzeugenden Funktionen

$$F^i(t; s) = \sum_\alpha P^i_\alpha(t)\, s^\alpha \tag{1}$$

ein, wobei $s = (s^1, \ldots, s^n)$ ein Vektor mit den Komponenten $|s^i| \leqq 1$ ist und die Bezeichnung s^α (wie auch andere abgekürzte Schreibweisen) in § 1 definiert ist. Weiterhin führen wir eine erzeugende Vektorfunktion mit den Komponenten

$$F(t; s) = \big(F^1(t; s), \ldots, F^n(t; s)\big) \tag{2}$$

ein.

Die wesentliche Eigenschaft, durch welche ein Markowscher Prozeß zugleich Verzweigungsprozeß ist, besteht darin, daß die in einem Zeitpunkt t_1 existierenden Teilchen in jedem beliebigen Moment $t_1 + t$, $t > 0$, Nachkommenschaften besitzen, die unabhängig voneinander sind. Falls also im Zeitpunkt t_1 eine Gesamtheit β von Teilchen existiert, dann hat die mehrdimensionale Verteilung der Anzahlen der Teilchen mit den Typen $T_1, \ldots, T_n$ im Zeitpunkt $t_1 + t$, $t > 0$ die erzeugende Funktion

$$F^{\beta}(t; s) = \left(F^1(t; s)\right)^{\beta_1} \cdots \left(F^n(t; s)\right)^{\beta_n} . \tag{3}$$

Der Zustand eines Verzweigungsprozesses wird durch den zufälligen Vektor $\mu(t) = \left(\mu_1(t), \ldots, \mu_n(t)\right)$ bestimmt, dessen k-te Komponente $\mu_k(t)$ die Anzahl der Teilchen vom Typ T_k zum Zeitpunkt t angibt. Der zufällige Vektor $\mu(t)$ definiert einen Verzweigungsprozeß, wenn er ein MARKOWscher Prozeß mit den Übergangswahrscheinlichkeiten

$$P^{\alpha}_{\beta}(t) = \mathsf{P}\{\mu(t_1 + t) = \beta | \mu(t_1) = \alpha\}$$

ist und diese den zu (1.1.1) bis (1.1.6) analogen Beziehungen genügen, d. h.

$$P^{\alpha}_{\beta}(t) \geqq 0 , \qquad \sum_{\beta} P^{\alpha}_{\beta}(t) = 1 ; \tag{4}$$

$$P^{\alpha}_{\beta}(t + \tau) = \sum_{\gamma} P^{\alpha}_{\gamma}(t)\, P^{\gamma}_{\beta}(\tau) , \qquad t, \tau \geqq 0 ; \tag{5}$$

für $t \in [0, \infty)$ ist

$$\lim_{t \downarrow 0} P^{\alpha}_{\beta}(t) = P^{\alpha}_{\beta}(0) = \delta^{\alpha}_{\beta} = \begin{cases} 1 , & \text{für } \alpha = \beta , \\ 0 , & \text{für } \alpha \neq \beta , \end{cases} \tag{6}$$

außerdem gilt die *Verzweigungsbedingung*

$$P^{\beta}_{\alpha}(t) = \left(\left(P^1_{\alpha}(t)\right)^{\beta_1 *} * \left(P^2_{\alpha}(t)\right)^{\beta_2 *} * \cdots * \left(P^n_{\alpha}(t)\right)^{\beta_n *}\right) , \tag{7}$$

die äquivalent zu (3) ist. Die Gleichung (7) besagt, daß die Verteilung $\{P^{\beta}_{\alpha}(t)\}$ eine Faltung von β_1 Verteilungen $\{P^1_{\alpha}(t)\}$, von β_2 Verteilungen $\{P^2_{\alpha}(t)\}, \ldots$, von β_n Verteilungen $\{P^n_{\alpha}(t)\}$ ist.

§ 3. Gleichungen für die erzeugenden Funktionen

Die erzeugenden Funktionen $F(t; s)$ genügen Gleichungen, die analog den in § 1.4 hergeleiteten sind.

Satz 1. *Die erzeugende Funktion $F(t; s)$ eines Verzweigungsprozesses genügt für beliebige $t, \tau \geqq 0$ der Hauptfunktionalgleichung*

$$F(t + \tau; s) = F\left(t; F(\tau; s)\right) \tag{1}$$

und der Anfangsbedingung

$$F(0; s) = s . \tag{2}$$

Beweis. (2.5) multiplizieren wir für $\alpha_j = \delta_{ij}$, $j = 1, \ldots, n$, mit s^{β} und summieren über β. Unter Berücksichtigung von (2.3) erhalten wir

$$F^i(t + \tau; s) = \sum_{\gamma} P^i_{\gamma}(t)\, F^{\gamma}(\tau; s) = F^i\left(t; F(\tau; s)\right) .$$

Die Anfangsbedingung (2) folgt aus (2.6).

Im diskreten Fall ist der Verzweigungsprozeß durch die Wahrscheinlichkeiten $P^i_\alpha(1) = P^i_\alpha$ oder durch die entsprechenden erzeugenden Funktionen

$$F^i(s) = F^i(1; s) = \sum_\alpha P^i_\alpha s^\alpha \tag{3}$$

gegeben. Die Gleichung (1) führt hierbei zu den Iterationen

$$\left.\begin{aligned} F(t+1; s) &= F\big(t; F(s)\big)\,, \\ F(t+1; s) &= F\big(F(t; s)\big) \end{aligned}\right\} \tag{4}$$

mit

$$F(s) = \big(F^1(s), \ldots, F^n(s)\big)\,.$$

Im stetigen Fall folgt aus (2.6)

$$\lim_{t \downarrow 0} F(t; s) = s$$

sowie die gleichmäßige Stetigkeit von $F(t; s)$ in t im Bereich in $|s| \leqq 1$ und $0 \leqq t < \infty$. Der Beweis ist analog wie beiden Sätze 1.4.2 und 1.4.3.

Im weiteren werden wir für Verzweigungsprozesse mit stetiger Zeit für $t \downarrow 0$

$$P^i_\alpha(t) = \delta^{\varepsilon_i}_\alpha + p^i_\alpha t + o(t) \tag{5}$$

voraussetzen. Dabei ist δ^α_β in (2.6) definiert und $\varepsilon_i = (\delta^1_i, \ldots, \delta^n_i)$, wobei δ^j_i das KRONECKER-Symbol darstellt ($\delta^j_i = 1$ für $i = j$, $\delta^j_i = 0$ für $i \neq j$; im folgenden werden wir häufig auch δ_{ij} und δ^{ij} als KRONECKER-Symbol verwenden). Es gelte weiter

$$\sum_\alpha p^i_\alpha = 0\,. \tag{6}$$

Für die Intensitäten der Übergangswahrscheinlichkeiten führen wir die erzeugenden Funktionen

$$f^i(s) = \sum_\alpha p^i_\alpha s^\alpha \tag{7}$$

mit der Vektorschreibweise

$$f(s) = \big(f^1(s), \ldots, f^n(s)\big) \tag{8}$$

ein. Dann gilt

Satz 2. *Falls die Bedingungen* (5) *und* (6) *erfüllt sind, gilt für* $t \downarrow 0$ *gleichmäßig in* $|s| \leqq 1$ *die asymptotische Formel*

$$F(t; s) = s + t f(s) + o(t)\,. \tag{9}$$

Der Beweis ist analog dem des Satzes 1.4.4.

Satz 3. *Die erzeugende Funktion* $F(t; s)$ *eines Verzweigungsprozesses mit stetiger Zeit genügt für* $|s| \leqq 1$ *dem System gewöhnlicher Differentialgleichungen*

$$\frac{\partial F(t; s)}{\partial t} = f\big(F(t; s)\big) \tag{10}$$

mit den Anfangsbedingungen

$$F(0; s) = s \tag{11}$$

und den partiellen Differentialgleichungen

$$\frac{\partial F(t; s)}{\partial t} = \sum_{i=1}^{n} f^i(s) \frac{\partial F(t; s)}{\partial s^i} \tag{12}$$

mit den gleichen Anfangsbedingungen.

Beweis. Analog dem Beweis von Satz 1.4.5 benutzen wir die Gleichung (1) und führen den Grenzübergang $\tau \to 0$ und dann den Grenzübergang $t \to 0$ durch und ersetzen $F(t; s)$ für kleine t durch den Ausdruck der Formel (9).

Wir haben zeitlich homogene Verzweigungsprozesse definiert, mit denen wir uns in Zukunft beschäftigen werden. Jedoch können wir wie im § 1.7 auch zeitlich inhomogene Verzweigungsprozesse betrachten. Sie werden durch die Wahrscheinlichkeiten

$$P^i_\alpha(t_1, t_2) \tag{13}$$

dafür gegeben, daß ein im Zeitpunkt t_1 existierendes Teilchen vom Typ T_i zum Zeitpunkt $t_2 \geqq t_1$ in eine Gesamtheit von α Teilchen übergegangen. Der Wahrscheinlichkeitsverteilung $\{P^i_\alpha(t_1, t_2)\}$ entspricht die erzeugende Funktion ($t_1 \leqq t_2$, $|s| \leqq 1$)

$$F^i(t_1, t_2; s) = \sum_\alpha P^i_\alpha(t_1, t_2)\, s^\alpha . \tag{14}$$

Statt (1) erhalten wir die allgemeinere Gleichung

$$F(t_1, t_3; s) = F\big(t_1, t_2; F(t_2, t_3; s)\big) , \qquad t_1 \leqq t_2 \leqq t_3 . \tag{15}$$

und die Anfangsbedingung

$$F(t, t; s) = s . \tag{16}$$

In Prozessen mit stetiger Zeit setzen wir statt (5) und (6) für $\Delta t \downarrow 0$

$$P^i_\alpha(t, t + \Delta t) = \delta^{e_i}_\alpha + p^i_\alpha(t)\, \Delta t + o(\Delta t) , \tag{17}$$

$$P^i_\alpha(t - \Delta t, t) = \delta^{e_i}_\alpha + p^i_\alpha(t)\, \Delta t + o(\Delta t) \tag{18}$$

mit

$$\sum_\alpha p^i_\alpha(t) \equiv 0 , \qquad i = 1, \dots, n , \tag{19}$$

voraus. Wir führen die erzeugenden Funktionen

$$f^i(t; s) = \sum_\alpha p^i_\alpha(t)\, s^\alpha$$

ein. Aus (17) und (18) folgen für $\Delta t \downarrow 0$ gleichmäßig in $|s| \leqq 1$ die Beziehungen

$$F(t, t + \Delta t; s) = s + f(t, s)\, \Delta t + o(\Delta t) , \tag{20}$$

$$F(t - \Delta t, t; s) = s + f(t, s)\, \Delta t + o(\Delta t) . \tag{21}$$

Aus (20) und (21) erhalten wir leicht

Satz 4. *In Verzweigungsprozessen mit stetiger Zeit genügt die erzeugende Funktion $F(t, \tau; s)$ dem System gewöhnlicher Differentialgleichungen*

$$\frac{\partial F(t, \tau; s)}{\partial t} = -f(t; F(t, \tau; s)) \tag{22}$$

mit den Anfangsbedingungen

$$F(\tau, \tau; s) = s \tag{23}$$

und der linearen partiellen Differentialgleichung

$$\frac{\partial F^i(t, \tau; s)}{\partial \tau} = \sum_{k=1}^{n} f^k(\tau, s) \frac{\partial F^i(t, \tau; s)}{\partial s^k} \tag{24}$$

mit den Anfangsbedingungen

$$F(t, t; s) = s\,. \tag{25}$$

Der Beweis ist analog dem von Satz 1.7.4 und stützt sich auf die Gleichung (15) sowie die Beziehungen (20) und (21).

Wir kehren jetzt wieder zum homogenen Fall zurück und führen die wahrscheinlichkeitserzeugenden Funktionen

$$h^i(s) = \frac{f^i(s) - p^i_{e_i} s^i}{-p^i_{e_i}}, \qquad i = 1, \ldots, n\,, \tag{26}$$

und die Verteilungsfunktionen

$$G^i(t) = 1 - e^{p^i_{e_i} t}, \qquad t \geqq 0 \tag{27}$$

ein.

Satz 5. *Das System gewöhnlicher Differentialgleichungen* (10) *mit den Anfangsbedingungen* (11) *ist äquivalent dem System nichtlinearer Integralgleichungen*

$$F^i(t; s) = \int_0^t h^i(F(t-u; s))\, dG^i(u) + s^i(1 - G^i(t))\,, \qquad i = 1, \ldots, n\,. \tag{28}$$

Beweis. Wir benutzen (26) und schreiben (10) in der Form

$$\frac{\partial F^i(t; s)}{\partial t} = p^i_{e_i} F(t; s) - p^i_{e_i} h^i(F(t; s))\,, \qquad i = 1, \ldots, n\,. \tag{29}$$

Wir sehen die Funktion $h^i(F(t; s))$ auf der rechten Seite als gegeben an und lösen (29) als lineare Differentialgleichung. Dann erhalten wir (28) als ein zu (10) äquivalentes System.

Die Frage nach den Bedingungen für die Existenz und Eindeutigkeit der Lösung des Systems (28) stellen wir bis zum Kapitel VIII zurück, wo diese Frage für beliebige Verteilungsfunktionen $G^i(t)$ betrachtet wird. Wir bemerken nur noch, daß für den Fall, daß alle Ableitungen $\frac{\partial f^i}{\partial s^i}$ $\left(\text{und folglich auch } \frac{\partial f^i}{\partial s^j}\right)$ im Punkt $s = 1$ endlich sind, das System (28) und damit auch das System (10) mit den Anfangsbedingungen (11) eine in $|s| \leqq 1$ eindeutige Lösung $F(t; s)$ hat, deren Koordinaten $F^i(t; s)$, $i = 1, \ldots, n$, wahrscheinlichkeitserzeugende Funktionen darstellen.

§ 4. Erwartungswerte

Von diesem Paragraphen an werden wir für die Formeln Vereinbarungen benutzen, wie sie in der Tensorrechnung üblich sind. Ausdrücke, die aus einem Produkt von Funktionen mit oberen und unteren Indizes bestehen, werden wir als Summe dieser Produkte nach allen übereinstimmenden oberen und unteren Indizes verstehen, z. B.

$$a_k^i b_i^l = \sum_i a_k^i b_i^l, \qquad a_k^i b_l^{kk} = \sum_k a_k^i b_l^{kk}, \qquad a_i^i = \sum_i a_i^i$$

usw. Die KRONECKER-Symbole benutzen wir in den Schreibweisen δ_{ij}, δ^{ij} oder δ_j^i. Wenn wir analoge Schreibweisen ohne Summierung brauchen, dann verwenden wir Spitze Klammern: $\langle a_i^i \rangle$, $\langle a^i b_i \rangle$ usw.

Mit $\mu_j^i(t)$ bezeichnen wir die Anzahl der Teilchen vom Typ T_j im Zeitpunkt t, wenn im Zeitpunkt 0 ein Teilchen vom Typ T_i vorhanden war. Den Erwartungswert dieser zufälligen Anzahl bezeichnen wir mit $A_j^i(t) = \mathsf{M}\mu_j^i(t)$. Diese Erwartungswerte sind gleich den Ableitungen der Funktion $F^i(t; s)$ im Punkt $s = 1$

$$A_j^i(t) = \left.\frac{\partial F^i(t; s)}{\partial s^j}\right|_{s=1}. \tag{1}$$

In Prozessen mit diskreter Zeit bezeichnen wir mit $A = ||A_j^i||$ die Matrix der Erwartungswerte $A_j^i = A_j^i(1)$.

Wir differenzieren die Gleichungen (3.4) nach s^j im Punkt $s = 1$ und erhalten

$$A_j^i(t + 1) = A_k^i(t)\, A_j^k\,, \tag{2}$$

$$A_j^i(t + 1) = A_k^i A_j^k(t)\,. \tag{3}$$

Die Matrix $A(t) = ||A_j^i(t)||$ ist also gleich der t-ten Potenz der Matrix A

$$A(t) = A^t\,. \tag{4}$$

In Verzweigungsprozessen mit stetiger Zeit setzen wir voraus, daß alle $a_j^i = \left.\frac{\partial f(s)^i}{\partial s^j}\right|_{s=1}$, die die Matrix $a = ||a_j^i||$ bilden, endlich sind. In der Reihe $f^i(s) = \sum_\alpha p_\alpha^i s^\alpha$ sind alle Koeffizienten p_α^i außer dem Koeffizienten von s^i nichtnegativ. Folglich sind in der Matrix a alle Elemente mit Ausnahme höchstens der Elemente der Hauptdiagonalen nichtnegativ.

Satz 1. *Es seien alle a_j^i endlich. Dann sind alle Erwartungswerte $A_j^i(t)$ in Verzweigungsprozessen mit stetiger Zeit endlich und genügen den beiden Systemen* *von linearen Differentialgleichungen*

$$\frac{\mathrm{d}A_j^i(t)}{\mathrm{d}t} = a_k^i A_j^k(t) \tag{5}$$

und

$$\frac{\mathrm{d}A_j^i(t)}{\mathrm{d}t} = A_k^i(t)\, a_j^k \tag{6}$$

mit den Anfangsbedingungen

$$A_j^i(0) = \delta_j^i \,. \tag{7}$$

Beweis. Die Endlichkeit von $A_j^i(t)$ werden wir hier nicht zeigen, da sie aus dem allgemeineren Satz 8.6.1, der im Kapitel VIII bewiesen wird, folgt. Die Gleichung (3.28), die äquivalent der Gleichung (3.10) ist, können wir nach s^j im Punkt $s = 1$ differenzieren, falls die a_k^i endlich sind. Das Resultat dieser Differentiation führt uns zu einer Integralgleichung, die äquivalent zu (5) mit der Anfangsbedingung (7) ist. Aus (5) und (7) folgt für $\Delta t \downarrow 0$

$$A_k^i(\Delta t) = \delta_k^i + a_k^i \Delta t + o(\Delta t) \,. \tag{8}$$

Weiterhin differenzieren wir die Gleichung (2.1) nach s^j im Punkt $s = 1$ und kommen unter Verwendung von (1) zu

$$A_j^i(t + \tau) = A_k^i(t)\, A_j^k(\tau) \,. \tag{9}$$

Wenn wir in (9) τ gegen Null streben lassen und (8) benutzen, erhalten wir die Gleichung (6).

Die Gleichungen (5) und (6) mit den Anfangsbedingungen (7) können wir in Matrizenform schreiben

$$\frac{\mathrm{d}A(t)}{\mathrm{d}t} = aA(t) = A(t)\, a \,, \qquad A(0) = E \,, \tag{10}$$

wobei $E = ||\delta_j^i||$ die Einheitsmatrix ist. Die Lösung von (10) können wir folgendermaßen formulieren:

$$A(t) = \mathrm{e}^{at} \,. \tag{11}$$

Hierbei verstehen wir unter e^{at} die Summe der Reihe $\sum_{n=0}^{\infty} \frac{a^n t^n}{n!}$. (Die Konvergenz ist elementweise zu verstehen.)

Im zweiten Kapitel haben wir gesehen, daß die asymptotischen Eigenschaften der Verzweigungsprozesse in hohem Maße vom asymptotischen Verhalten der Erwartungswerte abhängen. Die Möglichkeiten des asymptotischen Verhaltens in Prozessen mit mehreren Teilchentypen sind jedoch sehr vielfältig.

Deshalb klassifizieren wir in § 6 die Verzweigungsprozesse mit mehreren Teilchentypen. Vorbereitend legen wir einige Eigenschaften der Matrizen A und a dar, die wir später benötigen.

§ 5. Einige Eigenschaften nichtnegativer Matrizen

Wie wir schon im vorigen Paragraphen gesehen haben, ist der Erwartungswert $\mathsf{M}\mu_j^i(t)$ in Prozessen mit diskreter Zeit durch die Matrix $A = ||A_j^i||$ und in Prozessen mit stetiger Zeit durch die Matrix $a = ||a_j^i||$ bestimmt. Die Elemente A_j^i der Matrix A sind nichtnegativ. In der Matrix a sind die nichtdiagonalen Elemente, d. h. die Elemente a_j^i mit $i \neq j$, nichtnegativ. Von einer Reihe spezifischer Eigenschaften der Matrizen A und a läßt sich auf das asymptotische Verhalten der Verzweigungsprozesse schließen. Wir werden diese Eigenschaften später häufig benutzen. Es ist deshalb angebracht, sie in einem gesonderten Paragraphen darzustellen und zu untersuchen.

Die Matrix A mit den Elementen A_j^i (i — Nummer der Zeile, j — Nummer der Spalte) werden wir auch mit $||A_j^i||$ bezeichnen. Unter $|A_j^i|$ verstehen wir die entsprechende Determinante. Die Einheitsmatrix bezeichnen wir mit $E = ||\delta_j^i||$.

Definition 1. Eine Matrix $A = ||A_j^i||$ heißt *positiv*, wenn alle ihre Elemente $A_j^i > 0$ sind und *nichtnegativ*, wenn alle $A_j^i \geqq 0$ sind. Im ersten Fall schreiben wir $A > 0$, im zweiten $A \geqq 0$.

Bemerkung 1. Spaltenvektoren $X = (X^1, \ldots, X^n)$ und Zeilenvektoren $Y = (Y_1, \ldots, Y_n)$ sind Spezialfälle rechteckiger Matrizen. Deshalb sprechen wir auch von positiven und nichtnegativen Vektoren und schreiben $X > 0$, $X \geqq 0$ usw.

Bemerkung 2. Wir schreiben $A > B$ bzw. $A \geqq B$, wenn die Matrizen $A = ||A_j^i||$ und $B = ||B_j^i||$ gleichen Typs sind und für alle i, j gilt $A_j^i > B_j^i$ bzw. $A_j^i \geqq B_j^i$.

Definition 2. Eine quadratische Matrix $A = ||A_j^i||$ heißt *reduzibel*, falls sich die Indexmenge $\in \{1, 2, \ldots, n\}$, mit der Zeilen und Spalten durchnumeriert sind, in zwei nichtleere disjunkte Mengen S_1 und S_2 zerlegen läßt, so daß $A_j^i = 0$ für alle $i \in S_1$ und $j \in S_2$ gilt. Eine Matrix $A = ||A_j^i||$, die dieser Eigenschaft nicht genügt, heißt *irreduzibel.*

Definition 3. Eine quadratische Matrix $A = ||A_j^i||$ heißt *vollständig reduzibel,* falls wir die Indexmenge $\{1, 2, \ldots, n\}$ so in disjunkte Teilmengen S_1 und S_2 zerlegen können, daß $A_j^i = A_i^j = 0$ für alle $i \in S_1$, $j \in S_2$ gilt.

Unten setzen wir, ohne das jedesmal besonders zu betonen, voraus, daß die Matrizen $A = ||A_j^i||$ und $a = ||a_j^i||$ quadratisch sind.

Lemma 1. *Wenn die Matrix $A = ||A_j^i||$ reduzibel (vollständig reduzibel) ist, so ist auch jede ihrer Potenzen $A^t = ||A_j^i(t)||$ reduzibel (vollständig reduzibel).*

Beweis. Es seien S_1 und S_2 die in Definition 2 eingeführten Mengen. Wir beweisen das Lemma durch Induktion. Es sei $A_j^i(t) = 0$ für alle $i \in S_1$, $j \in S_2$. Dann ist für $i \in S_1$, $j \in S_2$

$$A_j^i(t + 1) = A_k^i(t) \, A_j^k = 0 \,, \tag{1}$$

da auf der rechten Seite in jedem Summanden entweder $A_k^i(t) = 0$ oder $A_j^k = 0$ ist.

Aus dem Lemma schließen wir auf

Folgerung 1. *Ist für ein natürliches t die Beziehung $A^t > 0$ erfüllt, dann ist die Matrix A irreduzibel.*

Satz 1. (*Satz von* PERRON) *Eine positive Matrix $A = ||A^i_j||$ besitzt immer einen positiven Eigenwert R, der eine einfache Wurzel der charakteristischen Gleichung*

$$|\lambda \delta^i_j - A^i_j| = 0 \tag{2}$$

ist. Alle anderen Wurzeln λ der Gleichung (2) *sind dem Betrag nach kleiner als R. Die zu R gehörigen rechten und linken Eigenvektoren $u = (u^1, \ldots, u^n)$ und $v = (v_1, \ldots, v_n)$ können positiv gewählt werden.*

Beweis. Ist eine Zahl λ nichtnegativ und existiert ein solcher nichtnegativer Vektor $x = (x^1, \ldots, x^n) \neq 0$, daß für alle i

$$A^i_j x^j \geqq \lambda x^i \tag{3}$$

ist, dann sagen wir, es sei $\lambda \in S$. Aus (3) sehen wir, daß die Menge S beschränkt ist, denn es gilt

$$\sum_{i,j=1}^{n} A^i_j \sum_{k=1}^{n} x^k \geqq \lambda \sum_{k=1}^{n} x^k .$$

Außerdem enthält S auch positive λ, z. B. $\lambda = \min_{i,j} A^i_j > 0$. Wir bezeichnen $\sup_{\lambda \in S} \lambda$ mit R. Folglich existieren solche Zahlenfolgen $\lambda_k \uparrow R$ und nichtnegativen Vektoren $x_k = (x^1_k, \ldots, x^n_k)$, $\sum_{i=1}^{n} x^i_k = 1$, daß für alle $i = 1, \ldots, n$; $k = 1, 2, \ldots$

$$A^i_j x^j_k \geqq \lambda_k x^i_k \tag{4}$$

gilt. Wegen $x^i_k \geqq 0$ und $\sum_{i=1}^{n} x^i_k = 1$ können wir aus den x_k eine Teilfolge auswählen, die gegen einen nichtnegativen Vektor $u = (u^1, \ldots, u^n) \neq 0$ konvergiert. Für die Grenzwerte R und u ist die Ungleichung

$$A^i_j u^j \geqq R u^i \tag{5}$$

erfüllt. Wir zeigen, daß in (5) sogar die Gleichheit gilt. Wir nehmen an, daß der Vektor $b = Au - Ru \geqq 0$ kein Nullvektor ist. Dann ist für den Vektor $y = u + \frac{b}{2R} \geqq 0$ die Ungleichung

$$Ay > Ry \tag{6}$$

erfüllt. In der Tat ist

$$Ay - Ry = Au + \frac{Ab}{2R} - Ru - \frac{b}{2} = \frac{Ab}{2R} + \frac{b}{2} > 0 ,$$

weil aus $b \geqq 0$ die Ungleichung $Ab > 0$ folgt. Die Ungleichung (6) widerspricht der Definition von R als oberer Grenze der Menge S. Damit ist R ein positiver

Eigenwert, d. h.

$$Au = Ru\,, \tag{7}$$

und der Eigenvektor u ist positiv.

Wir nehmen jetzt an, λ sei ein Eigenwert mit $|\lambda| \geqq R$. Wenn $z = (z^1, \ldots, z^n)$ ein λ entsprechender Eigenvektor ist, dann gilt

$$A^i_j z^j = \lambda z^i\,, \tag{8}$$

woraus wir auf

$$A^i_j |z^j| \geqq \lambda| \cdot |z^i| \tag{9}$$

schließen. Folglich ist $|\lambda| \in S$ und deshalb auch $|\lambda| \leqq R$. Somit ist $|\lambda| = R$, und wir können (9) in der Form

$$A^i_j |z^j| \geqq R|z^i|$$

schreiben, wobei nicht alle $|z^i|$ gleich Null sind. Wie wir schon gezeigt haben, folgt hieraus

$$A^i_j |z^j| = R|z^i|\,, \tag{10}$$

aus (8) und (9) folgt jedoch $|A^i_j z^j| = A^i_j |z^j|$, d. h. der Vektor z unterscheidet sich von einem positiven Vektor höchstens durch einen skalaren Faktor. Folglich ist $A^i_j z^i = Rz^i$ und wegen (8) $\lambda = R$. Damit haben wir bewiesen, daß $\lambda = R$ der einzige Eigenwert λ mit $|\lambda| \geqq R$ ist. Gleichzeitig haben wir festgestellt, daß sich jeder R entsprechende Eigenvektor z von einem positiven Vektor nur durch einen skalaren Faktor unterscheidet.

Wir zeigen jetzt, daß dem Eigenwert R nur ein rechter und ein linker Eigenvektor entspricht. Dazu nehmen wir an, es gebe zwei positive einander nicht proportionale Eigenvektoren u und z: $Au = Ru$, $Az = Rz$. Wir wählen $\varepsilon > 0$ derart, daß der Vektor $u - \varepsilon z$ nichtnegativ und eine seiner Koordinaten gleich Null ist. Das ist aber unmöglich wegen $0 < A(u - \varepsilon z) = R(u - \varepsilon z)$. Analoge Betrachtungen können wir für den linken Eigenvektor v anstellen.

Wir zeigen jetzt, daß die Wurzel R einfach ist. Mit D^i_k bezeichnen wir den Minor, der dem Element $R\delta^i_k - A^i_k$ der Matrix $||R\delta^i_k - A^i_k||$ entspricht. Weiterhin setzen wir $|\lambda\delta^i_k - A^i_k| = \Delta(\lambda)$. Es ist leicht zu sehen, daß für jedes feste j folgende Gleichungen gelten:

$$(R\delta^i_k - A^i_k)\, D^k_j = 0$$

und

$$D^j_k(R\delta^k_i - A^k_i) = 0\,.$$

Aus der Eindeutigkeit des linken und rechten Eigenvektors u und v folgt $D^i_k = Cu^i v_k$, wobei $C \neq 0$ ist. Folglich besitzen alle Minoren ein und dasselbe Vorzeichen. Damit ist $\Delta'(R) = D^i_i \neq 0$, d. h., R ist eine einfache Wurzel. Der Satz ist somit bewiesen.

Wir zeigen jetzt, daß irreduzible nichtnegative Matrizen in hohem Grade den gleichen Eigenschaften genügen wie positive Matrizen.

Lemma 2. *Wenn eine nichtnegative Matrix A irreduzibel ist, dann existiert für jedes Paar i, j ein $t > 0$, so daß $A^i_j(t) > 0$ ist.*

Beweis. Wir nehmen an, es existieren voneinander verschiedene i und j mit $A^i_j(t) = 0$ für jedes $t = 1, 2, \ldots$. S_2 sei die Menge aller Indizes k, für die $A^i_k(t) = 0$ für alle $t > 0$ ist; alle anderen Indizes bilden die Menge S_1. Die Menge S_2 ist nicht leer, da sie j enthält. Der erste Index i gehört der Menge S_2 an, wenn für jedes $t > 0$ das Glied $\langle A^i_i(t) \rangle \equiv 0$ ist. Ist für ein $t > 0$ auch $\langle A^i_i(t) \rangle > 0$, dann gilt $i \in S_1$. Wenn die Menge S_1 leer ist, dann ist die Matrix A eine Nullmatrix und kann deshalb nicht irreduzibel sein. Wir nehmen an, daß S_1 nicht leer ist und zeigen, daß für jedes $k \in S_1$ und jedes $l \in S_2$ und für beliebige $t > 0$

$$A^k_l(t) = 0 \tag{11}$$

ist. Anderenfalls ließe sich ein $t_1 > 0$ finden mit $A^k_l(t_1) > 0$. Da aber wegen $k \in S_1$ für ein $t_2 > 0$ die Ungleichung $A^i_k(t_2) > 0$ gilt, folgt

$$A^i_l(t_1 + t_2) > \langle A^i_k(t_2)\, A^k_l(t_1) \rangle > 0\,.$$

Das widerspricht der Bedingung $l \in S_2$. Also wird (11) erfüllt; das wiederum widerspricht der Voraussetzung, daß die Matrix irreduzibel ist. Das Lemma ist damit bewiesen.

Lemma 3. *Wenn eine nichtnegative Matrix irreduzibel ist, dann existiert für jedes $\varepsilon > 0$ ein $t > 0$, so daß gilt*

$$(\varepsilon E + A)^t > 0\,. \tag{12}$$

Beweis. In Lemma 2 haben wir festgestellt, daß für beliebige i, j ein ganzzahliges $t_{ij} > 0$ mit $A^i_j(t_{ij}) > 0$ existiert. Für $t = \max\limits_{i,j} t_{ij}$ wird (12) erfüllt, da das Element, das sich an der Stelle (i, j) der Matrix $(\varepsilon E + A)^t$ befindet, d. h.

$$\varepsilon^t \delta^i_j + \sum_{k=1}^{t} C^k_t A^i_j(k)\, \varepsilon^{t-k}$$

aus nichtnegativen Summanden besteht, unter denen mindestens einer positiv ist.

Satz 2. (*Satz von* Frobenius) *Eine nichtnegative irreduzible Matrix $A = ||A^i_j||$ besitzt stets einen einfachen positiven Eigenwert R. Alle anderen Eigenwerte λ liegen im Kreis $|\lambda| \leqq R$. Rechter und linker Eigenvektor bzgl. R können positiv gewählt werden.*

Beweis. Für die Matrix $A \geqq 0$ existiere ein $t > 0$ mit $A^t > 0$. Wenn λ ein Eigenwert von A und x ein zugehöriger Eigenvektor ist,

$$Ax = \lambda x\,, \tag{13}$$

dann ist λ^t Eigenwert von A^t und x der entsprechende Eigenvektor:

$$A^t x = \lambda^t x\,.$$

Wegen $A^t > 0$ existiert infolge Satz 1 ein $R^t > 0$ mit

$$A^t u = R^t u\,,$$

$u > 0$ und $|\lambda^t| \leqq R^t$. Hieraus folgt $|\lambda| \leqq R$. Für $|\lambda^t| = R^t$ gilt $\lambda^t = R^t$ und in (13) kann man x positiv auswählen (nach Satz 1). Deshalb folgt $\lambda = R > 0$. Somit existiert im Falle $A^t > 0$ ein einfacher Eigenwert $R > 0$ und alle anderen Wurzeln λ befinden sich in dem Kreis $|\lambda| < R$.

Wir nehmen jetzt an, daß kein $t > 0$ mit $A^t > 0$ existiert. Hierbei finden wir nach Lemma 3 für jedes $\varepsilon > 0$ ein $r > 0$, so daß $(\varepsilon E + A)^t > 0$ ist. λ_ε sei der Eigenwert von $\varepsilon E + A$, x ein Eigenvektor mit

$$(\varepsilon \delta^i_j + A^i_j)\, x^j = \lambda_\varepsilon x^j\,. \tag{14}$$

Aus (14) folgt, daß $\lambda = \lambda_\varepsilon - \varepsilon$ ein Eigenwert von A und x ein zugehöriger Eigenvektor ist:

$$A^i_j x^j = \lambda x^i\,. \tag{15}$$

Aus dem oben gezeigten folgt, daß ein einfacher Eigenwert R_ε der Matrix $\varepsilon E + A$ mit einem positiven Eigenvektor u existiert mit

$$(\varepsilon \delta^i_j + A^i_j)\, u^j = R_\varepsilon u^i$$

und daß für alle anderen Eigenwerte λ_ε der Matrix $\varepsilon E + A$ die Ungleichung $|\lambda_\varepsilon| < R_\varepsilon$ gilt. Wegen (15) entspricht dem Eigenwert R_ε der Eigenwert $R = R_\varepsilon - \varepsilon$ der Matrix A mit dem Eigenvektor u

$$A^i_j u^j = R u^i\,. \tag{16}$$

Aus (16) und $u > 0$ folgt $R > 0$. Somit haben wir gezeigt, daß ein einfacher Eigenwert $R > 0$ der Matrix A existiert und alle anderen Eigenwerte λ für jedes $\varepsilon > 0$ der Ungleichung

$$|\lambda + \varepsilon| < R + \varepsilon$$

genügen. Für $\varepsilon \to 0$ erhalten wir

$$|\lambda| \leqq R\,,$$

wobei der Fall $|\lambda| = R$ und $\lambda \neq R$ möglich ist.

Definition 4. Der dem Betrage nach größte reelle Eigenwert einer irreduziblen nichtnegativen Matrix heißt PERRON*sche Wurzel.*

Satz 3. *Es sei A eine irreduzible nichtnegative Matrix und R ihre* PERRON*sche Wurzel. Für $\lambda < R$ ist notwendig, daß ein Vektor $x > 0$ existiert, so daß $Ax > \lambda x$, und hinreichend, daß ein vom Nullvektor verschiedener Vektor $x \geqq 0$ existiert mit*

$$Ax \geqq \lambda x\,, \qquad Ax \neq \lambda x\,. \tag{17}$$

Beweis. Es sei $\lambda < R$. Wir betrachten den zu R gehörenden Eigenvektor $u > 0$. Es gilt

$$Au = Ru > \lambda u\,.$$

Für den Fall $A > 0$ ist die umgekehrte Behauptung im Beweis des Satzes 1 enthalten. Wenn $A^t > 0$ für ein $t > 0$ ist, dann folgt aus (17) $A^t x > \lambda^t x$ und daraus analog $\lambda^t < R^t$, d. h. $\lambda < R$.

Es sei $(\varepsilon E + A)^t > 0$. Aus (17) folgt

$$(A + \varepsilon E)\, x \geqq (\lambda + \varepsilon)\, x$$

und

$$(A + \varepsilon E)^t\, x > (\lambda + \varepsilon)^t\, x\,.$$

Aus Satz 1 wissen wir, daß $(\lambda + \varepsilon)^t < (R + \varepsilon)^t$ ist, woraus $\lambda < R$ folgt. Der Satz ist damit bewiesen.

Definition 5. Eine quadratische Matrix $a = \|a^i_j\|$ mit reellen Elementen nennen wir *quasipositiv* (*quasinichtnegativ*), wenn alle a^i_j, $i \neq j$, positiv (nichtnegativ) sind.

Satz 4. *Jede quasinichtnegative irreduzible Matrix besitzt einen reellen Eigenwert r, so daß für alle anderen Eigenwerte λ die Ungleichung* $\operatorname{Re} \lambda < r$ *gilt. Die entsprechenden rechten und linken Eigenvektoren $u = (u^1, \ldots, u^n)$ und $v = (v_1, \ldots, v_n)$ sind positiv, falls wir $u^1 > 0$ und $v_1 > 0$ auswählen.*

Beweis. Wenn wir $k \geqq \max\limits_i \langle |a^i_i| \rangle$ wählen, dann ist die Matrix $A = a + kE$ nichtnegativ. Aus der Irreduzibilität von a folgt die von A. Die Eigenwerte Λ der Matrix A und λ der Matrix a sind durch $\Lambda = \lambda + k$ verknüpft. Nach Satz 2 existiert ein Eigenwert $R > 0$ der Matrix A mit $|\Lambda| \leqq R$. Deshalb erhalten wir einen Eigenwert $r = R - k$ der Matrix a, für den $|\lambda + k| \leqq r + k$ gilt. Hieraus folgt $\operatorname{Re} \lambda < r$. Die Eigenvektoren u und v der Matrix A, die R entsprechen, sind positiv und gleichzeitig auch zu r gehörende Eigenvektoren der Matrix a. Damit ist der Satz bewiesen.

Definition 6. Der Eigenwert einer irreduziblen quasinichtnegativen Matrix mit dem größten Realteil heißt Perron*sche Wurzel.*

Satz 5. *Es sei a eine irreduzible quasinichtnegative Matrix und r ihre* PERRON*sche Wurzel. Für $\lambda < r$ ist notwendig, daß ein Vektor $x > 0$ mit $ax > \lambda x$ existiert, und hinreichend, daß ein vom Nullvektor verschiedener Vektor $x \geqq 0$ existiert mit $ax \geqq \lambda x$, $ax \neq \lambda x$.*

Beweis. Die Aussage folgt sofort aus Satz 3, wenn wir ihn auf $A = a + kE$ anwenden, da die PERRONschen Wurzeln R und r der Matrizen A und a durch $R = r + k$ verbunden sind, die Ungleichungen $\lambda < r$ und $\lambda + k < R$ gleichbedeutend sind und außerdem gilt

$$ax \geqq \lambda x \Leftrightarrow Ax \geqq (\lambda + k)\, x\,.$$

§ 6. Klassifikation der Teilchentypen

Die hier vorgeschlagene Klassifikation der Teilchentypen ist in gewissem Maße analog der KOLMOGOROWschen Klassifikation der Zustände MARKOWscher Ketten, genügt jedoch einer Reihe spezifischer Besonderheiten.

Definition 1. Wir sagen, daß der Typ T_k auf den Typ T_i *folgt*, oder T_i dem Typ T_k *vorausgeht* und schreiben $T_i \to T_k$, falls ein $t > 0$ existiert mit

$$1^\circ \qquad \mathsf{P}\{u_k^i(t) > 0\} > 0\,. \tag{1}$$

Definition 2. Gilt $T_i \to T_k$ und $T_k \to T_i$, so nennen wir die Typen T_i und T_k *verbunden* oder *äquivalent* und schreiben $T_i \leftrightarrow T_k$.

Lemma 1. *Aus $T_i \to T_j$ und $T_j \to T_k$ folgt $T_i \to T_k$.*

Beweis. Aus $T_i \to T_j$ und $T_j \to T_k$ folgt die Existenz von Zeitpunkten $t_1 > 0$ und $t_2 > 0$ mit

$$\mathsf{P}\{\mu_j^i(t_1) > 0\} > 0\,, \qquad \mathsf{P}\{\mu_k^j(t_2) > 0\} > 0\,.$$

Daraus erhalten wir

$$\mathsf{P}\{\mu_k^i(t_1 + t_2) > 0\} \geqq \sum_{n=1}^{\infty} \mathsf{P}\{\mu_j^i(t_1) = n\}\ (1 - \mathsf{P}^n\{\mu_k^j(t_2) = 0\}) \geqq$$

$$\geqq \sum_{n=1}^{\infty} \mathsf{P}\{\mu_j^i(t_1) = n\}\ (1 - \mathsf{P}\{\mu_k^j(t_2) = 0\}) = \mathsf{P}\{\mu_j^i(t_1) > 0\}\ \mathsf{P}\{\mu_k^j(t_2) > 0\} > 0\,.$$

Die Bedingung (1), die die Beziehung $T_i \to T_k$ definiert, ist jeder der folgenden beiden Bedingungen äquivalent: Es existiert ein $t > 0$, so daß

2°. die erzeugende Funktion $F^i(t; s)$ von der Veränderlichen s^k abhängt;

3°. der Erwartungswert

$$\mathsf{M}\mu_k^i(t) = A_k^i(t) > 0 \tag{2}$$

ist.

Lemma 2. *In einem Verzweigungsprozeß mit diskreter Zeit gilt $T_i \to T_k$ genau dann, wenn eine Indexkette $i_0 = i, i_1, \ldots, i_m = k$ existiert, so daß für jedes $l = 1, .., m$ die erzeugende Funktion $F^{i_{l-1}}(s)$ von der Veränderlichen s^{i_l} abhängt oder, was gleichbedeutend ist,*

$$A_{i_l}^{i_{l-1}} > 0 \tag{3}$$

gilt.

Beweis. Wenn $F^i(s)$ von s^j abhängt, dann ist $A_j^i > 0$ und umgekehrt. Deshalb reicht es, die Behauptung so weit zu zeigen, wie sie sich auf die Erwartungswerte A_k^i bezieht.

Da $A_k^i(t)$ ein Element der Matrix A^t ist, gilt

$$A_k^i(t) = A_{i_1}^i A_{i_2}^{i_1} \cdots A_k^{i_{t-1}} > 0$$

genau dann, wenn eine Kette existiert, wie sie im Lemma beschrieben wurde.

Lemma 3. *In Prozessen mit stetiger Zeit gilt $T_i \to T_k$ genau dann, wenn für jedes $t > 0$ die erzeugende Funktion $F^i(t; s)$ von s^k abhängt oder, was gleichbedeutend ist, $A_k^i(t) > 0$ ist.*

Beweis. Wir führen den Beweis für $A_k^i(t)$. Gilt $T_i \to T_k$, dann existiert nach Definition 1 ein $t_0 > 0$ mit $A_k^i(t_0) > 0$. Weil in Prozessen mit stetiger Zeit für jedes $t > 0$

$$\langle A_i^i(t)\rangle > \mathrm{e}^{-k_i t} > 0 \tag{4}$$

mit $k_i = -p^i_{\varepsilon_i}$, $\varepsilon_i = (\delta^1_i, \dots, \delta^n_i)$ ist, gilt für jedes $t > t_0$

$$A^i_k(t) > \langle A^i_i(t - t_0)\, A^i_k(t_0)\rangle > 0\,.$$

Zu zeigen bleibt noch, daß beliebig kleine $t > 0$ existieren, für die $A^i_k(t) > 0$ und $i \neq k$ ist. Dazu betrachten wir einen eingebetteten diskreten Verzweigungsprozeß mit der Zeiteinheit $\frac{t_0}{n}$. Dann existiert nach Lemma 2 eine Folge $i_0 = i$, $i_1, \dots, i_{n-1}$, $i_n = k$, so daß $A^{i_{l-1}}_{i_l}\left(\frac{t_0}{n}\right) > 0$ ist. Unter den $n + 1$ Indizes i_l, $l = 0, \dots, n$, existieren mindestens zwei zusammenfallende. Es sei $i_{m_1} = i_{m_2}$, $m_1 < m_2$. Dann genügt die Folge $i'_0 = i_0$, $i'_1 = i_1, \dots, i'_{m_1} = i_{m_1}$, $i'_{m_1+1} = i_{m_2+1}, \dots, i'_{n-(m_2-m_1)} = i_n$ ebenfalls der Eigenschaft

$$A^{i'_{l-1}}_{i'_l}\left(\frac{t_0}{n}\right) > 0\,,$$

woraus

$$A^i_k\left(\frac{t_0(n - m_2 + m_1)}{n}\right) > 0$$

folgt. Hieraus folgt aber $A^i_k(t) > 0$ für jedes $t > 0$.

Mit S_{i1} bezeichnen wir die Menge aller Typen T_j, die T_i vorausgehen, mit S_{i2} die Menge aller Typen T_k, die auf T_i folgen und mit S_{i0} den Durchschnitt $S_{i1} \cap S_{i2}$.

Lemma 4. *Aus $T_i \to T_k$ folgt $S_{i1} \subseteqq S_{k1}$ und $S_{k2} \subseteqq S_{i2}$. Aus $T_i \leftrightarrow T_k$ folgt $S_{ir} = S_{kr}$ für $r = 0, 1, 2$.*

Beweis. Es sei $T_l \in S_{i1}$; dann gilt $T_l \to T_i$. Wegen $T_i \to T_k$ folgt aus Lemma 1 $T_l \to T_k$ und damit $T_l \in S_{k1}$. Analog können wir die Relation $S_{k2} \subseteqq S_{i2}$ beweisen. Aus $T_i \leftrightarrow T_k$ folgt nach dem eben Bewiesenen $S_{ir} \subseteqq S_{kr}$ und $S_{kr} \subseteqq S_{ir}$ für $r = 1, 2$. Deshalb gilt $S_{ir} = S_{kr}$ für $r = 0, 1, 2$.

Lemma 5. *Aus $T_k \in S_{i0}$ und $T_l \in S_{i0}$ folgt $T_k \leftrightarrow T_l$. Gilt $T_k \leftrightarrow T_l$ und $T_k \in S_{i0}$, dann gilt auch $T_l \in S_{i0}$.*

Beweis. Nach Definition enthält die Menge S_{i0} genau alle zu T_i äquivalenten Typen. Deshalb folgt aus $T_k \in S_{i0}$ auch $T_k \leftrightarrow T_i$. Aus $T_k \leftrightarrow T_i$ und $T_l \leftrightarrow T_i$ folgt $T_k \leftrightarrow T_l$. Umgekehrt folgt aus $T_k \in S_{i0}$ und $T_k \leftrightarrow T_l$ auch $T_i \leftrightarrow T_l$, d. h. $T_l \in S_{i0}$.

Lemma 6. *Zwei beliebige nichtleere Mengen S_{i0} und S_{k0} fallen entweder zusammen oder sind disjunkt. Wenn S_{i0} nichtleer ist, dann ist $T_i \in S_{i0}$.*

Beweis. Es sei $T_j \in S_{i0} \cap S_{k0}$. Dann gilt $T_j \leftrightarrow T_k$ und $T_j \leftrightarrow T_i$ und aus den Lemmata 1 und 4 folgt $T_i \leftrightarrow T_k$ und $S_{i0} = S_{k0}$. Für $T_k \in S_{i0}$ folgt weiter $T_k \to T_i$ und $T_i \to T_k$ und damit $T_i \leftrightarrow T_i$, d. h. $T_i \in S_{i0}$.

Definition 3. Ist die Menge S_{i0} leer, dann nennen wir T_i einen *singulären Typ*, oder wir sagen, daß der Typ T_i eine *singuläre Klasse* $\{T_i\}$ bildet.

Definition 4. Ist die Menge S_{i0} nichtleer, so nennen wir sie eine *Klasse verbundener Typen* oder einfach eine Klasse. Eine singuläre Klasse werden wir im weiteren manchmal auch einfach als Klasse bezeichnen.

Somit zerfällt in jedem beliebigen Verzweigungsprozeß die Menge der Typen $T_1, \ldots, T_n$ in ein System $\mathfrak{K}$ von Klassen. Aus der Ungleichung (4) folgt, daß in Prozessen mit stetiger Zeit wegen $T_i \leftrightarrow T_i$ singuläre Klassen fehlen, d. h. für jedes i ist $T_i \in S_{i0}$. In Prozessen mit diskreter Zeit können dagegen singuläre Klassen auftreten. Sei z. B.

$$F^1(s) = \frac{s^1 s^2 + s^1 s^3 s^5}{2}, \qquad F^2(s) = \frac{(s^2)^2 + 1}{2},$$
$$F^3(s) = s^4, \qquad F^4(s) = s^3, \qquad F^5(s) = s^6, \tag{5}$$
$$F^6(s) = \frac{3s^6 + s^7}{4}, \qquad F^7(s) = \frac{s^6 + 2s^7}{3}.$$

Dann zerfällt die Menge aller Typen $T_1, \ldots, T_7$ in folgende Klassen

$$K_1 = \{T_1\}, \qquad K_2 = \{T_2\}, \qquad K_3 = \{T_3, T_4\},$$
$$K_4 = \{T_6, T_7\}, \qquad K_5 = \{T_5\}. \tag{6}$$

Die Klasse K_5 ist singulär. In der Menge aller Typenklassen $\mathfrak{K} = \{K_1, \ldots, K_N\}$ kann man auf folgende Weise eine Halbordnung einführen:

Definition 5. Wir sagen, daß die Klasse K_α der Klasse K_β *vorausgeht* (oder K_β auf K_α *folgt*) und schreiben $K_\alpha < K_\beta$, wenn $K_\alpha \neq K_\beta$ ist und Typen $T_i \in K_\alpha$ und $T_j \in K_\beta$ mit $T_i \to T_j$ existieren.

Lemma 7. *Ist $K_\alpha < K_\beta$, dann folgt aus $T_i \in K_\alpha$ und $T_j \in K_\beta$ auch $T_i \to T_j$.*

Beweis. Laut Definition 5 existieren Typen $T_{i_0} \in K_\alpha$ und $T_{j_0} \in K_\beta$, für die $T_{i_0} \to T_{j_0}$ gilt. Wegen $T_i \leftrightarrow T_{i_0}$ und $T_j \leftrightarrow T_{j_0}$ folgt $T_i \to T_j$.

Definition 6. Eine Menge S von Typen heißt *abgeschlossen*, wenn aus $T_i \in S$ auch $S_{i2} \subseteqq S$ folgt. Eine Klasse K_α, die eine abgeschlossene Menge darstellt, werden wir *abgeschlossene Klasse* nennen.

Definition 7. Wir sagen, daß alle abgeschlossenen Klassen den *Rang Null* haben. Wir nehmen an, daß wir schon definiert haben, was wir unter Klassen vom Rang $\leqq r - 1$ verstehen. Eine Klasse K_α heißt Klasse vom *Rang r*, wenn aus $K_\alpha < K_\beta$ folgt, daß der Rang von K_β nicht größer als $r - 1$ ist, und eine solche Klasse K_γ vom Rang $r - 1$ existiert, daß $K_\alpha < K_\gamma$ gilt.

Somit ordnen wir jeder Klasse aus $\mathfrak{K}$ einen Rang zu. Für das Beispiel (5), (6) gilt

$$K_1 < K_2, \qquad K_1 < K_3, \qquad K_1 < K_5 < K_4.$$

Die Klassen K_2, K_3 und K_4 haben hier den Rang Null, K_5 hat den Rang 1 und K_1 den Rang 2.

Definition 8. Eine Klasse $K = \{T_{i_1}, \ldots, T_{i_m}\}$ heißt *finale* Klasse, wenn sie nichtleer ist und ein $t > 0$ existiert, so daß für jedes $T_{i_l} \in K$ die erzeugende Funktion $F^{i_l}(t; s)$ eine Linearform bezüglich der Veränderlichen $s^{i_1}, \ldots, s^{i_m}$ darstellt, d. h.

$$F^{i_l}(t; s) = \sum_{k=1}^{m} \varphi_{lk}(t; s)\, s^{i_k} \tag{7}$$

ist, wobei die Funktionen $\varphi_{lk}(t; s)$ nicht von $s^{i_1}, \ldots, s^{i_m}$ abhängen.

Satz 1. $K = \{T_{i_1}, \ldots, T_{i_m}\}$ *sei eine finale Klasse. Dann ist* (7) *für jedes* $t > 0$ *erfüllt.*

Beweis. Da K eine finale Klasse ist, wird (7) für ein $t = t_0 > 0$ erfüllt. Aus der Definition ist klar, daß die Koeffizienten $\varphi_{lk}(t; s)$ nicht nur von $s^{i_1}, \ldots, s^{i_m}$ nicht abhängen, sondern auch nicht von den s^j, die den Typen $T_j \in K_\beta < K$ entsprechen. Deshalb erhalten wir, wenn wir die Funktion $F(t_0; s)$ iterieren, den Ausdruck

$$F^{i_l}(2t_0; s) = \sum_{k=1}^{m} \varphi_{lk}(2t_0; s)\, s^{i_k}, \tag{8}$$

in dem $\varphi_{lk}(2t_0; s)$ wiederum nicht von $s^{i_1}, \ldots, s^{i_m}$ abhängt. Durch Induktionsschluß läßt sich zeigen, daß (7) für beliebige $t = nt_0$, $n = 1, 2, \ldots$, richtig ist. Mittels indirektem Beweis folgern wir hieraus, daß (7) auch für $t = \frac{t_0}{n}$, $n = 1, 2, \ldots$, gilt, sofern $F^{i_l}(t; s)$ definiert ist. Somit ist (7) für Prozesse mit diskreter Zeit für $t = 1$ richtig, und damit für alle ganzen t, in Prozessen mit stetiger Zahl für alle rationalen t und wegen der Stetigkeit für alle $t > 0$.

Im Beispiel (5), (6) ist K_1 eine finale Klasse vom Rang 2, während K_3 und K_4 abgeschlossene finale Klassen sind.

Definition 9. Einen Verzweigungsprozeß, in dem die Menge aller Typen $T_1, \ldots, T_n$ eine Klasse verbundener Typen bildet, nennen wir *irreduzibel.* Alle anderen Prozesse nennen wir *reduzibel.* Einen Verzweigungsprozeß nennen wir *vollständig reduzibel,* wenn wir die Menge aller Typen in zwei nichtleere abgeschlossene Untermengen zerlegen können.

Lemma 8. *Ein Verzweigungsprozeß mit stetiger Zeit ist genau dann irreduzibel, wenn die Matrix der Erwartungswerte* $A(t) = ||A_k^i(t)||$ *für jedes* $t > 0$ *irreduzibel ist.*

Beweis. Wenn ein Verzweigungsprozeß irreduzibel ist, dann gilt $T_i \leftrightarrow T_k$ für beliebige T_i und T_k nach Lemma 3 für Prozesse mit stetiger Zeit $A_k^i(t) > 0$ für jedes $t > 0$, folglich ist $A(t) > 0$ und $A(t)$ irreduzibel (Folgerung 5.1). Genauso leicht können wir auch den umgekehrten Schluß führen.

Definition 10. Ein irreduzibler Verzweigungsprozeß mit diskreter Zeit heißt *periodisch mit der Periode* d, wenn der größte gemeinsame Teiler aller der t, für die $\langle A_i^i(t)\rangle > 0$ ist, gleich d ist. Ist $d = 1$, so nennen wir den Prozeß *aperiodisch.*

Wir werden hier keine detaillierte Analyse der periodischen Prozesse geben, da diese vollkommen analog der ist, die für MARKOWsche Ketten gilt. Wir weisen nur darauf hin, daß in periodischen Verzweigungsprozessen die Menge aller Typen $T_1, ..., T_n$ in d Unterklassen $L_1, ..., L_d$ zerfällt, so daß aus Teilchen vom Typ $T_i \in L_\alpha$ in der Zeit $t \equiv \beta - \alpha \pmod{d}$ nur Teilchen von Typen, die der Unterklasse L_β angehören, entstehen.

Satz 2. *Ein Verzweigungsprozeß mit stetiger Zeit ist genau dann irreduzibel, wenn die Matrix $a = ||a_j^i||$ irreduzibel ist.*

Beweis. Wir benutzen die Matrizenformel

$$A(t) = e^{at} = \sum_{m=0}^{\infty} \frac{a^m t^m}{m!}. \tag{9}$$

Falls die Matrix a reduzibel ist, existiert eine Zerlegung von $\{1, ..., n\}$ in S_1 und S_2, so daß $a_k^i = 0$ ist für alle $i \in S_1$ und $k \in S_2$. Dann ist für jedes $m = 1, 2, \ldots$ in der Matrix $a^m = ||a_k^i(m)||$ ebenfalls $a_k^i(m) = 0$. Somit folgt aus (9) $A_k^i(t) = 0$, d. h., $A(t)$ ist reduzibel. Wenn hingegen a irreduzibel ist, dann gilt dies auch für $A(\Delta t)$ für kleines $\Delta t > 0$, da jedem $a_k^i > 0$, $i \neq k$, ein $A_k^i(\Delta t) = a_k^i \Delta t + o(\Delta t) > 0$ entspricht. Der Beweis läßt sich dann unter Verwendung von Lemma 8 beenden.

Ein Verzweigungsprozeß wird, wie wir wissen, durch den zufälligen Vektor

$$\mu(t) = (\mu_1(t), ..., \mu_n(t)) \tag{10}$$

beschrieben, wobei $\mu_j(t)$ die Anzahl der Teilchen vom Typ T_j im Zeitpunkt t ist. Wenn wir jetzt aus den Komponenten des Vektors (10) einen Vektor kleiner Dimension

$$\tilde{\mu}(t) = (\mu_{i_1}(t), ..., \mu_{i_r}(t)) \tag{11}$$

bilden, indem wir nur die Teilchenanzahl der Typen $T_{i_1}, ..., T_{i_r}$ registrieren, dann erhalten wir einen stochastischen Prozeß, der im allgemeinen kein Verzweigungsprozeß ist. Jedoch erhalten wir für bestimmte Teilmengen $S = \{T_{i_1}, ..., T_{i_r}\}$ ausgewählter Typen wieder einen Verzweigungsprozeß.

Definition 11. Die Menge $S = \{T_{i_1}, ..., T_{i_r}\}$, die eine Teilmenge der Typen $T_1, ..., T_n$ eines Verzweigungsprozesses darstellt, nennen wir *regulär*[1]), wenn aus $T_i, T_j \in S$ und $T_i \to T_k \to T_j$ auch $T_k \in S$ folgt. (Anders gesagt: Aus $T_i, T_j \in S$ und $T_i \to T_j$ folgt $S_{j1} \cap S_{i2} \subseteq S$.)

Lemma 9. *Ist S eine reguläre Menge, dann gilt:*

1°. *Aus $T_i \in S$ folgt, daß S die Klasse vollständig enthält, in der T_i enthalten ist.*

2°. *Wenn für die Klassen K_α und K_β gilt $K_\alpha \subseteq S$ und $K_\beta \subseteq S$, $K_\alpha < K_\beta$, dann enthält S alle Klassen K_γ mit $K_\alpha < K_\gamma < K_\beta$.*

Beweis. 1° Wenn T_i aus einer nichtsingulären Klasse ist, dann gilt $T_i \leftrightarrow T_i$ und nach Definition 11 folgt daraus $S_{i0} = S_{i1} \cap S_{i2} \subseteq S$.

---

[1]) im Original правильный (Anm. d. Red.).

2° Wenn $T_i \in K_\alpha$, $T_j \in K_\beta$ und $K_\alpha < K_\gamma < K_\beta$, dann folgt leicht $K_\gamma \subseteqq S_{j1} \cap \cap S_{i2}$.

Reguläre Mengen S sind z. B. solche, die nur aus einer Klasse K_α bestehen oder aus mehreren Klassen $K_{\alpha_1} < K_{\alpha_2} < \cdots < K_{\alpha_m}$, zwischen denen keine weiteren Klassen liegen.

Satz 3. *Es sei* $\{T_{i_1}, \ldots, T_{i_r}\}$ *eine reguläre Menge von Typen eines Verzweigungsprozesses, der durch die Vektoren* (10) *beschrieben ist. Dann ist der stochastische Prozeß, der durch* (11) *beschrieben ist, ebenfalls ein Verzweigungsprozeß.*

Beweis. In dem Verzweigungsprozeß (10) genügen die Übergangswahrscheinlichkeiten

$$P^\alpha_\beta(t) = \mathsf{P}\{\mu(t_1 + t) = \beta \mid \mu(t_1) = \alpha\}\ , \qquad \alpha, \beta \in N^n \tag{12}$$

den Bedingungen (2.4)—(2.7). Die Vektoren $\alpha \in N^n$ stellen wir als $\alpha = (\alpha', \alpha'')$ mit $\alpha' = \{\alpha_{i_1}, \ldots, \alpha_{i_r}\}$ und $\alpha'' = \{\alpha_{j_1}, \ldots, \alpha_{j_{n-r}}\}$ dar; dabei durchläuft j_k alle Werte aus $\{1, 2, \ldots, n\} - \{i_1, \ldots, i_r\}$. Wir führen jetzt die Übergangswahrscheinlichkeiten

$$\tilde{P}^{\alpha'}_{\beta'}(t) = \mathsf{P}\{\tilde{\mu}(t + t_1) = \beta' \mid \tilde{\mu}(t_1) = \alpha'\}$$

ein. Diese Übergangswahrscheinlichkeiten ergeben sich aus den Wahrscheinlichkeiten (12) durch

$$\tilde{P}^{\alpha'}_{\beta'}(t) = \sum_{\beta'' \in N^{n-r}} P^{(\alpha', 0)}_{(\beta', \beta'')}(t)\ . \tag{13}$$

Wir müssen zeigen, daß die Übergangswahrscheinlichkeiten $\tilde{P}^{\alpha'}_{\beta'}(t)$ den Bedingungen (2.4)—(2.7) genügen. Die Bedingungen (2.4), (2.6) und (2.7) lassen sich leicht nachprüfen. Etwas schwieriger ist das bei (2.5). Hier benutzen wir, daß die Menge S regulär ist. Wir summieren

$$P^{(\alpha', 0)}_\beta(t + \tau) = \sum_\gamma P^{(\alpha', 0)}_\gamma(t)\, P^\gamma_\beta(\tau)$$

über $\beta'' \in N^{n-r}$ und erhalten

$$\tilde{P}^{\alpha'}_{\beta'}(t + \tau) = \sum_\gamma P^{(\alpha', 0)}_\gamma(t) \sum_{\beta''} P^\gamma_{(\beta', \beta'')}(\tau)\ . \tag{14}$$

Da die Menge S regulär ist, hängt die Summe $\sum\limits_{\beta''} P^{(\gamma', \gamma'')}_{(\beta', \beta'')}(\tau)$ nicht von γ'' in der Menge der Werte $\gamma = (\gamma', \gamma'')$ ab, für die $P^{(\alpha', 0)}_\gamma(t) > 0$ ist. Deshalb können wir in (14) in $P^\gamma_{(\beta', \beta'')}(t)$ auch γ durch $(\gamma', 0)$ ersetzen. Wir erhalten

$$\tilde{P}^{\alpha'}_{\beta'}(t + \tau) = \sum_{\gamma', \gamma''} P^{(\alpha', 0)}_{(\gamma', \gamma'')}(t) \sum_{\beta''} P^{(\gamma', 0)}_{(\beta', \beta'')}(\tau) = \sum_{\gamma'} \tilde{P}^{\alpha'}_{\gamma'}(t)\, \tilde{P}^{\gamma'}_{\beta'}(\tau)\ .$$

Damit ist der Satz bewiesen.

Definition 12. Es sei ein Verzweigungsprozeß mit den Teilchentypen $T_1, \ldots, T_n$ gegeben, und S sei eine reguläre Menge von Typen. Einen Verzweigungsprozeß, der aus den gegebenen Teilchen gebildet wird, die der Menge S angehören, nennen wir *S-Unterprozeß des gegebenen Verzweigungsprozesses.*

Die erzeugenden Funktionen

$$\tilde{F}(t;\tilde{s}) = \left(\tilde{F}^{i_1}(t;\tilde{s}), \ldots, \tilde{F}^{i_r}(t;\tilde{s})\right)$$

des S-Unterprozesses mit $S = \{T_{i_1}, \ldots, T_{i_r}\}$, erhalten wir aus den erzeugenden Funktionen $F(t; s)$ des Ausgangsprozesses auf folgende Weise: Wir setzen $\tilde{s} = (s^{i_1}, \ldots, s^{i_r})$, $\tilde{\tilde{s}} = (s^{j_1}, \ldots, s^{j_{n-r}})$, $s = (s^1, \ldots, s^n) = (\tilde{s}, \tilde{\tilde{s}})$ mit $j_k \in \{1, 2, \ldots, n\} - \{i_1, \ldots, i_r\}$. Dann gilt für alle $T_{i_k} \in S$

$$\tilde{F}^{i_k}(t;\tilde{s}) = F^{i_k}\left(t; (\tilde{s}, 1)\right).$$

Analog erhalten wir für Prozesse mit stetiger Zeit die erzeugenden Funktionen $\tilde{f}(\tilde{s}) = \left(\tilde{f}^{i_1}(\tilde{s}), \ldots, \tilde{f}^{i_r}(\tilde{s})\right)$ aus $f(s)$ mit Hilfe von $\tilde{f}^{i_k}(\tilde{s}) = f^{i_k}\left((\tilde{s}, 1)\right)$.

Satz 4. *In einem Verzweigungsprozeß bilde die Menge aller Typen $T_1, \ldots, T_n$ eine finale Klasse. Dann gilt für jedes i und jedes $t \geqq 0$*

$$\mathsf{P}\left\{\sum_{j=1}^{n} \mu_j^i(t) = 1\right\} = 1$$

und den Zustand des Prozesses im Zeitpunkt t bestimmt die Nummer des Typs T_j, für den $\mu_j^i(t) = 1$ ist. Der erhaltene Prozeß mit den Zuständen $(1, 2, \ldots, n)$ *ist ein* Markow*scher Prozeß mit den Übergangswahrscheinlichkeiten*

$$p_j^i(t) = \mathsf{P}\{\mu_j^i(t) = 1\}.$$

Beweis. Entsprechend (7) gilt in unserem Fall

$$F^i(t; s) = p_k^i(t)\, s^k, \qquad i = 1, \ldots, n,$$

mit $\mathsf{P}\{\mu_k^i(t) = 1\} = p_k^i(t)$ und $\sum_{k=1}^{n} p_k^i(t) = 1$. Aus der Hauptfunktionalgleichung (3.1) folgt die Gleichung für die Übergangswahrscheinlichkeiten MARKOWscher Prozesse

$$p_j^i(t+\tau) = p_k^i(t)\, p_j^k(\tau),$$

womit der Satz bewiesen ist.

Folgerung 1. *Wenn K eine finale Klasse eines Verzweigungsprozesses ist, so führt der K-Unterprozeß zu einem MARKOWschen Prozeß im Raum der Typen aus der Klasse K.*

Die Einteilung der Teilchentypen in Klassen hängt mit Eigenschaften der Matrizen A und a zusammen. Aus Lemma 8 und Satz 2 folgt, daß jeder nichtsingulären Klasse K_γ irreduzible Untermatrizen A_γ und a_γ der Matrizen A und a entsprechen, in die nur die Elemente eingehen, die im Schnittpunkt der Zeilen und Spalten mit Typennummern aus K_γ stehen. Die entsprechende Untermatrix $A_\gamma(t)$ der Matrix $A(t)$ ist für alle $t > 0$ in Prozessen mit stetiger Zeit und aperiodischen Prozessen mit diskreter Zeit ebenfalls irreduzibel. Im weiteren schließen wir periodische Verzweigungsprozesse aus und sprechen von einer Eigenschaft der Matrix $A(t)$ für jedes $t > 0$. Es ist einleuchtend, daß die Matrizen A und a den gleichen Eigenschaften genügen.

Es seien zwei verschiedene Klassen K_β und K_γ gegeben. Mit $A_{\beta\gamma}(t)$ bezeichnen wir die Untermatrix von $A(t)$, die aus den Elementen besteht, die im Schnittpunkt der Zeilen aus K_β und Spalten aus K_γ stehen. Ist $K_\beta < K_\gamma$, dann ist die Untermatrix $A_{\gamma\beta}(t)$ eine Nullmatrix und die Untermatrix $A_{\beta\gamma}(t)$ ist keine Nullmatrix. Ist weder $K_\beta < K_\gamma$ noch $K_\gamma < K_\beta$, dann sind beide Untermatrizen $A_{\gamma\beta}(t)$ und $A_{\beta\gamma}(t)$ Nullmatrizen.

Ist die Klasse K eine singuläre Klasse, dann besteht die Untermatrix $A_\gamma(t)$ nur aus einem diagonalen Element der Matrix $A(t)$, das gleich Null ist. Somit können wir die Matrix $A(t)$ immer in quadratische irreduzible Untermatrizen aufteilen, die den Typenklassen K_γ entsprechen. Wir können die Typen $T_1, \ldots, T_n$ so numerieren, daß unterhalb der Untermatrix $A_\gamma(t)$ nur Nullen stehen. Die Matrix A zu Beispiel (5), hat die Gestalt

$$\begin{Vmatrix} 1 & 1/2 & 1/2 & 0 & 1/2 & 0 & 0 \\ 0 & 1 & 0 & 0 & 0 & 0 & 0 \\ 0 & 0 & 0 & 1 & 0 & 0 & 0 \\ 0 & 0 & 1 & 0 & 0 & 0 & 0 \\ 0 & 0 & 0 & 0 & 0 & 1 & 0 \\ 0 & 0 & 0 & 0 & 0 & 3/4 & 1/4 \\ 0 & 0 & 0 & 0 & 0 & 1/3 & 2/3 \end{Vmatrix}.$$

§ 7. Momente

Es sei $\xi = (\xi_1, \ldots, \xi_n)$ ein zufälliger Vektor, $\alpha = (\alpha_1, \ldots, \alpha_n)$ ein gegebener Vektor mit ganzzahligen nichtnegativen Komponenten und $\bar{\alpha} = \alpha_1 + \cdots + \alpha_n$. Wir setzen

$$\xi^{[\alpha]} = \xi_1^{[\alpha_1]} \cdots \xi_n^{[\alpha_n]} \tag{1}$$

mit $x^{[a]} = x(x-1) \cdots (x-a-1)$. Den Erwartungswert $\mathsf{M}\xi^{[\alpha]}$ nennen wir faktorielles Moment der Ordnung $\bar{\alpha}$ oder genauer des α-Moment von ξ.

Mit $M_\alpha^i(t) = \mathsf{M}(\mu^i(t))^{[\alpha]}$ bezeichnen wir das α-Moment des Vektors $\mu^i(t) = \left(\mu_1^i(t), \ldots, \mu_n^i(t)\right)$. Im folgenden Text erweist es sich als günstig, neben $M_\alpha^i(t)$ in einigen Fällen auch die Bezeichnung $M_\alpha^i(t) = M_{j_1 j_2 \ldots j_{\bar{\alpha}}}^i(t)$ zu benutzen, wobei unter den $j_1, \ldots, j_{\bar{\alpha}}$ genau α_k Indizes gleich k sind, $k = 1, 2, \ldots, n$. Der Ausdruck $M_{j_1 j_2 \ldots j_{\bar{\alpha}}}^j(t)$ ist bezüglich $j_1, j_2, \ldots, j_{\bar{\alpha}}$ symmetrisch. Insbesondere werden wir die faktoriellen Momente erster Ordnung, die gleich den Erwartungswerten $\mathsf{M}\mu_j^i(t)$ sind, wie in § 4 weiterhin mit $A_j^i(t) = M_j^i(t)$ bezeichnen. Für die faktoriellen Momente zweiter Ordnung benutzen wir die Bezeichnungen $B_{jk}^i(t) = M_{jk}^i(t)$. Somit ist $B_{jj}^i(t) = \mathsf{M}\mu_j^i(t)\left(\mu_j^i(t) - 1\right)$ und $B_{jk}^i(t) = \mathsf{M}\mu_j^i(t)\,\mu_k^i(t)$ für $j \neq k$.

Entsprechend (1.7) ist

$$M_\alpha^i(t) = F_\alpha^i(t; 1)\,. \tag{2}$$

Für Prozesse mit diskreter Zeit benutzen wir die Abkürzungen

$$M_\alpha^i(1) = M_\alpha^i,\ M^i_{j_1\cdots j_{\bar\alpha}}(1) = M^i_{j_1\cdots j_{\bar\alpha}},\ A_j^i(1) = A_j^i,\ B_{jk}^i(1) = B_{jk}^i\,.$$

Manchmal benutzen wir auch die Matrizenschreibweise

$$M(t, \bar\alpha) = ||M_\alpha^i(t)|| = ||M^i_{j_1\cdots j_{\bar\alpha}}(t)||\,, \tag{3}$$

in der $M(t, \bar\alpha)$ die Matrix der faktoriellen Momente der Ordnung $\bar\alpha$ ist. Sie besteht aus n Zeilen, die nach den Indizes i numeriert sind, und aus $C^{\bar\alpha}_{\bar\alpha+n-1}$ Spalten, numeriert nach den Vektoren α mit fester Summe $\bar\alpha$ oder nach den ungeordneten Mengen $j_1, \ldots, j_{\bar\alpha}$, wobei jedes j_k Werte von 1 bis n annimmt. Analog führen wir die Matrizen $A(t) = ||A_j^i(t)||$, $A = A(1)$, $B(t) = ||B_{jk}^i(t)||$, $B = B(1)$, $M(\bar\alpha) = M(1, \bar\alpha)$ ein.

Die Matrix $A(0) = ||\delta_j^i||$ ist eine Einheitsmatrix, für $\bar\alpha > 1$ sind alle Matrizen $M(0, \bar\alpha)$ Nullmatrizen.

Für Prozesse mit stetiger Zeit führen wir die Größen $m_\alpha^i = \sum_\beta p_\beta^i \beta^{[\alpha]}$ ein, die gleich den Ableitungen

$$m_\alpha^i = f_\alpha^i(1) \tag{4}$$

mit $f_\alpha^i(1) = \dfrac{\partial^{\bar\alpha} f^i(s)}{(\partial s^1)^{\alpha_1} \cdots (\partial s^n)^{\alpha_n}}$ der erzeugenden Funktion sind. Wir definieren $m^i_{j_1\cdots j_{\bar\alpha}}$ durch m_α^i genauso wie oben $M^i_{j_1\cdots j_{\bar\alpha}}$ und setzen $a_j^i = m_j^i$ und $b_{jk}^i = m_{jk}^i$.

Wir betrachten zuerst Prozesse mit stetiger Zeit. Wie wir schon im § 4 gezeigt haben, ist $A(t) = A^t$. Die höheren faktoriellen Momente $M_\alpha^i(t)$ mit $\bar\alpha > 1$ erhalten wir aus Differenzengleichungen, die sich nach $\bar\alpha$-maligem Differenzieren von (3.4) im Punkt $s = 1$ ergeben.

Satz 1. *Die Matrix $M(\bar\alpha) = ||M_\alpha^i||$ sei für ein $\bar\alpha > 0$ endlich. Dann sind die Matrizen $M(t, \bar\alpha)$ für jedes ganze $t > 0$ endlich und ihre Elemente genügen der Gleichung*

$$M_\alpha^i(t+1) = A_j^i M_\alpha^j(t) + Z_\alpha^i(t)\,, \qquad t \geqq 1\,, \tag{5}$$

hierbei ist $Z_\alpha^i(t)$ die Summe von endlich vielen nicht notwendig verschiedenen Summanden der Gestalt $\langle M_\beta^i M_{\gamma^1}^{i_1}(t) \cdots M_{\gamma^{\bar\beta}}^{i_{\bar\beta}}(t)\rangle$ mit

$$1 < \bar\beta \leqq \bar\alpha,\quad \gamma^1 + \cdots + \gamma^{\bar\beta} = \alpha\,,\quad \gamma^k \neq \alpha\,,\quad k = 1, \ldots, \bar\beta,\quad 1 \leqq i_k \leqq n\,. \tag{6}$$

Beweis. Wir differenzieren die Rekurrenzbeziehung (3.4) α-mal in einem Punkt $s < 1$. Wir nehmen an, daß wir für alle α mit $\bar\alpha \leqq m$

$$F_\alpha^i(t+1; s) = F_j^i\big(F(t; s)\big)\, F_\alpha^j(t; s) + W_\alpha^i(t; s) \tag{7}$$

erhalten, wobei $W_\alpha^i(t; s)$ die Summe einer endlichen Anzahl von Summanden der Form

$$\langle F_\beta^i\big(F(t; s)\big)\, F_{\gamma^1}^{i_1}(t; s) \cdots F_{\gamma^{\bar\beta}}^{i_{\bar\beta}}(t; s)\rangle \tag{8}$$

ist, und die hier auftretenden Indizes der Bedingung (6) genügen. (Einige der Summanden von (8) können in die Summe $W_\alpha^i(t; s)$ mehrmals eingehen.) Wir zeigen jetzt, daß die Darstellung (7) auch für $\alpha' = \alpha + \varepsilon^k$ mit $\varepsilon^k = (\delta_1^k, \ldots, \delta_n^k)$ richtig ist. Dazu differenzieren wir die Gleichung (7) nach s^k und erhalten

$$F^i_{\alpha'}(t+1; s) = F^i_j(F(t; s))\, F^j_{\alpha'}(t; s) + W^i_{\alpha'}(t; s)\,.$$

Dabei besteht $W^i_{\alpha'}(t; s)$ aus Summanden der Form

$$\langle F^i_\beta(F(t; s))\, F^{i_1}_{\gamma_1}(t; s) \cdots F^{il}_{\gamma^l+\varepsilon^k}(t; s)\, F^{i\bar\beta}_{\gamma\bar\beta}(t; s)\rangle\,,$$

und

$$\langle F^i_{\beta+\varepsilon^l}(F(t; s))\, F^{i_1}_{\gamma}(t; s) \cdots F^{i\bar\beta}_{\gamma\bar\beta}(t; s)\, F^l_{\varepsilon^k}(t; s)\rangle\,,$$

die wir durch Differentiation des Produktes (8) nach s erhalten, und aus der Summe

$$F^i_{jl}(F(t; s))\, F^j_\alpha(t; s)\, F^l_k(t; s)\,,$$

die durch Differenzieren von $F^i_j(F(t; s))\, F^j_\alpha(t; s)$ in (7) entsteht. Wir sehen sofort, daß alle diese Summanden der Bedingung (6) mit $\alpha' = \alpha$ und $\bar\alpha' = \bar\alpha + 1$ genügen. Somit haben wir (7) für beliebige α gezeigt. Setzen wir jetzt in (7) $s = 1$, dann erhalten wir die Gleichung (5), aus der wir durch Induktion die Endlichkeit der Matrix $M(t, \bar\alpha)$ folgern können.

Satz 2. *Die Matrix $M(k)$, $k \geqq 2$ sei endlich. Dann lassen sich alle faktoriellen Momente $M^i_\alpha(t)$ für alle α mit $\bar\alpha = k$ durch die Formel*

$$M^i_\alpha(t) = \sum_{\tau=1}^{t} A^i_j(t-\tau)\, Z^j_\alpha(\tau - 1) \tag{9}$$

ausdrücken, wobei $Z^j_\alpha(0) = M^j_\alpha$ ist und $Z^j_\alpha(t)$ für $t \geqq 1$ dieselbe Bedeutung wie in Satz 1 hat.

Beweis. Die Gültigkeit der Formel (9) zeigen wir durch Induktion. Wir nehmen an, (9) gelte für t. Setzen wir nun (9) in die rechte Seite von (5) ein, so sehen wir, daß (9) auch für $t + 1$ gilt. Für $t = 1$ ist (5) wegen der Definition $Z^i_\alpha(0) = M^i_\alpha$ erfüllt.

Beispiel 1. Wenn wir die Sätze 1 und 2 auf die faktoriellen Momente B^i_{jk} zweiter Ordnung anwenden, erhalten wir die Gleichung

$$B^i_{jk}(t+1) = A^i_l B^l_{jk}(t) + B^i_{lm} A^l_j(t)\, A^m_k(t) \tag{10}$$

und ihre Lösung

$$B^i_{jk}(t) = \sum_{\tau=1}^{t} A^i_l(t-\tau)\, B^l_{ms} A^m_j(\tau-1)\, A^s_k(\tau-1)\,. \tag{11}$$

Wir wenden uns jetzt Verzweigungsprozessen mit stetiger Zeit zu.

Satz 3. *Wenn in einem Verzweigungsprozeß mit stetiger Zeit alle m^i_α mit $\bar\alpha = k$, $k \geqq 2$ endlich sind, dann sind auch die faktoriellen Momente $M^i_\alpha(t)$ endlich und genügen der Gleichung*

$$\frac{\mathrm{d}M^i_\alpha(t)}{\mathrm{d}t} = a^i_l M^l_\alpha(t) + z^i_\alpha(t)\,, \qquad i = 1, \ldots, n\,, \tag{12}$$

und den Anfangsbedingungen

$$M^l_\alpha(0) = 0\,, \tag{13}$$

wobei $z^i_\alpha(t)$ *als Summe von endlich vielen Summanden der Form* $\langle m^i_\beta M^{i_1}_{\gamma^1}(t) \cdots M^{i_{\bar\beta}}_{\gamma\bar\beta}(t)\rangle$ *definiert ist, deren Indizes der Bedingung* (6) *genügen. Die Lösung von* (12) *können wir in der Form*

$$M^i_\alpha(t) = \int_0^t A^i_j(t-\tau)\, z^j_\alpha(\tau)\, \mathrm{d}\tau\,. \tag{14}$$

angeben

Beweis. Auf den Beweis der Endlichkeit von $M^i_\alpha(t)$ verzichten wir hier, da sie aus dem allgemeineren Satz 8.6.1 folgt. Die Gleichung (12) und die Bedingung (13) erhalten wir, wenn wir die Gleichungen (3.10) und (3.11) α-mal formal im Punkt $s = 1$ differenzieren. Die Berechtigung einer solchen Differentiation ergibt sich mit Hilfe der Integralgleichung (3.28). Diese Gleichung können wir in Punkten $s < 1$ differenzieren. Danach führen wir den Grenzübergang $s \uparrow 1$ durch. Die erhaltene Integralgleichung ist, wie leicht zu sehen ist, der Gleichung (12) und der Bedingung (13) äquivalent. Wenn wir (14) nach t differenzieren und (4.5) benutzen, können wir uns davon überzeugen, daß (14) die Lösung von (12) unter Berücksichtigung der Bedingung (13) angibt.

Beispiel 2. Indem wir Satz 3 auf die faktoriellen Momente zweiter Ordnung anwenden, erhalten wir die Gleichung

$$\frac{\mathrm{d}}{\mathrm{d}t} B^i_{jk}(t) = a^i_l B^l_{jk}(t) + b^i_{lm} A^l_j(t)\, A^m_k(t) \tag{15}$$

und ihre Lösung

$$B^i_{jk}(t) = \int_0^t A^i_l(t-\tau)\, b^l_{ms} A^m_j(\tau)\, A^s_k(\tau)\, \mathrm{d}\tau\,. \tag{16}$$

Wir untersuchen jetzt das asymptotische Verhalten der ersten und zweiten Momente $A^i_j(t)$ und $B^i_{jk}(t)$ irreduzibler Verzweigungsprozesse für $t \to \infty$. Wie wir im § 4 gezeigt haben, genügt der Erwartungswert $A^i_j(t)$ in Prozessen mit diskreter Zeit dem System linearer Differenzengleichungen

$$A^i_j(t+1) = A^i_k A^k_j(t) \tag{17}$$

und in Prozessen mit stetiger Zeit dem System linearer Differentialgleichungen

$$\frac{\mathrm{d}A^i_j(t)}{\mathrm{d}t} = a^i_k A^k_j(t)\,. \tag{18}$$

Mit R bzw. r bezeichnen wir die Perronschen Wurzeln der Matrizen $A = ||A^i_j||$ bzw. $a = ||a^i_j||$, mit $u = (u^1, \ldots, u^n)$ bzw. $v = (v_1, \ldots, v_n)$ den zugehörigen rechten bzw. linken Eigenvektor, so daß

$$A^i_j u^j = R u^i\,, \quad v_i A^i_j = R v_j\,, \quad a^i_j u^j = r u^i\,, \quad v_i a^i_j = r v_j$$

gilt. Diese Vektoren normieren wir so, daß $u^i v_i = 1$ gilt. Wenn alle Eigenwerte λ_l der Matrix A verschieden sind, dann können wir die Lösung der Gleichung (17) in der Form

$$A^i_j(t) = \sum_{l=1}^{n} c^i_{jl}\lambda^t_l \tag{19}$$

schreiben. Analog ist die Lösung von (18) in der Form

$$A^i_j(t) = \sum_{l=1}^{n} c^i_{jl} e^{\lambda_l t} \tag{20}$$

darstellen. Treten einige der Eigenwerte mehrfach auf, dann ersetzen wir die entsprechenden Summanden in (19) und (20) durch $\varphi(t)\lambda^t$ oder $\varphi(t)e^{\lambda t}$, wobei $\varphi(t)$ ein Polynom höchstens $(k-1)$-ten Grades ist (k ist die Vielfachheit der Wurzel λ). Da in irreduziblen aperiodischen Prozessen mit diskreter Zeit alle Eigenwerte λ, außer der PERRONschen Wurzel R, dem Betrage nach kleiner als R sind, folgt aus dem Obengesagten, daß für $t \to \infty$

$$A^i_j(t) = \alpha^i_j R^t + o(R^t_1) \tag{21}$$

mit $R_1 < R$ gilt. Analog gilt in irreduziblen Verzweigungsprozessen mit stetiger Zeit für $t \to \infty$

$$A^i_j(t) = \alpha^i_j e^{rt} + o(e^{r_1 t}) \tag{22}$$

mit $r_1 < r$. Wir zeigen, daß in den Formeln (21) und (22) $\alpha^i_j = u^i v_j$ ist. Hierbei benutzen wir, daß die PERRONsche Wurzel der Matrix $||A^i_j(t)||$ in Prozessen mit diskreter Zeit für jedes natürliche t gleich R^t und in Prozessen mit stetiger Zeit für alle $t > 0$ gleich e^{rt} ist. Dabei sind die rechten und linken Eigenvektoren u und v für alle t gleich den Eigenvektoren der Matrizen A und a.

In der Gleichung

$$A^i_j(t+\tau) = A^i_k(t)\, A^k_j(\tau)$$

führen wir die Grenzübergänge $t \to \infty$ bzw. $\tau \to \infty$ durch. Unter Benutzung von (21) und (22) erhalten wir im ersten Fall

$$\alpha^i_j R^{t+\tau} = \alpha^i_k R^t A^k_j(\tau) + o(R^t)$$

für Prozesse mit diskreter Zeit und

$$\alpha^i_j e^{r(t+\tau)} = \alpha^i_k e^{rt} A^k_j(\tau) + o(e^{rt})$$

für Prozesse mit stetiger Zeit. Im zweiten Fall bekommen wir entsprechend

$$\alpha^i_j R^{t+\tau} = A^i_k(t)\, \alpha^k_j R^\tau + o(R^\tau)$$

und

$$\alpha^i_j e^{r(t+\tau)} = A^i_k(t)\, \alpha^k_j e^{r\tau} + o(e^{r\tau})\,.$$

Aus diesen Beziehungen erhalten wir

$$\alpha^i_j R^\tau = \alpha^i_k A^k_j(\tau)\,, \qquad \alpha^i_j R^t = A^i_k(t)\, \alpha^k_j \tag{23}$$

oder

$$\alpha^i_j e^{r\tau} = \alpha^i_k A^k_j(\tau)\,, \qquad \alpha^i_j e^{rt} = A^i_k(t)\, \alpha^k_j\,. \tag{24}$$

Da für jedes $t > 0$ die Matrix $||A_j^i(t)||$ irreduzibel ist, sind R^t bzw. e^{rt} ihre PERRONschen Wurzeln für Prozesse mit diskreter bzw. stetiger Zeit, und aus (23) und (24) folgt dann $\alpha_j^i = Cu^i v_j$. Wenn wir in der Gleichung

$$A_j^i(t) = Cu^i v_j R^t + o(R^t)$$

beide Seiten mit v_i multiplizieren und über i summieren, dann erhalten wir

$$v_j R^t = v_i A_j^i(t) = Cv_i u^i v_j R^t + o(R^t) = Cv_j R^t + o(R^t)\,,$$

woraus $C = 1$ folgt. Die gleichen Überlegungen können wir für den Fall stetiger Zeit anstellen. Somit haben wir folgende Sätze bewiesen.

Satz 4. *In irreduziblen aperiodischen Verzweigungsprozessen mit diskreter Zeit gilt für $t \to \infty$*

$$A_j^i(t) = u^i v_j R^t + o(R_1^t) \tag{25}$$

wobei $R_1 < R$, R die PERRONsche Wurzel der Matrix A und $u^i v_i$ die Komponenten des R entsprechenden rechten bzw. linken Eigenvektors sind, die durch $u^i v_i = 1$ normiert sind.

Satz 5. *In irreduziblen Verzweigungsprozessen mit stetiger Zeit gilt für $t \to \infty$*

$$A_j^i(t) = u^i v_j e^{rt} + o(e^{r_1 t}) \tag{26}$$

mit $r_1 < r$, wobei r die PERRONsche Wurzel der Matrix a und u^i, v_j die Komponenten der r entsprechenden rechten und linken Eigenvektoren sind, die durch $u^i v_i = 1$ normiert sind.

Definition 1. Ein irreduzibler Verzweigungsprozeß mit diskreter Zeit heißt *subkritisch,* wenn die PERRONsche Wurzel R der Matrix A kleiner als Eins ist, *superkritisch,* falls $R > 1$ und *kritisch,* falls $R = 1$ und $B = v_i B_{jk}^i u^j u^k > 0$ ist.

Definition 2. Ein irreduzibler Verzweigungsprozeß mit stetiger Zeit heißt *subkritisch,* wenn die PERRONsche Wurzel r der Matrix a kleiner als Null ist, *superkritisch,* falls $r > 0$ und *kritisch,* falls $r = 0$ und $b = v_i b_{jk}^i u^j u^k > 0$ ist.

Entsprechende Definitionen für reduzible Prozesse bedürfen der Einteilung aller Typen in Klassen K und des Begriffes der K-Unterprozesse aus § 6.

Definition 3. Ein Verzweigungsprozeß heißt *subkritisch,* wenn für jede nichtfinale Klasse K der entsprechende K-Unterprozeß subkritisch ist. Ein Verzweigungsprozeß heißt *kritisch,* falls für jede nichtfinale Klasse K der entsprechende K-Unterprozeß subkritisch oder kritisch, aber für mindestens eine nichtfinale Klasse K der K-Unterprozeß kritisch ist. Ein Verzweigungsprozeß heißt *superkritisch,* wenn ein superkritischer K-Unterprozeß existiert, wobei K eine nichtfinale Klasse ist.

Damit folgt aus den Sätzen 4 und 5, daß in irreduziblen Verzweigungsprozessen die Erwartungswerte $A_j^i(t)$ für $t \to \infty$ im subkritischen Fall exponentiell fallen, im superkritischen Fall exponentiell wachsen und im kritischen Fall gegen endliche positive Grenzwerte streben. In reduziblen Verzweigungsprozessen erweist sich das asymptotische Verhalten als komplizierter. Im

Hauptglied kann hier noch ein Faktor t^m, $m < n$ auftauchen. Einen besonders großen Einfluß kann dieser Faktor auf das aysmptotische Verhalten von $A^i_j(t)$ im kritischen Fall ausüben, da dann einige der $A^i_j(t)$ unbeschränkt mit t wachsen.

Beispiel 3. Wir geben einen Verzweigungsprozeß mit diskreter Zeit mit zwei Teilchentypen durch die erzeugenden Funktionen

$$F^1(s^1, s^2) = \frac{(s^1)^2 + s(^2)^2}{2}, \qquad F^2(s^1, s^2) = \frac{1 + (s^2)^2}{2}$$

an. Dann ist die Matrix der Erwartungswerte $A = \begin{Vmatrix} 1 & 1 \\ 0 & 1 \end{Vmatrix}$, und ihre Potenzen sind $A^t = \begin{Vmatrix} 1 & t \\ 0 & 1 \end{Vmatrix}$, so daß $A^1_2(t) = t \to \infty$ für $t \to \infty$ gilt.

Satz 6. *In irreduziblen Verzweigungsprozessen mit stetiger Zeit haben die zweiten faktoriellen Momente $B^i_{jk}(t)$ für $t \to \infty$ folgendes asymptotische Verhalten: Es gilt*

im subkritischen Fall

$$B^i_{jk}(t) = \overline{B}^i_{jk} e^{rt}\bigl(1 + o(1)\bigr); \tag{27}$$

im kritischen Fall

$$B^i_{jk}(t) = u^i v_j v_k bt\bigl(1 + o(1)\bigr); \tag{28}$$

im superkritischen Fall

$$B^i_{jk}(t) = \frac{D^i_\theta b^\theta_{lm} u^l u^m v_j v_k}{|2r\delta^\alpha_\beta - a^\alpha_\beta|} e^{2rt}\bigl(1 + o(1)\bigr), \tag{29}$$

wobei $\overline{B}^i_{jk} > 0$ Konstanten, $b = v_i b^i_{jk} u^j u^k$ und D^i_l die Adjunkten der Elemente $2r\delta^l_i - a^l_i$ der Determinante $|2r\delta^\alpha_\beta - a^\alpha_\beta|$ sind.

Beweis. Für den Beweis der Formeln (27) und (28) benutzen wir die Formeln (16) und (26). Im subkritischen und kritischen Fall gilt

$$B^i_{jk}(t) = e^{rt} \int\limits_0^t u^i v_l b^l_{ms} u^m u^s v_j v_k e^{r\tau}\bigl(1 + o(1)\bigr)\, d\tau\,. \tag{30}$$

Für $r < 0$ konvergiert das Integral rechts in (30) gegen eine positive Konstante $\overline{B}^i_{jk}$. Für $r = 0$ ist die rechte Seite von (30) als $u^i b v_j v_k + o(t)$ darstellbar. Wir zeigen jetzt (29). Da $A^i_j(t)$ als endliche Summe von Exponentialfunktionen (20) oder eine Summe von Produkten von Exponential- und Potenzfunktionen (mit dem Hauptglied $u^i v_i e^{rt}$) darstellbar ist, können wir aus Formel (16) folgern, daß die zweiten Momente $B^i_{jk}(t)$ ebenfalls in der Form einer endlichen Summe von Produkten von Potenz- und Exponentialfunktionen dargestellt werden können. Dabei ist das Hauptglied von $B^i_{jk}(t)$ gleich $z^i_{jk} e^{2rt}$, wobei die z^i_{jk} gewisse Konstanten sind. Zur Bestimmung dieser Konstanten benutzen wir (15). Wie leicht zu sehen ist, bleiben die Gleichheiten in (15) erhalten, wenn wir statt $B^i_{jk}(t)$ und $A^i_j(t)$ ihre Hauptglieder $z^i_j u e^{2rt}$ und $u^i v_j e^{rt}$ einsetzen. Deshalb müssen die z^i_{jk} dem System linearer Gleichungen

$$2r z^i_{jk} = a^i_l z^l_{jk} + b^i_{lm} u^l u^m v_j v_k$$

genügen. Seine Lösung ist

$$z_{jk}^i = \frac{D_\theta^i b_{lm}^\theta u^l u^m v_j v_k}{|2r\delta_\beta^\alpha - a_\beta^\alpha|}. \tag{31}$$

Der Satz ist damit bewiesen.

Analoge Aussagen gelten für irreduzible Prozesse mit diskreter Zeit und sogar für allgemeinere Modelle von Verzweigungsprozessen, in denen die Lebenszeit eine beliebige Verteilungsfunktion besitzt (siehe § 8.10).

In Kapitel VI benötigen wir die zweiten Momente $\mathsf{M}\mu_j^i(t)\,\mu_k^i(t+\tau)$ für $\tau > 0$. Wir zeigen jetzt zwei Sätze, in denen diese Momente explizit angegeben werden und ihr asymptotisches Verhalten ausgedrückt wird.

Satz 7. *Für jedes $\tau > 0$ ist die Gleichung*

$$\mathsf{M}\mu_j^i(t)\,\mu_k^i(t+\tau) = B_{jl}^i(t)\,A_k^l(\tau) + \langle A_j^i(t)\,A_k^i(\tau)\rangle \tag{32}$$

erfüllt.

Beweis. Zuerst berechnen wir den bedingten Erwartungswert $\mathsf{M}\{\mu_j^i(t)\,\mu_k^i(t+\tau) \mid \mu^i(t)\}$ für einen festen Vektor $\mu^i(t)$.

Wir erhalten

$$\mathsf{M}\{\mu_j^i(t)\,\mu_k^i(t+\tau) \mid \mu^i(t)\} = \mu_j^i(t)\,\mu_l^i(t)\,A_k^l(\tau)\,. \tag{33}$$

In (33) haben wir benutzt, daß für feste Werte von $\mu^i(t)$ die Zufallsgröße $\mu_k^i(t+\tau)$ eine Summe unabhängiger Zufallsgrößen ist, in die $\mu_l^i(t)$ Summanden eingehen, die die Verteilung von $\mu_k^l(\tau)$ aufweisen mit $\mathsf{M}\mu_k^l(\tau) = A_k^l(\tau)$, $l = 1, \ldots, n$. Mitteln wir den bedingten Erwartungswert (33) über die Bedingung, dann erhalten wir

$$\begin{aligned}\mathsf{M}\mu_j^i(t)\,\mu_j^i(t+\tau) &= A_k^l(\tau)\,\mathsf{M}[\mu_j^i(t)\,(\mu_l^i(t) - \delta_{jl}) + \mu_j^i(t)\,\delta_{jl}] = \\ &= A_k^l(\tau)\,B_{jl}^i(t) + \delta_{jl}A_k^l(\tau)\,A_j^i(t)\,;\end{aligned}$$

die erhaltene Formel fällt mit (32) zusammen, da $\delta_{jl}A_k^l(\tau)\,A_j^i(t) = \langle A_j^i(t)\,A_k^i(\tau)\rangle$ (hier bedeuten die Dreiecksklammern, daß die Summierung über den Index, wie wir schon früher vereinbart haben, ausbleibt).

Satz 8. *In irreduziblen superkritischen Prozessen mit stetiger Zeit gilt für $t \to \infty$ gleichmäßig in τ, $\tau \geqq 0$, folgende asymptotische Formel:*

$$\mathsf{M}\mu_j^i(t)\,\mu_k^i(t+\tau) = z_{jk}^i e^{r(2t+\tau)}(1 + o(1))\,, \tag{34}$$

wobei z_{jk}^i durch Formel (31) *bestimmt ist.*

Beweis. Aus Satz 5 folgt, daß für $t \to \infty$ der Summand $\langle A_j^i(t)\,A_k^i(\tau)\rangle$ im rechten Teil der Formel (32) die Ordnung $O(e^{r(t+\tau)})$ hat. Deshalb wird das asymptotische Verhalten des Momentes $\mathsf{M}\mu_k^i(t)\,\mu_k^i(t+\tau)$ durch den Ausdruck $B_{jl}^i(t)\,A_k^i(\tau)$ der Formel (32) bestimmt. Benutzen wir nun die Aussage des Satzes 6, dann erhalten wir für $t \to \infty$ gleichmäßig in τ, $\tau \geqq 0$

$$\mathsf{M}\mu_j^i(t)\,\mu_k^i(t+\tau) = z_{jl}^i e^{2rt} A_k^l(\tau)\,(1 + o(1))\,. \tag{35}$$

Mit Hilfe von (31) und $v_l A_k^l(\tau) = e^{r\tau} v_k$ können wir die Formel (35) auf die Identität (34) führen. Damit ist der Satz bewiesen.

KAPITEL V

AUSSTERBEWAHRSCHEINLICHKEITEN UND FINALE WAHRSCHEINLICHKEITEN

§ 1. Aussterbewahrscheinlichkeiten

Definition 1. Wir sagen, ein Verzweigungsprozeß sei *zum Zeitpunkt t ausgestorben*, wenn $\mu(t) = 0$ ist. Die Wahrscheinlichkeiten $P_0^i(t)$, $i = 1, \ldots, n$, nennen wir *Aussterbewahrscheinlichkeiten* im Zeitpunkt t.

Definition 2. Wenn in einem Verzweigungsprozeß $\mu(t)$ für irgendeinen endlichen Zeitpunkt t Null wird, so sagen wir, der Prozeß *stirbt aus.* Die Wahrscheinlichkeit q^i dieses Ereignisses unter der Bedingung, daß im Zeitpunkt $t = 0$ ein Teilchen vom Typ T_i vorhanden war, nennen wir *Aussterbewahrscheinlichkeit* (bezüglich T_i). Im weiteren Verlauf werden wir abkürzend den Vektor $q = (q^1, \ldots, q^n)$ als Aussterbewahrscheinlichkeit bezeichnen.

Definition 3. Einen Verzweigungsprozeß, für den $q^1 = \cdots = q^n = 1$ ist, nennen wir *aussterbend.* Wenn für mindestens ein i die Aussterbewahrscheinlichkeit $q^i < 1$ ist, so nennen wir den Prozeß *nichtaussterbend.*

Satz 1. *Die Aussterbewahrscheinlichkeit q^i eines Verzweigungsprozesses ist gleich dem Grenzwert*

$$\lim_{t\to\infty} P_0^i(t) = q^i . \tag{1}$$

Der Beweis wird analog dem von Satz 2.1. geführt.

Satz 2. *Die Aussterbewahrscheinlichkeit q genügt für jedes $t > 0$ der Gleichung*

$$s = F(t; s) . \tag{2}$$

Beweis. Wenn wir in der Hauptfunktionalgleichung (4.3.1) $s = 0$ setzen, dann erhalten wir

$$F(t + \tau; 0) = F\big(t; F(\tau; 0)\big) . \tag{3}$$

Lassen wir in (3) τ gegen Unendlich streben und benutzen Satz 1 sowie die Stetigkeit von $F(t; s)$ in s, dann erhalten wir aus (3) die Gleichung

$$q = F(t; q) . \tag{4}$$

Die Gleichung (2) hat stets die Wurzel $s = 1$. Wenn in $0 \leqq s \leqq 1$ keine anderen Wurzeln existieren, so folgt aus Satz 2, daß $q = 1$ ist und der zugehörige Verzweigungsprozeß mit Wahrscheinlichkeit Eins ausstirbt. Existieren dagegen in $0 \leqq s \leqq 1$ von 1 verschiedene Wurzeln von (2), dann erfordert die Klärung der Frage, welche der Wurzeln gleich q ist, weitere Untersuchungen, denen wir uns unten zuwenden. Zuvor geben wir noch zwei Folgerungen aus Satz 2 an.

Folgerung 1. *Die Aussterbewahrscheinlichkeit q eines Verzweigungsprozesses mit diskreter Zeit genügt der Gleichung*

$$s = F(s)\,. \tag{5}$$

Folgerung 2. *Die Aussterbewahrscheinlichkeit q eines Verzweigungsprozesses mit stetiger Zeit genügt der Gleichung*

$$f(s) = 0\,. \tag{6}$$

Die erste Folgerung ergibt sich daraus, daß die Menge der Wurzeln der Gleichung (5) und die der Gleichung (2) für alle $t = 1, 2, \ldots$ wegen (4.3.4) zusammenfallen. Die zweite Folgerung zeigen wir leicht mit Hilfe von Satz 4.3.3. In der Tat ist nach Satz 2 $F(t; q) \equiv q$ für alle $t > 0$, so daß aus der Gleichung (4.3.10) $f(q) = 0$ folgt.

Wir wenden uns nun dem Problem der Charakterisierung der Wurzel q von (2) zu.

Zuerst betrachten wir den Fall diskreter Zeit. Es sei $F(s) = \big(F^1(s), \ldots, F^n(s)\big)$ der Vektor der erzeugenden Funktionen, der die Verteilung der Nachkommenschaft eines Teilchens jeden Typs in der folgenden Generation angibt.

Lemma 1. *Ist $x \leqq y$ und für ein k, $1 \leqq k \leqq n$,*

$$x^k \geqq F^k(x)\,, \qquad y^k > F^k(y)\,,$$

dann gilt für alle $z = x + (y - x)\,\theta$, $0 < \theta \leqq 1$ die Ungleichung $z^k > F^k(z)$.

Beweis. Wir bezeichnen mit $\varphi(\theta)$ die Differenz $F^k(z) - z^k$. Es gilt $\varphi(0) \leqq 0$, $\varphi(1) < 0$, wobei $\varphi'(\theta)$ nicht fällt. Somit gilt $\varphi(\theta) < 0$ für $0 < \theta \leqq 1$.

Lemma 2. *Ist $x \leqq y$, $x \neq y$,*

$$x^k \geqq F^k(x)\,, \qquad y^k \geqq F^k(y)$$

und $F^k(x)$ nichtlinear, dann gilt für alle $z = x + \theta(y - x)$, $0 < \theta < 1$,

$$z^k > F^k(z)\,.$$

Der Beweis wird wie der Beweis von Lemma 1 geführt. Zusätzlich muß nur $\varphi'(\theta) \not\equiv 0$ berücksichtigt werden.

Lemma 3. *Wenn die Typen $T_1, \ldots, T_n$ eine nichtfinale Klasse bilden, dann kann die Gleichung* (5) *in dem Würfel $0 \leqq s \leqq 1$ außer der Lösung $s = 1$ nicht mehr als eine Lösung s_0 haben. Falls diese Lösung existiert, dann ist $s_0 < 1$ und für jeden Punkt s_1 der von 1 verschieden ist und außerhalb des Quaders*

$$0 \leqq s \leqq s_0 \tag{7}$$

liegt, gibt es ein k, $1 \leqq k \leqq n$ mit

$$s_1^k > F^k(s_1)\,. \tag{8}$$

Beweis. Die Funktionen von $F(s)$ seien alle linear, d. h. $F^k(s) = A_0^k + A_i^k s^i$. Da die Klasse der Teilchentypen nichtfinal ist, sind nicht alle A_0^k gleich Null. In diesem Falle gibt es in $0 \leqq s \leqq 1$ keine von $s = 1$ verschiedenen Wurzeln. In der Tat, nehmen wir an, eine solche Wurzel s_0 existiere. Dann gilt $A_0^k + A_i^k s_0^i = s_0^k$, $k = 1, \ldots, n$ oder $u^k = A_i^k u^i$, wenn wir $u^k = 1 - s_0^k$, $k = 1, \ldots, n$, setzen. Es sei $u^r = \max\limits_{1 \leqq k \leqq n} u^k > 0$. Wegen $\sum\limits_{i=0}^{n} A_i^r = 1$ folgen aus $u^r = A_i^r u^i$ und $u^r \geqq u^i \geqq$ die Beziehungen $A_0^r = 0$ und $u^i = u^r$ für alle die Indizes i, für die $A_i^r > 0$ ist. Da die Matrix $||A_i^k||$ irreduzibel ist, existieren für jedes j solche $i_1, \ldots, i_l$, daß alle Koeffizienten $A_{i_1}^r, A_{i_2}^{i_1}, \ldots, A_j^{i_l}$ positiv sind. Dann folgt aus dem oben gezeigten, daß alle u^j untereinander gleich und alle A_0^i gleich Null sind, d. h., wir stoßen auf einen Widerspruch. Wir nehmen jetzt an, daß nicht alle Funktionen $F^i(s)$ linear sind und ein Punkt $0 \leqq s_0 \leqq 1$ existiert, für den $s_0 = F(s_0)$ ist. Da der Prozeß irreduzibel ist, gilt $s_0 < 1$. Denn aus $s_0^k = 1$ folgt wegen der Gleichheit $s_0^k = F^k(s_0)$, daß alle die s_0^i gleich 1 sind, von denen $F^k(s)$ abhängt. Deshalb gilt auch $s_0 = 1$. Da wir $s_0 \neq 1$ vorausgesetzt haben, ist folglich $s_0 < 1$.

Wir betrachten jetzt einen Punkt s_1, der außerhalb des Quaders $0 \leqq s \leqq s_0$ liegt und von 1 verschieden ist. Weiterhin betrachten wir einen Punkt s_2 mit den Koordinaten $s_2^k = \min\{s_0^k, s_1^k\}$. Für die Indizes k, die der Bedingung $s_2^k = s_0^k$ genügen, gilt die Ungleichung

$$s_2^k \geqq F^k(s_2)\,. \tag{9}$$

Durch die Punkte s_1 und s_2 ziehen wir die Gerade $s = s_2 + \theta(s_1 - s_2)$. Wegen $s_1 \geqq s_2$ schneidet diese Gerade für ein $\theta \geqq 1$ den Rand des Würfels in einem Punkt s_3, der eine Koordinate $s_3^l = 1$ besitzt. Wir sehen, daß $s_2 \leqq s_1 \leqq s_3$ und

$$s_0^l = s_2^l < s_1^l \leqq s_3^l = 1 \tag{10}$$

ist. Deshalb gilt die Ungleichung (9) für $k = l$. Aus (10) folgt

$$1 = s_3^l \geqq F^l(s_3)\,.$$

Es sind zwei Fälle möglich. Ist $s_3 = 1$, dann gilt $s_2 < s_3 = 1$. Wir wählen eine nichtlineare Funktion $F^l(s)$ aus und wenden Lemma 2 auf die Ungleichung

$$s_2^l \geqq F^l(s_2) \tag{11}$$

und die Gleichung $s_3 = F^l(s_3)$ an. Dann erhalten wir

$$s_1^l > F^l(s_1)\,. \tag{12}$$

Ist dagegen $s_3 \neq 1$, dann existiert ein l mit

$$1 = s_3^l > F^l(s_3)\,. \tag{13}$$

Wenn wir auf (11) und (13) Lemma 1 anwenden, erhalten wir wiederum (12). Damit haben wir folgendes bewiesen: Falls es zwei Punkte s' und s'' gibt, die der Beziehung (5) genügen und von 1 verschieden sind, dann ist $s' \leqq s''$ und $s'' \leqq s'$, d. h. $s' = s''$. Das Lemma ist bewiesen.

Satz 3. *Die Aussterbewahrscheinlichkeit q eines irreduziblen Verzweigungsprozesses mit diskreter Zeit ist gleich derjenigen im Würfel $0 \leqq s \leqq 1$ liegenden Wurzel der Gleichung* (5), *die der Null am nächsten liegt.*

Beweis. Wenn die Typen $T_1, \ldots, T_n$ eine finale Klasse bilden, besitzt die Gleichung (5) die Lösung 0 und die Aussterbewahrscheinlichkeit ist wegen $F(t; 0) \equiv 0$ ebenfalls Null. Hat (5) nur die Wurzel 1, dann ist $q = 1$. Wir nehmen jetzt an, (5) besitze eine Lösung $s_0 < 1$. Da $F^i(t; 0)$ in t nicht fällt, gilt für jedes t

$$F(t; 0) \leqq F(F(t; 0)) ,$$

woraus mit Hilfe von Lemma 3 $F(t; 0) \leqq s_0$ folgt. Daher ist $q = \lim_{t \to \infty} F(t; 0) \leqq s_0$ und folglich $q = s_0$. Damit ist der Beweis erbracht.

Zur Analyse reduzibler Prozesse benötigen wir noch

Lemma 4. *Die Typen $T_1, \ldots, T_m$, $m < n$, mögen eine Klasse bilden und die restlichen Typen dieser Klasse folgen. Dann besitzt die Gleichung*

$$s^k = F^k(s) , \qquad k = 1, \ldots, m ,$$

für $0 \leqq s^i < 1$, $i = m + 1, \ldots, n$, eine eindeutige Lösung $(s^1, \ldots, s^m)$, die der Bedingung $0 \leqq s^k \leqq 1$ genügt, wobei alle $s^k < 1$ sind.

Beweis. Wir setzen $\tilde{s} = (s^1, \ldots, s^m)$, $\tilde{\tilde{s}} = (s^{m+1}, \ldots, s^n)$ und $\tilde{F}(\tilde{s}, \tilde{\tilde{s}}) = \big(F^1(s), \ldots, F^m(s)\big)$ mit $s = (s^1, \ldots, s^n) = (\tilde{s}, \tilde{\tilde{s}})$. Es sei $0 \leqq \tilde{\tilde{s}} < 1$ fest gewählt. Die stetige Abbildung

$$\tilde{s}' = \tilde{F}(\tilde{s}, \tilde{\tilde{s}}) \tag{14}$$

führt den Würfel $0 \leqq \tilde{s} \leqq 1$ in sich über. Nach dem Satz von Brauer über den Fixpunkt einer stetigen Abbildung einer konvexen kompakten Menge des euklidischen Raumes in sich existiert mindestens ein Fixpunkt. Wir nehmen an, der Punkt $\tilde{s}_0$ sei ein Fixpunkt der Abbildung (14), d. h., es gelte

$$\tilde{s}_0 = \tilde{F}(\tilde{s}_0, \tilde{\tilde{s}}) . \tag{15}$$

Wegen $\tilde{\tilde{s}} < 1$, folgt aus (15) $\tilde{s}_0 < 1$. Die weiteren Schlußfolgerungen sind analog denen, die wir beim Beweis von Lemma 3 zogen. Wir nehmen an, der Punkt $0 \leqq \tilde{s}_1 \leqq 1$ liege außerhalb des Quaders $0 \leqq \tilde{s} \leqq \tilde{s}_0$. Wir bestimmen den Punkt $\tilde{s}_2$ mit den Koordinaten $s_2^k = \min\{s_0^k, s_1^k\}$, $k = 1, \ldots, m$. Dann wird für alle k mit $s_0^k = s_2^k$ die Ungleichung (9) erfüllt, wobei $s_2 = (\tilde{s}_2, \tilde{\tilde{s}})$ ist. Durch die Punkte s_1 und s_2 ziehen wir die Gerade $s = s_2 + \theta(s_1 - s_2)$ und erhalten für ein $\theta \geqq 1$ einen Schnittpunkt $\tilde{s}_3$ auf dem Rand des Würfels $0 \leqq \tilde{s} \leqq 1$. Dann existiert ein solcher Index l, für den die Ungleichungen (11) und (13) mit $s_2 = (\tilde{s}_2, \tilde{\tilde{s}})$, $s_3 = (\tilde{s}_3, \tilde{\tilde{s}})$ gelten. Wenn wir auf diese Ungleichungen Lemma 1 anwenden, erhalten wir $s_1^l > F^l(\tilde{s}_1, \tilde{\tilde{s}})$. Hieraus folgt die Eindeutigkeit der Wurzel $\tilde{s}_0$.

Lemma 5. *Unter den Bedingungen des Lemmas 4 ist die Wurzel der Gleichung* (15) *nicht wachsend bezüglich der Komponenten des Vektors $\tilde{\tilde{s}}$.*

Beweis. Wir benutzen die Bezeichnungen, die wir beim Beweis von Lemma 4 eingeführt haben. Es sei $0 \leqq \tilde{\tilde{s}}' \leqq \tilde{\tilde{s}}'' < 1, \tilde{\tilde{s}}' \neq \tilde{\tilde{s}}''$. Wir setzen in (15) nacheinander $\tilde{\tilde{s}}$ gleich $\tilde{\tilde{s}}'$ und $\tilde{\tilde{s}}''$, und bezeichnen die entsprechenden Wurzeln mit $\tilde{s}'$ und $\tilde{s}''$. Wenn wir in der Gleichung $\tilde{s}_0'' = F(\tilde{s}_0'', \tilde{\tilde{s}}'')$ den Vektor $\tilde{\tilde{s}}''$ und $\tilde{\tilde{s}}'$ ersetzen, dann erhalten wir

$$\tilde{s}_0'' \geqq \tilde{F}(\tilde{s}_0'', \tilde{\tilde{s}}'), \tag{16}$$

wobei in (16) die Gleichheit ausgeschlossen ist. Aus (16) folgt, daß die stetige Abbildung $\tilde{F}(\tilde{s}, \tilde{\tilde{s}}')$ den Quader $0 \leqq \tilde{s} \leqq \tilde{s}_0''$ in sich abbildet. Das schließt nach dem Satz von Brauer die Existenz eines Fixpunktes $\tilde{s}_0' = \tilde{F}(\tilde{s}_0', \tilde{\tilde{s}}')$ ein, der den Ungleichungen $0 \leqq \tilde{s}_0' \leqq \tilde{s}_0''$ genügt. Entsprechend Lemma 4 ist der Punkt $\tilde{s}_0'$ eindeutig. Aus (16) folgt $\tilde{s}_0' \neq \tilde{s}_0''$.

Satz 4. *Die Aussterbewahrscheinlichkeit q eines Verzweigungsprozesses mit diskreter Zeit ist gleich derjenigen Wurzel der Gleichung* (5) *im Würfel* $0 \leqq s \leqq 1$, *die der Null am nächsten liegt.*

Beweis. Entsprechend Satz 2 und Folgerung 1 genügt die Aussterbewahrscheinlichkeit q der Gleichung (5). Die Weiterführung des Beweises gründet sich auf Satz 3, der sich auf irreduzible Prozesse bezieht, und auf die Einteilung aller in Klassen verbundener Typen. Wir nehmen an, die Klasse K sei abgeschlossen. Wir betrachten den K-Unterprozeß. Auf ihn kann man Satz 3 anwenden. Somit haben wir festgestellt, daß unser Satz für jeden K-Unterprozeß gilt, wenn K eine abgeschlossene Klasse darstellt. Wir schließen nun mittels Induktion. Wir nehmen an, daß die Aussage des Satzes für den S_{r-1}-Unterprozeß richtig ist, wobei S_{r-1} die Vereinigung aller Typen ist, die in Klassen eines Ranges $\leqq r - 1$ enthalten sind.

Wir zeigen, daß der Satz auch für S_r richtig ist. Es sei K eine Klasse vom Rang r und S_r' die Menge aller Typen, die der Klasse K oder den Klassen K', die auf K folgen, angehören. Wir betrachten den S_r'-Unterprozeß. Nach Induktionsvoraussetzung sind alle q^i, die den Typen aus S_r' mit einem Rang $\leqq r - 1$ entsprechen, schon bestimmt. Wenn diese alle gleich 1 sind, dann wenden wir auf die Gleichungen $s = F(s)$, die zu den Typen aus K gehören, Lemma 3 und Satz 3 an, nach denen die Aussterbewahrscheinlichkeiten gleich der dem Koordinatenursprung nächsten Wurzel sind. Wenn unter den q^i aus S_r' eines Ranges $\leqq r - 1$ auch von 1 verschiedene sind, dann sind nach Lemma 4 die Wahrscheinlichkeiten q^i, die zu den Typen vom Rang r in S_r' gehören, eindeutig als Wurzeln der Gleichung $s = F(s)$ bestimmt. Auf diese Weise werden nacheinander alle q^i bestimmt. Aus der durchgeführten Konstruktion und Lemma 5 folgt, daß die Aussterbewahrscheinlichkeit q gleich der der Null nächsten Wurzel der Gleichung (5) im Würfel $0 \leqq s \leqq 1$ ist.

Satz 5. *Ein Verzweigungsprozeß mit diskreter Zeit ist dann und nur dann aussterbend, wenn a) keine finalen Klassen existieren und b) die* Perron*sche Wurzel R der Matrix der Erwartungswerte der Bedingung $R \leqq 1$ genügt.*

Beweis. Wenn in einem Verzweigungsprozeß mindestens eine finale Klasse K existiert, so sind alle entsprechenden Aussterbewahrscheinlichkeiten $q^i = 0$, da für $T_i \in K$ alle $F^i(t; 0) = 0$ sind. Wir nehmen nun an, daß keine finalen Klassen vorhanden sind. Aus dem Beweis des Satzes 4 folgt, daß ein Verzweigungsprozeß dann und nur dann nichtaussterbend ist, wenn mindestens ein K-Unterprozeß für eine Klasse K verbundener Typen nichtaussterbend ist. Andererseits ist die PERRONsche Wurzel des Gesamtprozesses gleich $R = \max_k R_k$, also gleich dem maximalen Wert der zu den K-Unterprozessen gehörenden PERRONschen Wurzeln R_k, wobei K alle möglichen Klassen verbundener Typen durchläuft. Folglich reicht es, den Satz für irreduzible Prozesse zu zeigen. Wir nehmen an, daß der Prozeß irreduzibel sei und seine Typen eine nichtfinale Klasse bilden. Die PERRONsche Wurzel R sei größer als Eins. Weiterhin sei $u = (u^1, \ldots, u^n)$ der R entsprechende positive rechte Eigenvektor. Für kleine $\theta > 0$ gilt

$$F^i(1 - \theta u) = 1 - \theta A^i_j u^j + o(\theta) = 1 - \theta u^i - (R - 1)\,\theta u^i\bigl(1 + o(1)\bigr) < 1 - \theta u^i .$$

Somit überführt die Abbildung $s' = F(s)$ die konvexe Menge $0 \leqq s \leqq 1 - \theta u$ in sich selbst. Nach dem Satz von BRAUER existiert in dieser Menge eine Wurzel s_0 der Gleichung $s = F(s)$. Aus Satz 3 folgt $q = s_0 < 1$. Aus den Gleichungen $q = F(q)$ und $1 = F(1)$ und den Lemmata 1 und 2 ergibt sich für $0 < \theta < 1$

$$F(1 - \theta w) \leqq 1 - \theta w\,, \tag{17}$$

wobei $w = 1 - q > 0$ ist und in (17) mindestens für eine Koordinate keine Gleichheit gilt. Wegen

$$F^i(1 - \theta w) \geqq 1 - \theta A^i_j w^j\,, \tag{18}$$

folgt aus (17)

$$A^i_j w^j \geqq w^i \quad \text{und} \quad A^i_j w^j \not\equiv w^i\,. \tag{19}$$

Aus (19) und Satz 4.5.3 folgt $R > 1$. Der Satz ist damit bewiesen.

Satz 6. *Die Aussterbewahrscheinlichkeit q eines Verzweigungsprozesses mit stetiger Zeit ist gleich derjenigen Wurzel der Gleichung* (6) *im Würfel* $0 \leqq s \leqq 1$, *die der Null am nächsten liegt.*

Beweis. Die Aussterbewahrscheinlichkeit q genügt der Gleichung (6) (siehe Folgerung 2). Wir wenden auf die erzeugenden Funktionen $h^i(s) = (p^i)^{-1} \times \times f^i(s) + s^i$, wobei $p^i = -\langle p^i_{\varepsilon_i}\rangle$, $\varepsilon_i = (\delta^1_i, \ldots, \delta^n_i)$, Lemma 3 an. Wir erkennen, daß in einem irreduziblen Prozeß die Gleichung (6) in $0 \leqq s \leqq 1$ nicht mehr als eine Wurzel $s_0 \neq 1$ haben kann, wenn die Teilchentypen eine nichtfinale Klasse bilden. Ist s_0 eine Wurzel von (6), so kann für kein s_1, das außerhalb von $0 \leqq s \leqq s_0$ liegt, die Ungleichung $f(s_1) \geqq 0$ erfüllt sein. Hieraus folgt, daß in stetigen Prozessen für $s_0 < 1$ gilt $q = s_0$ und in allen anderen Fällen $q = 1$ ist. In der Tat, da $F(t; 0)$ in t nicht fällt, gilt wegen der Gleichung (4.3.10) die Ungleichung $f\bigl(F(t; 0)\bigr) \geqq 0$ und aus dem Obengesagten folgt $F(t; 0) \leqq s_0$.

Folglich ist $q \leqq s_0$ und damit $q = s_0$. Die weiteren Beweisschlüsse sind analog zu denen aus Satz 4. Dabei benutzen wir die Aussagen bezüglich $f(s)$, die wir erhalten, wenn wir auf $h^i(s)$ die Lemmata 4 und 5 anwenden.

Satz 7. *Ein Verzweigungsprozeß mit stetiger Zeit ist dann und nur dann aussterbend, wenn er keine finalen Klassen besitzt und wenn die* PERRONsche *Wurzel r der Matrix $a = ||a_j^i||$ nichtpositiv ist.*

Beweis. Wie aus dem Beweis von Satz 6 folgt, ist ein Verzweigungsprozeß mit stetiger Zeit und den erzeugenden Funktionen $f^i(s)$ dann und nur dann aussterbend, wenn der Verzweigungsprozeß mit diskreter Zeit mit den entsprechenden erzeugenden Funktionen $h^i(s)$ mit Wahrscheinlichkeit Eins ausstirbt. Da die finalen Klassen dieser beiden Prozesse einander entsprechen, reicht es aus, Prozesse ohne finale Klassen zu betrachten. Die Matrix $A = ||A_j^i||$ der Erwartungswerte in einem Prozeß mit den Funktionen $h^i(s)$ ist mit der Matrix $a = ||a_j^i||$, $a_j^i = f_j^i(1)$ im Ausgangsprozeß folgendermaßen verbunden:

$$A_j^i = h_j^i(1) = (p^i)^{-1} a_j^i + \delta_j^i . \tag{20}$$

Die PERRONsche Wurzel r der Matrix a ist genau dann positiv, wenn ein Vektor $x = (x^1, \ldots, x^n)$ existiert, so daß $x \geqq 0$, $x \neq 0$ und

$$ax \geqq 0 , \qquad ax \neq 0 \tag{21}$$

(Satz 4.5.5). Aus (21) und (20) ergibt sich

$$Ax \geqq x , \qquad Ax \neq x , \tag{22}$$

und aus (22) und Satz 4.5.3 folgt, daß die PERRONsche Wurzel R der Matrix A größer als Eins ist. Umgekehrt folgt aus $R > 1$ die Relation (22) und (20) schließen wir auf (21) und damit auf $r > 0$.

Somit haben wir festgestellt, daß kritische und subkritische Prozesse mit Wahrscheinlichkeit Eins aussterben, superkritische Prozesse hingegen mit positiver Wahrscheinlichkeit unbegrenzt fortdauern.

Wie wir wissen (siehe § 4.7), ist in reduziblen kritischen Prozessen ein potentielles Anwachsen der Erwartungswerte der Teilchenanzahlen möglich. Kritische Verzweigungsprozesse ohne finale Klassen sterben jedoch aus. Daher geben die Erwartungswerte in diesem Falle keine richtige Vorstellung vom Verhalten des Prozesses.

§ 2. Finale Wahrscheinlichkeiten

Wir nehmen an, daß ein Verzweigungsprozeß m abgeschlossene finale Klassen besitzt, die wir mit $K_1, \ldots, K_m$ bezeichnen. Wir setzen voraus, daß die restlichen Typen zu nichtabgeschlossenen Klassen gehören. Die Menge dieser Typen bezeichnen wir mit K_0. Aus der Definition finaler abgeschlossener Klassen folgt, daß die Anzahl der Teilchen in jeder dieser Klassen mit wachsender Zeit nicht fällt und sich nicht auf die Anzahl der Teilchen außerhalb dieser Klassen auswirkt. Wenn die Anzahl der Teilchen aus K_0 Null wird, dann stabilisiert sich die Anzahl innerhalb jeder abgeschlossenen finalen Klasse. Dabei bewegen sich innerhalb jeder finalen Klasse die Teilchen entsprechend Satz 4.6.4 nach den Gesetzmäßigkeiten einer MARKOWschen Kette, deren Phasenraum die Nummern der Typen innerhalb der betreffenden Klasse sind.

Mit $q^i_\beta(t)$ bezeichnen wir die Wahrscheinlichkeit dafür, daß in der Zeit t aus einem Teilchen vom Typ T_i β_l finale Teilchen aus der Klasse K_l, $l = 1, \ldots, m$, $\beta = (\beta_1, \ldots, \beta_m)$ entstehen (dabei können auch Teilchen anderer Typen entstehen, die wir jetzt nicht berücksichtigen). Wir führen folgende erzeugende Funktionen ein:

$$\varphi^i(t; u) = \sum_{\beta \in N^m} q^i_\beta(t)\, u^\beta\,, \qquad \varphi(t; u) = \big(\varphi^1(t; u), \ldots, \varphi^n(t; u)\big)$$

mit $u = (u^1, \ldots, u^m)$. Die Bezeichnungen N^m und u^β sind im § 4.1 definiert worden. Es ist offenbar

$$\varphi^i(t; u) = u^j \qquad \text{für} \qquad i \in K_j\,, \qquad j = 1, \ldots, m\,. \tag{1}$$

Die erzeugenden Funktionen $\varphi^i(t; u)$ erhalten wir aus den $F^i(t; s)$, die durch (4.2.1) definiert sind, wenn wir in ihnen $s^l = 1$ für $l \in K_0$ und $s^l = u^j$ für $l \in K_j$ setzen. Substituieren wir in der Funktionalgleichung (4.3.1) s durch u, so gelangen wir zu folgendem Resultat:

Satz 1. *Für beliebige $t, \tau \geqq 0$ gilt die Funktionalgleichung*

$$\varphi(t + \tau; u) = F\big(t; \varphi(\tau; u)\big)\,. \tag{2}$$

Für Prozesse mit diskreter Zeit erhalten wir aus (2) die Rekurrenzbeziehung

$$\varphi(t + 1; u) = F\big(\varphi(t; u)\big)\,, \qquad t = 1, 2, \ldots, \tag{3}$$

wobei $\varphi(1; u) = F(s)$ ist, wenn wir rechts $s^i = 1$ für $i \in K_0$ und $s^i = u^j$ für $i \in K_j$ setzen. Für Prozesse mit stetiger Zeit finden wir durch den Grenzübergang $t \to 0$ in (2) folgende Differentialgleichung:

Satz 2. *Die erzeugende Funktion $\varphi(t; u)$ genügt der Differentialgleichung*

$$\frac{\partial \varphi}{\partial t} = f(\varphi) \tag{4}$$

und den Anfangsbedingungen

$$\varphi^i(0; u) = u^j \quad \textit{für} \quad i \in K_j,\ \varphi^i(0; u) = 1 \quad \textit{für} \quad i \in K_0\,. \tag{5}$$

Die Summen $Q^i_\beta(t) = \sum_{\beta \leqq \gamma} q^i_\gamma(t)$ sind gleich den Wahrscheinlichkeiten, daß in der Zeit t aus einem Teilchen vom Typ T_i nicht weniger als β_j Teilchen der Klasse K_j, $j = 1, \ldots, m$, entstehen. Da die Anzahl der Teilchen in jeder Klasse K_j mit der Zeit nicht fällt, folgt für $t_1 \leqq t_2$ die Ungleichung $Q^i_\beta(t_1) \leqq Q^i_\beta(t_2)$. Deshalb existieren für $t \to \infty$ die Grenzwerte $\lim_{t\to\infty} Q^i_\beta(t)$ und daher auch die Grenzwerte

$$q^i_\beta = \lim_{t\to\infty} q^i_\beta(t)\,. \tag{6}$$

Definition 1. Die Grenzwertwahrscheinlichkeiten q^i_β bezeichnen wir als *finale Wahrscheinlichkeiten* und die Summe $Q^i = \sum q^i_\beta$ als *vollständige finale Wahrscheinlichkeiten.*

Wir führen die erzeugenden Funktionen

$$\varphi^i(u) = \sum_{\beta \in N^m} q^i_\beta \, u^\beta, \qquad \varphi(u) = (\varphi^1(u), \dots, \varphi^n(u)) \tag{7}$$

ein, die die Grenzwerte von $\varphi^i(t; u)$ für $t \to \infty$ sind.

Satz 3. *Die erzeugende Funktion $\varphi(u)$ genügt für beliebige $t > 0$ der Gleichung*

$$\varphi = F(t; \varphi) \tag{8}$$

und der Bedingung

$$\varphi^i(u) = u^j \quad \text{für} \quad i \in K_j\,, \quad j = 1, \dots, m\,, \quad |u| \leqq 1\,. \tag{9}$$

Beweis. Die Gleichung (8) erhalten wir aus (2), wenn wir den Grenzübergang $\tau \to \infty$, die Gleichungen (9) aus (1), wenn wir den Grenzübergang $t \to \infty$ durchführen.

Satz 4. *In Prozessen mit stetiger Zeit genügt die erzeugende Funktion $\varphi(u)$ der Gleichung*

$$f(\varphi) = 0 \tag{10}$$

und der Bedingung (9).

Beweis. In (8) setzen wir $t \to 0$ und erhalten

$$\varphi = \varphi + t f(\varphi) + o(t)\,,$$

woraus $f(\varphi) + o(1) = 0$ und (10) folgen. Die Bedingung (9) erhalten wir wie in Satz 3.

In Prozessen mit diskreter Zeit reicht es aus, die Gleichung

$$\varphi = F(\varphi) \tag{11}$$

zu betrachten, die ein Spezialfall von (8) ist, nämlich für $t = 1$. Zu einer Gleichung vom Typ (11) führt ebenfalls die Gleichung (10), da wir sie in der Form

$$\varphi = h(\varphi)$$

mit

$$h^i(s) = (-\,p^i)^{-1} f^i(s) + s^i\,, \qquad h(s) = (h^1(s), \dots, h^n(s))$$

aufschreiben können. Wir können uns deshalb im weiteren auf die Untersuchung der Existenz und Eindeutigkeit der Lösung von (11) beschränken.

Satz 5. *Die Gleichung* (11) *mit den Anfangsbedingungen* (9) *besitzt für $0 \leqq u < 1$ eine eindeutige Lösung $\varphi(u)$, die der Bedingung $0 \leqq \varphi(u) < 1$ genügt.*

Beweis. Den Satz beweisen wir durch Induktion nach den Klassenrängen mit Hilfe von Lemma 1.4. Sei K eine Klasse vom Rang 1. Dann hängen die Funktionen $F^k(s)$ mit $T_k \in K$ nur von den Veränderlichen ab, die den Typen aus K oder den Typen der Klassen $K_1, \dots, K_m$ zugeordnet sind. Die letzteren erhalten entsprechend der Bedingung (9) feste nichtnegative Werte, die kleiner als Eins sind. Dann besitzt die Gleichung (11) nach Lemma 1.4 für die Typen T_k aus der Klasse K eine eindeutige Lösung $\varphi^k(u) < 1$. Wenn wir schon für alle Klassen des Rangs $\leqq r - 1$ mit Hilfe von (11) die Funktionen $\varphi^i(u) < 1$ eindeutig bestimmt haben, erhalten wir wiederum nach Lemma 1.4 für die Typen T_k der Klassen vom Rang r die eindeutige Lösung $\varphi^k(u) < 1$. Damit ist der Satz bewiesen.

Da die erzeugende Funktion $\varphi(u)$ für finale Wahrscheinlichkeiten der Gleichung (11) und den Bedingungen (9) genügt, fällt die eindeutige Lösung, die laut Satz 5 existiert, mit dieser erzeugenden Funktion zusammen.

Wenn wir in den erzeugenden Funktionen $\varphi^i(u)$ noch $u \uparrow 1$ setzen, erhalten wir die vollständigen finalen Wahrscheinlichkeiten

$$\lim_{u \uparrow 1} \varphi^i(u) = \sum_{\beta \in N^m} q^i_\beta = Q^i\,, \tag{12}$$

d. h. der Wahrscheinlichkeiten dafür, daß in dem Prozeß früher oder später nur Teilchen aus den abgeschlossenen finalen Klassen übrigbleiben. In dem Unterprozeß, in dem wir die Teilchen aller finalen abgeschlossenen Klassen nicht berücksichtigen, stellen die in (12) definierten Wahrscheinlichkeiten Q_i die Aussterbewahrscheinlichkeiten dar. Wenn dieser Unterprozeß aussterbend ist, d. h. alle $Q^i = 1$ sind, dann stellt $\varphi^i(u)$ eine wahrscheinlichkeitserzeugende Funktion dar. Sind hingegen einige $Q^i < 1$, dann gilt $\sum_\beta q^i_\beta < 1$, und die Gesamtheit $\{q^i_\beta\}$ können wir uns dann als Wahrscheinlichkeitsverteilung einer verallgemeinerten Zufallsgröße denken, bei der mit der positiven Wahrscheinlichkeit $1 - \sum_\beta q^i_\beta$ einige Komponenten Unendlich sind. Ist $Q^i = 1$, $i = 1, \ldots, n$, dann können wir die Momente der Verteilung $\{q^i_\beta\}$ berechnen, indem wir die Gleichung (11) im Punkt $u = 1$ differenzieren und die erhaltenen linearen Gleichungen lösen.

§ 3. Methode der Einführung finaler Typen

Viele Aufgaben der Theorie der Verzweigungsprozesse können wir lösen, indem wir Hilfsverzweigungsprozesse betrachten, in denen zusätzliche finale Teilchen eingeführt werden. Die vorgeschlagene Methode illustrieren wir zunächst an Beispielen.

Beispiel 1. Es sei $F(s)$ die erzeugende Funktion eines Verzweigungsprozesses mit diskreter Zeit und einem Teilchentyp und $\mu(t)$ die Anzahl der Teilchen in der t-ten Generation. Mit $\nu(t)$ bezeichnen wir die Anzahl der Teilchen, die in allen vorangegangenen Generationen (bis zur $(t-1)$-ten Generation einschließlich) lebten. Da in Prozessen mit diskreter Zeit die Teilchen nur eine Zeiteinheit lang leben, erhalten wir $\nu(t) = \mu(0) + \mu(1) + \cdots + \mu(t-1)$. Die Gesamtanzahl der Teilchen, die in dem Prozeß in der Zeitspanne $0 \leqq t < \infty$ lebten, ist gleich $\nu = \lim_{t\to\infty} \nu(t) = \sum_{k=0}^{\infty} \mu(k)$. Die zufälligen Größen $\nu(t)$ und ν können wir mit Hilfe des folgenden Hilfsverzweigungsprozesses mit zwei Teilchentypen untersuchen. Die Teilchen des Ausgangsprozesses nennen wir Teilchen vom Typ T_1. Weiterhin nehmen wir an, daß bei jeder Umwandlung eines Teilchens vom Typ T_1 neben den Teilchen vom Typ T_1, die entsprechend dem Gesetz des Ausgangsprozesses entstehen, außerdem noch ein Teilchen eines finalen Hilfstyps entsteht, das sich nicht mehr verändert. Die erzeugende Funktion des Hilfsprozesses können wir durch $F(s)$ wie folgt ausdrücken:

$$F^1(s^1, s^2) = s^2 F s(^1) , \qquad F^2(s^1, s^2) = s^2 . \tag{1}$$

In diesem Prozeß ist $\mu_1^1(t) = \mu(t)$, $\mu_2^1(t) = \nu(t)$. Die erzeugende Funktion $F^1(t; s^1, s^2)$ der gemeinsamen Verteilung erhalten wir durch Iteration

$$F^1(t+1; s^1, s^2) = F^1\big(t; s^2 F(s^1), s^2\big) .$$

Die erzeugende Funktion $\varphi(u)$ der Zufallsgröße ν ist eine Lösung der Gleichung

$$\varphi(u) = uF\big(\varphi(u)\big) , \tag{2}$$

d. h., die Wahrscheinlichkeiten $\mathsf{P}\{\nu = n\} = q_n$ sind die finalen Wahrscheinlichkeiten des Hilfsprozesses, und es gilt $\sum_{n=0}^{\infty} q_n u^n = \varphi(u)$. Es sei zum Beispiel

$$F(s) = q + ps^2 \tag{3}$$

mit $q + p = 1$. In diesem Falle erhalten wir aus der Gleichung (2)

$$\varphi(u) = \frac{1 - \sqrt{1 - 4pqu^2}}{2pu} . \tag{4}$$

Wenn wir die Reihenentwicklung

$$1 - \sqrt{1 - x} = \sum_{n=1}^{\infty} \frac{\Gamma\left(n - \frac{1}{2}\right)}{2\sqrt{\pi}\, n!} x^n \tag{5}$$

benutzen, dann erhalten wir

$$\varphi(u) = \sum_{n=1}^{\infty} \frac{\Gamma\left(n - \frac{1}{2}\right)}{2\sqrt{\pi}\, n!\, 2p} (4pq)^n u^{2n-1} \tag{6}$$

und

$$\mathsf{P}\{\nu = 2n - 1\} = q_{2n-1} = \frac{\Gamma\left(n - \frac{1}{2}\right)}{2\sqrt{\pi}\, n!\, 2p} (4pq)^n , \qquad \mathsf{P}\{\nu = 2n\} = 0 . \tag{7}$$

Wir benutzen die Stirlingsche Formel für die Gammafunktion $\Gamma(p) = \sqrt{2\pi p} \times p^{p-1} e^{-p}(1 + o(1))$, $p \to \infty$, und können somit aus (7) folgende asymptotische

Formel erhalten:

$$q_{2n-1} \sim \frac{(4pq)^n}{2\sqrt{\pi}\, 2pn^{3/2}}, \qquad n \to \infty . \tag{8}$$

Für den kritischen Prozeß, d. h. im Falle $p = q = 1/2$ und $F'(1) = 1$, nimmt die Formel (8) folgendes Aussehen an:

$$q_{2n-1} \sim \frac{1}{2\sqrt{\pi n^{3/2}}}, \qquad n \to \infty . \tag{9}$$

Beispiel 2. Es sei wie bisher $F(s) = \sum_{k=0}^{\infty} P_k s^k$ die erzeugende Funktion eines Ausgangsverzweigungsprozesses mit einem Teiltyp. Mit $\nu_0'(t)$ bezeichnen wir die Anzahl der Teilchen in der $(t-1)$-ten Generation, die keine Nachkommen hervorbringen, und es sei $\nu_0(t) = \sum_{k=1}^{t} \nu_0'(k)$; $\nu_0(0) = 0$. Wiederum konstruieren wir einen Hilfsverzweigungsprozeß mit zwei Teilchentypen T_1, T_2, in dem $\mu_1^1(t) = \mu(t)$ und $\mu_2^1(t) = \nu_0(t)$ ist. Die Teilchen des Ausgangsprozesses betrachten wir als Teilchen vom Typ T_1. Außerdem nehmen wir an, daß die ohne Nachkommenschaft zugrundegehenden Teilchen noch jeweils ein Teilchen des finalen Typs T_2 erzeugen. In diesem Falle sind die erzeugenden Funktionen des Hilfsprozesses definiert durch

$$F^1(s^1, s^2) = F(s^1) + P_0(s^2 - 1), \qquad F^2(s^2) = s^2 .$$

Die erzeugende Funktion $\varphi(u) = \sum_{n=0}^{\infty} q_n u^n$ für die Wahrscheinlichkeiten $q_n = \mathsf{P}\{\nu_0 = n\}$ mit $\nu_0 = \lim_{t\to\infty} \nu_0(t)$ bestimmen wir aus der Gleichung

$$\varphi(u) = F(\varphi(u)) + P_0(u - 1) . \tag{10}$$

Insbesondere erhalten wir für

$$F(s) = P_0 + P_1 s + P_2 s^2, \qquad P_0 + P_1 + P_2 = 1, \qquad P_0 > 0, \tag{11}$$

aus der Gleichung (10)

$$\varphi(u) = \frac{1 + P_0 P_2^{-1}}{2}\left(1 - \sqrt{1 - \frac{4P_0P_2}{(P_0 + P_2)^2}\, u}\right). \tag{12}$$

Wenn wir die Darstellung (5) benutzen, gelangen wir zu

$$\varphi(u) = \sum_{n=1}^{\infty} \frac{P_0 + P_2}{2P_2} \cdot \frac{\Gamma\left(n - \frac{1}{2}\right)}{2\sqrt{\pi}\, n!} \left(\frac{4P_0P_2}{(P_0 + P_2)^2}\right)^n u^n \tag{13}$$

und

$$q_n = \mathsf{P}\{\nu = n\} = \frac{P_0 + P_2}{2P_2} \cdot \frac{\Gamma\left(n - \frac{1}{2}\right)}{2\sqrt{\pi}\, n!} \left(\frac{4P_0P_2}{(P_0 + P_2)^2}\right)^n . \tag{14}$$

Für $n \to \infty$ gilt die asymptotische Formel

$$q_n \sim \frac{P_0 + P_2}{2P_2} \cdot \frac{1}{2\sqrt{\pi} n^{3/2}} \left(\frac{4P_0P_2}{(P_0 + P_2)^2}\right)^n .$$

Im Falle eines kritischen Prozesses, in dem $A = F'(1) = 1$ und folglich $P_0 = P_2$ ist, ergibt sich hieraus

$$q_n \sim \frac{1}{2\sqrt{\pi} n^{3/2}}, \qquad n \to \infty . \tag{15}$$

Die betrachteten Beispiele stellen Sonderfälle des folgenden allgemeinen Verfahrens dar. Es seien $A^1, \ldots, A^r$ endlich viele Untermengen des Kreuzproduktes $\{1, 2, \ldots, n\} \times N^n$. Somit besteht jedes A^l aus Punkten der Form (i, α) mit $i \in \{1, \ldots, n\}, \alpha = (\alpha_1, \ldots, \alpha_n) \in N^n$. Wenn in der $(t - 1)$-ten Generation ein Teilchen vom Typ T_i existiert, und dieses in der Generation eine Gesamtheit von Teilchen erzeugt, die durch einen Vektor α charakterisiert ist, so daß $(i, \alpha) \in A^l$ gilt, dann sagen wir, es sei ein Übergang l-ten Typs eingetreten. Die Anzahl der Übergänge vom l-ten Typ in der t-ten Generation (d. h. der Übergänge l-ten Typs von Teilchen der $(t - 1)$-ten Generation in Teilchen der t-ten Generation) bezeichnen wir mit $\nu_l'(t)$. Dann ist die Zufallsgröße $\nu_l(t) = \sum_{k=1}^{t} \nu_l'(k)$ gleich der Anzahl derjenigen Umwandlungen von Teilchen des Typ T_i der 0-ten bis t-ten Generation in eine Gesamtheit α, für die $(i, \alpha) \in A^l$ ist. Die Gesamtzahl dieser Umwandlungen während der Evolutionszeit des Prozesses bezeichnen wir durch $\nu_l = \sum_{k=1}^{\infty} \nu_l'(k) = \lim_{t \to \infty} \nu_l(t)$.

In den oben betrachteten Beispielen ist $n = r = 1$. Im ersten Beispiel war $A^1 = \{1\} \times N$; im zweiten $A^1 = \{1\} \times \{0\}$. Um die Verteilungen der zufälligen Größen $\nu_l(t)$ und ν_l angeben zu können, konstruieren wir einen Hilfsverzweigungsprozeß, in dem die Teilchentypen $T_1, \ldots, T_n$ des Ausgangsprozesses durch finale Typen $T_{n+i}, i = 1, \ldots, r$, so ergänzt werden, daß für $j = n + l$, $l = 1, \ldots, r$, $\mu_j^i(t) = \nu_l(t)$ ist und $\mu_j^i(t)$ für $i, j = 1, \ldots, n$ erhalten bleibt. Die erzeugenden Funktionen $\widetilde{F}^i(s^1, \ldots, s^n, s^{n+1}, \ldots, s^{n+r})$ des neuen Prozesses sind folgendermaßen mit den erzeugenden Funktionen $F^i(s^1, \ldots, s^n)$ des Ausgangsprozesses verknüpft: Wir setzen $A^{i_1, \ldots, i_k} = A^{i_1} \cap \cdots \cap A^{i_k}$. Dann erhalten wir für $1 \leq i \leq n$

$$\widetilde{F}^i(s^1, \ldots, s^{n+r}) = F^i(s^1, \ldots, s^n) + \sum_{k=1}^{r} \sum_{i_1, \ldots, i_k} \sum_{(i,\alpha) \in A^{i_1 \cdots i_k}} P_\alpha^i s^\alpha (s^{n+i_1} \cdots s^{n+i_k} - 1) , \tag{16}$$

$$s^\alpha = (s^1)^{\alpha_1} \cdots (s^n)^{\alpha_n}$$

und für $n < i \leq n + r$

$$\widetilde{F}^i(s^1, \ldots, s^{n+r}) = s^i .$$

Die erzeugenden Funktionen $\varphi^i(u^1, \ldots, u^r)$ für die Wahrscheinlichkeitsverteilungen der Zufallsgröße $\nu_1, \ldots, \nu_r$

$$\varphi^i(u) = \varphi^i(u^1, \ldots, u^r) = \sum_\beta \mathsf{P}\{\nu_k = \beta_k,\ k = 1, \ldots, r | \mu(0) = \varepsilon_i\}\ u^\beta$$

sind die Lösungen $s^i = \varphi^i(u)$ des Gleichungssystems

$$s^i = \widetilde{F}^i(s^1, \ldots, s^n, u^1, \ldots, u^r)\,, \qquad i = 1, \ldots, n\,. \tag{17}$$

Das oben beschriebene Schema der Einführung zusätzlicher finaler Typen können wir etwas verallgemeinern, indem wir als Beitrag gewisser Übergänge $T_i \to \alpha$ für den Endwert der Zufallsgröße $\nu_l(t)$ nicht nur Eins oder Null zulassen, sondern auch andere ganze nichtnegative Zahlen. Die entsprechende Konstruktion der Hilfsprozesse führt dazu, daß rechts in der Formel (16) statt des Produktes $s^{n+i_1} \ldots s^{n+i_k}$ der Ausdruck $(s^{n+i_1})^{\gamma_1} \ldots (s^{n+i_k})^{\gamma_k}$ auftaucht, wobei $\gamma_l \geqq 1$ ist.

§ 4. Asymptotische Eigenschaften finaler Wahrscheinlichkeiten

In den Beispielen des vorherigen Paragraphen erhielten wir die asymptotischen Formeln (3.8), (3.9), (3.15) für die finalen Wahrscheinlichkeiten q_n für $n \to \infty$.

Wir zeigen, daß asymptotische Formeln derselben Art auch im allgemeinen Fall gelten. Wir betrachten zuerst einen Verzweigungsprozeß mit Teilchen eines finalen Typs T_0 und eines nichtfinalen Typs T_1. Wir werden hier Prozesse mit diskreter Zeit untersuchen. Der Fall stetiger Zeit kann analog analysiert werden (statt der Gleichung $s = F(s)$ müssen wir die Gleichung $f(s) = 0$ untersuchen). Unser Prozeß ist also durch die erzeugenden Funktionen

$$F^0(s^0, s^1) \equiv s^0\,, \qquad F^1(s^0, s^1)$$

gegeben. Unten benutzen wir die Bezeichnungen $s^0 = u$, $s^1 = s$ und $F^1(u, s) = F(u, s)$. Wir setzen immer voraus, daß der finale Typ T_0 auf dem nichtfinalen Typ T_1 folgt (d. h. $F(u; s)$ hängt von u und s ab). Der Einfachheit halber beschränken wir uns im weiteren darauf, daß die erzeugende Funktion $F(u; s)$ bezüglich beider Argumente überall analytisch ist.

Die erzeugende Funktion

$$\varphi(u) = \sum_{n=0}^{\infty} q_n u^n \tag{1}$$

für die finalen Wahrscheinlichkeiten q_n entsprechend (2.11) der Gleichung

$$s = F(u, s)\,. \tag{2}$$

Den Konvergenzradius der Reihe (1) bezeichnen wir mit r und setzen $R = \varphi(r)$. Da die Reihe (1) nichtnegative Koeffizienten q_n hat, ist der Punkt $u = r$ ein singulärer Punkt für die Funktion $\varphi(u)$. Die finalen Wahrscheinlichkeiten ergeben sich aus dem Integral

$$q_n = \frac{1}{2\pi i} \oint \frac{\varphi(u)}{u^{n+1}} du \tag{3}$$

längs einer geschlossenen Kurve um den Koordinatenursprung. Die asymptotischen Eigenschaften dieses Integrals hängen weitgehend von den singulären Punkten der Funktion $\varphi(u)$ auf dem Konvergenzkreis ab. Deshalb untersuchen wir zuerst diese singulären Punkte.

Lemma 1. *Ist $F(u, s)$ nichtlinear in s, $\frac{\partial F}{\partial u} \not\equiv 0$ und $F(1, 0) > 0$, dann sind r und R endlich, und es gilt*

$$\left.\frac{\partial F(u, s)}{\partial s}\right|_{u=r,\, s=R} = 1\,. \tag{4}$$

Beweis. In der Reihe

$$F(u, s) = \sum_{\alpha_0, \alpha_1} P^1_{(\alpha_0, \alpha_1)} u^{\alpha_0} s^{\alpha_1}$$

sei die Wahrscheinlichkeit $P^1_{(\beta_0, \beta_1)} > 0$ für ein (β_0, β_1) mit $\beta_1 \geqq 2$. Dann folgt aus

$$\varphi(u) = F(u, \varphi(u)) \tag{5}$$

für $0 < u \leqq 1$

$$\varphi(u) \geqq P^1_{(\beta_0, \beta_1)} u^{\beta_0} [\varphi(u)]^{\beta_1}\,. \tag{6}$$

Da $F(1, 0) > 0$ ist, gilt $\varphi(u) > 0$ für $0 < u \leqq 1$, und aus (6) folgt

$$\varphi(u) \leqq \left[\frac{1}{P^1_{(\beta_0, \beta_1)} u^{\beta_0}}\right]^{(\beta_1 - 1)}\,. \tag{7}$$

Wenn wir in (7) $u \uparrow r$ setzen, stellen wir fest, daß r und R endlich sind. Nach dem Satz über implizite Funktionen existiert in einer Umgebung eines Punktes (u_1, s_1) eine eindeutige analytische Lösung $s = \varphi(u)$ der Gleichung (2), wenn $\left.\frac{\partial F(u, s)}{\partial s}\right|_{u=u_1,\, s=s_1} \neq 1$ ist. Da der Punkt $u = r$ für $\varphi(u)$ ein singulärer Punkt ist, erhalten wir die Gleichung (4). Damit ist das Lemma bewiesen.

Lemma 2. *Unter den Bedingungen von Lemma 1 folgt aus $|u| < r$ die Beziehung*

$$\left.\frac{\partial F(u, s)}{\partial s}\right|_{s=\varphi(u)} \neq 1\,. \tag{8}$$

Beweis. Da für $|u| < r$ die Ungleichung $|\varphi(u)| < R$ gilt, folgt

$$\left|\left.\frac{\partial F(u, s)}{\partial u}\right|_{s=\varphi(u)}\right| < \left|\left.\frac{\partial F(u, s)}{\partial s}\right|_{u=r,\, s=R}\right| = 1\,.$$

Das Lemma ist damit bewiesen.

Wir betrachten jetzt einen Punkt des Kreises $|u| = r$. Für $|u| = r$ ist $|\varphi(u)| \leqq \varphi(|u|) = \varphi(r) = R$. Es ist unschwer zu sehen, daß die Ungleichung (8) auch für alle Punkte $|u| = r$ mit $|\varphi(u)| < R$ gilt. Wir geben jetzt alle Punkte (u, s) der Form

$$u = re^{2\pi i t_0}, \qquad s = Re^{2\pi i t_1} \tag{9}$$

an, für die die Gleichung (2) erfüllt ist. Wir setzen in (2) den Ausdruck (9) ein. Wir erhalten

$$Re^{2\pi i t_1} = \sum_{(\alpha_0, \alpha_1)} P^1_{(\alpha_0, \alpha_1)} r^{\alpha_0} R^{\alpha_1} \exp\{2\pi i(t_0\alpha_0 + t_1\alpha_1)\}$$

oder

$$R = \sum_{(\alpha_0, \alpha_1)} P^1_{(\alpha_0, \alpha_1)} r^{\alpha_0} R^{\alpha_1} \exp\{2\pi i(t_0\alpha_0 + t_1(\alpha_1 - 1))\}\,. \tag{10}$$

Da (2) für $u = r$, $s = R$ erfüllt ist, d. h. die Gleichung

$$R = \sum_{(\alpha_0, \alpha_1)} P^1_{(\alpha_0, \alpha_1)} r^{\alpha_0} R^{\alpha_1}$$

gilt, ist die Gleichung (10) nur für solche t_0, t_1 richtig, die der Kongruenz

$$\alpha_0 t_0 + (\alpha_1 - 1)t_1 \equiv 0 \pmod 1 \tag{11}$$

für alle $\alpha = (\alpha_0, \alpha_1)$ mit $P^1_{(\alpha_0, \alpha_1)} > 0$ genügen. Unmittelbar aus der Form der Ableitung

$$\frac{\partial F}{\partial s} = \sum_{(\alpha_0, \alpha_1)} \alpha_1 P^1_{(\alpha_0, \alpha_1)} u^{\alpha_0} s^{\alpha_1 - 1}$$

ist ersichtlich, daß in den Punkten der Gestalt (9), für die die Gleichheit (2) gilt, die Ableitung nach s Eins wird. Daraus folgt, daß die Punkte $u = e^{2\pi i t_0}$ mit einem (11) genügenden t_0 für die Funktion $\varphi(u)$ singuläre Punkte sind. Folglich müssen wir, um alle singulären Punkte der Funktion $\varphi(u)$ auf dem Kreis $|u| = r$ zu bestimmen, alle Lösungen des Gleichungssystems (11) angeben. Als Lösung von (11) betrachten wir verständlicherweise Paare (t_0, t_1), wobei t_0 und t_1 die Restklassen nach dem Modul Eins sind. Mit S bezeichnen wir die Menge aller Punkte der Ebene mit ganzzahligen Koordinaten (n_0, n_1), für die $P^1_{(n_0, n_1+1)} > 0$ oder $n_0 = n_1 = 0$ ist. S_L bezeichne das Gitter der ganzzahligen Punkte der Ebene, welches die Menge S enthält, aber kein weiteres Untergitter, das der gleichen Eigenschaft genügt. Die Koordinaten aller Gitterpunkte von S_L können wir erhalten, indem wir alle möglichen Linearkombinationen mit ganzen Koeffizienten aus den Koordinaten der Punkte der Menge S bilden. Hieraus folgern wir, daß die Gleichung

$$n_0 t_0 + n_1 t_1 \equiv 0 \pmod 1 \tag{12}$$

nicht nur für alle $(n_0, n_1) \in S$ erfüllt ist, sondern auch für alle $(n_0, n_1) \in S_L$.

Lemma 3. *Wenn die Bedingungen aus Lemma* 1 *erfüllt sind, dann ist das Gitter S_L zweidimensional.*

Beweis. Aus der Bedingung, der $F(u; s)$ genügt, folgt, daß Wahrscheinlichkeiten $P^1_{(\alpha_0, 0)} > 0$, $P^1_{(\beta_0, \beta_1)} > 0$ mit $\beta_1 \geqq 2$ und $P^1_{(\gamma_0, \gamma_1)} > 0$ mit $\gamma_0 > 0$ existieren. Folglich liegen in S die Punkte $(0, 0)$, $(\alpha_0, -1)$, $(\beta_0, \beta_1 - 1)$ und $(\gamma_0, \gamma_1 - 1)$, d. h., S und folglich auch S_L sind zweidimensional. Der Beweis ist erbracht.

Bekanntlich wird jedes zweidimensionale Gitter von einem Parallelogramm erzeugt. Der Flächeninhalt d dieses Parallelogramms ist eine ganze Zahl und stellt eine wesentliche Charakteristik des Gitters dar.

Lemma 4. *Das Gitter S_L sei durch ein Parallelogramm mit dem Flächeninhalt d erzeugt. Sei $P^1_{(l, 0)} > 0$. Dann besitzt das Gleichungssystem* (12) *d Lösungen*

$$t_{0\nu} = \frac{\nu}{d}, \qquad t_{1\nu} = \frac{l\nu}{d}, \qquad \nu = 0, 1, \ldots, d-1. \tag{13}$$

Beweis. Die Zahl d ist der größte gemeinsame Teiler der verdoppelten Dreiecksflächen, deren Ecken sich in Punkten von S befinden. Angesichts der Tatsache, daß die Punkte $(0, 0)$ und $(l, -1)$ in S eingehen, der Flächeninhalt des S_L erzeugenden Parallelogramms jedoch d ist, liegt auch $(d, 0)$ in S_L. Die Gleichungen (12) für die Punkte $(l, -1)$ und $(d, 0)$ können wir wie folgt schreiben:

$$dt_0 = m_0, \qquad lt_0 - t_1 = m_1, \tag{14}$$

wobei m_0 und m_1 beliebige ganze Zahlen sind. Hieraus erhalten wir

$$t_0 = \frac{m_0}{d}, \qquad t_1 = -m_1 + \frac{lm_0}{d}, \qquad m_0, m_1 = 0, 1, 2, \ldots. \tag{15}$$

Genügt ein Punkt (t_0, t_1) den Gleichungen (14), so genügt er auch den Gleichungen (12) für alle Punkte (n_0, n_1) des Gitters S_L. Andererseits umfaßt die Lösungsmenge (13) alle Lösungen von (15), die verschiedenen Restklassen nach dem Modul 1 angehören.

Satz 1. *Ist $F(u; s)$ für alle u, s analytisch und außerdem*

$$B = \left.\frac{\partial^2 F(u, s)}{\partial s^2}\right|_{u=s=1} > 0, \; F(1, 0) > 0,$$

$$A_0^1 = \left.\frac{\partial F(u, s)}{\partial u}\right|_{u=s=1} > 0,$$

dann gilt für $n \to \infty$

$$q_n = \begin{cases} d\left(\dfrac{\tilde{A}_0^1 r}{2\pi \tilde{B}}\right)^{1/2} r^{-n} \cdot n^{3/2} + O(r^{-n} n^{-5/2}), & n \equiv l \pmod{d}, \\ 0, & n \not\equiv l \pmod{d}, \end{cases} \tag{16}$$

wobei $\tilde{B} = \left.\dfrac{\partial^2 F(u; s)}{\partial s^2}\right|_{u=r,\, s=R}$, $\tilde{A}_0^1 = \left.\dfrac{\partial F(u; s)}{\partial u}\right|_{u=r,\, s=R}$ *und l und d wie in Lemma 4 definiert sind.*

Beweis. Wir benutzen die Beziehungen

$$u_\nu = r\, \mathrm{e}^{2\pi i t_{0\nu}}, \qquad s_\nu = R\, \mathrm{e}^{2\pi i t_{1\nu}},$$

wobei $t_{0\nu}$, $t_{1\nu}$ durch die Gleichungen (13) definiert sind. Aus den Bedingungen des Satzes und aus den vorangehenden Lemmata folgt für $u \neq u_\nu$, $s \neq s_\nu$

$$\frac{\partial F}{\partial s} \neq 1 .$$

Folglich ist in allen Punkten des Kreises $|u| = r$, die von den d Punkten u_ν verschieden sind, die Funktion $s = \varphi(u)$, die Lösung von (2) ist, analytisch. Andererseits ist in den Punkten $(u, s) = (u_\nu, s_\nu)$

$$\frac{\partial F(u, s)}{\partial u} \neq 0;$$

deshalb existiert in diesen Punkten eine analytische Lösung $u = \varphi_{-1}(s)$ der Gleichung (2). Durch Differentiation bestimmen wir die erste und zweite Ableitung $\frac{\mathrm{d}u}{\mathrm{d}s}$ und $\frac{\mathrm{d}^2u}{\mathrm{d}s^2}$ der Funktion $u = \varphi_{-1}(s)$ in den Punkten $s = s_\nu$:

$$\frac{\partial F}{\partial s} + \frac{\partial F}{\partial u} \cdot \frac{\partial u}{\partial s} = 1, \quad \left.\frac{\partial u}{\partial s}\right|_{s=s_\nu} = 0 ,$$

$$\frac{\partial^2 F}{\partial s^2} + 2\frac{\partial^2 F}{\partial s \partial u} \cdot \frac{\mathrm{d}u}{\mathrm{d}s} + \frac{\partial F}{\partial u} \cdot \frac{\mathrm{d}^2 u}{\partial s^2} = 0 , \tag{17}$$

$$\left.\frac{\partial^2 u}{\partial s^2}\right|_{s=s_\nu} = -\frac{\partial^2 F(u_\nu, s_\nu)}{\partial s^2} \Bigg/ \frac{\partial F(u_\nu, s_\nu)}{\partial u} = -\frac{\widetilde{B}}{\widetilde{A}_0^1}\, \mathrm{e}^{2\pi i(t_{0\nu} - 2t_{1\nu})} \neq 0 .$$

Die letzte Gleichung folgt aus den Beziehungen in den Punkten (u_ν, s_ν)

$$\frac{\partial F}{\partial u} = \sum_\alpha \alpha_0 P^1_{(\alpha_0, \alpha_1)} r^{\alpha_0 - 1} R^{\alpha_1} \exp\{2\pi i[(\alpha_0 - 1)\, t_{0\nu} + \alpha_1 t_{1\nu}]\} = \widetilde{A}_0^1\, \mathrm{e}^{2\pi i(t_{1\nu} - t_{0\nu})} ,$$

$$\frac{\partial^2 F}{\partial s^2} = \sum_\alpha \alpha_1(\alpha_1 - 1)\, P^1_{(\alpha_0, \alpha_1)} r^{\alpha_0} R^{\alpha_1 - 2} \exp\{2\pi i[\alpha_0 t_{0\nu} + (\alpha_1 - 2)\, t_{1\nu}]\} = \widetilde{B}\, \mathrm{e}^{-2\pi i t_{1\nu}} .$$

Somit ist $\varphi(u)$ in einer Umgebung des Punktes u_ν eine analytische Funktion von $(u - u_\nu)^{1/2}$. Die Funktion $s = \varphi(u)$ können wir analytisch über den Rand des Konvergenzkreises auf ein Gebiet D fortsetzen, das durch den Kreis $|u| = \varrho > r$ mit den Einschnitten $u = \theta\, \mathrm{e}^{2\pi i \frac{\nu}{d}}$, $r \leqq \theta \leqq \varrho$, $\nu = 0, 1, \ldots, d - 1$ begrenzt ist. Den Rand des Gebietes D bezeichnen wir mit Γ. Den Teil von Γ, der sich im Sektor

$$2\pi \frac{\nu}{d} - \frac{\pi}{d} \leqq \arg u < 2\pi \frac{\nu}{d} + \frac{\pi}{d}$$

befindet, bezeichnen wir mit γ_ν. Den Teil von γ_0, der von ϱ zu r entlang der unteren Seite des Einschnittes und von r zu ϱ entlang der oberen Seite des

Einschnittes verläuft, bezeichnen wir mit γ_0'. Wir betrachten in der CAUCHY-Formel (3) das Integral längs des Randes Γ

$$q_n = \frac{1}{2\pi i} \oint\limits_{\Gamma} \frac{\varphi(u)}{u^{n+1}} du . \tag{18}$$

Aus Lemma 4 folgt $\varphi\left(u e^{2\pi i \frac{\nu}{d}}\right) \equiv e^{2\pi i \frac{l\nu}{d}} \varphi(u)$, und deshalb können wir (18) wie folgt darstellen:

$$q_n = \frac{1}{2\pi i} \sum_{\nu=0}^{d-1} \int\limits_{\gamma_\nu} \frac{\varphi(u)}{u^{n+1}} du = \frac{1}{2\pi i} \sum_{\nu=0}^{d-1} \int\limits_{\gamma_\nu} \frac{\varphi\left(u e^{2\pi i \frac{\nu}{d}}\right)}{u^{n+1}} e^{\frac{-2\pi i \nu n}{d}} du =$$

$$= \frac{1}{2\pi i} \sum_{\nu=0}^{d-1} e^{2\pi i \frac{l-n}{d} \nu} \int\limits_{\gamma_0} \frac{\varphi(u)}{u^{n+1}} du = \frac{K}{2\pi i} \int\limits_{\gamma_0} \frac{\varphi(u) du}{u^{n+1}} , \tag{19}$$

dabei ist

$$K = \sum_{\nu=0}^{d-1} \exp\left\{2\pi i \frac{l-n}{d} \nu\right\} = \begin{cases} 0 , & n \not\equiv l \pmod d , \\ d , & n \equiv l \pmod d . \end{cases}$$

Wir betrachten jetzt das Integral

$$J = \frac{1}{2\pi i} \int\limits_{\gamma_0} \frac{\varphi(u)\, du}{u^{n+1}} .$$

Die Funktion $\varphi(u)$ stellen wir in der Form

$$\varphi(u) = c_0 + c_1(u-r)^{1/2} + c_2(u-r) + (u-r)^{3/2} R(u) \tag{20}$$

dar, wobei die Funktion $R(u)$, die in das Restglied eingeht, in D analytisch und auf dem Rand Γ beschränkt ist. Wir benutzen die Bezeichnungen

$$J' = \frac{1}{2\pi i} \int\limits_{\gamma_0} \frac{c_0 + c_1(u-r)^{1/2} + c_2(u-r)}{u^{n+1}} du \tag{21}$$

und $J'' = J - J'$. Mit Γ_1 bezeichnen wir die Kurve, die durch den Kreis $|u| = \varrho$ und dem Einschnitt, der vom Punkt $u = r$ zum Punkt $u = \varrho$ geht, gebildet wird. Aus (21) erhalten wir unschwer

$$J' = \frac{1}{2\pi i} \int\limits_{\Gamma_1} \frac{c_0 + c_1 (u-r)^{1/2} + c_2(u-r)}{u^{n+1}} du + O(\varrho^{-n}) .$$

woraus wir für $n > 1$

$$J' = \frac{c_1}{2\pi i} \int\limits_{\Gamma_1} \frac{(u-r)^{1/2}}{u^{n+1}} du + O(\varrho^{-n})$$

erhalten. Mit Hilfe der Reihenentwicklung

$$(u - r)^{1/2} = i\sqrt{r}\sum_{n=0}^{\infty}(-1)^n\binom{n}{1/2}r^{-n}u^n$$

erhalten wir hieraus für $n \to \infty$

$$J' = ic_1\sqrt{r}\,(-1)^n\binom{n}{1/2}r^{-1} + O(\varrho^{-n})\,. \tag{22}$$

Weiterhin gilt wegen der Beschränktheit von $R(u)$ auf γ_0

$$J'' = O\left(\int_r^{\varrho}\frac{(u-r)^{3/2}}{u^{n+1}}\,\mathrm{d}u\right) = O\left(\int_r^{\infty}\frac{(u-r)^{3/2}}{u^{n+1}}\,\mathrm{d}u\right). \tag{23}$$

Mittels der Substitution $r/u = v$ erhalten wir

$$\int_r^{\infty}\frac{(u-r)^{3/2}}{u^{n+1}}\,\mathrm{d}u = r^{3/2-n}\int_0^1(1-v)^{3/2}\,v^{n-5/2}\,\mathrm{d}v = \frac{\Gamma\left(\frac{5}{2}\right)\Gamma\left(n-\frac{3}{2}\right)}{r^{n-3/2}\,\Gamma(n+1)}. \tag{24}$$

Wenn wir jetzt die STIRLINGsche Formel für die Gammafunktion $\Gamma(p) = \sqrt{2\pi p}\,p^{p-1}\,\mathrm{e}^{-p}(1 + o(1))$ anwenden, dann erhalten wir

$$(-1)^{n-1}\binom{n}{1/2} = \frac{\frac{1}{2}\left(\frac{1}{2}-1\right)\cdots\left(\frac{1}{2}-n+1\right)}{n!}(-1)^{n-1} =$$

$$= \frac{1}{2}\cdot\frac{\Gamma\left(n-\frac{1}{2}\right)}{\Gamma\left(\frac{1}{2}\right)n!} = \frac{1}{2\sqrt{\pi}n^{3/2}} + O(n^{-5/2})\,,$$

$$\frac{\Gamma(n-3/2)}{n!} = O(n^{-4/2})\,.$$

Um aus den Formeln (22)—(24) mit Hilfe der eben aufgestellten asymptotischen Formel den Ausdruck (16) herzuleiten, müssen wir den Koeffizienten c_1 bestimmen. Dies gelingt mit Hilfe von (17) und der inversen Reihe zu

$$u - r = (s-R)\frac{\mathrm{d}u(R)}{\mathrm{d}s} + \frac{1}{2}(s-R)^2\frac{\mathrm{d}^2u(R)}{\mathrm{d}s^2} + \cdots = -\frac{\widetilde{B}}{2\widetilde{A}_0^1}(s-R)^2 + \cdots. \tag{25}$$

Drücken wir in $s - R = c_1(u-r)^{1/2} + c_2(u-r)\cdots$ die Differenz $u - r$ durch (25) aus, dann erhalten wir

$$c_1 = i\sqrt{\frac{2\widetilde{A}_0^1}{\widetilde{B}}}\,.$$

Damit ist der Satz bewiesen.

Folgerung 1. *Wenn in Satz* 1 *der Verzweigungsprozeß kritisch ist, d. h.* $A_1^1 = \left.\frac{\partial F}{\partial s}\right|_{u=s=1} = 1$, *dann hat* (16) *das Aussehen*

$$q_n = \begin{cases} d\sqrt{\frac{A_0^1}{2\pi B}}\, n^{-3/2} + O(n^{-5/2}), & n \equiv l \pmod d, \\ 0, & n \not\equiv l \pmod d. \end{cases} \tag{26}$$

Beweis. Da im kritischen Fall die Gleichungen $F(u; s) = s$ und $\frac{\partial F}{\partial s} = 1$ für $u = s = 1$ richtig sind, ist $r = R = 1$ und (26) folgt aus (16).

§ 5. Grenzwertsätze für die Anzahl der finalen Teilchen

Wir betrachten das Modell eines Verzweigungsprozesses aus dem vorigen Paragraphen. Wir nehmen an, daß am Anfang n Teilchen des nichtfinalen Typs T_1 vorhanden sind. Mit ξ_i bezeichnen wir die Anzahl der finalen Teilchen, die übrig bleiben, wenn unter der Nachkommenschaft des i-ten Anfangsteilchens vom Typ T_1 (in irgendeiner Anordnung) nur Teilchen des finalen Typs T_0 vorhanden sind. Die zufälligen Größen $\xi_1, \ldots, \xi_n$ sind voneinander unabhängig und besitzen ein und dieselbe Verteilung,

$$\mathsf{P}\{\xi_i = m\} = q_m, \tag{1}$$

wobei sich die Wahrscheinlichkeiten q_m durch die Reihe

$$\varphi(u) = \sum_{m=0}^{\infty} q_m u^m \tag{2}$$

definieren lassen, und $\varphi(u)$ eine Lösung $s = \varphi(u)$ der Gleichung

$$s = F(u, s) \tag{3}$$

ist. Die Gesamtzahl der finalen Teilchen η_n, die von allen n Anfangsteilchen erzeugt wird, ist gleich der Summe

$$\eta_n = \xi_1 + \cdots + \xi_n. \tag{4}$$

Wir können (4) benutzen und darauf die Theorie der Grenzwertsätze für Summen unabhängiger Zufallsgrößen anwenden, um für große n die Verteilung von η_n zu ermitteln. Hierbei müssen wir beachten, daß die Wahrscheinlichkeiten (1) für subkritische und kritische Prozesse, d. h. für $A = \left.\frac{\partial F}{\partial s}\right|_{u=s=1} \leqq 1$, Wahrscheinlichkeitsverteilungen bilden. Wenn $A > 1$ ist (superkritischer Fall), dann gilt $\sum_{m=0}^{\infty} q_m < 1$, und folglich können wir ξ_i als Zufallsgröße betrachten, die mit der positiven Wahrscheinlichkeit $1 - \sum_{m=0}^{\infty} q_m$ den Wert $\xi_i = \infty$ annimmt.

Für den superkritischen Fall können wir gehaltvolle Resultate bezüglich der bedingten Verteilung von η_n unter der Bedingung $\eta_n < \infty$ erhalten. Hier müssen wir die bedingte Verteilung

$$\mathsf{P}\{\xi_i = m \mid \xi_i < \infty\} = \frac{q_m}{q}$$

mit $q = \sum_{m=0}^{\infty} q_m$ betrachten. Die vollständige finale Wahrscheinlichkeit q ist gleich der in $0 < s < 1$ liegenden Wurzel der Gleichung

$$s = F(1, s)\,. \tag{5}$$

In subkritischen Prozessen erhalten wir $a = \mathsf{M}\,\xi_i$, $\sigma^2 = D\,\xi_i$, wenn wir (3) mit $s = \varphi(u)$ im Punkt $s = u = 1$ nach u differenzieren. Wir benutzen die Bezeichnungen

$$\varphi' = \varphi'(1)\,, \qquad \varphi'' = \varphi''(1)\,, \qquad A = \left.\frac{\partial F}{\partial s}\right|_{s=u=1}, \qquad A_0 = A_0^1 = \left.\frac{\partial F}{\partial u}\right|_{s=u=1},$$

$$B = B_{11} = \left.\frac{\partial^2 F}{\partial s^2}\right|_{s=u=1}, \qquad B_{00} = \left.\frac{\partial^2 F}{\partial u^2}\right|_{s=u=1}, \qquad B_{01} = \left.\frac{\partial^2 F}{\partial s\,\partial u}\right|_{s=u=1}.$$

Dann erhalten wir

$$\varphi' = A_0 + \varphi' A\,,$$

$$\varphi'' = B_{00} + 2B_{01}\varphi' + B(\varphi')^2 + A\varphi''\,,$$

woraus

$$a = \mathsf{M}\xi_i = \varphi' = \frac{A_0}{1 - A}\,,$$

$$\sigma^2 = \mathsf{D}\xi_i = \varphi'' + \varphi' - (\varphi')^2 = \frac{B_{00}}{1 - A} + 2\frac{B_{01}A_0}{(1 - A)^2} +$$

$$+ B\frac{A_0^2}{(1 - A)^3} + \frac{A_0}{1 - A} - \frac{A_0^2}{(1 - A)^2} \tag{6}$$

folgt.

Wir setzen hier immer voraus, daß $F(u, s)$ den Bedingungen des Satzes 4.1 genügt. In diesem Fall sind alle Ableitungen von $F(u; s)$ im Punkt $u = s = 1$ und damit auch $\mathsf{M}\,\xi_i$ und $\mathsf{D}\,\xi_i$ in (6) endlich.

Satz 1. *Für einen subkritischen Prozeß, der den Bedingungen des Satzes 4.1 genügt, gilt*

$$\lim_{n\to\infty} \mathsf{P}\left\{\frac{\eta_n - an}{\sigma\sqrt{n}} \leq x\right\} = \frac{1}{\sqrt{2\pi}} \int_{-\infty}^{x} e^{-\frac{u^2}{2}}\,du\,,$$

wobei a und σ^2 durch die Formeln (6) *gegeben sind.*

Der Beweis ergibt sich durch Anwendung des zentralen Grenzwertsatzes auf die Summe (4).

Wir betrachten jetzt einen superkritischen Prozeß. Es sei $\widetilde{A} = \left.\frac{\partial F}{\partial s}\right|_{s=q,\,u=1}$, $\widetilde{A}_0 = \left.\frac{\partial F}{\partial u}\right|_{s=q,\,u=1}$, $\widetilde{B} = \left.\frac{\partial^2 F}{\partial s^2}\right|_{s=q,\,u=1}$ usw. Nach dem wir (3) im Punkt $s = q$, $u = 1$ differenziert haben, erhalten wir

$$\varphi' = \widetilde{A}_0 + \widetilde{A}\varphi' ,$$

$$\varphi'' = \widetilde{B}_{00} + 2\widetilde{B}_{01}\varphi' + \widetilde{B}(\varphi')^2 + \widetilde{A}\varphi'' .$$

Wegen $\widetilde{A} < 1$, $\mathsf{M}\{\xi_i|\xi_i < \infty\} = \frac{\varphi'}{q}$, $\mathsf{D}\{\xi_i|\xi_i < \infty\} = \frac{\varphi''}{q} + \frac{\varphi'}{q} - \left(\frac{\varphi'}{q^2}\right)^2$ erhalten wir aus den oben angegebenen Gleichungen

$$a_1 = \mathsf{M}\{\xi_i|\xi_i < \infty\} = \frac{\widetilde{A}_0}{q(1-\widetilde{A})}, \tag{7}$$

$$\sigma_1^2 = \mathsf{D}\{\xi_i|\xi_i < \infty\} =$$

$$= \frac{\widetilde{B}_{00}}{q(1-\widetilde{A})} + \frac{2\widetilde{B}_{01}\widetilde{A}_0}{q^2(1-\widetilde{A})^2} + \frac{\widetilde{B}\widetilde{A}_0^2}{q^3(1-\widetilde{A})^3} + \frac{\widetilde{A}_0}{q(1-\widetilde{A})} - \frac{\widetilde{A}_0^2}{q^2(1-\widetilde{A})^2} .$$

Der bedingte Erwartungswert und die Varianz, die durch (7) gegeben sind, sind endlich.

Satz 2. *Für einen superkritischen Prozeß, der den Bedingungen des Satzes* 4.1 *genügt, gilt*

$$\lim_{n\to\infty} \mathsf{P}\left\{\frac{\eta_n - a_1 n}{\sigma_1\sqrt{n}} < x|\eta_n < \infty\right\} = \frac{1}{\sqrt{2\pi}} \int_{-\infty}^{x} \mathrm{e}^{-\frac{u^2}{2}}\, du .$$

Der Beweis folgt wie bei Satz 1 aus dem zentralen Grenzwertsatz.

Am interessantesten ist der kritische Prozeß. In diesem Falle ist $\mathsf{M}\xi_i = \infty$, und es gilt folgender Grenzwertsatz:

Satz 3. *Wenn der Prozeß kritisch ist und $F(u, s)$ im Bereich $|u| < 1 + \delta$, $|s| < 1 + \delta$ für ein $\delta > 0$ analytisch ist, dann gilt*

$$\lim_{n\to\infty} \mathsf{P}\left\{\frac{\eta_n}{n^2 A_0/B} \leqq x\right\} = \frac{1}{\sqrt{2\pi}} \int_0^x \mathrm{e}^{-\frac{1}{2y}} y^{-3/2}\, dy , \qquad x > 0 . \tag{8}$$

Beweis. Die Grenzverteilung (8) ist ein stabiles Verteilungsgesetz mit der charakteristischen Funktion

$$\exp\left\{- |\tau|^{1/2}\left(1 - i\,\frac{|\tau|}{\tau}\right)\right\}. \tag{9}$$

Aus der asymptotischen Formel (4.26) folgt für $x \to \infty$

$$\mathsf{P}\{\xi_i > x\} = \sum_{m > x} q_m \sim \sqrt{\frac{2A_0}{B}}\, x^{-1/2} . \tag{10}$$

(Die Formel (4.26) stellt eine Folgerung aus Satz 4.1 dar, die für die stärkere Bedingung, $F(u, s)$ sei analytisch für alle u, s, bewiesen wurde. Jedoch ist leicht zu überprüfen, daß für kritische Prozesse die Aussage des Satzes 4.1 auch unter den Bedingungen des Satzes 3 an $F(u, s)$ richtig ist.) Entsprechend der Theorie der Grenzwertsätze für Summen unabhängiger Zufallsgrößen folgt aus (10), daß die Verteilung der Zufallsgröße ξ_i zum Anziehungsbereich der stabilen Verteilungen mit der charakteristischen Funktion (9) gehört und die Aussage (8) richtig ist (siehe z. B. [17] Satz 5, § 35). Die gleiche Aussage können wir auch auf direktem Wege erhalten. Die charakteristische Funktion der Zufallsgröße η_n ist gleich $\varphi^n\,(e^{i\tau})$. Wegen Formel (4.20) gilt

$$\varphi(u) = 1 + c_1(u - 1)^{1/2} + c_2(u - 1) + O\big((u - 1)^{3/2}\big) \tag{11}$$

mit $c_1 = i\sqrt{\frac{2A_0}{B}}$. Die charakteristische Funktion von $\frac{\eta_n B}{n^2 A_0}$ ist gleich $\varphi^n\left(\exp\left\{i\frac{\tau B}{n^2 A_0}\right\}\right)$. Wenn wir (11) benutzen, erhalten wir als Grenzwert den Ausdruck

$$\lim_{n\to\infty} \varphi^n\left(\exp\left\{\frac{i\tau B}{n^2 A_0}\right\}\right) = \lim_{n\to\infty} \exp\left\{n c_1 i \sqrt{1 - \exp\{i\tau B/n^2 A_0\}}\right\} =$$
$$= \exp\{-\sqrt{2\tau i}\} = \exp\left\{-|\tau|^{1/2}\left(1 - i\frac{\tau}{|\tau|}\right)\right\},$$

der gleich der charakteristischen Funktion (9) ist. Hieraus folgt die Aussage des Satzes.

Das im Satz 3 angegebene Resultat ist sehr interessant. Wir stellen uns z. B. einen Verzweigungsprozeß als eine chemische Reaktion vor, in der nichtfinale aktive Teilchen und finale Teilchen auftreten, die das Endprodukt der Reaktion darstellen. Da in unserem Modell die Teilchen unabhängig voneinander andere Teilchen erzeugen, liegt es nahe zu erwarten, daß die Menge des Endproduktes der Reaktion proportional der Anfangsmenge der aktiven Teilchen ist. Das ist in der Tat der Fall für den nichtkritischen Prozeß (siehe Satz 1 und 2). Ist dagegen der Prozeß kritisch, dann tritt eine überraschende Erscheinung auf, wie der Satz 3 zeigt: die Menge des Endproduktes der Reaktion wächst proportional zum Quadrat der Menge der aktiven Anfangsteilchen an (jedoch ist der Proportionalitätsfaktor eine Zufallsgröße, die die stabile Verteilung (8) besitzt).

Wir betrachten noch den Spezialfall $F(u, s) = uF(s)$. Wie wir im Beispiel 4.1 gezeigt haben, definiert die erzeugende Funktion (2) in diesem Fall die Wahrscheinlichkeitsverteilung $\{q_m\}$ der Gesamtanzahl der Teilchen, die in allen

Generationen des Prozesses bis zu ihrem Aussterben vorhanden waren. In subkritischen und kritischen Prozessen ist $\sum_{m=1}^{\infty} q_m = 1$ und $\{q_m\}$ stellt eine gewöhnliche Wahrscheinlichkeitsverteilung dar. In superkritischen Prozessen gilt $\sum_{m=1}^{\infty} q_m = q < 1$ und die Gesamtanzahl der Teilchen kann in dem Prozeß mit der Wahrscheinlichkeit $1 - q$ Unendlich werden.

Wenn die Anzahl der Teilchen zu Beginn des Prozesses gleich n ist, dann bestimmen wir die Wahrscheinlichkeit $q_m(n)$ dafür, daß die Gesamtanzahl der Teilchen in dem Prozeß gleich m ist, aus der Reihe

$$\varphi^n(u) = \sum_{m=n}^{\infty} q_m(n)\, u^m\,. \tag{12}$$

Satz 4. *Ist $F(u, s) = uF(s)$ und $F(0) > 0$, dann gilt*

$$q_m(n) = \frac{n}{m}\, \mathsf{P}\{\xi_1 + \cdots + \xi_m = m - n\}\,, \qquad n = 1, 2, \ldots, m = n, n+1, \ldots, \tag{13}$$

wobei die ξ_i unabhängige Zufallsgrößen sind, für die $F(s) = \sum_{n=0}^{\infty} \mathsf{P}\{\xi_i = n\}\, s^n$ ist.

Beweis. Wenn wir die Wahrscheinlichkeiten $q_m(n)$ als Cauchy-Integral schreiben, erhalten wir aus (12)

$$q_m(n) = \frac{1}{2\pi i} \oint \frac{\varphi^n(u)}{u^{m+1}}\, du\,. \tag{14}$$

Die Integration in (14) erfolgt längs einer hinreichend kleinen geschlossenen Kurve um den Koordinatenursprung. Weiter führen wir in (14) unter dem Integral die Substitution $u = \frac{s}{F(s)}$ durch, die in der Umgebung von Null eine analytische Funktion ist und die Kurve um den Nullpunkt wiederum in eine Kurve um den Nullpunkt überführt. Wegen

$$du = \frac{ds}{F(s)} - \frac{sF'(s)}{F^2(s)}\, ds$$

und $s = \varphi(u)$ folgt

$$q_m(n) = \frac{1}{2\pi i} \oint \frac{s^n F^{m+1}(s)}{s^{m+1}} \left(\frac{ds}{F(s)} - \frac{sF'(s)\, ds}{F^2(s)} \right) =$$

$$= \frac{1}{2\pi i} \oint \frac{F^m(s)\, ds}{s^{m-n+1}} - \frac{1}{2\pi i} \oint \frac{mF^{m-1}(s)\, F'(s)}{ms^{m-n-1+1}}\, ds\,. \tag{15}$$

Die Formel (13) erhalten wir aus (15) wegen

$$\frac{1}{2\pi i}\oint \frac{F^m(s)\,\mathrm{d}s}{s^{m-n+1}} = \mathsf{P}\{\xi_1 + \cdots + \xi_m = m - n\}\,,$$

$$\frac{1}{2\pi i}\oint \frac{\frac{\mathrm{d}}{\mathrm{d}s}F^m(s)}{m s^{m-n-1+1}}\,\mathrm{d}s = \frac{m-n}{m}\,\mathsf{P}\{\xi_1 + \cdots + \xi_m = m - n\}\,.$$

Damit ist der Satz bewiesen.

Wenn wir in (13) $u = 1$ setzen, erhalten wir

$$q_m = \frac{1}{m}\,\mathsf{P}\{\xi_1 + \cdots + \xi_m = m - 1\}\,. \tag{16}$$

Die Formel (16) gestattet es uns in einigen Fällen, die finalen Wahrscheinlichkeiten in expliziter Form zu errechnen.

Beispiel 1. Es sei $F(s) = \mathrm{e}^{\lambda(s-1)}$, d. h. die Anzahl der direkten Nachkommen jedes Teilchens besitzt eine Poissonsche Verteilung. Dann ist das Verteilungsgesetz der Summe $\xi_1 + \cdots + \xi_m$ ebenfalls Poissonsch, jedoch mit dem Parameter $m\lambda$. Folglich gibt uns (16) für q_m den Ausdruck

$$q_m = \frac{(\lambda m)^{m-1}}{m!}\,\mathrm{e}^{-\lambda m}\,, \qquad m = 1, 2, \ldots. \tag{17}$$

Für $\lambda \leqq 1$ bilden die Wahrscheinlichkeiten (17) die sogenannte Borel-Tanner-Verteilung. Die Verteilung findet interessante Anwendungen in der Bedienungstheorie. Wir setzen voraus, daß ein Bedienungssystem mit einem Bedienungsapparat und einer unbeschränkten Schlange gegeben sei. Der einlaufende Verkehr sei ein einfacher Poissonscher Punktprozeß mit dem Parameter λ, die Bedienungszeit sei konstant gleich 1. Dann ist die Borel-Tanner-Verteilung (12) die Wahrscheinlichkeitsverteilung der Länge der ununterbrochen Besetztzeit des Bedienungsapparates. In der Tat, der Bedienungsapparat sei frei und in einem folgenden Moment kommt ein Anruf, der sofort bedient wird. Während seiner Bedienungszeit tritt eine zufällige Anzahl ξ von Anrufen auf, deren Verteilung aufgrund unserer Voraussetzungen dem Poissonschen Verteilungsgesetz

$$\mathsf{P}\{\xi = m\} = \frac{\lambda^m}{m!}\,\mathrm{e}^{-\lambda}$$

genügt. Den ersten Anruf interpretieren wir als Anfangsteilchen (nullte Generation) des Verzweigungsprozesses mit $F(s) = \mathrm{e}^{\lambda(s-1)}$. Jeden der Anrufe, der während der Bedienungszeit des Anfangsteilchens auftritt, interpretieren wir als Teilchen der ersten Generation, die vom Teilchen der nullten Generation gebildet werden. Jeder Anruf der ersten Generation wird in einer Zeiteinheit bedient, in der wieder neue Anrufe auftreten können, die wir als Teilchen der zweiten Generation interpretieren, die aus der ersten Generation entstanden sind, usw. Da die Anzahl der Anrufe auf disjunkten Zeitintervallen voneinander unabhängig sind, erhalten wir einen Verzweigungsprozeß. Das Aussterben des Prozesses bedeutet, daß die Schlange leer wird und der Bedienungsapparat seine letzte Bedienung beendet.

Die Gesamtanzahl der Teilchen im betrachteten Verzweigungsprozeß ist gleich der Länge des Zyklus, in dem der Bedienungsapparat besetzt war. Für $\lambda < 1$ existiert bekanntlich eine stationäre Zustandsverteilung des Systems, und das Borel-Tanner-Gesetz (17) gibt die Verteilung für den Besetztzyklus dieser stationären Verteilung an. Für $\lambda = 1$ existiert keine stationäre Verteilung, jedoch ist die Länge des Besetzungszyklus des Bedienungsgerätes eine mit Wahrscheinlichkeit Eins endliche Zufallsgröße mit der Verteilung (17). Für $\lambda > 1$ kann der Besetzungszyklus mit positiver Wahrscheinlichkeit unendlich sein.

Beispiel 2. Ist $F(s) = (q + ps)^k$, dann besitzt die Summe aus m Summanden ξ_i eine Verteilung mit der erzeugenden Funktion $F^m(s) = (q + ps)^{mk}$, folglich führt (16) auf die Formel

$$q_m = \frac{(km)!}{m!(km - m + 1)!} p^{m-1} q^{m(k-1)+1} .$$

Die Formel (13) gestattet es uns, ziemlich leicht lokale Grenzwertsätze für die Wahrscheinlichkeiten $q_m(n)$ anzugeben.

Satz 5. *Es sei $F(u, s) = uF(s)$, $F(0) > 0$, und $F(s)$ entspreche eine arithmetische Verteilung mit der Schrittlänge 1. Ist für sie $A = F'(1) = 1$ und $\infty > B = F''(1) > 0$, dann folgt*

$$\lim_{n\to\infty} \left[\frac{n^2}{B} q_m(n) - \frac{1}{x\sqrt{2\pi x}} e^{-\frac{1}{2x}}\right] = 0 \tag{18}$$

mit $m = \dfrac{xn^2}{B}$ und $x > 0$.

Beweis. Da $\xi_1, \ldots, \xi_m$ in Satz 4 auf dem Gitter der ganzen Zahlen identisch verteilt sind und $\mathsf{M}\xi_i = 1$, $\mathsf{D}\xi_i = B$ ist, gilt für $m \to \infty$ und ganzzahliges $y\sqrt{mB}$ der lokale Grenzwertsatz

$$\sqrt{mB}\,\mathsf{P}\{\xi_1 + \cdots + \xi_m = m - y\sqrt{mB}\} - \frac{1}{\sqrt{2\pi}} e^{-\frac{y^2}{2}} \to 0 . \tag{19}$$

Setzen wir $n = y\sqrt{mB}$ und $x = \dfrac{1}{y^2}$, dann folgt hieraus $m = \dfrac{n^2 x}{B}$. Aus (13) und (19) erhalten wir die Behauptung des Satzes (18).

KAPITEL VI

GRENZWERTSÄTZE FÜR VERZWEIGUNGSPROZESSE MIT ENDLICH VIELEN TEILCHENTYPEN

§ 1. Einleitende Bemerkungen

In diesem Kapitel setzen wir voraus, daß die Matrix der Erwartungswerte $A(t)$ endlich und für ein $t > 0$ positiv ist. Wir wissen, daß die letzte Bedingung die Irreduzibilität des Verzweigungsprozesses, im Fall diskreter Zeit außerdem seine Aperiodizität bedeutet. Periodische Prozesse werden wir nicht behandeln. Wir führen nur einige Beispiele an, die die dort auftretenden Effekte illustrieren sollen. Das asymptotische Verhalten von reduziblen Verzweigungsprozessen hat besondere Eigenschaften. Sie hängen wesentlich von der Struktur dieser Prozesse ab. Bis jetzt gibt es noch keine umfassende Beschreibung der asymptotischen Eigenschaften reduzibler Verzweigungsprozesse in Abhängigkeit von ihrer Struktur. Einige Sonderfälle werden wir am Ende des Kapitels anführen. Im nächsten Kapitel beschreiben wir einen wichtigen Fall reduzibler Prozesse, der sich als Verzweigungsprozeß mit Immigration interpretieren läßt.

Somit setzen wir voraus, sofern nichts anderes gesagt wird, daß die Matrizen $A = ||A^i_j||$ und $a = ||a^i_j||$ irreduzibel sind und A außerdem aperiodisch ist.

Mit R bzw. r bezeichnen wir die PERRONschen Wurzeln der Matrizen A bzw. a. Die entsprechenden rechten und linken Eigenvektoren $u = (u^1, ..., u^n)$ und $v = (v_1, ..., v_n)$ mit

$$A^i_j u^j = R u^i\,, \qquad v_i A^i_j = R v_j\,, \qquad a^i_j u^j = r u^i\,, \qquad v_i A^i_j = r v_j$$

wählen wir so, daß

$$v_i u^i = 1\,, \qquad \sum_{i=1}^{n} u^i = 1 \tag{1}$$

gilt. Es ist bekannt, daß in Prozessen mit diskreter Zeit

$$\lim_{t\to\infty} A^i_j(t)\, R^{-t} = u^i v_j \tag{2}$$

und in Prozessen mit stetiger Zeit

$$\lim_{t\to\infty} A^i_j(t)\, \mathrm{e}^{-rt} = u^i v_j \tag{3}$$

ist. Im folgenden werden wir auch die Bezeichnungen

$$R^i(t; s) = 1 - F^i(t; s)\,, \tag{4}$$

$$R(t; s) = \left(R^1(t; s), ..., R^n(t; s)\right)\,, \tag{5}$$

$$R(t; 0) = Q(t) = \left(Q^1(t), ..., Q^n(t)\right) \tag{6}$$

benutzen. Wie im Fall $n = 1$ sind die Ungleichungen

$$0 \leqq R^i(t; s) \leqq Q^i(t) \quad \text{für} \quad 0 \leqq s \leqq 1 \tag{7}$$

und

$$|R^i(t; s)| \leqq 2Q^i(t) \quad \text{für} \quad |s| \leqq 1 \tag{8}$$

erfüllt. Aus der Ungleichung (8) folgt, daß in aussterbenden Prozessen $R^i(t; s)$ gleichmäßig in s, $|s| \leqq 1$, gegen Null konvergiert.

Wir zeigen eine stärkere Aussage bezüglich des Konvergenzverhaltens von $R(t; s)$ in aussterbenden Verzweigungsprozessen. Wir betrachten einen aperiodischen irreduziblen aussterbenden Verzweigungsprozeß mit diskreter Zeit, d. h. einen Prozeß, der folgenden Bedingungen genügt:

$$A^t > 0 \quad \text{für ein gewisses} \quad t > 0 \tag{9}$$

$$R < 1 \quad \text{oder} \quad R = 1 \quad \text{und} \quad F^i(t; s) \neq A^i_j s^j . \tag{10}$$

Satz 1. *Unter den Bedingungen* (9), (10) *ist*

$$\lim_{t \to \infty} \frac{R^i(t; s)}{v_k R^k(t; s)} = u^i \tag{11}$$

gleichmäßig in s, $s \neq 1$ *und* $0 \leqq s \leqq 1$ *erfüllt, wobei die Eigenvektoren* u *und* v *den Bedingungen* (1) *genügen.*

Im Beweis des Satzes 1 benutzen wir ein Lemma. Es sei $C = ||c^i_j|| > 0$ eine irreduzible aperiodische Matrix, deren PERRONsche Wurzel gleich 1 ist und deren linker und rechter Eigenvektor v und u der Bedingung (1) genügen. Außerdem sei A_k eine Folge von Matrizen mit der Eigenschaft $0 \leqq A_k \leqq C$.

Wir betrachten das Produkt

$$B_N = (C - A_N)(C - A_{N-1}) \cdots (C - A_1), \qquad N \geqq 1 .$$

Es sei $x \geqq 0$ ein Vektor, für den $B_N x \neq 0$ für alle $N \geqq 1$ ist.

Lemma 1. *Unter den obigen Bedingungen an* C, A_N, B_N *und* x *gilt:*

1° *Falls* $\lim\limits_{N \to \infty} A_N = 0$ *ist, folgt* $\lim\limits_{N \to \infty} \dfrac{B_N x}{v B_N x} = u$;

2° *Der Grenzwert* $\lim\limits_{N \to \infty} B_N x$ *existiert immer, er ist dann und nur dann gleich Null, wenn die Reihe* $\sum\limits_{k=1}^{\infty} A_k$ *konvergiert.*

Beweis. Entsprechend der Formel (2) ist

$$\lim_{N \to \infty} C^N = D = ||u^i v_j|| > 0 ,$$

deshalb existiert eine Folge δ_N mit $\delta_N \to 0$, $\delta_N \geqq 0$, für die

$$(1 - \delta_N) D \leqq C^N \leqq (1 + \delta_N) D , \qquad N \geqq 1 ,$$

gilt. Wegen $A_N \to 0$, existiert eine Folge $\alpha_N \geqq 0$, $\alpha_N \to 0$ mit

$$0 \leqq A_N \leqq \alpha_N D\,, \qquad N \geqq 1\,.$$

Weil $CD = DC = D = D^2$ ist, gilt für beliebige nichtnegative β_k, $0 < \beta_k < 1$, $k = 1, \ldots, N$,

$$\prod_{k=1}^{N} (C - \beta_k D) = C^N - \left\{1 - \prod_{k=1}^{N} (1 - \beta_k)\right\} D \geqq C^N - \sum_{k=1}^{N} \beta_k\, D\,.$$

Wenn wir diese Relation mit den obigen Ungleichungen kombinieren, erhalten wir für beliebige $N \geqq m \geqq 1$

$$\left(1 - \delta_m - \sum_{k=N-m+1}^{N} \alpha_k\right) D \leqq \prod_{k=N-m+1}^{N} (C - \alpha_k D) \leqq (C - A_N) \times$$
$$\times\, (C - A_{N-1}) \cdots (C - A_{N-m+1}) \leqq C^m \leqq (1 + \delta_m) D\,. \qquad (12)$$

Wir setzen $w = B_{N-m} x$, wenden (12) auf

$$B_N x = (C - A_N) \cdots (C - A_{N-m+1})\, w$$

und $vB_N x$ an und erhalten

$$\frac{1 - \sum\limits_{k=N-m+1}^{N} \alpha_k - \delta_m}{1 + \delta_m} \cdot \frac{Dw}{vDw} \leqq \frac{B_N x}{vB_N x} \leqq \frac{1 + \delta_m}{1 - \sum\limits_{k=N-m+1}^{N} \alpha_k - \delta_m} \cdot \frac{Dw}{vDw}\,.$$

Wir bemerken, daß aus (1) für beliebige w die Gleichung $\dfrac{Dw}{vDw} = u$ folgt. Wenn wir als Norm $\|\cdot\|$ der Matrix das Maximum der Absolutbeträge ihrer Elemente definieren, gelangen wir zu der Ungleichung

$$\left\| \frac{B_N x}{vB_N x} - u \right\| \leqq \frac{2\delta_m + \sum\limits_{k=N-m+1}^{N} \alpha_k}{1 - \sum\limits_{k=N-m+1}^{N} \alpha_k - \delta_m}\,. \qquad (13)$$

Der erste Teil des Lemmas läßt sich nun beweisen, indem wir in (13) nacheinander die Grenzübergänge $N \to \infty$ und $m \to \infty$ durchführen. Wir haben somit gezeigt, daß sich der Vektor $B_N x$ unter der Bedingung $A_N \to 0$ in der Form

$$B_N x = vB_N x\big(u + \delta_N(x)\big) \qquad (14)$$

darstellen läßt, wobei $\lim\limits_{N\to\infty} \delta_N(x) = 0$ ist. Den zweiten Teil des Beweises führen wir zuerst unter der Bedingung $A_N \to 0$. Wir bezeichnen mit Δ_N den Ausdruck $vB_N x$. Indem wir die Formel $B_{N+1} = (C - A_{N+1}) B_N$ und (14) anwenden, erhalten wir

$$\Delta_{N+1} = v(C - A_{N+1})\, B_N x = \Delta_N - vA_{N+1} B_N x = \Delta_N\big(1 - vA_{N+1}\big(u + \delta_N(x)\big)\big)\,.$$

Somit gilt

$$\Delta_N = \prod_{k=2}^{N} \left(1 - vA_k\left(u + \delta_{k-1}(x)\right)\right) \Delta_1 . \tag{15}$$

Da $u > 0$ ist, folgt aus (15), daß für genügend große N die Folge Δ_N nicht wächst und damit einen Grenzwert $L \geqq 0$ besitzt. Dieser Grenzwert ist dann und nur dann positiv, wenn

$$\sum_{k=2}^{\infty} vA_k\left(u + \delta_{k-1}(x)\right) < \infty .$$

Wegen $u > 0$ und $v > 0$ ist diese Bedingung der Konvergenz der Reihe $\sum_{k=1}^{\infty} A_k$ äquivalent. Wir nehmen jetzt an, daß $0 \leqq A_k \leqq C$ ist und daß $\lim_{k\to\infty} A_k$ nicht existiert oder ungleich Null ist. Daraus folgt $\sum_k A_k = \infty$. Wir zeigen nun, daß in diesem Falle immer $B_N x \to 0$ gilt. Wir können eine Folge von Matrizen auswählen mit $0 \leqq A'_k \leqq A_k$, $A'_k \to 0$ und $\sum_{k=1}^{\infty} A'_k = \infty$. Wenn wir die Bezeichnung

$$B'_N = (C - A'_N)\,(C - A'_{N-1}) \cdots (C - A'_1)$$

benutzen, dann folgt aus $A'_k \leqq A_k$ die Ungleichung $B'_N x \geqq B_N x \geqq 0$. Nach dem oben Bewiesenen ist jedoch $\lim_{N\to\infty} B'_N x = 0$ und damit auch $\lim_{N\to\infty} B_N x = 0$.

Beweis von Satz 1. Aus dem Satz 4.1.2 folgt

$$1 - F(s) = [A - E(s)]\,(1 - s) , \tag{16}$$

wobei die Matrix $E(s)$ für $0 \leqq s \leqq s' \leqq 1$ den Bedingungen $0 \leqq E(s') \leqq E(s) \leqq A$ und $\lim_{s\uparrow 1} E(s) = 0$ genügt. Benutzen wir jetzt (16) und setzen $E_t(s) = E\left(F(t-1; s)\right)$, so können wir $R(t; s)$ in der Form

$$R(t; s) = [A - E_t(s)]\,[A - E_{t-1}(s)] \cdots [A - E_1(s)]\,(1 - s) \tag{17}$$

schreiben. Wir dividieren (17) durch R^t und setzen $C = \frac{A}{R}$, $A_t(s) = \frac{E_t(s)}{R}$, $B_t(s) = \left(C - A_t(s)\right)\left(C - A_{t-1}(s)\right) \cdots \left(C - A_1(s)\right)$ und erhalten

$$\frac{R(t; s)}{vR(t; s)} = \frac{B_t(s)\,(1 - s)}{vB_t(s)\,(1 - s)} . \tag{18}$$

Auf die rechte Seite von (18) können wir Lemma 1 anwenden, da alle Bedingungen erfüllt sind (insbesondere ist $B_t(s)\,(1 - s) \neq 0$ für $s \neq 1$ und alle $t = 1, 2, \ldots$, denn aus der Irreduzibilität des Prozesses folgt $R(t; s) = 1 - F(t; s) > 0$ für $0 \leqq s \leqq 1$, $s \neq 1$). Wir erhalten

$$\lim_{t\to\infty} \frac{R(t; s)}{vR(t; s)} = u , \quad 0 \leqq s \leqq 1 , \quad s \neq 1 . \tag{19}$$

Zum Beweis der Gleichmäßigkeit der Konvergenz in (19) im Gebiet $0 \leqq s \leqq 1$, $s \neq 1$ verweisen wir auf die Abschätzung (13) in Lemma 1, die wir hier angewendet haben. Diese gilt gleichmäßig in x, $x \geqq 0$. Da für $0 \leqq s \leqq 1$ und für jedes t die Ungleichung $0 \leqq A_t(s) \leqq A_t(0)$ gilt, ist diese Abschätzung in unserem Falle gleichmäßig in s, $0 \leqq s \leqq 1$, $s \neq 1$. Damit ist der Beweis erbracht.

§ 2. Subkritische Prozesse

Wir wenden uns zunächst den subkritischen aperiodischen Verzweigungsprozessen mit diskreter Zeit zu.

Satz 1. *Ist $R < 1$, dann existiert eine bezüglich jeder der Koordinaten s^i in $0 \leqq s \leqq 1$ monoton nichtwachsende reelle Funktion $K(s)$ mit*

$$\frac{vR(t;s)}{R^t} \downarrow K(s) \geqq 0 \quad \text{für} \quad t \to \infty\,, \quad 0 \leqq s \leqq 1\,, \tag{1}$$

$$\lim_{t\to\infty} \frac{R(t;s)}{R^t} = K(s)\, u\,, \qquad 0 \leqq s \leqq 1\,. \tag{2}$$

Beweis. Zur Vereinfachung setzen wir

$$\Delta_t(s) = \frac{vR(t;s)}{R^t}, \qquad 0 \leqq s \leqq 1\,.$$

Wir benutzen (1.16) und $v_i A^i_j = R v_j$ und erhalten

$$\Delta_{t+1}(s) = \frac{vR(t;s)}{R^t} - vE\big(F(t;s)\big)\,\frac{R(t;s)}{R^{t+1}} \leqq \Delta_t(s)\,, \tag{3}$$

woraus die monotone Konvergenz von $\Delta_t(s)$ gegen eine Grenzfunktion $K(s)$ folgt. Mit $\Delta_t(s)$ ist auch $K(s)$ nichtnegativ und in jeder Variablen s^j monoton nichtwachsend. Die Behauptung (2) folgt aus (1) und Satz 1.1.

Satz 2. *Die Überlebenswahrscheinlichkeit $Q^i(t)$ eines subkritischen Prozesses zeigt für $t \to \infty$ folgendes asymptotische Verhalten:*

$$Q^i(t) = K(0)\, u^i R^t\big(1 + o(1)\big)\,, \qquad i = 1, \ldots, n\,; \tag{4}$$

die Überlebenswahrscheinlichkeit eines Prozesses mit $\mu(0) = \alpha$ erfüllt für $t \to \infty$ die Beziehung

$$\mathsf{P}\{\mu(t) \neq 0 | \mu(0) = \alpha\} = K(0)\, u^i \alpha_i R^t\big(1 + o(1)\big)\,. \tag{5}$$

Beweis. Die Formel (4) folgt aus (2) mit $s = 0$. Weiterhin erhalten wir aus der Unabhängigkeit der Nachkommenschaft verschiedener Teilchen

$$\mathsf{P}\{\mu(t) = 0 | \mu(0) = \alpha\} = 1 - \prod_{k=1}^{n} \big(1 - Q^k(t)\big)^{\alpha_k}\,. \tag{6}$$

Wegen (4) streben alle $Q^k(t)$ für $K(0) > 0$ mit gleicher Geschwindigkeit gegen Null, so daß aus (6) folgt:

$$\mathsf{P}\{\mu(t) \neq 0 | \mu(0) = \alpha\} = \alpha_k Q^k(t) \left(1 + o(1)\right). \tag{7}$$

Wenden wir auf die rechte Seite von (7) die Formel (4) an, dann erhalten wir (5).

Satz 3. *Die bedingte Verteilung*

$$\mathsf{P}\{\mu(t) = \alpha | \mu(t) \neq 0, \mu(0) = \beta\}, \qquad \beta \neq 0, \tag{8}$$

konvergiert für $t \to \infty$ gegen eine Grenzverteilung $\{P_\alpha^*\}$, deren erzeugende Funktion

$$F^*(s) = \sum_\alpha P_\alpha^* s^\alpha \tag{9}$$

der Gleichung

$$1 - F^*(F(s)) = R\left(1 - F^*(s)\right) \tag{10}$$

genügt. Die Grenzverteilung hängt nicht vom Anfangszustand $\mu(0) = \beta \neq 0$ ab.

Beweis. Wir beginnen mit dem Fall $\beta = \varepsilon^i$, d. h., daß im Zeitpunkt $t = 0$ nur ein Teilchen vom Typ T_i vorhanden ist. Die erzeugende Funktion $\Phi^i(t; s)$ der bedingten Verteilung (8) ist in diesem Falle

$$\Phi^i(t; s) = \frac{F^i(t; s) - F^i(t; 0)}{1 - F^i(t; 0)} = 1 - \frac{R^i(t; s)}{R^i(t; 0)}. \tag{11}$$

Wir müssen zeigen, daß für jedes s, $0 \leqq s \leqq 1$, der Quotient, der rechts in (11) steht, für $t \to \infty$ einen Grenzwert hat. Wegen (1.11) in Satz 1.1 gilt die Gleichung

$$\lim_{t\to\infty} \frac{R^i(t; s)}{R^i(t; 0)} = \lim_{t\to\infty} \frac{v_k R^k(t, s)}{v_k R^k(t; 0)}, \tag{12}$$

wenn mindestens einer der dort auftretenden Grenzwerte existiert. Weiter unten zeigen wir, daß der Grenzwert auf der rechten Seite in (12) existiert. Zuerst beweisen wir, daß für jedes feste s, $0 \leqq s \leqq 1$, eine solche Folge von Indizes i_t, $1 \leqq i_t \leqq n$, existiert, daß der Quotient

$$\frac{R^{i_t}(t; s)}{R^{i_t}(t; 0)} \tag{13}$$

mit wachsendem t monoton nicht fällt. Dazu bedienen wir uns folgender Ungleichung. Es sei $0 \leqq b_k \leqq a_k \leqq 1$, $k = 1, \ldots, n$. Dann gilt

$$\frac{1 - a_1 a_2 \cdots a_n}{1 - b_1 b_2 \cdots b_n} \geqq \min_{1\leq i\leq n} \frac{1 - a_i}{1 - b_i} \tag{14}$$

Diese Ungleichung ist sicher richtig, wenn aus $\dfrac{1 - a_2}{1 - b_2} \geqq \dfrac{1 - a_1}{1 - b_1}$ die Ungleichung

$$\frac{1 - a_1 a_2}{1 - b_1 b_2} \geqq \frac{1 - a_1}{1 - b_1} \tag{15}$$

folgt. Diese ist aber äquivalent zu der offensichtlich richtigen Ungleichung

$$a_1 \frac{1 - a_2}{1 - b_2} \geqq b_1 \frac{1 - a_1}{1 - b_1}.$$

Wir konstruieren jetzt die Folge der i_t. Wir setzen

$$\frac{1 - F^{i_t}(t; s)}{1 - F^{i_t}(t; 0)} = \min_{1 \leqq i \leqq n} \frac{1 - F^i(t; s)}{1 - F^i(t; 0)}. \tag{16}$$

Aus (16) und (14) folgt dann für jedes $\alpha = (\alpha_1, \ldots, \alpha_n) \neq 0$ die Ungleichung

$$\frac{1 - F^\alpha(t; s)}{1 - F^\alpha(t; 0)} \geqq \frac{1 - F^{i_t}(t; s)}{1 - F^{i_t}(t; 0)},$$

die wir anders schreiben können:

$$1 - F^\alpha(t; s) \geqq \frac{1 - F^{i_t}(t; s)}{1 - F^{i_t}(t; 0)} (1 - F^\alpha(t; 0)). \tag{17}$$

In dieser Gestalt gilt sie auch für $\alpha = 0$. Wenn wir (17) rechts und links mit P^i_α multiplizieren und über alle α summieren, dann erhalten wir für beliebige i

$$1 - F^i(t + 1; s) \geqq \frac{1 - F^{i_t}(t; s)}{1 - F^{i_t}(t; 0)} (1 - F^i(t + 1; 0))$$

oder

$$\frac{1 - F^i(t + 1; s)}{1 - F^i(t + 1; 0)} \geqq \frac{1 - F^{i_t}(t; s)}{1 - F^{i_t}(t; 0)}. \tag{18}$$

Wählen wir jetzt analog i_{t+1} so aus, daß die linke Seite von (18) minimal ist, dann erhalten wir

$$\frac{R^{i_{t+1}}(t + 1; s)}{R^{i_{t+1}}(t + 1; s)} \geqq \frac{R^{i_t}(t; s)}{R^{i_t}(t; 0)}. \tag{19}$$

Die benötigte Folge i_t ist somit konstruiert. Aus (19) folgt die Existenz des Grenzwertes

$$\lim_{t \to \infty} \frac{R^{i_t}(t; s)}{R^{i_t}(t; 0)} = \varphi(s). \tag{20}$$

Wir zeigen jetzt, daß die rechte Seite von (12) den gleichen Grenzwert $\varphi(s)$ besitzt. In der Tat strebt in der Gleichung

$$\frac{v_k R^k(t; s)}{v_k R^k(t; 0)} = \frac{v_k R^k(t; s)}{R^{i_t}(t; s)} \cdot \frac{R^{i_t}(t; 0)}{v_k R^k(t; 0)} \cdot \frac{R^{i_t}(t; s)}{R^{i_t}(t; 0)} \tag{21}$$

für $t \to \infty$ das Produkt der ersten beiden Quotienten wegen (1.11) gegen Eins, der letzte Quotient konvergiert hingegen wegen (20) gegen $\varphi(s)$. Somit haben wir für beliebige s, $0 \leqq s \leqq 1$, bewiesen

$$\lim_{t\to\infty} \Phi^i(t; s) = 1 - \lim_{t\to\infty} \frac{R^i(t; s)}{R^i(t; 0)} = F^*(s) = 1 - \varphi(s) .$$

Hieraus folgt die Konvergenz der erzeugenden Funktionen der bedingten Verteilungen (8)

$$\Phi(t; s, \beta) = 1 - \frac{1 - F^\beta(t; s)}{1 - F^\beta(t; 0)} \sim 1 - \frac{\beta_i R^i(t; s)}{\beta_i R^i(t; 0)}$$

gegen den gleichen Grenzwert $F^*(s)$. Die Gleichung (10) erhalten wir aus den Gleichungen

$$1 - F^*(F(s)) = \lim_{t\to\infty} \frac{v_i R^i(t; F(s))}{v_i R^i(t; 0))} = \lim_{t\to\infty} \frac{v_i R^i(t+1; s)}{v_i R^i(t+1; 0)} \cdot \frac{v_k R^k(t+1; 0)}{v_k R^k(t; 0)} =$$

$$= \lim_{t\to\infty} \frac{v_i R^i(t+1; s)}{v_i R^i(t+1; 0)} \lim_{t\to\infty} \frac{v_i\big(1 - F^i(1 - R(t; 0))\big)}{v_i R^i(t; 0)} =$$

$$= \big(1 - F^*(s)\big)\, R . \tag{22}$$

Aus (10) ergibt sich unschwer

$$1 - F^*\big(F(t; s)\big) = R^t\big(1 - F^*(s)\big) . \tag{23}$$

Führen wir in (23) den Grenzübergang $t \to \infty$ durch, so erhalten wir $\lim_{t\to\infty} [1 - F^*(F(t; s))] = 0$, d. h. $\lim_{s\uparrow 1} F^*(s) = 1$. Die Behauptung des Satzes folgt nunmehr aus dem Stetigkeitssatz für erzeugende Funktionen.

Satz 4. *Die Grenzwertverteilung in Satz* 3 *besitzt dann und nur dann endliche Erwartungswerte* $A_i^* = F_i^*(1) = \frac{\partial}{\partial s^i} F^*(s)\Big|_{s=1}$, *wenn* $K(0)$ *aus Satz* 2 *positiv ist. Sind die* A_i^* *endlich, so genügen sie der Gleichung*

$$A_i^* = \frac{v_i}{K(0)} . \tag{24}$$

Beweis. Wir nehmen an, die A_i^* seien endlich. Wenn wir die Gleichung (10) in einem Punkt $s < 1$ differenzieren, dann erhalten wir

$$F_i^*\big(F(s)\big)\, F_k^i(s) = R F_k^*(s) . \tag{25}$$

Durch den Grenzübergang $s \uparrow 1$ finden wir

$$A_i^* A_k^i = R A_k^* , \tag{26}$$

woraus nach dem Satz von Frobenius (4.5.2) $A_k^* = C v_k$, $C < \infty$ folgt. Wenn wir in (23) $s = 0$ setzen, dann erhalten wir

$$R^t = 1 - F^*\big(F(t; 0)\big) .$$

Wegen $1 - F^*(s) \leqq A_i^*(1 - s^i)$ folgt hieraus

$$R^t \leqq A_i^* R^i(t; 0) = C v_i R^i(t; 0)$$

und

$$\frac{1}{K(0)} = \lim_{t\to\infty} \frac{R^t}{v_i R^i(t; 0)} \leqq C < \infty . \tag{27}$$

Es sei jetzt umgekehrt $K(0) > 0$. Setzen wir in der Reihe von $F^*(s)$ anstelle von s^α mit $\overline{\alpha} \geqq N$ den Wert 1, dann erhalten wir eine wahrscheinlichkeitserzeugende Funktion $F_N^*(s)$, die ein Polynom ist. Offensichtlich gelten für $0 \leqq s \leqq 1$ die Ungleichungen $F^*(s) \leqq F_N^*(s)$ und

$$A_{Ni}^* \leqq A_i^* , \qquad \lim_{N\to\infty} A_{Ni}^* = A_i^*$$

mit $A_{Ni}^* = F_{Ni}(1) = \left.\frac{\partial F_N^*(s)}{\partial s^i}\right|_{s=1}$. Wir erhalten

$$R^t \geqq 1 - F_N^*(F(t; 0)) = \overline{A}_{Ni}^*(t)\, R^i(t; 0) , \tag{28}$$

mit $0 \leqq \overline{A}_{Ni}^*(t) \leqq A_{Ni}^*$ und $\lim\limits_{t\to\infty} \overline{A}_{Ni}^*(t) = A_{Ni}^*$ (Satz 4.1.2). Aus (28) erhalten wir (Satz 2)

$$A_{Ni}^* u^i K(0) = \lim_{t\to\infty} \overline{A}_{Ni}^*(t) \lim_{t\to\infty} \frac{R^i(t; 0)}{R^t} \leqq 1 . \tag{29}$$

Wenn wir in (29) den Grenzübergang $N \to \infty$ durchführen, kommen wir zu der Ungleichung

$$A_i^* u^i K(0) \leqq 1 , \tag{30}$$

woraus die Endlichkeit der A_i^* folgt. Setzen wir in (30) $A_i^* = C\, v_i$, dann erhalten wir $CK(0) \leqq 1$. Diese Ungleichung ergibt zusammen mit (27) den Beweis für (24).

Satz 5. *Die Konstante $K(0)$ ist dann und nur dann größer als Null, wenn für alle $1 \leqq i, j \leqq n$ die folgende Ungleichung erfüllt ist:*

$$\mathsf{M} \mu_j^i \log \mu_j^i < \infty . \tag{31}$$

Beweis. Beim Beweis des Satzes 1 benutzten wir die Aussage 1° des Lemmas 1.1. Jetzt benutzen wir die Aussage 2° des gleichen Lemmas. Mit Hilfe der Darstellung (1.17) für $R(t; s)$ und Lemma 1.1 erhalten wir, daß für

$$\lim_{t\to\infty} \frac{R(t; 0)}{R^t} = K(0)\, u > 0 \tag{32}$$

die Relation

$$\sum_t E(F(t; 0)) < \infty , \tag{33}$$

notwendig und hinreichend ist, wobei die Matrix $E(s)$ durch Formel (1.16) gegeben ist.

Ist $K(0) > 0$, dann folgt aus (32) die Existenz eines θ, $0 < \theta < 1$, so daß für genügend große t

$$1 - F(t; 0) \geqq R^t\theta \cdot 1 \tag{34}$$

mit $1 = (1, \ldots, 1)$ gilt. Wegen der monotonen Abhängigkeit der erzeugenden Funktion $F(s)$ von s schließen wir aus (33) und (34) auf

$$\sum_t E\,(1 - R^t\theta \cdot 1) < \infty\,. \tag{35}$$

Für $\sum_t E\big(F(t; 0)\big) = \infty$ ist $\lim_{t\to\infty} \frac{R(t, 0)}{R^t} = 0$. Dann existiert ein θ, $0 < \theta < 1$, so daß $R(t; 0) \leqq \theta\, R^t \cdot 1$, $t \geqq t_0$ und

$$\sum_t E(1 - R^t\theta \cdot 1) = \infty \tag{36}$$

erfüllt ist. Wir können leicht überprüfen, daß mit (35) auch

$$\sum_t Z(1 - R^t\theta) < \infty \tag{37}$$

erfüllt ist und umgekehrt, wobei $Z(\theta) = \sum_{j=1}^n v_i E_j^i(\theta \cdot 1)$ ist. Wir betrachten jetzt die Formel (1.16), die $E(s)$ definiert. Leicht folgt, daß $Z(\theta)$ in der Form

$$R^{-1}\left(\sum_{j=1}^n v_j\right)^{-1} Z(\theta) = 1 - B(\theta)$$

darstellbar ist, wobei

$$B(\theta) = \frac{1 - \Phi(\theta)}{R(1 - \theta)}, \qquad \Phi(\theta) = \frac{v_i F^i(\theta \cdot 1)}{\sum_{k=1}^n v_k}$$

eindimensionale wahrscheinlichkeitserzeugende Funktionen sind. Damit können wir die Bedingung (37) in der Form

$$\sum_t [1 - B(1 - R^t\theta)] < \infty \tag{38}$$

aufschreiben. Wie wir in Satz 2.2.2 gezeigt haben, ist die Bedingung (38) äquivalent der Forderung $\mathsf{M}\xi \log \xi < \infty$, wobei ξ eine der erzeugenden Funktion $\Phi(\theta)$ entsprechende Verteilung besitzt. $\Phi(\theta)$ ist erzeugende Funktion für die Wahrscheinlichkeitsverteilung

$$\sum_{j=1}^n \mu_j(t)$$

unter der Bedingung, daß $\sum_{j=1}^n \mu_j(0) = 1$ gilt und die Anfangsverteilung der Teilchentypen den Komponenten des Vektors v proportional ist.

Damit ist (38) mit der Bedingung

$$\sum_i v_i \, \mathsf{M} \sum_j \mu_j^i \log \sum_j \mu_j^i < \infty$$

gleichbedeutend. Diese Bedingung wiederum ist mit (31) äquivalent. Der Satz ist hiermit bewiesen.

Satz 6. *Wenn die Bedingung* (31) *erfüllt ist, dann besitzt die Gleichung*

$$1 - \varphi\big(F(s)\big) = R\big(1 - \varphi(s)\big) \tag{39}$$

eine eindeutige Lösung in der Klasse der im Punkt $s = 1$ *differenzierbaren Funktionen.*

Beweis. Es sei $\varphi(s)$ eine Lösung von (39), die der Bedingung

$$\varphi(s) = 1 - \sum_{i=1}^{n} \theta_i(s)\,(s^i - 1)\,, \qquad \lim_{s \uparrow 1} \theta_i(s) = \theta_i < \infty \tag{40}$$

genügt. Durch Iteration der Gleichung (39) kommen wir zu

$$1 - \varphi\big(F(t; s)\big) = R^t\big(1 - \varphi(s)\big)\,.$$

Diese Gleichung können wir mittels (40) in die Form

$$\frac{R^i(t; s)}{R^t}\, \theta_i\big(F(t; s)\big) = 1 - \varphi(s) \tag{41}$$

bringen. Strebt nun in (41) t gegen Unendlich, so erhalten wir

$$[1 - F^*(s)]\, u^i K(0)\, \theta_i = 1 - \varphi(s)\,. \tag{42}$$

Aus dem Beweis des Satzes 4 folgt $\theta_i = \frac{v_i}{K(0)}$. Deshalb folgt aus (42) $\varphi(s) = F^*(s)$, was zu zeigen war.

Für irreduzible subkritische Verzweigungsprozesse mit periodischer Momentenmatrix A gelten die Sätze 2 und 3 nicht. Das illustrieren wir jetzt an zwei Beispielen.

Beispiel 1. $\Phi(s)$ sei eine eindimensionale erzeugende Funktion mit $\Phi'(1) = A < 1$ und $\Phi''(1) < \infty$. Wir definieren einen Verzweigungsprozeß mit zwei Teilchentypen. Es sei $s = (s^1, s^2)$ und

$$F^1(s) = \Phi(s^2)\,, \qquad F^2(s) = \Phi(s^1)\,.$$

Die Matrix $A = \begin{Vmatrix} 0 & A \\ A & 0 \end{Vmatrix}$ dieses Prozesses ist periodisch und irreduzibel. Wir können auch schnell überprüfen, daß $Q^1(t) = Q^2(t)$ ist und mit der entsprechenden Wahrscheinlichkeit $Q(t)$ des eindimensionalen Prozesses mit der erzeugenden Funktion $\Phi(s)$ zusammenfällt. Deshalb gilt $Q^i(t) \sim KA_k^t$, jedoch wird der Grenzwertsatz 3 nicht erfüllt, da die Nachkommenschaft des Typs T_i in geraden Zeitpunkten nur aus Teilchen desselben Typs und in ungeraden Zeitpunkten nur aus Teilchen des anderen Typs besteht.

Beispiel 2. Es sei $s = (s^1, s^2)$ und

$$F^1(s) = \Phi(s^2)\,, \qquad F^2(s) = s^1$$

mit der erzeugenden Funktion $\Phi(s)$ aus dem Beispiel 1. Die Matrix $A = \begin{Vmatrix} 0 & A \\ 1 & 0 \end{Vmatrix}$ dieses Prozesses ist periodisch und irreduzibel und hat die PERRONsche Wurzel $R = \sqrt{A} < 1$. Wir zeigen, daß in diesem Falle $Q^1(2t-1) = Q^1(2t) = Q(t) \sim KR^{2t}$ ist, wobei $Q(t)$ wie im Beispiel 1 definiert ist. Hieraus folgt $Q^1(2t)R^{-2t} \to K$ und $Q^1(2t-1)R^{-(2t-1)} \to KR$, d. h. ein Grenzwert von $Q^i(t)\, R^{-t}$ für $t \to \infty$ existiert nicht.

Die Ergebnisse, die für subkritische Prozesse mit diskreter Zeit hergeleitet wurden, lassen sich auf solche mit stetiger Zeit übertragen. Dazu müssen wir den Apparat eingebetteter Verzweigungsprozesse benutzen. Es sei $F(t; s)$ die erzeugende Funktion eines Verzweigungsprozesses mit stetiger Zeit und $\Delta_N = \frac{1}{2^N}$, $N = 1, 2, \ldots$. Mit $F_N(k; s) = F(k\Delta_N; s)$ bezeichnen wir die erzeugende Funktion des eingebetteten Verzweigungsprozesses, in dem die Zeit t das arithmetische Gitter $k\Delta_N$, $k = 0, 1, \ldots$, durchläuft. Wenn r die PERRONsche Wurzel der Matrix a des Ausgangsprozesses ist, so ist e^{rt} die PERRONsche Wurzel der Matrix der Erwartungswerte $A(t)$ dieses Prozesses. Deshalb hat also die Matrix der Erwartungswerte $A_N = A_N(1) = A(\Delta_N)$ des entsprechenden eingebetteten Verzweigungsprozesses die PERRONsche Wurzel $R_N = e^{r\Delta_N}$. Die Ungleichung $r < 0$ ist gleichbedeutend mit $R_N < 1$ für beliebiges N. Somit ist ein eingebetteter Verzweigungsprozeß eines subkritischen Prozesses ebenfalls subkritisch.

Satz 7. *Für subkritische irreduzible Verzweigungsprozesse mit stetiger Zeit gilt*

$$\lim_{t\to\infty} \frac{Q^i(t)}{e^{rt}} = Ku^i\,, \qquad i = 1, \ldots, n\,, \tag{43}$$

wobei $K \geqq 0$ eine Konstante ist. Die Konstante K ist dann und nur dann positiv, wenn für jedes $t > 0$

$$\mathsf{M}\mu_j^i(t) \log \mu_j^i(t) < \infty\,, \qquad i, j = 1, \ldots, n \tag{44}$$

gilt.

Beweis. Für jedes ganze $N \geqq 0$ gilt für den entsprechenden einbetteten Verzweigungsprozeß die Gleichung (siehe Satz 2)

$$\lim_{k\to\infty} \frac{Q_N^i(k)}{R_N^k} = \lim_{k\to\infty} \frac{Q^i(k\Delta_N)}{e^{rk\Delta_N}} = Ku^i\,, \tag{45}$$

wobei, wie wir leicht sehen, die Konstante $K \geqq 0$ nicht von N abhängt. Es sei $(k-1)\,\Delta_N < t \leqq k\Delta_N$. Aus der Monotonie von $Q_i(t)$ erhalten wir

$$\frac{Q_N^i(k)}{R_N^k}\, e^{r\Delta_N} \leqq \frac{Q^i(t)}{e^{rt}} \leqq \frac{Q_N^i(k-1)}{R_N^{k-1}} \cdot e^{-r\Delta_N}\,;$$

hieraus und aus (45) folgt für jedes beliebige N

$$Ku^i e^{r\Delta_N} \leqq \liminf_{t\to\infty} \frac{Q^i(t)}{e^{rt}} \leqq \limsup_{t\to\infty} \frac{Q^i(t)}{e^{rt}} \leqq Ku^i e^{-r\Delta_N} . \tag{46}$$

Da wir Δ_N beliebig klein wählen können, folgt aus (46) die Beziehung (43). Nach Satz 5 ist die Konstante K in (45) dann und nur dann positiv, wenn die Bedingung (44) für $t = k\Delta_N$, $k = 1, 2, \ldots, N = 0, 1, \ldots,$ erfüllt ist. Wir zeigen, daß hieraus die Endlichkeit dieser Momente für alle $t > 0$ folgt.

Dazu bezeichnen wir das Moment der Zufallsgröße $g(\mu^i(t))$ mit

$$G^i(t) = \mathsf{M} g(\mu^i(t)) = \sum_\alpha g(\alpha)\, \mathsf{P}\{\mu^i(t) = \alpha\}$$

und setzen $g(\alpha) \geqq 0$ für alle $\alpha \in N^n$ und $g(\alpha) \geqq g(\beta)$ für $\alpha \geqq \beta$ voraus. Die Funktion $g(\alpha) = \alpha_j \log \alpha_j$ erfüllt trivialer Weise diese Beziehung. Aus der Hauptfunktionalgleichung für Verzweigungsprozesse folgt für beliebige $t, \tau > 0$

$$P^i_\alpha(t+\tau) = \sum_\beta P^i_\beta(\tau) \sum_{\sum_{i=1}^{n} \sum_{j=1}^{\beta_i} \gamma(i,j) = \alpha} \prod_{i=1}^{n} \prod_{j=1}^{\beta_i} P^i_{\gamma(i,j)}(t) . \tag{47}$$

Wir multiplizieren (47) links mit $g(\alpha)$ und rechts mit $g(\gamma(k, 1)) \leqq g(\alpha)$ und summieren links und rechts über alle $\alpha \in N^n$. Dann erhalten wir

$$G^i(t+\tau) \geqq \sum{}' P^i_\beta(\tau)\, G^k(t) . \tag{48}$$

Hierbei bedeutet $\sum'$ die Summe über alle die $\beta \in N^n$, für die $\beta_k > 0$ ist. Die Ungleichung (48) können wir auch wie folgt schreiben:

$$G^i(t+\tau) \geqq \langle \mathsf{P}\{\mu^i_k(\tau) > 0\}\, G^k(t)\rangle . \tag{49}$$

Aus (49) und der Endlichkeit von $G^i(t+\tau)$ folgt die Endlichkeit von $G^k(t)$, da in irreduziblen Prozessen mit stetiger Zeit für jedes $\tau > 0$ auch $\mathsf{P}\{\mu^i_k(\tau) > 0\} > > 0$ ist. Mit Hilfe von (49) stellen wir fest, daß (44) für jedes t erfüllt ist, wenn wir statt $t + \tau$ jede beliebige Zahl der Form $k\Delta_N > t$ nehmen.

Satz 8. *In subkritischen irreduziblen Verzweigungsprozessen mit stetiger Zeit konvergiert die bedingte Verteilung*

$$\mathsf{P}\{\mu(t) = \alpha | \mu(t) \neq 0\,,\ \mu(0) = \beta\}\,, \quad \beta \neq 0\,,$$

für $t \to \infty$ gegen eine Grenzverteilung $\{P^*_\alpha\}$, deren erzeugende Funktion

$$F^*(s) = \sum_\alpha P^*_\alpha s^\alpha \tag{50}$$

nicht vom Anfangszustand $\mu(0) = \beta \neq 0$ abhängt und der Differentialgleichung

$$f^k(s) \frac{\partial F^*(s)}{\partial s^k} = -r(1 - F^*(s)) \tag{51}$$

mit der Anfangsbedingung $F^*(0) = 0$ genügt.

Beweis. Wir wenden Satz 3 auf die eingebetteten Verzweigungsprozesse $F_N(k; s)$ an. Es ergibt sich, daß für beliebiges N und beliebiges i die bezüglich s, $|s| \leqq 1$, gleichmäßige Konvergenz

$$\lim_{k\to\infty} \frac{R_N^i(k; s)}{R_N^i(k; 0)} = \lim_{k\to\infty} \frac{R^i(k\Delta_N; s)}{R^i(k\Delta_N; 0)} = R^*(s) = 1 - F^*(s) \tag{52}$$

vorliegt. Wir halten N fest, und für jedes t wählen wir k so, daß $t = k\Delta_N + \tau$, $0 \leqq \tau < \Delta_N$ gilt. Wenn wir jetzt auf den Quotienten

$$\frac{R^i(t; s)}{R^i(t; 0)} = \frac{R^i\big(k\Delta_N; F(\tau; s)\big)}{R^i\big(k\Delta_N; F(\tau; 0)\big)}$$

(52) anwenden, dann erhalten wir

$$\lim_{t\to\infty} \left[\frac{R^i(t; s)}{R^i(t; 0)} - \frac{R^*\big(F(\tau; s)\big)}{R^*\big(F(\tau; 0)\big)}\right] = 0\,. \tag{53}$$

Wir zeigen, daß $\dfrac{R^*\big(F(\tau; s)\big)}{R^*\big(F(\tau; 0)\big)}$ nicht von $\tau \geqq 0$ abhängt und gleich $1 - F^*(s)$ ist. In der Tat, da (52) für jedes N gilt, genügt $R^*(s)$ für beliebiges N der Gleichung

$$R^*\big(F(k\Delta_N; s)\big) = e^{rk\Delta_N} R^*(s)\,. \tag{54}$$

N_1 sei groß und $\tau = k\Delta_{N_1} + \tau_1$ mit $0 \leqq \tau_1 < \Delta_{N_1}$. Auf den Quotienten $R^*\big(F(\tau; s)\big)/R^*\big(F(\tau; 0)\big)$ wenden wir (54) an und erhalten

$$\frac{R^*\big(F(\tau; s)\big)}{R^*\big(F(\tau; 0)\big)} = \frac{R^*\big(F\big(k\Delta_{N_1}; F(\tau_1; s)\big)\big)}{R^*\big(F\big(k\Delta_{N_1}; F(\tau_1; 0)\big)\big)} = \frac{R^*\big(F(\tau_1; s)\big)}{R^*\big(F(\tau_1; 0)\big)}\,. \tag{55}$$

Lassen wir jetzt N_1 gegen Unendlich gehen, so folgt in (55) $\tau_1 \to 0$ und $\dfrac{R^*\big(F(\tau; s)\big)}{R^*\big(F(\tau; 0)\big)} = \lim\limits_{\tau_1\to 0} \dfrac{R^*\big(F(\tau_1; s)\big)}{R^*\big(F(\tau_1; 0)\big)} = R^*(s)$, weil $\lim\limits_{\tau_1\to 0} F(\tau_1; s) = s$, $R^*(0) = 1$ und $R^*(s)$ stetig ist. Damit folgt aus (53) $\lim\limits_{t\to\infty} \dfrac{R^i(t; s)}{R^i(t; 0)} = 1 - F^*(s)$, hieraus ergeben sich wie schon in Satz 3 alle grundlegenden Behauptungen des Satzes. Die Gleichung (51) erhalten wir aus der Beziehung

$$1 - F^*\big(F(t; s)\big) = e^{rt}\,\big(1 - F^*(s)\big)\,, \tag{56}$$

die für alle $t \geqq 0$ gilt (wegen Gleichung (10)). Wenn in (56) t gegen Null geht, erhalten wir

$$1 - F^*(s) - \frac{\partial F^*(s)}{\partial s^k} f_k(s)\, t + o(t) = \big(1 + rt + o(t)\big)\,\big(1 - F^*(s)\big)$$

und (51).

Satz 9. *Wenn die Bedingung* (44) *erfüllt ist, dann besitzt die Gleichung*

$$f^k(s)\frac{\partial \varphi(s)}{\partial s^k} = -\,r\big(1 - \varphi(s)\big)\,, \quad \varphi(0) = 0\,, \tag{57}$$

in der Klasse der wahrscheinlichkeitserzeugenden Funktionen, die im Punkt $s = 1$ eine endliche Ableitung haben, eine eindeutige Lösung.

Beweis. Aus Satz 4.3.3 und der sich anschließenden Bemerkung folgt, daß $\psi(t; s) = \varphi(F(t; s))$ der Gleichung

$$\frac{\partial\psi(t; s)}{\partial t} = f^k(s)\,\frac{\partial\psi(t; s)}{\partial s^k}, \qquad \psi(0; s) = \varphi(s) \tag{58}$$

genügt. Wenn wir in (57) statt $\varphi(s)$ die Funktion $\varphi(F(t; s))$ einsetzen und (58) benutzen, dann erhalten wir

$$\frac{\partial\varphi(F(t; s))}{\partial s} = -\,r\,\bigl(1 - \varphi(F(t; s))\bigr)\,,$$

woraus wir

$$\frac{\partial \ln\,[1 - \varphi(F(t; s))]}{\partial t} = -\,r \tag{59}$$

ableiten. Die Lösung von (59) ergibt

$$1 - \varphi(F(t, s)) = \mathrm{e}^{rt}\,\bigl(1 - \varphi(s)\bigr)\,. \tag{60}$$

Somit sind die Gleichungen (57) und (60) gleichbedeutend. Durch Anwendung von Satz 6 auf die Gleichung (60) erhalten wir die geforderte Aussage.

§ 3. Kritische Prozesse

Für die Untersuchung kritischer Prozesse benutzen wir folgende aus Satz 4.1.1 herrührende Darstellung der erzeugenden Funktionen:

$$1 - F^k(s) = R^k(s) = A^k_j(1 - s^j) - \frac{1}{2}\,\bigl(B^k_{ij} - E^k_{ij}(s)\bigr)\,(1 - s^i)\,(1 - s^j) \tag{1}$$

mit $0 \leqq E^k_{ij}(s) \leqq B^k_{ij}$ und $E^k_{ij}(s_2) \leqq E^k_{ij}(s_1)$ für $0 \leqq s_1 \leqq s_2 \leqq 1$ sowie $\lim\limits_{s\uparrow 1} E^k_{ij}(s) = 0$. Zuerst behandeln wir Prozesse mit diskreter Zeit. Wir setzen, ohne das jedes Mal gesondert hervorzuheben, voraus, daß die betrachteten kritischen Prozesse irreduzibel und aperiodisch sind. Aus der Definition kritischer Prozesse folgt, daß die Teilchentypen keine Finalklassen bilden.

Satz 1. *Für kritische irreduzible und aperiodische Verzweigungsprozesse mit diskreter Zeit und endlichen zweiten Momenten gilt für $t \to \infty$ gleichmäßig in s, $0 \leqq s \leqq 1$, $s \neq 1$*

$$R^k(t; s) = \frac{u^k v_l(1 - s^l)}{1 + \dfrac{Bt}{2}\,v_m(1 - s^m)}\,\bigl(1 + o(1)\bigr)\,, \tag{2}$$

wobei $B = v_k B^k_{lm} u^l u^m > 0$ ist.

Beweis. Wegen Satz 1.1 ist Formel (2) bewiesen, wenn wir zeigen, daß gleichmäßig in s, $0 \leqq s \leqq 1$, $s \neq 1$

$$\lim_{t\to\infty} \frac{1}{t}\left[\frac{1}{v_k R^k(t; s)} - \frac{1}{v_k(1 - s^k)}\right] = \frac{B}{2} \tag{3}$$

gilt. Multiplizieren wir (1) mit v_k und summieren über k, dann erhalten wir

$$v_k R^k(s) = v_k(1 - s^k) - \frac{1}{2} v_k\big(B_{ij}^k - E_{ij}^k(s)\big)\,(1 - s^i)\,(1 - s^j)\,. \tag{4}$$

Wir führen folgende Bezeichnungen ein:

$$\varrho_0(s) = v_k(1 - s^k)\,, \quad \varrho(s) = v_k R^k(s)\,, \quad \beta(s) = \frac{1}{2} v_k B_{ij}^k \frac{(1 - s^i)\,(1 - s^j)}{\varrho_0^2(s)}\,,$$

$$\varepsilon(s) = \frac{1}{2} v_k E_{ij}^k(s) \frac{(1 - s^i)\,(1 - s^j)}{\varrho_0^2(s)}\,, \qquad \delta(s) = \frac{1}{\varrho_0(s)} - \frac{1}{\varrho(s)} + \beta(s)\,.$$

Wenn wir (4) durch $\varrho_0(s) \cdot \varrho(s)$ dividieren, dann erhalten wir $\frac{1}{\varrho_0} = \frac{1}{\varrho} - \frac{\varrho_0}{\varrho}(\beta - \varepsilon)$ oder

$$\delta(s) = \frac{1}{\varrho_0} - \frac{1}{\varrho} + \beta = \beta - \frac{\varrho_0}{\varrho}(\beta - \varepsilon)\,. \tag{5}$$

Setzen wir jetzt in die rechte Seite von (5)

$$\varrho = \varrho_0 - \varrho_0^2(\beta - \varepsilon)\,,$$

ein, dann kommen wir zu dem Ausdruck

$$\delta(s) = \frac{\varepsilon(s) - \beta(s)\,\varrho_0(s)\,[\beta(s) - \varepsilon(s)]}{1 - \varrho_0(s)\,[\beta(s) - \varepsilon(s)]}\,, \qquad 0 \leqq s \leqq 1\,, \quad s \neq 1\,. \tag{6}$$

Unter Berücksichtigung der Ungleichung $\varepsilon(s) \leqq \beta(s)$ können wir $\delta(s)$ abschätzen durch

$$-\beta^2(s)\,\varrho_0(s) \leqq \varepsilon(s) - \beta(s)\,\varrho_0(s)\,[\beta(s) - \varepsilon(s)] \leqq \delta(s) \leqq \varepsilon(s)\,. \tag{7}$$

Setzen wir in $\delta(s)$ statt s die Funktion $F(k; s)$ ein und bilden davon das arithmetische Mittel, dann erhalten wir

$$\frac{1}{t}\sum_{k=0}^{t-1} \delta\big(F(k; s)\big) = \frac{1}{t}\left[\frac{1}{\varrho_0(s)} - \frac{1}{\varrho_0\big(F(t; s)\big)} + \sum_{k=0}^{t-1} \beta\big(F(k; s)\big)\right]. \tag{8}$$

Für $k \to \infty$, $F(k; s) \to 1$, $0 \leqq s \leqq 1$ folgt mit Satz 1.1, daß $R^i(k; s)/\varrho_0\big(F(k; s)\big) \to$ $\to u^i$ gleichmäßig in s, $0 \leqq s \leqq 1$, $s \neq 1$ gilt; deshalb gelten $\lim_{k\to\infty} \beta\big(F(k; s)\big) = \frac{B}{2}$ und $\lim_{k\to\infty} \varepsilon\big(F(k; s)\big) = 0$ ebenfalls gleichmäßig in s, $0 \leqq s \leqq 1$, $s \neq 1$. Wegen (7) gilt $\lim_{k\to\infty} \delta(F(k; s)) = 0$ gleichmäßig in s, $0 \leqq s \leqq 1$, $s \neq 1$. Deshalb folgt aus der Beziehung (8) die Relation (3). Der Satz ist damit bewiesen.

Satz 2. *Unter den Bedingungen des Satzes 1 ist das asymptotische Verhalten der Überlebenswahrscheinlichkeit $Q^i(t)$ für $t \to \infty$ durch die Formel*

$$Q^i(t) \sim \frac{2u^i}{Bt}, \qquad i = 1, \dots, n \tag{9}$$

bestimmt; die Überlebenswahrscheinlichkeit eines Prozesses, der mit $\mu(0) = \alpha$ beginnt, ist für $t \to \infty$ gleich

$$\mathsf{P}\{\mu(t) \neq 0 | \mu(0) = \alpha\} = \frac{2\alpha_i u^i}{Bt} \bigl(1 + o(1)\bigr) . \tag{10}$$

Beweis. Die Formel (9) erhalten wir aus (2) mit $s = 0$. Die Formel (10) ergibt sich aus (9) wie in Satz 2.2.

Satz 3. *Unter den Bedingungen des Satzes 1 konvergiert die bedingte Verteilung des zufälligen Vektors $\xi^k(t) = \bigl(\xi_1^k(t), \dots, \xi_n^k(t)\bigr)$, $k = 1, \dots, n$, mit den Komponenten*

$$\xi_j^k(t) = \frac{2\mu_j^k(t) v_j^{-1}}{Bt}, \qquad j = 1, \dots, n ,$$

und der Bedingung $\xi^k(t) \neq 0$ für $t \to \infty$ in Wahrscheinlichkeit gegen einen zufälligen Vektor $\xi = (\xi_1, \dots, \xi_n)$, der nicht von k abhängt. Dabei ist

$$\mathsf{P}\{\xi_1 \leqq x\} = 1 - \mathrm{e}^{-x} , \qquad x \geqq 0 , \tag{11}$$

und $\xi_1 = \xi_2 = \dots = \xi_n$ mit Wahrscheinlichkeit Eins.

Beweis. Die Laplace-Transformierte

$$\varphi_t^k(\tau) = \mathsf{M}\{\exp\{-\tau^l \xi_l^k(t)\} | \xi^k(t) > 0\} , \qquad \tau = (\tau^1, \dots, \tau^n) \geqq 0 ,$$

kann mit Hilfe von Formel 2.11 in der Form

$$\varphi_t^k(\tau) = 1 - \frac{R^k\bigl(t; s_\tau(t)\bigr)}{Q^k(t)} \tag{12}$$

dargestellt werden, wobei $s_\tau(t)$ ein Vektor mit den Komponenten $s_\tau^l(t) = \exp\left\{\frac{-2\langle \tau^l v_l^{-1}\rangle}{Bt}\right\}$ ist. Für $t \to \infty$ ist

$$v_l\bigl(1 - s_\tau^l(t)\bigr) = \frac{2}{Bt} \bar{\tau}\bigl(1 + o(1)\bigr) , \qquad \bar{\tau} = \tau^1 + \dots + \tau^n ,$$

aus (2) erhalten wir also

$$R^k\bigl(t; s_\tau(t)\bigr) = \frac{u^k \frac{2}{Bt} \bar{\tau}}{1 + \bar{\tau}\bigl(1 + o(1)\bigr)} \bigl(1 + o(1)\bigr) . \tag{13}$$

Jetzt setzen wir (13) und (9) in (12) ein und erhalten

$$\lim_{t \to \infty} \varphi_t^k(\tau) = \frac{1}{1 + \bar{\tau}} ,$$

woraus die Behauptung folgt.

Mit Hilfe der Methode eingebetteter Verzweigungsprozesse, wie sie in § 2 angewendet wurde, können wir die Sätze 2 und 3 leicht auf Prozesse mit stetiger Zeit übertragen.

Satz 4. *In einem irreduziblen kritischen Verzweigungsprozeß mit stetiger Zeit und endlichen b^i_{jk} ist die Überlebenswahrscheinlichkeit des Prozesses für $t \to \infty$ durch*

$$Q^i(t) = \frac{2u^i}{bt}\big(1 + o(1)\big)\,, \qquad i = 1, \ldots, n\,, \tag{14}$$

mit $b = v_i b^i_{jk} u^j u^k$ gegeben. Die Überlebenswahrscheinlichkeit eines Prozesses, der mit $\mu(0) = \alpha$ beginnt, ist für $t \to \infty$

$$\mathsf{P}\{\mu(t) \neq 0 | \mu(0) = \alpha\} = \frac{2\alpha_i u^i}{bt}\big(1 + o(1)\big)\,. \tag{15}$$

Beweis. Wie in § 2 betrachten wir die eingebetteten Prozesse $F_N(k; s) = F(k\Delta_N; s)$, $\Delta_N = 2^{-N}$. Es sei $k\Delta_N < t \leqq (k+1)\Delta_N$. Dann gilt

$$Q^i\big((k+1)\Delta_N\big) \leqq Q^i(t) \leqq Q^i(k\Delta_N)\,. \tag{16}$$

Wenden wir auf $Q(k\Delta_N)$ Formel (9) an, dann erhalten wir

$$Q(k\Delta_N) = \frac{2u^i}{kB(\Delta_N)}\big(1 + o(1)\big)\,, \qquad k \to \infty\,. \tag{17}$$

Aus (4.7.15) folgt $B(\Delta_N) = b\Delta_N\big(1 + o(1)\big)$, $N \to \infty$; daraus folgt mit Hilfe von (16) und (17) die Formel (14). Die Formel (15) leiten wir aus (14) wie in Satz 2.2 her.

Satz 5. *Unter den Bedingungen des Satzes 4 konvergiert die bedingte Verteilung des zufälligen Vektors $\xi^k(t) = \big(\xi^k_1(t), \ldots, \xi^k_n(t)\big)$, $k = 1, \ldots, n$, mit den Komponenten*

$$\xi^k_j(t) = \frac{2\mu^k_j(t) v_j^{-1}}{bt}\,, \qquad j = 1, \ldots, n\,,$$

unter der Bedingung $\xi^k(t) \neq 0$ für $t \to \infty$ in Wahrscheinlichkeit gegen einen zufälligen Vektor $\xi = (\xi_1, \ldots, \xi_n)$, der nicht von k abhängt. Dabei ist

$$\mathsf{P}\{\xi_1 \leqq x\} = 1 - \mathrm{e}^{-x}\,, \qquad x \geqq 0\,,$$

und $\xi_1 = \cdots = \xi_n$ mit Wahrscheinlichkeit Eins.

Beweis. Wir wenden uns wieder dem eingebetteten Prozeß $F_N(k; s)$ zu. Wir wählen N zunächst hinreichend groß und stellen $F(t; s)$ in der Form $F\big(k\Delta_N; F(\delta; s)\big)$ dar, wobei $t = k\Delta_N + \delta$, $0 \leqq \delta \leqq \Delta_N$ ist. Die Laplace-Transformierte der bedingten Verteilung $\xi^k(t)$ ist in der Form (12) darstellbar, jedoch müssen wir in $s_\tau(t)$ statt B die Größe b einsetzen. Den Quotienten in (12) stellen wir in der Form

$$\frac{R^i\big(t; s_\tau(t)\big)}{R^i(t; 0)} = \frac{R^i\big(k\Delta_N; F\big(\delta; s_\tau(t)\big)\big)}{R^i\big(k\Delta_N; F(\delta; 0)\big)} \tag{18}$$

dar. Wir führen in (18) den Grenzübergang $k \to \infty$ durch und benutzen dabei die asymptotische Formel (2). Wenn N so ausgewählt ist, daß Δ_N klein ist, dann kommt die LAPLACE-Transformierte für $t \to \infty$ dem Grenzwert $\frac{1}{1+\tau}$ beliebig nahe, was noch zu beweisen war.

Bemerkung 1. In Satz 3 hängt die Grenzverteilung genauso wie in Satz 5 nicht vom Typ des Anfangsteilchens ab. Es ist leicht zu zeigen, daß unter den gegebenen Voraussetzungen die Grenzverteilung auch für jeden festen Anfangsvektor $\mu(0) = \alpha \neq 0$ die gleiche bleibt. Der Beweis kann wie in Satz 2.3 geführt werden.

§ 4. Superkritische Prozesse

In den verschiedenen Modellen von superkritischen Prozessen mit endlichem zweiten Moment liegt für $t \to \infty$ eine Konvergenz im quadratischen Mittel der durch einen exponentiell wachsenden Koeffizienten normierten Teilchenanzahl gegen eine reele Zufallsgröße vor. Entsprechende Sätze für MARKOWsche Prozesse mit einem Teilchentyp haben wir in § 2.6 bewiesen. Hier begnügen wir uns mit dem Beweis eines Grenzwertsatzes für Prozesse mit stetiger Zeit.

Satz 1. *In einem superkritischen irreduziblen Verzweigungsprozeß mit stetiger Zeit und endlichem zweiten Moment konvergieren für $t \to \infty$ die Zufallsgrößen $\xi_j^m(t) = \mu_j^m(t) v_j^{-1} e^{-rt}$ für beliebiges m im quadratischen Mittel für alle $j = 1, \dots, n$ gegen ein und dieselbe Zufallsgröße.*

Beweis. Die Konvergenz von $\xi_j^m(t)$ im quadratischen Mittel folgt aus dem Kriterium von CAUCHY. In der Tat gilt für $t \to \infty$ gleichmäßig in $\tau \geqq 0$

$$\mathsf{M}\big(\xi_j^m(t) - \xi_j^m(t+\tau)\big)^2 \to 0\,,$$

da wegen Satz 4.7.8

$$\mathsf{M}[\xi_j^m(t)]^2 \to z_{jj}^m v_j^{-2}\,, \qquad \mathsf{M}\xi_j^m(t)\, \xi_j^m(t+\tau) \to z_{jj}^m v_j^{-2} \tag{1}$$

gilt, wobei die z_{jj}^m durch die Formel (4.7.31) definiert sind. Die Unabhängigkeit der Grenzzufallsgröße vom Index j (fast überall, d. h. bis auf Ereignisse mit der Wahrscheinlichkeit Null) folgt aus der Beziehung

$$\lim_{t\to\infty} \mathsf{M}\big(\xi_j^m(t) - \xi_k^m(t)\big)^2 = 0\,.$$

Diese folgt aus Satz 4.7.8, wonach die Konvergenzen

$$\mathsf{M}\xi_j^m(t)\, \xi_k^m(t) \to z_{jk}^m v_j^{-1} v_k^{-1}$$

und die Beziehungen (1) erfüllt sind, und aus (4.7.31), wonach die Koeffizienten $z_{jk}^m v_j^{-1} v_k^{-1}$ nicht von j und von k abhängen. Damit ist der Satz bewiesen.

Satz 2. *Unter den Bedingungen von Satz 1 hat die charakteristische Funktion* $\varphi^m(\tau^1, \ldots, \tau^n)$ *der Grenzverteilung von* $\xi_j^m(t)$, $j = 1, \ldots, n$, *die Form* $\varphi^m(\tau^1, \ldots, \tau^n) = \varphi^m(\bar{\tau})$ *wobei* $\bar{\tau} = \tau^1 + \cdots + \tau^n$ *ist und* $\varphi^m(\bar{\tau})$, $m = 1, \ldots, n$, *dem System von Differentialgleichungen*

$$\frac{d\varphi^m(\bar{\tau})}{d\bar{\tau}} = \frac{f^m(\varphi)}{r\bar{\tau}}, \qquad \varphi^m(0) = 1 \tag{2}$$

genügt.

Beweis. Aus Satz 1 folgt, daß die charakteristische Funktion $\mathsf{M} \exp\{i\xi_j^m(t)\tau^j\}$, die gleich $F(t; \exp\{i\langle\tau^1 v_1^{-1}\rangle e^{-rt}\}, \ldots, \exp\{i\langle\tau^n v_n^{-1}\rangle e^{-rt}\})$ ist, für $t \to \infty$ gegen die charakteristische Funktion $\varphi^m(\tau^1, \ldots, \tau^n)$ der Grenzverteilung konvergiert, die die Form $\varphi^m(\bar{\tau})$ mit $\bar{\tau} = \tau^1 + \cdots + \tau^n$ hat. In der Hauptfunktionalgleichung $F(t + T; s) = F(t; F(T; s))$ setzen wir

$$s^k = \exp\{i\langle\tau^k v_k^{-1}\rangle e^{-rT}\}, \qquad k = 1, \ldots, n,$$

und lassen T gegen Unendlich streben. Wir erhalten

$$\varphi(\bar{\tau}e^{rt}) = F(t; \varphi(\bar{\tau})) \tag{3}$$

mit $\varphi(\bar{\tau}) = (\varphi^1(\bar{\tau}), \ldots, \varphi^n(\bar{\tau}))$. Wenn wir (3) in der Form

$$\frac{\varphi(\bar{\tau}e^{rt}) - \varphi(\bar{\tau})}{e^{rt} - 1} \cdot \frac{e^{rt} - 1}{t} = \frac{F(t; \varphi(\bar{\tau})) - \varphi(\bar{\tau})}{t} \tag{4}$$

schreiben und in (4) den Grenzübergang $t \to 0$ vollziehen, gelangen wir zu (2). Der Satz ist damit bewiesen.

Analoge Resultate gelten auch für superkritische Verzweigungsprozesse mit diskreter Zeit.

KAPITEL VII

VERZWEIGUNGSPROZESSE MIT IMMIGRATION

§ 1. Beschreibung des Modells

Zu den Verzweigungsprozessen gehören auch Immigrationsprozesse, in denen neben der Vermehrung und Umwandlung der Teilchen noch Teilchen von außerhalb einwirken. Diese werden durch einen zufälligen Mechanismus gesteuert, der nicht von der Anzahl der existierenden Teilchen abhängt. Wir betrachten folgendes Modell eines Immigrationsprozesses. Es gebe nur Teilchen eines Typs. Jedes in einem gegebenen Zeitpunkt existierende Teilchen wandelt sich unabhängig von seiner Entstehung, seinem Alter und vom Schicksal der anderen Teilchen mit der Wahrscheinlichkeit $\delta_{k1} + p_k\Delta t + o(\Delta t)$ ($\delta_{ij} = 0$ für $i \neq j$, $\delta_{ii} = 1$) für $\Delta t \to 0$ in k Teilchen um. Außerdem entstehen unabhängig vom Vorhandensein anderer Teilchen im Intervall $\Delta t \to 0$ mit der Wahrscheinlichkeit $\delta_{k0} + q_k\Delta t + o(\Delta t)$ genau k Teilchen. Diese unterliegen im weiteren dem oben beschriebenen Verzweigungsmechanismus. Wir setzen voraus, daß die p_k, q_k folgenden Bedingungen genügen:

$$\begin{aligned} &p_1 < 0\,, \quad p_k \geqq 0\,, \quad k \neq 1\,, \quad \sum_{k=0}^{\infty} p_k = 0\,,\\ &q_0 < 0\,, \quad q_k \geqq 0\,, \quad k > 0\,, \quad \sum_{k=0}^{\infty} q_k = 0\,. \end{aligned} \tag{1}$$

Wir führen die erzeugenden Funktionen

$$f(s) = \sum_{k=0}^{\infty} p_k s^k\,, \quad g(s) = \sum_{k=0}^{\infty} q_k s^k\,, \quad F(t; s) = \sum_{k=0}^{\infty} P_k(t)\, s^k \tag{2}$$

ein, wobei $P_k(t)$ die Wahrscheinlichkeit dafür ist, daß die Teilchenanzahl $\mu(t)$ im Zeitpunkt t gleich k ist, wenn in $t = 0$ keine Teilchen vorhanden waren. Aus den Bedingungen (1) folgt $f(1) = g(1) = 0$. Unsere Aufgabe besteht darin, ausgehend von $f(s)$ und $g(s)$ die Verteilung der Zufallsgröße $\mu(t)$ sowie ihr asymptotisches Verhalten für $t \to \infty$ anzugeben.

Zuerst zeigen wir, daß das oben beschriebene Schema einen Sonderfall eines Verzweigungsprozesses mit zwei Teilchentypen darstellt. Dazu führen wir außer den schon angegebenen Teilchen, die wir als Teilchen vom Typ T_1 betrachten, noch einen fiktiven Teilchentyp T_0 ein. Wir geben nun die Umwandlungswahrscheinlichkeiten der Teilchen für $\Delta t \to 0$ folgendermaßen an:

$$\begin{aligned} &\mathsf{P}\{T_0 \to T_0\} = 1 + q_0\Delta t + o(\Delta t)\,,\\ &\mathsf{P}\{T_0 \to T_0 + kT_1\} = q_k\Delta t + o(\Delta t)\,, \qquad k \neq 0\,,\\ &\mathsf{P}\{T_1 \to T_1\} = 1 + p_1\Delta t + o(\Delta t)\,,\\ &\mathsf{P}\{T_1 \to kT_1\} = p_k\Delta t + o(\Delta t)\,, \qquad k \neq 1\,. \end{aligned}$$

Mit $P^i_{(\alpha_0,\alpha_1)}(t)$ bezeichnen wir die Wahrscheinlichkeit dafür, daß sich ein Teilchen vom Typ T_i in der Zeit t in α_0 Teilchen vom Typ T_0 und α_1 Teilchen vom Typ T_1 umwandelt. Es sei für $\Delta t \to 0$

$$P^i_{(\alpha_0,\alpha_1)}(\Delta t) = \delta^i_{(\alpha_0,\alpha_1)} + p^i_{(\alpha_0,\alpha_1)}\Delta t + o(\Delta t)\,,$$

wobei $\delta^0_{(1,0)} = 1$, $\delta^1_{(0,1)} = 1$ und alle restlichen $\delta^i_{(\alpha_0,\alpha_1)} = 0$ sind. Wir führen die erzeugenden Funktionen

$$F^i(t; s^0, s^1) = \sum_{\alpha_0,\alpha_1} P^i_{(\alpha_0,\alpha_1)}(t)\,(s^0)^{\alpha_0}\,(s^1)^{\alpha_1}\,,$$

$$f^i(s^0, s^1) = \sum_{\alpha_0,\alpha_1} p^i_{(\alpha_0,\alpha_1)}(s^0)^{\alpha_0}\,(s^1)^{\alpha_1} \tag{3}$$

ein. Es ist leicht zu sehen, daß die erzeugenden Funktionen (2) und (3) untereinander verknüpft sind durch

$$f^0(s^0, s^1) = s^0 g(s^1)\,, \qquad f^1(s^0, s^1) = f(s^1)\,, \tag{4}$$

$$F^0(t; s^0, s^1) = s^0 F(t; s^1)\,. \tag{5}$$

Somit kann man sich die Immigration so vorstellen, daß sie aus der Vermehrung eines fiktiven Teilchens T_0 herrührt, welches sich selbst beim Hervorbringen neuer Teilchen vom Typ T_1 nicht vermehrt und nicht stirbt. In dem konstruierten Verzweigungsprozeß stellen die Typen T_0 und T_1 je eine Klasse verbundener Typen dar, wobei $\{T_1\}$ eine abgeschlossene und $\{T_0\}$ eine nichtabgeschlossene finale Klasse ist.

Die erzeugenden Funktionen dieses Prozesses mit zwei Teilchentypen T_0, T_1 genügen dem System von Differentialgleichungen (siehe Satz 4.3.2)

$$\frac{\partial F^i}{\partial t} = f^i(F^0, F^1)\,, \qquad i = 0, 1\,, \tag{6}$$

mit den Anfangsbedingungen

$$F^i(0, s^0, s^1) = s^i\,, \qquad i = 0, 1\,, \tag{7}$$

oder den partiellen Differentialgleichungen

$$\frac{\partial F^i}{\partial t} = f^0(s^0, s^1)\frac{\partial F^i}{\partial s^0} + f^1(s^0, s^1)\frac{\partial F^i}{\partial s^1} \tag{8}$$

mit den gleichen Anfangsbedingungen. In unserem Fall können wir das System (6) in der Form

$$\frac{\mathrm{d}F^0}{\mathrm{d}t} = F^0 g(F^1)\,, \tag{9}$$

$$\frac{\mathrm{d}F^1}{\mathrm{d}t} = f(F^1) \tag{10}$$

schreiben. Die entsprechenden partiellen Differentialgleichungen (8) haben die Gestalt

$$\frac{\partial F^i}{\partial t} = s^0 g(s^1)\frac{\partial F^i}{\partial s^0} + f(s^1)\frac{\partial F^i}{\partial s^1}. \tag{11}$$

Aus (5) und (11) erhalten wir für $F(t; s)$ die Gleichung

$$\frac{\partial F}{\partial t} = g(s)\, F + f(s) \frac{\partial F}{\partial s}, \tag{12}$$

die mit der Anfangsbedingung

$$F(0; s) = 1 \tag{13}$$

gelöst wird. Andererseits können wir einen handlichen Ausdruck für $F(t; s)$ mit Hilfe des Gleichungssystems (9), (10) erhalten. Die Gleichung (10) mit der Anfangsbedingung (7) lösen wir gesondert. Ihre Lösung bezeichnen wir mit $\Phi(t; s)$ (wenn wir $s^1 = s$ setzen). Dann erhalten wir aus (9), (7) und (5)

$$F(t; s) = \exp\left\{\int_0^t g\big(\Phi(u; s)\big)\, du\right\}. \tag{14}$$

Diese Formel drückt die erzeugende Funktion $F(t; s)$ des Immigrationsprozesses durch die erzeugende Funktion $\Phi(t; s)$ eines Verzweigungsprozesses ohne Immigration aus.

§ 2. Momente

Die Ableitungen der erzeugenden Funktionen $f(s)$ und $g(s)$ im Punkt $s = 1$ bezeichnen wir mit

$$f'(1) = a_1, \quad f''(1) = b_1, \quad g'(1) = a_2, \quad g''(1) = b_2. \tag{1}$$

Durch diese Parameter drücken wir die ersten und zweiten Momente von $\mu(t)$ aus.

Aus § 4.6 folgt, daß für endliche a_i, b_i, $i = 1, 2$ auch $\mathsf{M}\mu(t)$ und $\mathsf{D}\mu(t)$ endlich sind. Aus der Gleichung (1.14) erhalten wir durch Differentiation den Erwartungswert und die Varianz von $\mu(t)$. Für $a_1 \neq 0$ ist

$$\mathsf{M}\mu(t) = \left.\frac{\partial \ln F(t; s)}{\partial s}\right|_{s=1} = \frac{a_2}{a_1}(e^{a_1 t} - 1), \tag{2}$$

$$\mathsf{D}\mu(t) = \left[\frac{\partial^2 \ln F(t; s)}{\partial s^2} + \frac{\partial \ln F(t; s)}{\partial s}\right]\bigg|_{s=1} =$$

$$= \frac{b_2 a_1 + a_2 b_1}{2a_1^2}(e^{2a_1 t} - 1) - \frac{a_2}{a_1}\left(\frac{b_1}{a_1} - 1\right)(e^{a_1 t} - 1); \tag{3}$$

für $a_1 = 0$

$$\mathsf{M}\mu(t) = a_2 t, \qquad \mathsf{D}\mu(t) = (b_2 + a_2)\, t + \frac{a_2 b_1}{2} t^2. \tag{4}$$

Aus (2) und (3) ist ersichtlich, daß für $a_1 < 0$ die Grenzwerte

$$\lim_{t\to\infty} \mathsf{M}\mu(t) = -\frac{a_2}{a_1}, \qquad \lim_{t\to\infty} \mathsf{D}\mu(t) = -\frac{a_2}{a_1} + \frac{a_2 b_1 - b_2 a_1}{2a_1^2} \tag{5}$$

existieren, für $a_1 > 0$ jedoch wachsen $\mathsf{M}\mu(t)$ und $\mathsf{D}\mu(t)$ asymptotisch expotentiell an

$$\mathsf{M}\mu(t) \sim \frac{a_2}{a_1} e^{a_1 t}, \qquad \mathsf{D}\mu(t) \sim \frac{b_2 a_1 + a_2 b_1}{2a_1^2} e^{2a_1 t}. \tag{6}$$

In den Formeln (6) und weiter unten werden wir immer $a_2 > 0$ voraussetzen. Der Fall $a_2 = 0$ entspricht einem Verzweigungsprozeß ohne Immigration, da dann $g(s) \equiv 0$ ist. Für $\mathsf{D}\mu(t)$ in der Formel (6) ist $b_2 a_1 + a_2 b_1 > 0$, da nach Voraussetzung $a_2 > 0$ und $a_1 > 0$ gilt und mit $a_1 > 0$ notwendig auch $b_1 > 0$ ist. Im Falle $a_1 = 0$ wächst $\mathsf{M}\mu(t)$ linear und $\sqrt{\mathsf{D}\mu(t)}$ asymptotisch linear.

Wir berechnen jetzt noch die Kovarianz zwischen $\mu(t)$ und $\mu(t + h)$. Dazu benutzen wir die erzeugende Funktion

$$F(t, t + h; s_1, s_2) = \sum_{k,l} \mathsf{P}\{\mu(t) = k, \mu(t + h) = l\}\, s_1^k s_2^l .$$

Unter Benutzung der Definition eines Immigrationsprozesses und der Formel (1.14) erhalten wir die Gleichung

$$\log F(t, t + h; s_1, s_2) = \int_0^t g(\Phi(u; s_1\Phi(h; s_2)))\, du + \int_0^h g(\Phi(u; s_2))\, du . \tag{7}$$

Aus der Gleichung

$$\operatorname{Cov}(\mu(t), \mu(t + h)) = \left.\frac{\partial^2 \log F(t, t + h; s_1, s_2)}{\partial s_1 \partial s_2}\right|_{s_1 = s_2 = 1}$$

und der Beziehung (7) für $a_1 \neq 0$ folgt

$$\operatorname{Cov}\{\mu(t), \mu(t + h)\} = \frac{b_2}{2a_1} e^{a_1 h} (e^{2a_1 t} - 1) + \frac{b_1 a_2}{2a_1^2} e^{a_1 h} \times$$
$$\times (e^{2a_1 t} - 1) - \frac{b_1 a_2}{a_1^2} (e^{a_1 t} - 1) e^{a_1 h} + \frac{a_2}{a_1} e^{a_1 h} (e^{a_1 t} - 1) . \tag{8}$$

Für $a_1 = 0$ gilt

$$\operatorname{Cov}\{\mu(t), \mu(t + h)\} = (a_2 + b_2) t + \frac{a_2 b_1}{2} t^2 .$$

Aus $a_1 = 0$ folgt $\operatorname{Cov}\{\mu(t), \mu(t + h)\} = \mathsf{D}\mu(t)$, darum sind die Zufallsgrößen $\mu(t)$ und $\mu(t + h) - \mu(t)$ unkorreliert.

Analog zur allgemeinen Klassifikation der Verzweigungsprozesse nennen wir einen Immigrationsprozeß subkritisch, wenn $a_1 < 0$, kritisch, wenn $a_1 = 0, b_1 > 0$ und superkritisch, wenn $a_1 > 0$ ist. Der Fall $a_1 = 0$, $b_1 = 0$ ist trivial, da dann aus (1.14) leicht $F(t; s) = e^{tg(s)}$ folgt.

Im weiteren beweisen wir drei Grenzwertsätze, die sich auf subkritische, kritische und superkritische Prozesse beziehen.

§ 3. Subkritische Prozesse

Satz 1. *Ist $a_1 < 0$ und $a_2 < \infty$, dann existieren die Grenzwerte $\lim_{t\to\infty} P_k(t) = P_k$. Die erzeugende Funktion $F(s) = \sum_{k=0}^{\infty} P_k s^k$ ist gleich*

$$F(s) = \exp\left\{\int_s^1 \frac{g(x)}{f(x)}\,dx\right\}. \tag{1}$$

Beweis. Wir zeigen, daß für $a_1 < 0$, $a_2 < \infty$ der Grenzwert

$$\lim_{t\to\infty} F(t; s) = \exp \int_0^{\infty} g(\Phi(u; s))\,du \tag{2}$$

existiert, wobei die Konvergenz gegen den Grenzwert (2) gleichmäßig in s, $|s| \leqq 1$ ist. Dazu zeigen wir, daß das uneigentliche Integral

$$\int_0^{\infty} g(\Phi(u; s))\,du \tag{3}$$

gleichmäßig in s, $|s| \leqq 1$ konvergiert. Da für $|s| \leqq 1$ die Ungleichungen

$$|g(s)| \leqq a_2|s-1|\,, \qquad |\Phi(u; s) - 1| \leqq e^{a_1 u}|s-1|$$

gelten, ist

$$|g(\Phi(u; s))| \leqq a_2 e^{a_1 u}|s-1| \tag{4}$$

Folglich konvergiert das Integral (3) gleichmäßig in s in dem Kreis $|s| \leqq 1$. Damit existiert die Grenzverteilung mit der erzeugenden Funktion

$$F(s) = \sum_{k=0}^{\infty} P_k s^k = \exp \int_0^{\infty} g(\Phi(u; s))\,du\,.$$

Um den Beweis zu vollenden, beweisen wir die Identität

$$\int_0^{\infty} g(\Phi(u; s))\,du = \int_s^1 \frac{g(x)}{f(x)}\,dx\,.$$

Dazu differenzieren wir das uneigentliche Integral (3) nach dem Parameter s

$$\frac{d}{ds}\int_0^{\infty} g(\Phi(u; s))\,du = \int_0^{\infty} \frac{dg(\Phi(u; s))}{d\Phi}\cdot\frac{\partial\Phi(u; s)}{\partial s}\,du = \int_0^{\infty} \frac{dg(\Phi)}{d\Phi}\cdot\frac{\partial\Phi}{\partial u}\,\frac{du}{f(s)} =$$

$$= \frac{1}{f(s)}\int_0^{\infty} \frac{\partial g(\Phi(u; s))}{\partial u}\,du = \frac{g(\Phi(\infty; s)) - g(\Phi(0; s))}{f(s)} = -\frac{g(s)}{f(s)}.$$

Hierbei haben wir benutzt, daß $\Phi(u; s)$ der Gleichung

$$\frac{\partial\Phi(u; s)}{\partial u} = f(s)\,\frac{\partial\Phi(u; s)}{\partial s}$$

mit der Anfangsbedingung $\Phi(0; s) = s$ genügt. Außerdem sehen wir aus (4), daß

$$\lim_{t\to\infty} g(\Phi(t; s)) = 0$$

gleichmäßig in $|s| \leqq 1$ ist; die Konvergenz $\lim_{t\to\infty} \frac{g(\Phi(t; s))}{f(s)} = 0$ ist ebenfalls gleichmäßig in $|s| \leqq 1$ für $s \neq 1$. Damit ist die Differentiation nach dem Parameter des Integrals (3) gerechtfertigt.

Wir halten noch fest, daß die Grenzverteilung (1) stationär ist, d. h., die erzeugende Funktion (1) genügt der Gleichung (1.12), wenn wir in ihr $\frac{\partial F}{\partial t} = 0$ setzen.

§ 4. Kritische Prozesse

Satz 1. *Ist $a_1 = 0$, $0 < b_1 < \infty$ und $0 < a_2 < \infty$, dann folgt für $t \to \infty$*

$$S_t(x) = \mathsf{P}\left\{\frac{2\mu(t)}{b_1 t} \leqq x\right\} \to S(x) =$$

$$= \begin{cases} 0, & x < 0, \\ \dfrac{1}{\Gamma\left(\dfrac{2a_1}{b_2}\right)} \displaystyle\int_0^x y^{2a_2/b_1 - 1} \, e^{-y} \, dy, & x \geqq 0. \end{cases} \tag{1}$$

Beweis. Wir zeigen, daß die charakteristische Funktion

$$F\left(t; \exp\left\{\frac{2i\tau}{b_1 t}\right\}\right)$$

der Zufallsgröße $2\mu(t)/b_1 t$ für $t \to \infty$ als Grenzwert die charakteristische Funktion einer Verteilung $S(x)$ hat, die gleich $(1 - i\tau)^{-2a_2/b_1}$ ist.

Beim Beweis des Satzes 2.5.1 erhielten wir die Formel (2.5.6), mit der für $a_1 = 0$ und endliches $b_1 > 0$ die asymptotische Formel

$$1 - \Phi(t, s) = \frac{1 - s}{\dfrac{b_1 t}{2}(1 - s) + 1} (1 + \alpha(t; s)) \tag{2}$$

gilt, wobei $\alpha(t; s)$ für $t \to \infty$ gleichmäßig in $|s| \leqq 1$ gegen Null strebt. Wir zeigen

$$\lim_{t\to\infty} \int_0^t g(\Phi(u; \exp\{2i\tau/b_1 t\})) \, du = -\frac{2a_2}{b_1} \ln(1 - i\tau). \tag{3}$$

Dazu spalten wir das Integral $\int_0^t g(\Phi(u; \exp\{2i\tau/b_1t\}))\, du$ in 4 Summanden auf (unten setzen wir überall $s = e^{2i\tau/b_1t}$ und $t > T$):

$$\int_0^t g(\Phi(u; s))\, du = \int_0^T g(\Phi(u; s))\, du - a_2 \int_T^t \frac{1-s}{1+\frac{b_1u}{2}(1-s)}\, du -$$
$$- a_2 \int_T^t \left[1 - \Phi(u; s) - \frac{1-s}{1+\frac{b_1u}{2}(1-s)}\right] du +$$
$$+ \int_T^t [g(\Phi(u; s)) - a_2(\Phi(u; s) - 1)]\, du = J_1 + J_2 + J_3 + J_4 . \tag{4}$$

Für jedes endliche $T > 0$ und $t \to \infty$ ist

$$J_2 = -\frac{2a_2}{b_1}\left[\log\left(1 + \frac{b_1t}{2}(1 - e^{2i\tau/b_1t})\right) - \log\left(1 + \frac{b_1T}{2}(1 - e^{2i\tau/b_1t})\right)\right] \to$$
$$\to -\frac{2a_2}{b_1}\log(1 - i\tau) . \tag{5}$$

Aus (3.4) folgt für beliebige $T > 0$ und $t \to \infty$

$$|J_1| = \left|\int_0^T g(\Phi)\, du\right| \leqq \int_0^T a_2 |e^{2i\tau/b_1t} - 1|\, du \leqq \frac{2a_2|\tau|\, T}{b_1t} \to 0 . \tag{6}$$

Weiterhin gilt

$$|J_3| \leqq a_2 \int_T^t \left|\frac{1}{(1 - e^{2i\tau/b_1t})^{-1} + b_1u/2}\right| \cdot |\alpha(u; e^{2i\tau/b_1t})|\, du \leqq$$
$$\leqq \int_T^t |1 - e^{2i\tau/b_1t}| \cdot |\alpha(u; e^{2i\tau/b_1t})|\, du \leqq \frac{2|\tau|}{b_1t}(t - T) \max_{T \leqq u \leqq t} |\alpha(u; e^{2i\tau/b_1t})| \to 0 \tag{7}$$

für $t \geqq T \to \infty$. Hierbei benutzen wir die Tatsache, daß für reelle φ $\operatorname{Re}(1 - e^{i\varphi})^{-1} \geqq \geqq 0$ und $|1 - e^{i\varphi}| \leqq |\varphi|$ ist.

Abschließend stellen wir $g(s)$ für $|s| \leqq 1$ in der Form

$$g(s) = a_2(s - 1) + \varepsilon(s)(s - 1)$$

dar, wobei $\varepsilon(s) \to 0$ für $s \to 1$. Hieraus folgt

$$|J_4| \leqq \int_T^t |\varepsilon(\Phi)| \cdot |\Phi - 1|\, du \leqq |e^{2i\tau/b_1t} - 1| \int_T^t |\varepsilon(\Phi)|\, du \leqq$$
$$\leqq \frac{2|\tau|}{b_1t}(t - T) \sup_{\substack{T \leqq u \leqq 1 \\ |s| \leqq 1}} |\varepsilon(\Phi(u; s))| \to 0 \tag{8}$$

für $t \geqq T \to \infty$.

Die Gleichung (3) erhalten wir aus (4)—(8). Zuerst wählen wir T so, daß J^3 und J_4 hinreichend klein sind. Halten wir dieses T fest und führen den Grenzübergang $t \to \infty$ aus, dann sehen wir, daß die Differenz zwischen der linken und der rechten Seite von (3) beliebig verkleinert werden kann.

§ 5. Superkritische Prozesse

Wir betrachten jetzt den superkritischen Fall und führen dazu die Bezeichnung $\xi_t = \mu(t)\,\mathrm{e}^{-a_1 t}$ ein.

Satz 1. *Wenn $a_1 > 0$ ist und b_1, a_2, b_2 endlich sind, dann konvergiert die Zufallsgröße ξ_t für $t \to \infty$ im quadratischen Mittel gegen eine Zufallsgröße ξ.*

Beweis. Wir zeigen, daß gleichmäßig in h, $h \geqq 0$, die Konvergenzaussage

$$\mathsf{M}[\xi_{t+h} - \xi_t]^2 \to 0 \tag{1}$$

erfüllt ist. Da

$$\begin{aligned}\mathsf{M}[\xi_{t+h} - \xi_t]^2 = {} & \mathrm{e}^{-2a_1(t+h)}\,\mathsf{D}\mu(t+h) + \mathrm{e}^{-2a_1 t}\,\mathsf{D}\mu(t) - \\ & - 2\mathrm{e}^{-a_1(2t+h)}\,\mathrm{Cov}\,(\mu(t), \mu(t+h)) + \\ & + [\mathsf{M}\mu(t+h)\,\mathrm{e}^{-a_1(t+h)} - \mathsf{M}\mu(t)\,\mathrm{e}^{-a_1 t}]^2\end{aligned}$$

gilt, folgt (1) aus den Formeln (2.2) und (2.8), denn für $t \to \infty$ finden wir

$$\mathsf{M}\mu(t+h)\,\mathrm{e}^{-a_1(t+h)} - \mathsf{M}\mu(t)\,\mathrm{e}^{-a_1 t} = \frac{a_2}{a_1}\mathrm{e}^{-a_1 t}\,(1 - \mathrm{e}^{-a_1 h}) \to 0\,,$$

$$\mathrm{e}^{-2a_1 t}\,\mathsf{D}\mu(t) \to \frac{b_2 a_1 + a_2 b_1}{2a_1^2}\,,$$

$$\mathrm{e}^{-a_1(2t+h)}\,\mathrm{Cov}\,(\mu(t), \mu(t+h)) \to \frac{b_2 a_1 + a_2 b_1}{2a_1^2}\,. \tag{2}$$

Da das Cauchy-Kriterium (1) erfüllt ist, existiert eine Zufallsgröße ξ mit $\mathsf{M}[\xi_t - \xi]^2 \to 0$.

Folgerung 1. *Die Verteilungsfunktion $S(x) = \mathsf{P}\{\xi \leqq x\}$ ist der Grenzwert von $S_t(x) = \mathsf{P}\{\xi_t \leqq x\}$ für $t \to \infty$.*

Satz 2. *Die charakteristische Funktion $\psi(\tau)$ der Grenzverteilung $S(x)$ ist gleich*

$$\psi(\tau) = \exp\left\{\frac{1}{a_1}\int_0^\tau \frac{g(\varphi(z))}{z}\,\mathrm{d}z\right\}, \tag{3}$$

wobei $\varphi(z)$ durch die Beziehung (2.6.16) gegeben ist.

Beweis. Aus der Folgerung 1 schließen wir, daß die charakteristische Funktion $F(t; \exp\{i\tau\mathrm{e}^{-a_1 t}\})$ der Zufallsgröße $\mu(t)\,\mathrm{e}^{-a_1 t}$ für $t \to \infty$ gegen eine charakteristische Funktion $\psi(\tau)$ konvergiert. Wir zeigen, daß $\psi(\tau)$ durch die Formel (3) bestimmt ist. Dazu setzen wir in der Funktionalgleichung

$$F^0(t+T; s^0, s^1) = F^0\big(t; F^0(T; s^0, s^1), F^1(T; s^0, s^1)\big) \tag{4}$$

der erzeugenden Funktionen (1.3) $s^0 = 1$, $s^1 = \exp\{i\tau e^{-a_1(t+T)}\}$. Wenn wir unsere Bezeichnungen

$$F^0(t; 1, s) = F(t; s), \quad F^0(t, s^0, s^1) = s^0, F(t, s^1) \quad \text{und} \quad F^1(t; s^0, s) = \Phi(t; s)$$

benutzen, erhalten wir hieraus

$$F(t+T; \exp\{i\tau e^{-a_1(t+T)}\}) = F(T; \exp\{i\tau e^{-a_1(t+T)}\})\, F\big(t; \Phi(T; \exp\{i\tau e^{-a_1(t+T)}\})\big). \tag{5}$$

Führen wir in (5) den Grenzübergang $T \to \infty$ durch, so ergibt sich

$$\psi(\tau) = \psi(\tau e^{-a_1 t})\, F\big(t; \varphi(\tau e^{-a_1 t})\big), \tag{6}$$

wobei $\varphi(z)$ die in (2.6.16) definierte Funktion ist. Für $t \to 0$ folgt aus (6)

$$\psi(\tau) = \psi(\tau e^{-a_1 t})\,\big(1 + t \cdot g(\varphi(\tau e^{-a_1 t})) + o(t)\big) \tag{7}$$

(da wegen (1.4) und Satz 1.4.4 für $t \to 0$ die Beziehung $F(t; s) = 1 + t \cdot g(s) + o(t)$ gilt). Aus (7) erhalten wir

$$\frac{\psi(\tau) - \psi(\tau e^{-a_1 t})}{\tau(1 - e^{-a_1 t})} = \frac{\psi(\tau e^{-a_1 t})\, t}{\tau(1 - e^{-a_1 t})}\, g(\varphi(\tau e^{-a_1 t})) + o(1). \tag{8}$$

Gehen wir in (8) zum Grenzwert für $t \to 0$ über, so kommen wir zu der Differentialgleichung

$$\frac{d\psi(\tau)}{d\tau} = \frac{\psi(\tau)}{a_1 \tau}\, g(\varphi(\tau)), \tag{9}$$

deren Lösung für die Anfangsbedingung $\psi(0) = 1$ auf die Formel (3) führt. Der Satz ist damit bewiesen.

Wenn für $t = 0$ eine Anfangsverteilung der Teilchenanzahl mit der erzeugenden Funktion $F_0(s)$ gegeben ist, dann geht die Gleichung (1.14), die $F(t; s)$ bestimmt, in

$$F(t; s) = F_0\big(\Phi(t; s)\big) \exp \int_0^t g\big(\Phi(u; s)\big)\, du$$

über.

Dabei bleiben die Grenzwertsätze für subkritische und kritische Prozesse unverändert. In superkritischen Prozessen dagegen hat die charakteristische Funktion der Grenzverteilung folgendes Aussehen:

$$\psi(\tau) = F_0\big(\varphi(\tau)\big) \exp \frac{1}{a_1} \int_0^\tau \frac{g(\varphi(z))}{z}\, dz .$$

KAPITEL VIII

VERZWEIGUNGSPROZESSE, DIE VOM ALTER DER TEILCHEN ABHÄNGEN

§ 1. Beschreibung der Modelle

Wir haben es mit drei Modellen von Verzweigungsprozessen zu tun, in denen die Umwandlungen der Teilchen vom Alter abhängen. Im allgemeinsten Modell, das wir in Zukunft *Modell 1* nennen, sind Teilchen von n verschiedenen Typen $T_1, T_2, \ldots, T_n$ vorhanden. Jedes Teilchen vom Typ T_i hat eine zufällige Lebensdauer τ^i mit der Verteilungsfunktion

$$\mathsf{P}\{\tau^i \leqq t\} = G^i(t)\,, \qquad G^i(-0) = 0\,, \qquad G^i(+0) < 1\,. \tag{1}$$

Jedes Teilchen wandelt sich im Augenblick des Sterbens in eine Menge (die auch leer sein kann) von Teilchen der Typen $T_1, \ldots, T_n$ um, die alle das Alter Null haben. Die bedingte Wahrscheinlichkeit der Umwandlung eines Teilchens des Typs T_i (unter der Bedingung, daß eine Umwandlung überhaupt erfolgte und das Teilchen zum Zeitpunkt der Umwandlung das Alter u hatte) in eine Gesamtheit von α_j Teilchen des Typs T_j, $j = 1, \ldots, n$, bezeichnen wir mit $p^i_\alpha(u)$ mit $\alpha = (\alpha_1, \ldots, \alpha_n) \in N^n$. Jedes der neugebildeten Teilchen entwickelt sich in analoger Weise. Der Einfachheit halber werden wir die Realisierung der Lebenszeit und des Umfanges der direkten Nachkommenschaft eines Teilchens als *Evolution* des gegebenen Teilchens bezeichnen. Die Evolution eines gegebenen Teilchens vom Typ T_i ist durch die gemeinsame Verteilung der Lebenszeit τ^i und der Vektorgröße $\nu^i = (\nu^i_1, \ldots, \nu^i_n)$, die die Zusammensetzung der Nachkommenschaft charakterisiert, bestimmt. Diese Verteilung drücken wir mittels der oben eingeführten Größen $G^i(t)$ und $p^i_\alpha(t)$ folgendermaßen aus:

$$\mathsf{P}\{\tau^i \in B, \nu^i = \alpha\} = \int_B p^i_\alpha(u)\, \mathrm{d}G^i(u)\,, \tag{2}$$

wobei $\alpha \in N^n$ und B eine Borel-Menge auf der Geraden ist. Wir können in natürlicher Weise die Generationen der Teilchen definieren. Das erste Teilchen vom Typ T_i, mit dem der Prozeß beginnt, bildet die nullte Generation. Wir setzen voraus, daß im Zeitpunkt $t = 0$ dieses Teilchen das Alter Null hat. Am Ende seines Lebens bildet dieses Teilchen neue Teilchen, die die erste Generation bilden. Die unmittelbaren Nachkommen der ersten Generation bilden die zweite Generation usw. Wenn irgendeine Generation leer ist, dann sind auch alle folgenden Generationen leer, d. h. der Prozeß ist ausgestorben. Die grundlegende Voraussetzung, die Verzweigungsprozesse dieses Modells charakterisiert, besteht in der Unabhängigkeit der Evolutionen verschiedener Teilchen. Genauer, wir setzen voraus, daß die Evolutionen der Teilchen einer beliebigen festen Generation untereinander unabhängig sind und die bedingte Verteilung der

Evolution aller Teilchen einer gegebenen Generation bei gegebener Evolution aller Teilchen der vorausgegangenen Generationen nur von der gegebenen Generation abhängt. Wenn die Zusammensetzung der gegebenen Generation durch den Vektor $\beta = (\beta_1, \ldots, \beta_n)$ gegeben ist, dann ist die Verteilung der Evolutionen aller Teilchen dieser Generation durch die Gesamtheit β_i unabhängiger Verteilungen $\mathsf{P}\{\tau^i \in B, \nu^i = \alpha\}$ bestimmt, die durch (2) gegeben sind.

Zur mathematischen Beschreibung dieser Prozesse könnten wir den Raum der Elementarereignisse betrachten, der aus den Stammbäumen der Teilchen besteht, die die Evolution aller Teilchen im Prozeß angeben. Wir werden das hier nicht durchführen und beschränken uns nur auf die oben angegebene anschauliche Einführung des Prozesses.

Wir führen die erzeugenden Funktionen

$$h^i(u; s) = \sum_\alpha p^i_\alpha(u)\, s^\alpha \tag{3}$$

ein.

Der Vektor

$$\mu^i(t) = \left(\mu^i_1(t), \ldots, \mu^i_n(t)\right)$$

bedeutet, daß im Zeitpunkt t genau $\mu^i_j(t)$ Teilchen vom Typ T_j existieren, wenn im Zeitpunkt $t = 0$ genau ein Teilchen vom Typ T_i vorhanden war. Wir setzen voraus, daß der zufällige Vektor $\mu^i(t)$ mit Wahrscheinlichkeit Eins von rechts stetig ist und führen die erzeugenden Funktionen

$$F^i(t; s) = \sum_\alpha \mathsf{P}\{\mu^i(t) = \alpha\}\, s^\alpha\,, \qquad i = 1, \ldots, n\,, \tag{4}$$

ein. Manchmal schreiben wir diese erzeugenden Funktionen in der vektoriellen Schreibweise

$$F(t; s) = \left(F^1(t; s), \ldots, F^n(t; s)\right),$$
$$h(u; s) = \left(h^1(u; s), \ldots, h^n(u; s)\right).$$

Im weiteren Verlauf setzen wir voraus, daß die Wahrscheinlichkeiten $p^i_\alpha(u)$ meßbar bezüglich u sind und der Bedingung $\sum_{\alpha \in N^n} p^i_\alpha(u) = 1$ genügen. Deshalb ist auch die Funktion $h^i(u; s)$ in u meßbar und stellt eine mehrdimensionale wahrscheinlichkeitserzeugende Funktion von $s = (s^1, \ldots, s^n)$ dar.

Die erzeugenden Funktionen $F(t; s)$ genügen nichtlinearen Integralgleichungen, die wir jetzt herleiten. Wir vereinbaren, daß in allen weiter unten vorkommenden Integralen $\int_0^t$ die Punkte 0 und t zum Integrationsbereich gehören, während in den Integralen $\int_{t_0}^t$ für $t_0 > 0$ zwar der Punkt t, nicht aber der Punkt t_0, zum Integrationsbereich gehört.

Satz 1. *Die erzeugenden Funktionen $F^i(t; s)$ des Modells 1 genügen für $|s| \leqq 1$ und $t \geqq 0$ folgendem System nichtlinearer Integralgleichungen:*

$$F^i(t; s) = \int_0^t h^i(u; F(t-u; s))\, \mathrm{d}G^i(u) + s^i(1 - G^i(t))\,, \tag{5}$$
$$i = 1, \ldots, n\,.$$

Beweis. Zum Beweis von (5) berechnen wir in $F^i(t; s) = \mathsf{M} s^{\mu^i(t)}$ zuerst den bedingten Erwartungswert $\mathsf{M}\{s^{\mu^i(t)}|\tau, \nu\}$, wobei (τ, ν) die Evolution des Anfangsteilchens darstellt, deren Verteilung durch die Formel (2) gegeben ist. Ist $t < \tau$, so folgt $\mu_j^i(t) = \delta_j^i$ für $j = 1, \ldots, n$; für $\tau \leqq t$ ist $\mu^i(t) = \sum_{k=1}^{n} \sum_{l=1}^{\nu_k} \mu^{k,l}(t - \tau)$ wobei die $\mu^{k,l}(t - \tau)$, $l = 1, \ldots, \nu_k$, $k = 1, \ldots, n$, in ihrer Gesamtheit unabhängige zufällige Vektoren sind. Die Verteilung des Vektors $\mu^{k,l}(t - \tau)$ fällt für jedes $l = 1, \ldots, \nu_k$ mit der Verteilung des Vektors $\mu^k(t - \tau)$ zusammen. Deshalb gilt

$$\mathsf{M}\{s^{\mu^i(t)}|\tau > t\} = s^i , \qquad \mathsf{M}\{s^{\mu^i(t)}|\nu, \tau \leqq t\} = F^\nu(t - \tau; s) . \tag{6}$$

Mitteln wir den bedingten Erwartungswert (6) über die Verteilung von (τ, ν), so erhalten wir (5).

Wir schließen den Fall $G^i(0) > 0$ nicht aus, ein Teilchen kann also die Lebensdauer Null haben, d. h. unmittelbar nach der Geburt sterben und Nachkommen erzeugen. Somit können die Funktionen $F^i(t; s)$ für $t = 0$ eine Unstetigkeit bezüglich t haben. Den linksseitigen Grenzwert setzen wir gleich

$$\lim_{t \uparrow 0} F(t; s) = s . \tag{7}$$

Die rechtsseitigen Grenzwerte $\lim_{t \downarrow 0} F^i(t; s)$ in Null, die wegen der Stetigkeit des Prozesses von rechts gleich $F^i(0, s)$ sind, bestimmen wir aus den Gleichungen (5) im Punkt $t = 0$:

$$F^i(0; s) = h^i(0; F(0; s))\, G^i(0) + s^i(1 - G^i(0)) , \qquad i = 1, \ldots, n , \tag{8}$$

sie haben für $G^i(0) > 0$ und $h^i(0; s) \not\equiv s^i$ eine Lösung $F^i(0; s) \not\equiv s^i$. Damit bedeutet die Voraussetzung, daß der Prozeß mit einem Teilchen vom Typ T_i beginnt, daß $\lim_{t \uparrow 0} \mu_j^i(t) = \delta_j^i$ für $j = 1, \ldots, n$ ist. Dieses folgt aus der Gleichung (7). Der Zufallsvektor $\lim_{t \downarrow 0} \mu^i(t)$ besitzt die erzeugende Funktion $F^i(0; s)$, die Lösung der Gleichung (8) ist. Für $G^i(0) = 0$ ist $F^i(0; s) = s^i$.

Wir bemerken noch, daß die Wahrscheinlichkeiten $p_\alpha^i(u)$ nur fast überall bezüglich des Maßes, das durch die Verteilungsfunktion $G^i(t)$ definiert wird, bestimmt sein müssen. Beliebige Veränderungen von $p_\alpha^i(u)$ in Punkten u einer Menge von G^i-Maß Null verändern nicht den Charakter des Prozesses.

Als *Modell 2* bezeichnen wir den Spezialfall des Modells 1, für den $n = 1$ ist, d. h. in dem nur ein Teilchentyp vorhanden ist. In diesem Fall schreiben wir statt $p_\alpha^i(u)$, $h^i(u; s)$, $F^i(t; s)$, $\mu_j^i(t)$, $G^i(t)$ einfach $p_n(u)$, $h(u; s)$, $F(t; s)$, $\mu(t)$, $G(t)$. Die Gleichung (5) geht hierbei über in

$$F(t; s) = \int_0^t h(u; F(t - u; s))\, \mathrm{d}G(u) + s(1 - G(t)) . \tag{9}$$

Eine weitere Vereinfachung des Modells (*Modell 3*) erhalten wir, wenn wir voraussetzen, daß die Wahrscheinlichkeiten $p_n(u)$ nicht von u abhängen. Dann bezeichnen wir $p_n(u)$ und $h(u; s)$ mit p_n und $h(s) = \sum_{n=0}^{\infty} p_n s^n$. Für die Gleichung (9) erhalten wir

$$F(t; s) = \int_0^t h(F(t-u; s))\, dG(u) + s(1 - G(t)) . \tag{10}$$

§ 2. Hinreichende Bedingungen für die Existenz und Eindeutigkeit der Lösung im Modell 1

In diesem Paragraphen behandeln wir die Frage, wann eine Lösung der Gleichung (1.5) und ihrer Spezialfälle (1.9) und (1.10) existiert und geben einige hinreichende Bedingungen für die Eindeutigkeit dieser Lösung an. Um diese Resultate formulieren und beweisen zu können, benötigen wir einige Bezeichnungen und Definitionen.

Wir setzen

$$a_j^i(u) = h_j^i(u; 1) = \left.\frac{\partial h^i(u; s)}{\partial s^j}\right|_{s=1}, \qquad A_j^i = \int_0^\infty a_j^i(u)\, dG^i(u) . \tag{1}$$

Hierbei bedeutet A_j^i den Erwartungswert der Anzahl der Teilchen vom Typ T_j, die in der nächsten Generation aus einem Teilchen vom Typ T_i entstehen, $a_j^i(u)$ ist der gleiche Erwartungswert unter der Bedingung, da sich das Teilchen T_i im Alter u verwandelt.

Mit S_T, $0 < T < \infty$, bezeichnen wir den vollständigen metrischen Raum der Vektorfunktionen $g(t; s) = (g^1(t; s), \ldots, g^n(t; s))$, $s = (s^1, \ldots, s^n)$ mit den Komponenten $g^i(t; s)$, die in $0 \leqq t \leqq T$, $|s| \leqq 1$ definiert sind, meßbar von t abhängen und bezüglich s mehrdimensionale wahrscheinlichkeitserzeugende Funktionen darstellen. Den Abstand ϱ_T zwischen g und g^* aus S_T definieren wir durch

$$\varrho_T(g, g^*) = \sum_{i=1}^{n} \sup_{\substack{0 \leqq t \leqq T \\ |s| \leqq 1}} |g^i(t; s) - g^{*i}(t; s)| . \tag{2}$$

Satz 1. *Sei $G^i(0) = 0$, $i = 1, \ldots, n$, und $A_j^i < \infty$, $i, j = 1, \ldots, n$. Dann besitzt das System der Integralgleichungen* (1.5) *in $|s| \leqq 1$ eine eindeutige Lösung $F(t; s)$, die für jedes $T > 0$ für $0 \leqq t \leqq T$ in S_T liegt.*

Beweis. Wir betrachten den Operator $\tilde{g} = H_T g$, der die Funktion

$$g = (g^1(t; s), \ldots, g^n(t; s)) \in S_T$$

in

$$\tilde{g} = (\tilde{g}^1(t; s), \ldots, \tilde{g}^n(t; s))$$

mit

$$\tilde{g}^i(t; s) = \int_0^t h^i(u; g(t-u; s))\, dG^i(u) + s^i(1 - G^i(t)) \tag{3}$$

überführt. Wir sehen leicht, daß der Operator H_T für jedes $T > 0$ eine Abbildung von S_T in sich definiert. Wir zeigen, daß für ein gewisses $t_0 > 0$ der Operator H_{t_0} eine kontrahierende Abbildung von S_{t_0} in sich selbst festlegt. Für jedes $|s| \leqq 1$, $|s^*| \leqq 1$ gilt die Ungleichung (siehe Satz 4.1.2)

$$|h^i(u; s) - h^i(u; s^*)| \leqq \sum_{j=1}^{n} a^i_j(u) \, |s^j - s^{*j}| \,. \tag{4}$$

Aus (3) und (4) folgt

$$|\tilde{g}^i(t; s) - \tilde{g}^{*i}(t; s)| = \left| \int_0^t [h^i(u; g(t-u; s)) - h^i(u, g^*(t-u; s))] \, dG^i(u) \right| \leqq$$
$$\leqq \sum_{j=1}^{n} \int_0^t a^i_j(u) \, |g^j(t-u; s) - g^{*j}(t-u; s)| \, dG^i(u) \,.$$

Wenn wir die Abstandsdefinition (2) benutzen, erhalten wir hieraus

$$\varrho_t(\tilde{g}, \tilde{g}^*) \leqq \sum_{i=1}^{n} \sum_{j=1}^{n} \int_0^t a^i_j(u) \, dG^i(u) \cdot \varrho_t(g, g^*) \,.$$

Da die A^i_j endlich und die $G^i(t)$ im Punkt Null stetig sind, existiert ein $t_0 > 0$ so, daß

$$\sum_{i,j=1}^{n} \int_0^{t_0} a^i_j(u) \, dG^i(u) = \lambda < 1 \,.$$

ist. H_{t_0} ist also eine kontrahierende Abbildung von S_{t_0} in sich. Folglich existiert in S_{t_0} ein eindeutig bestimmter Fixpunkt des Operators H_{t_0}, der für $0 \leqq t \leqq t_0$ eine Lösung von (1.5) ist. Wir betrachten jetzt den Unterraum $S^*_{2t_0}$ des Raumes S_{2t_0}, der aus den Vektorfunktionen aus S_{2t_0} besteht, die auf dem Intervall $[0, t_0]$ mit dem Fixpunkt des Operators H_{t_0} zusammenfallen. Da $g(u; s) \equiv g^*(u; s)$ für $0 \leqq u \leqq t_0$ und für beliebige $g, g^* \in S^*_{2t_0}$ ist, gilt für alle $t_0 \leqq u \leqq 2t_0$

$$|\tilde{g}^i(t; s) - \tilde{g}^{*i}(t; s)| = \left| \int_0^{t-t_0} [h^i(u; g(t-u; s)) - h^i(u; g^*(t-u; s))] \, dG^i(u) \right|,$$

woraus folgt, daß für beliebige $g, g^* \in S^*_{2t_0}$ ebenfalls

$$\varrho_{2t_0}(H_{2t_0} g, H_{2t_0} g^*) \leqq \lambda \varrho_{2t_0}(g, g^*) \,,$$

erfüllt ist, d. h. H_{2t_0} eine kontrahierende Abbildung von $S^*_{2t_0}$ in sich darstellt. Folglich existiert auch in $S^*_{2t_0}$ ein eindeutiger Fixpunkt. Wir nehmen an, es sei schon bewiesen, daß der Operator H_{Nt_0} im Raum S_{Nt_0} einen eindeutigen Fixpunkt besitzt. Wir betrachten den Unterraum $S^*_{(N+1)t_0}$ des Raumes $S_{(N+1)t_0}$, der aus den Vektorfunktionen aus $S_{(N+1)t_0}$ besteht, die im Intervall $[0, Nt_0]$ mit dem Fixpunkt des Operators H_{Nt_0} zusammenfallen. Wenn wir die gleichen Schlüsse wie für $N = 1$ anwenden, dann erhalten wir für beliebige $g, g^* \in S^*_{(N+1)t_0}$ die Ungleichung

$$\varrho_{(N+1)t_0}(H_{(N+1)t_0} g, H_{(N+1)t_0} g^*) \leqq \lambda \varrho_{(N+1)t_0}(g, g^*) \,,$$

d. h., $H_{(N+1)t_0}$ ist eine kontrahierende Abbildung von $S^*_{(N+1)t_0}$ in sich und in $S_{(N+1)t_0}$ existiert ein eindeutiger Fixpunkt des Operators $H_{(N+1)t_0}$. Die Behauptung des Satzes folgt nun durch vollständige Induktion.

§ 3. Aussterbewahrscheinlichkeiten

Wenn wir in den erzeugenden Funktionen (1.4) $s = 0$ setzen, erhalten wir die Wahrscheinlichkeiten $P^i(t) = F^i(t; 0)$ dafür, daß im Zeitpunkt t kein einziges Teilchen vorhanden ist. Diese Wahrscheinlichkeiten verkleinern sich mit wachsendem t nicht. Die Grenzwerte

$$P^i = \lim_{t\to\infty} P^i(t)\,, \qquad P = (P^1, \ldots, P^n) \tag{1}$$

sind gleich den *Aussterbewahrscheinlichkeiten* des Prozesses. Wie auch früher nennen wir den Prozeß *aussterbend*, wenn alle $P^i = 1$ sind; ist mindestens eine Wahrscheinlichkeit $P^i < 1$, dann heißt der Prozeß *nichtaussterbend*.

In diesem Paragraphen setzen wir die Gültigkeit der Bedingungen des Satzes 2.1 voraus, so daß die Gleichung (1.5) stets eine eindeutige Lösung $F(t; s)$ besitzt.

Wir führen die Bezeichnung

$$h^i(s) = \int_0^\infty h^i(u; s)\,\mathrm{d}G^i(u); \; h(s) = \big(h^1(s), \ldots, h^n(s)\big) \tag{2}$$

ein. Da die A^i_j endlich sind (Bezeichnungen siehe (2.1)) können wir die Gleichung (2) unter dem Integral für $|s| \leqq 1$ differenzieren. Wir erhalten

$$\left.\frac{\partial h^i}{\partial s^j}\right|_{s=1} = A^i_j = \int_0^\infty a^i_j(u)\,\mathrm{d}G^i(u)\,.$$

Satz 1. *Die Aussterbewahrscheinlichkeiten* (1) *genügen dem Gleichungssystem*

$$s = h(s) \tag{3}$$

und sind gleich den Koordinaten der im Würfel $0 \leqq s \leqq 1$ *dem Ursprung nächsten Wurzeln des Systems* (3).

Beweis. Wir setzen in (1.5) $s = 0$ und erhalten

$$P^i(t) = \int_0^t h^i\big(u; P(t-u)\big)\,\mathrm{d}G^i(u) \tag{4}$$

mit

$$P(t) = \big(P^1(t), \ldots, P^n(t)\big)\,. \tag{5}$$

Für $t \to \infty$ erhalten wir aus (4) $P = h(P)$. In der Tat fallen die Wahrscheinlichkeiten $P^i(t)$ in t nicht. Deshalb ist $P^i(t) \leqq P^i$, und aus der offensichtlichen Ungleichung

$$P^i(t) \leqq \int_0^t h^i(u; P)\,\mathrm{d}G^i(u) \leqq \int_0^\infty h^i(u; P)\,\mathrm{d}G^i(u) = h^i(P)$$

folgt $P^i \leqq h^i(P)$. Die umgekehrte Ungleichung $P^i \geqq h^i(P)$ erhalten wir, wenn wir in

$$P^i \geqq P^i(t) \geqq \int_0^T h^i(u; P(t-u))\, dG^i(u)\,,$$

wo $t > T$ ist, rechts nacheinander die Grenzübergänge $t \to \infty$ und $T \to \infty$ durchführen. Die Wahrscheinlichkeiten $P^i(t)$ können wir als Grenzwerte $\lim\limits_{N\to\infty} P^i_N(t) = P^i(t)$ der Folge $P_N(t) = (P^1_N(t), \dots, P^n_N(t))$ erhalten, die durch die Rekurrenzbeziehungen

$$P^i_{N+1}(t) = \int_0^t h^i(u; P_N(t-u))\, dG^i(u)\,, \qquad P_0(t) = 0 \tag{6}$$

definiert sind. Durch Induktion zeigen wir leicht

$$P^i_N(t) \leqq P^i_{N+1}(t)\,, \qquad P^i_N(t_1) \leqq P^i_N(t_2)\,,\, t_1 \leqq t_2\,.$$

Wir setzen

$$P^i_N = \lim_{t\to\infty} P^i_N(t)\,, \qquad P_N = (P^1_N, \dots, P^n_N)\,.$$

Die Aussterbewahrscheinlichkeiten P^i fallen dann mit den Grenzwerten $\lim\limits_{N\to\infty} P^i_N$ zusammen. Wenn wir genauso vorgehen wie oben, können wir in (6) für $t \to \infty$ zum Grenzwert übergehen und erhalten dann

$$P_{N+1} = h(P_N)\,, \qquad P_0 = 0\,. \tag{7}$$

Um den Beweis des Satzes abzuschließen, müssen wir Satz 5.1.4 benutzen, da die durch (7) definierte Folge P_N mit den Aussterbewahrscheinlichkeiten in N Schritten in einem Verzweigungsprozeß mit diskreter Zeit und der erzeugende Funktion $h(s)$ zusammenfällt.

Die angegebene Reduktion auf (7) gestattet uns mit Hilfe von Satz 5.1.5 die Formulierung von

Satz 2. *Ein Verzweigungsprozeß ist genau dann aussterbend, wenn*

(1) *die* PERRONsche *Wurzel R der Matrix $||A^i_j||$ nicht größer als* 1 *ist,*

(2) *das System der Typen $T_1, \dots, T_n$ keine finalen Klassen enthält.*

Die Resultate aus Kap. V, die sich auf finale Wahrscheinlichkeiten beziehen, können wir offensichtlich auch auf die in diesem Kapitel behandelten Prozesse übertragen.

Ebenso wie im Kapitel IV können wir in dem hier betrachteten Fall eine Klassifikation der Teilchentypen vornehmen. Der Wert der PERRONschen Wurzel R der Matrix $A = ||A^i_j||$ bestimmt, ob der Prozeß kritisch ist oder nicht. Wir nennen ihn *subkritisch* oder *superkritisch*, je nach dem ob $R < 1$ oder $R > 1$ ist. Er heißt *kritisch*, wenn zu dem aus den nichtfinalen Teilchen gebildeten Unterprozeß die PERRONsche Wurzel Eins gehört.

§ 4. Existenz und Eindeutigkeit der Lösung im Modell 3

Wir zeigen hier, daß im Modell 3 die Gleichung (1.10) ohne zusätzliche Voraussetzungen (außer $G(+0) < 1$) immer eine Lösung $F(t; s)$ besitzt, die in s eine positive erzeugende Funktion ist, im allgemeinen jedoch keine wahrscheinlichkeitserzeugende Funktion sein muß, da wir nur auf die Ungleichung

$$F(t; 1) = \lim_{s \uparrow 1} F(t; s) \leqq 1$$

schließen können.

Zuerst untersuchen wir die Gleichung

$$z(t) = \int_0^t h(z(t-u))\, dG(u)\,, \tag{1}$$

die wir aus (1.10) erhalten, wenn wir $s = 0$ setzen.

Wir betrachten nur solche meßbaren Lösungen $z(t)$ dieser Gleichung, die den Ungleichungen

$$0 \leqq z(t) \leqq 1 \tag{2}$$

genügen. Weiterhin setzen wir $G(0) < 1$ und $h(s) \not\equiv 1$ voraus.

Es sei q die kleinste nichtnegative Wurzel der Gleichung $h(s) = s$. Wie wir in Lemma 2.1.1 festgestellt haben, gelten die Ungleichungen

$$s < h(s) \qquad \text{für alle} \qquad 0 \leqq s < q\,, \tag{3}$$

$$s > h(s) \qquad \text{für alle} \qquad q < s < 1\,. \tag{4}$$

Lemma 1. *Jede der betrachteten Lösungen $z(t)$ der Gleichung* (1) *genügt für alle t, $0 \leqq t < \infty$, der Ungleichung*

$$z(t) < q\,, \tag{5}$$

falls $q > 0$ ist, und der Identität $z(t) \equiv 0$, falls $q = 0$ ist.

Beweis. Es sei $q > 0$ und $T > 0$ derart, daß $G(T) < 1$ ist. Wir benutzen die Bezeichnung

$$v_1 = \sup_{0 \leqq t \leqq T} z(t)\,.$$

Aus der Gleichung (1) erhalten wir für jedes $0 \leqq t \leqq T$

$$z(t) \leqq h(v_1)\, G(T)\,. \tag{6}$$

Nun läßt sich eine Folge $\{t_n\}$, $0 \leqq t_n \leqq T$, angeben, für die $z(t_n) \to v_1$ gilt. Deshalb folgt aus (6)

$$v_1 \leqq h(v_1)\, G(T) < h(v_1)\,. \tag{7}$$

Aus (7) und (3) folgt $v_1 < q$, d. h., es gilt (5). Somit ist die Aussage für $G(T) < 1$ für alle $T > 0$ bewiesen. Ist das nicht der Fall, dann wählen wir wiederum ein T mit $G(T) < 1$ und setzen $T_n = nT$ und

$$v = \sup_{0 \leqq t \leqq nT} z(t)\,.$$

Wir wissen, daß $v_1 < q$ ist. Mittels Induktion zeigen wir $v_n < q$ für alle $n \geqq 1$. Es sei $v_{n-1} < q$ und $T_{k-1} \leqq t \leqq T_k$, $1 \leqq k \leqq n$. Aus der Gleichung

$$z(t) = \int_0^t h(z(t-u))\, \mathrm{d}G(u) = \int_0^{t-T_{k-1}} h(z(t-u))\, \mathrm{d}G(u) + \int_{t-T_{k-1}}^t h(z(t-u))\, \mathrm{d}G(u)$$

folgt die Ungleichung

$$z(t) \leqq h(v_k)\, G(t - T_{k-1}) + h(v_{k-1}) \left(1 - G(t - T_{k-1})\right).$$

Wegen $v_k \geqq v_{k-1}$ und $t \in [T_{k-1}, T_k]$ folgt

$$z(t) \leqq h(v_k)\, G(T) + h(v_{k-1}) \left(1 - G(T)\right). \tag{8}$$

Aus den Ungleichungen $v_k \leqq v_n$, $v_{k-1} \leqq v_{n-1}$ schließen wir auf $h(v_k) \leqq h(v_n)$, $h(v_{k-1}) \leqq h(v_n)$ und erhalten aus (8)

$$z(t) \leqq h(v_n)\, G(T) + h(v_{n-1}) \left(1 - G(T)\right). \tag{9}$$

Offensichtlich gilt (9) für alle $0 \leqq t < T_n$. Daher können wir links zur oberen Grenze übergehen und gelangen zu

$$v_n \leqq h(v_n)\, G(T) + h(v_{n-1}) \left(1 - G(T)\right). \tag{10}$$

Nach Induktionsvoraussetzung ist $v_{n-1} < q$ und deshalb auch $h(v_{n-1}) < q$. Wegen (10) folgt daraus

$$v_n < h(v_n)\, G(T) + q\left(1 - G(T)\right). \tag{11}$$

Wir nehmen an, es sei $v_n \geqq q$. Dann ist $h(v_n) \leqq v_n$ und (11) geht in

$$v_n < v_n G(T) + q\left(1 - G(T)\right)$$

über, woraus wir einen Widerspruch erhalten. Folglich ist $v_n < q$. Der Fall $q = 0$ läßt sich leichter abhandeln, da die Voraussetzung $v_1 > 0$ bereits im Widerspruch zu (7) steht. Das Lemma ist bewiesen.

Lemma 2. *Die Gleichung* (1) *besitzt eine eindeutige Lösung* $z(t)$, *die der Bedingung* $0 \leqq z(t) \leqq 1$ *genügt.*

Beweis. Wir setzen $z_0(t) = 0$,

$$z_{n+1}(t) = \int_0^t h(z_n(t-u))\, \mathrm{d}G(u)\,, \qquad n = 0, 1, \ldots. \tag{12}$$

Wir sehen, daß $z_n(t) \leqq z_{n+1}(t)$ ist. Deshalb existiert

$$z(t) = \lim_{n \to \infty} z_n(t)\,. \tag{13}$$

Der Übergang zum Grenzwert für $n \to \infty$ in (12) läßt erkennen, daß die Grenzfunktion $z(t)$ der Gleichung (1) genügt. Wir zeigen, daß diese Lösung die einzige ist. Es seien $z(t)$ und $z^*(t)$ zwei Lösungen von (1). Nach Lemma 1 gilt für jedes $T > 0$, $0 \leqq t \leqq T$, für ein geeignetes q_T

$$z(t) \leqq q_T < q \qquad \text{und} \qquad z^*(t) \leqq q_T < q\,.$$

Wenn wir $z(t)$ und $z^*(t)$ in (1) einsetzen und die erhaltenen Gleichungen voneinander subtrahieren, erhalten wir

$$z(t) - z^*(t) = \int_0^t [h(z(t-u)) - h(z^*(t-u))]\, dG(u) . \tag{14}$$

Für $0 \leqq x_1 \leqq q_T$, $0 \leqq x_2 < q_T$ ist $|h(x_1) - h(x_2)| \leqq h'(q_T)\, |x_1 - x_2|$. Diese Ungleichung benutzen wir auf der rechten Seite von (14) und erhalten

$$|z(t) - z^*(t)| \leqq h'(q_T)\, \varrho_T(z, z^*) \tag{15}$$

mit $\varrho_T(z, z^*) = \sup\limits_{0 \leqq u \leqq T} |z(u) - z^*(u)|$ und $t \leqq T$. Aus (15) folgt

$$\varrho_T(z, z^*) \leqq h'(q_T)\, \varrho_T(z, z^*) .$$

Da aber $h'(q_T) < 1$ ist, ergibt sich hieraus $\varrho_T(z, z^*) = 0$, d. h. $z(t) \equiv z^*(t)$, da $T > 0$ beliebig ist.

Lemma 3. *Die Lösung $z(t)$ der Gleichung* (1) *ist nichtfallend in t.*

Beweis. Die Lösung $z(t)$ sei durch den Grenzwert (13) der Folge (12) bestimmt. Mittels Induktion zeigen wir leicht, daß die Folgeglieder $z_n(t)$ in t nichtfallend sind. Dann ist aber auch die Grenzfunktion (13) nichtfallend.

Jetzt wenden wir uns der Gleichung

$$F(t; s) = \int_0^t h(F(t-u; s))\, dG(u) + s(1 - G(t)) \tag{16}$$

zu. Wir konstruieren zwei Folgen von Funktionen

$$F_0(t; s) = 0 ,$$
$$F_{n+1}(t; s) = \int_0^t h(F_n(t-u; s))\, dG(u) + s(1 - G(t)) \tag{17}$$

und

$$F_0^*(t; s) = 1 ,$$
$$F_{n+1}^*(t; s) = \int_0^t h(F_n^*(t-u; s))\, dG(u) + s(1 - G(t)) . \tag{18}$$

Wir sehen, daß für $0 \leqq s \leqq 1$

$$0 \leqq F_n(t; s) \leqq F_{n+1}(t; s) \leqq F_{n+1}^*(t; s) \leqq F_n^*(t; s) \leqq 1$$

gilt. Hieraus folgt die Existenz der Grenzwerte

$$F(t; s) = \lim_{n\to\infty} F_n(t; s),\ F^*(t; s) = \lim_{n\to\infty} F_n^*(t; s) ,$$

wobei

$$0 \leqq F(t; s) \leqq F^*(t; s) \leqq 1 \tag{19}$$

ist. Außerdem folgt aus den Definitionen (17) und (18), daß die Funktionen $F_n(t; s)$ und $F_n^*(t; s)$ für jedes n in s für $|s| < 1$ analytisch sind und im Punkt $s = 0$ in eine Reihe mit nichtnegativen Koeffizienten entwickelt werden können. Somit besitzen auch die Funktionen $F(t; s)$ und $F^*(t; s)$ diese Eigenschaft. Lassen wir in den Rekurrenzbeziehungen (17) und (18) n gegen Unendlich streben, dann erkennen wir, daß die Funktionen $F(t; s)$ und $F^*(t; s)$ der Gleichung (16) genügen. Die Gleichung (1) stellt einen Sonderfall der Gleichung (16) dar, nämlich für $s = 0$. Deshalb folgt aus Lemma 2 $F(t; 0) \equiv F^*(t; 0) = z(t)$, wobei $z(t)$ Lösung der Gleichung (1) ist. Da $F^*(t; s)$ in s, $0 \leqq s \leqq 1$, konvex ist, folgt

$$F^*(t; s) \leqq F^*(t; 0) + s[F^*(t; 1) - F^*(t; 0)] = z(t) + s\bigl(1 - z(t)\bigr) . \quad (20)$$

Satz 1. *Für* $0 \leqq s \leqq 1$ *existiert eine eindeutige Lösung* $F(t; s)$ *der Gleichung* (16), *die für* $0 \leqq s < 1$ *den Ungleichungen*

$$0 \leqq F(t; s) \leqq 1 \quad (21)$$

genügt.

Beweis. Jede beliebige Lösung $\tilde{F}(t; s)$, die der Bedingung (21) genügt, liegt zwischen den oben definierten $F(t; s)$ und $F^*(t; s)$, d. h., es gilt

$$F(t; s) \leqq \tilde{F}(t; s) \leqq F^*(t; s) . \quad (22)$$

Wir zeigen, daß für $0 \leqq s < 1$ die Identität $F(t; s) \equiv F^*(t; s)$ gilt. Vorerst setzen wir $q < 1$ voraus. Dann ist $h'(q) < 1$. Aus (20) folgt

$$F^*(t; s) < q + s . \quad (23)$$

Es sei $0 \leqq \varepsilon \leqq 1 - q$ so gewählt, daß $h'(q + \varepsilon) < 1$ gilt. Dann erhalten wir aus (23) für $0 \leqq s \leqq \varepsilon$

$$F^*(t; s) \leqq F^*(t; \varepsilon) < q + \varepsilon .$$

Weiterhin ist für $0 \leqq s \leqq \varepsilon$

$$0 \leqq F^*(t; s) - F(t; s) = \int_0^t [h(F^*(t-u; s)) - h(F(t-u; s))]\, dG(u) \leqq$$

$$\leqq h'(q + \varepsilon) \int_0^t [F^*(t-u; s) - F(t-u; s)]\, dG(u) . \quad (24)$$

Wir setzen

$$M(s, T) = \sup_{0 \leq t \leq T} [F^*(t; s) - F(t; s)] .$$

Dann folgt aus (24)

$$M(s, T) \leqq h'(q + \varepsilon)\, M(s, T) ,$$

woraus sich $M(s, T) = 0$ für alle T ergibt. Da die Funktionen $F(t; s)$ und $F^*(t; s)$ in $|s| < 1$ analytisch sind, fallen sie dort auch zusammen.

Für $q = 1$ existieren wegen (20) für jedes $T > 0$ Zahlen $0 < \varepsilon < 1$ und $\delta > 0$, so daß für alle $0 \leqq s \leqq \varepsilon$ und $0 \leqq t \leqq T$

$$F^*(t; s) \leqq z(T) + \varepsilon\bigl(1 - z(T)\bigr) = 1 - \delta$$

ist. Wir können nun wie oben fortfahren, nur müssen wir $h'(q + \varepsilon)$ durch $h'(1 - \delta) < 1$ ersetzen. Der Satz ist damit bewiesen.

Die erhaltene Lösung $F(t; s)$ ist eine positive erzeugende Funktion in s, für die nur

$$\lim_{s \uparrow 1} F(t; s) \leqq 1 \tag{25}$$

gilt. Im folgenden Paragraphen suchen wir Bedingungen, unter denen in (25) das Gleichheitszeichen gilt.

§ 5. Regularitätsbedingungen

Wir betrachten hier nur das Modell 3. Wie wir im § 4 festgestellt haben, besitzt die Integralgleichung (4.16) für $|s| < 1$ eine eindeutige Lösung $F(t; s)$, die bezüglich s eine positive erzeugende Funktion darstellt, welche im Bereich $|s| < 1$ analytisch und auf dem Rand $|s| = 1$ stetig ist. Diese Lösung können wir als Grenzwert der Folge $F_n(t; s)$ erhalten, die durch die Rekurrenzbeziehungen (4.17) definiert war. Allgemein können wir nur behaupten, daß

$$\lim_{s \uparrow 1} F(t; s) \leqq 1 \tag{1}$$

erfüllt. Wir werden jetzt eine Reihe hinreichend allgemeiner Bedingungen ableiten, unter denen in (1) die Gleichheit gilt.

Definition 1. Ein Verzweigungsprozeß, der durch die Verteilungsfunktion $G(t)$ und durch die erzeugende Funktion $h(s)$ gegeben ist, nennen wir (G, h)-*Prozeß*.

Definition 2. Einen (G,h)-Prozeß nennen wir *regulär* (*nicht regulär*), wenn $\lim_{s \uparrow 1} F(t; s) \equiv 1$, $t \geqq 0$ $\left(\lim_{s \uparrow 1} F(t; s) < 1,\ t > 0\right)$ ist, wobei $F(t; s)$ Lösung der Gleichung (4.16) ist.

Da $F(t; 1) = \lim_{s \uparrow 1} F(t; s) = \sum_{n=0}^{\infty} \mathsf{P}\{\mu(t) = n\}$ ist, bedeutet die Regularität eines Prozesses, daß $\mathsf{P}\{\mu(t) < \infty\} = 1$ ist, während der Prozeß nichtregulär ist, wenn $\mathsf{P}\{\mu(t) < \infty\} < 1$ ist. Die Frage der Regularität eines Verzweigungsprozesses läßt sich auf die Untersuchung der Eindeutigkeit der Lösung der Gleichung

$$\varphi(t) = \int_0^t h(\varphi(t-u))\, dG(u) + 1 - G(t) \tag{2}$$

zurückführen.

Satz 1. *Ein (G,h)-Prozeß ist genau dann regulär, wenn die Gleichung* (2) *in der Klasse der meßbaren Funktionen $\varphi(t)$ mit $0 \leqq \varphi(t) \leqq 1$ eine eindeutige Lösung besitzt.*

Beweis. Es sei $0 \leqq \varphi(t) \leqq 1$ und $\varphi(t)$ genüge der Gleichung (2). Wir sehen leicht, daß für beliebige $0 \leqq s \leqq 1$ die durch (4.17) bestimmte Folge $F_n(t; s)$ der Ungleichung $F_n(t; s) \leqq \varphi(t)$ genügt. Folglich gilt $\lim_{n \to \infty} F_n(t; s) = F(t; s) \leqq \varphi(t)$

und $\lim_{s \uparrow 1} F(t; s) = F(t; 1) \leqq \varphi(t)$. Außerdem genügt dieser Grenzwert $F(t; 1)$ der Gleichung (2). Die Gleichung (2) besitzt immer die Lösung $\varphi(t) \equiv 1$. Falls diese Lösung in der betrachteten Funktionenklasse eindeutig bestimmt ist, ist $\lim_{s \uparrow 1} F(t; s) \equiv 1$, d. h. der Prozeß ist regulär. Wenn jedoch eine Lösung $\varphi(t)$ existiert, die für ein $t > 0$ kleiner als Eins ist, dann ist der Prozeß nicht regulär, da aus dem oben gesagten sofort $\lim_{s \uparrow 1} F(t; s) \leqq \varphi(t) < 1$ folgt.

Definition 3. Eine Lösung $\varphi(t)$ der Gleichung (2) heißt *minimal*, wenn sie sich als Grenzwert $\lim_{n \to \infty} \varphi_n(t) = \varphi(t)$ der Funktionen $\varphi_n(t)$ ergibt, die durch die Gleichungen

$$\varphi_0(t) = 0\,,$$

$$\varphi_{n+1}(t) = \int_0^t h(\varphi_n(t-u))\, dG(u) + 1 - G(t) \tag{3}$$

bestimmt sind. Die Folge $\varphi_n(t)$ nennen wir ebenfalls *minimal*.

Lemma 1. *Die minimale Lösung $\varphi(t)$ ist in t nichtwachsend und genügt der Ungleichung $0 \leqq \varphi(t) \leqq \bar{\varphi}(t)$, wobei $\bar{\varphi}(t)$ eine beliebige nichtnegative Lösung der Gleichung* (2) *ist.*

Beweis. Die Glieder der minimalen Folge $\varphi_n(t)$ sind für jedes n in t nichtwachsend. In der Tat ist $\varphi_0(t) \equiv 0$ in t nichtwachsend. Wir nehmen an, $\varphi_n(t)$ sei in t nichtwachsend. Für $t_2 > t_1$ gilt dann

$$\varphi_{n+1}(t_1) - \varphi_{n+1}(t_2) = \int_{0-}^{t_1+0} \{h[\varphi_n(t_1 - u)] - h[\varphi_n(t_2 - u)]\}\, dG(u) + \\ + \int_{t_1+0}^{t_2+0} \{1 - h(\varphi_n(t_2 - u))\}\, dG(u) \geqq 0\,,$$

da $h(\varphi_n(t_1 - u)) \geqq h(\varphi_n(t_2 - u))$ und $1 \geqq h(\varphi_n(t_2 - u))$ ist. Hieraus folgt $\varphi(t_1) = \lim_{n \to \infty} \varphi_n(t_1) \geqq \lim_{n \to \infty} \varphi_n(t_2) = \varphi(t_2)$. Weiterhin ist es nicht schwer zu zeigen, daß $0 \leqq \varphi_n(t) \leqq \bar{\varphi}(t)$ und daher auch $0 \leqq \varphi(t) \leqq \bar{\varphi}(t)$ ist.

Lemma 2. *Es sei $\varphi(t)$ eine minimale Lösung von* (2). *Dann ist entweder $\varphi(t) \equiv 1$, oder $\varphi(t) < 1$ für jedes $t > 0$.*

Beweis. Es sei $\varphi(t_0) = 1$ für ein $t_0 > 0$. Dann ist nach Lemma 1 auch $\varphi(t) = 1$ für alle $0 \leqq t \leqq t_0$. Wir beweisen, daß $\varphi(t) = 1$ auch für alle $t_0 \leqq t \leqq 2t_0$ gilt. Wegen Lemma 1 stellt $\varphi(1) = 1$ die einzige Lösung der Gleichung (2) auf dem Intervall $0 \leqq t \leqq t_0$ dar. Wir setzen die Lösung $\varphi(t)$ auf das Intervall $[0, 2t_0]$ fort. Man erkennt leicht, daß die Funktion $\psi(t) = \varphi(t + t_0)$ auf dem Abschnitt $0 \leqq t \leqq t_0$ ebenfalls eine Lösung von (2) ist. Da jedoch auf diesem Abschnitt die Lösung $\psi(1) \equiv 1$ die einzige ist, können wir auf $\psi(t) \equiv 1$ auf $[0, 2t_0]$ schließen. Hieraus folgt $\psi(t) \equiv 1$.

Bemerkung 1. Aus Satz 1 und Lemma 1 folgt, daß $\lim_{s \uparrow 1} F(t; s) = F(t; 1)$ mit der minimalen Lösung $\varphi(t)$ der Gleichung (2) zusammenfällt. Wegen Lemma 2 wird die Regularität ($\varphi(t) \equiv 1$) bzw. Nichtregularität ($\varphi(t) < 1$ für $t > 0$) schon durch die Werte von $\varphi(t)$ in einem beliebig kleinen Intervall $(0, t)$ bestimmt.

Lemma 3. *Wenn nichtfallende Funktionen* K_i, L_i *so gewählt sind, daß* $K_i(-0) = L_i(-0) = 0$ *und* $K_i(x) \geqq L_i(x)$, $i = 1, 2$; $0 \leqq x \leqq x_0$ *ist, so genügen ihre Faltungen* $K = K_1 * K_2$, $L = L_1 * L_2$ *der Ungleichung* $K(x) \geqq L(x)$, $0 \leqq x \leqq x_0$.

Beweis. Es sei $0 \leqq x \leqq x_0$. Dann gilt

$$K(x) = \int_{0-}^{x+0} K_2(x-y)\,\mathrm{d}K_1(y) \geqq \int_{0-}^{x+0} L_2(x-y)\,\mathrm{d}K_1(y) =$$
$$= \int_{0-}^{x+0} K_1(x-y)\,\mathrm{d}L_2(y) \geqq \int_{0-}^{x+0} L_1(x-y)\,\mathrm{d}L_2(y) = L(x)\,.$$

Lemma 4. *Für Verteilungsfunktionen* $G(t)$ *und* $G^*(t)$ *gelte auf dem Intervall* $0 \leqq t \leqq t_0$ *die Ungleichung* $G(t) \geqq G^*(t)$. *Dann genügen die minimalen Lösungen* $\varphi(t)$ *und* $\varphi^*(t)$ *der Gleichung* (2) *und der Gleichung* $\varphi^*(t) = \int_0^t h(\varphi^*(t-u))\,\mathrm{d}G^*(u) + 1 - G^*(t)$ *für* $0 \leqq t \leqq t_0$ *der Ungleichung* $\varphi(t) \leqq \varphi^*(t)$.

Beweis. Es seien $\varphi_n(t)$ und $\varphi_n^*(t)$ minimale Folgen mit den Grenzwerten $\varphi(t)$ und $\varphi^*(t)$. Wir nehmen an, es sei $\varphi_n(t) \leqq \varphi_n^*(t)$ für $0 \leqq t \leqq t_0$. Wir zeigen, daß dann auch $\varphi_{n+1}(t) \leqq \varphi_{n+1}^*(t)$, $0 \leqq t \leqq t_0$, erfüllt ist. Wenn wir $\psi_n(t) = 1 - \varphi_n(t)$, $\psi_n^*(t) = 1 - \varphi_n^*(t)$ setzen, dann können wir statt (3)

$$\psi_{n+1}(t) = \int_0^t [1 - h(1 - \psi_n(t-u))]\,\mathrm{d}G(u)\,, \qquad \psi_0(t) = 1\,,$$
$$\psi_{n+1}^*(t) = \int_0^t [1 - h(1 - \psi_n^*(t-u))]\,\mathrm{d}G^*(u)\,, \qquad \psi_0^*(t) = 1$$

schreiben. Aus dem Beweis von Lemma 1 sehen wir, daß die Funktionen $\psi_n(t)$, $\psi_n^*(t)$ und folglich auch die Funktionen $1 - h(1 - \psi_n(t))$, $1 - h(1 - \psi_n^*(t))$ nichtfallend sind. Wir erweitern den Definitionsbereich dieser Funktionen durch die Festlegung $\psi_n(t) = \psi_n^*(t) = 0$ für $t < 0$. Hierauf wenden wir Lemma 3 an, indem wir $K_1 = 1 - h(1 - \psi_n(t))$, $K_2 = G(t)$, $L_1 = 1 - h(1 - \psi_n^*(t))$, $L_2 = G^*(t)$ setzen. Aus Lemma 3 folgt $\varphi_{n+1}(1) \leqq \varphi_{n+1}^*(t)$, $0 \leqq t \leqq t_0$. Hieraus erhalten wir $\varphi(t) \leqq \varphi^*(t)$, $0 \leqq t \leqq t_0$.

Lemma 5. *Sei* $G(0) = 0$ *und* $h(s) \geqq h^*(s)$ *auf einem Intervall* $0 < s_0 \leqq s \leqq 1$. *Dann genügen die minimale Lösung* $\varphi(t)$ *der Gleichung* (2) *und die minimale Lösung* $\varphi^*(t)$ *der Gleichung*

$$\varphi^*(t) = \int_0^t h^*(\varphi^*(t-u))\,\mathrm{d}G(u) + 1 - G(t) \tag{4}$$

auf einem gewissen Intervall $0 \leqq t \leqq t_0$, $t_0 > 0$, *der Ungleichung* $\varphi(t) \leqq \varphi^*(t)$.

Beweis. Wenn die Funktion $\psi(t) \geqq 0$ so gewählt ist, daß auf dem Intervall $0 \leqq t \leqq t_0$

$$\psi(t) \geqq \int_0^t h(\psi(t-u))\, dG(u) + 1 - G(t) \tag{5}$$

ist, dann gilt $\varphi(t) \leqq \psi(t)$. Das folgt aus den Ungleichungen $\varphi_n(t) \leqq \psi(t)$, die wir mittels Induktion mit Hilfe von (3) und (5) beweisen können. Nun ist $\varphi^*(0) = 1$ und $\varphi^*(t)$ im Punkt $t = 0$ stetig, da $G(t)$ dort stetig ist. Dann erhalten wir für genügend kleine $t_0 > 0$ und $0 \leqq t \leqq t_0$

$$\varphi^*(t) \geqq \int_0^t h(\varphi^*(t-u))\, dG(u) + 1 - G(t)\,,$$

wenn wir in (4) h^* durch h ersetzen. Folglich gilt auch $\varphi^*(t) \geqq \varphi(t)$ für $0 \leqq t \leqq t_0$.

Wir beweisen jetzt zwei Sätze, die Prozesse bezüglich ihrer Regularität vergleichen.

Satz 2. *Es sei $G_1(t) \leqq G_2(t)$ für $0 \leqq t \leqq t_0$. Wenn ein (G_1,h)-Prozeß nichtregulär ist, dann ist der (G_2,h)-Prozeß ebenfalls nichtregulär. Ist dagegen ein (G_2,h)-Prozeß regulär, dann ist auch der (G_1,h)-Prozeß regulär.*

Beweis. Es sei $\varphi_i(t)$ eine minimale Lösung der Gleichung

$$\varphi_i(t) = \int_0^t h(\varphi_i(t-u))\, dG_i(t) + 1 - G_i(t)\,, \qquad i = 1, 2\,.$$

Nach Lemma 4 gilt dann $\varphi_1(t) \geqq \varphi_2(t)$ für $0 \leqq t \leqq t_0$. Ist nun der (G_1,h)-Prozeß nichtregulär, dann ist $\varphi_1(t) < 1$ und folglich auch $\varphi_2(t) < 1$, d. h., der (G_2,h)-Prozeß ist ebenfalls nichtregulär. Analog können wir die zweite Aussage des Satzes beweisen.

Satz 3. *Es sei $G(0) = 0$ und $h_1(s) \leqq h_2(s)$ auf einem Intervall $s_0 \leqq s \leqq 1$, $s_0 < 1$. Wenn der (G,h_1)-Prozeß regulär ist, dann ist auch der (G,h_2)-Prozeß regulär. Ist hingegen der (G,h_2)-Prozeß nichtregulär, so gilt das auch für den (G,h_1)-Prozeß.*

Der Beweis dieses Satzes folgt genauso aus Lemma 5, wie der Beweis von Satz 2 aus Lemma 4 folgte.

Die Vergleichssätze gestatten es uns, Regularitätskriterien sofort für ganze Klassen von Verteilungsfunktionen $G(t)$ anzugeben. Da die Frage der Regularität eines Prozesses nur vom Verhalten von $G(t)$ in einer Umgebung von $t = 0$ abhängt, aber die Untersuchung der Eindeutigkeit der Lösungen manchmal für Differentialgleichungen einfacher ist, erweist sich der folgende Satz als nützlich.

Satz 4. *In einem Intervall $(0, t_0)$ sei $G(t) = \dfrac{t^n}{n!}$, wobei n eine natürliche Zahl ist. Dann ist die Gleichung (2) für $0 < t < t_0$ der Differentialgleichung*

$$\frac{d^n\varphi}{dt^n} = h(\varphi) - 1 \tag{6}$$

mit den Anfangsbedingungen

$$\varphi(0) = 1\,, \qquad \varphi^{(r)}(0) = 0\,, \qquad r = 1, \ldots, n-1\,,$$

äquivalent.

Beweis. Unter den Bedingungen des Satzes können wir die Gleichung (2) auf folgende Form bringen:

$$\varphi(t) = \int_0^t h(\varphi(t-u)) \frac{u^{n-1}}{(n-1)!}\, du + 1 - \frac{t^n}{n!}, \qquad 0 \leqq t < t_0\,.$$

Substituieren wir nun im Integral $t - u$ durch u, dann erhalten wir

$$\varphi(t) = \int_0^t h(\varphi(u)) \frac{(t-u)^{n-1}}{(n-1)!}\, du + 1 - \frac{t^n}{n!}\,. \tag{7}$$

Differenzieren wir beide Seiten von (7) r-mal nach t, $1 \leqq r \leqq n-1$, so gelangen wir zu

$$\varphi^{(r)}(t) = \int_0^t h(\varphi(u)) \frac{(t-u)^{n-r-1}}{(n-r-1)!}\, du - \frac{t^{n-r}}{(n-r)!}\,,$$

woraus $\varphi^{(r)}(0) = 0$, $r = 1, \ldots, n-1$, folgt. n-maliges Differenzieren von (7) führt uns auf die Gleichung (6). Damit ist der Satz bewiesen.

Im weiteren Verlauf werden wir auch dann von einem (G,h)-Prozeß sprechen, wenn $G(t)$ nur auf einem Intervall $0 \leqq t \leqq t_0$ mit einer Verteilungsfunktion einer nichtnegativen Zufallsgröße zusammenfällt. Wir betrachten diesen (G,h)-Prozeß dann ebenfalls auf dem Intervall $0 \leqq t \leqq t_0$.

Definition 4. Wir sagen, daß die Funktion $G(t)$ der *Klasse* Γ_α, $\alpha > 0$ angehört, wenn positive Zahlen c_1, c_2, t_0 derart existieren, daß für alle t aus $0 \leqq t \leqq t_0$

$$c_1 t^\alpha \leqq G(t) \leqq c_2 t^\alpha \tag{8}$$

erfüllt ist.

Satz 5. *Wenn* $G(t)$ *der Klasse* Γ_n *angehört, wobei* n *eine natürliche Zahl ist, dann ist für die Regularität eines* (G,h)*-Prozesses notwendig und hinreichend, daß die Differentialgleichung* (6) *in einem Intervall* $(0, t_0)$ *eine eindeutige Lösung besitzt, die den Bedingungen*

$$\varphi(0) = 1\,, \quad \varphi^{(r)}(0) = 0\,, \quad r = 1, \ldots, n-1\,, \quad 0 \leqq \varphi(t) \leqq 1\,, \tag{9}$$

genügt.

Beweis. Nach Satz 2 ist der (G,h)-Prozeß genau dann regulär, wenn der $(t^n/n!, h)$-Prozeß regulär ist. Für den $(t^n/n!, h)$-Prozeß jedoch reduziert sich die Frage der Regularität entsprechend Satz 4 auf die Frage der Eindeutigkeit der Lösung von (6) mit den Bedingungen (9).

Da wir für $n = 1$ und $n = 2$ die Lösung $\varphi(t) < 1$ der Aufgabe (6) und (9), falls sie existiert, mittels der Quadratur

$$\int_{\varphi(t)}^{t} \frac{dx}{1 - h(x)} = t\,, \qquad \int_{\varphi(t)}^{1} \frac{dx}{\sqrt{2 \int_x^1 (1 - h(u))\, du}} = t$$

schreiben können, folgen in diesen Fällen aus Satz 5 folgende Regularitätskriterien.

Für $G(t) \in \Gamma_1$ ist für die Regularität des (G,h)-Prozesses notwendig und hinreichend, daß für jedes $\varepsilon > 0$

$$\int_{1-\varepsilon}^{1} \frac{dx}{1 - h(x)} = \infty \tag{10}$$

gilt.

Für $G(t) \in \Gamma_2$ ist für die Regularität des (G,h)-Prozesses notwendig und hinreichend, daß für jedes $\varepsilon > 0$

$$\int_{1-\varepsilon}^{1} \frac{dx}{\sqrt{\int_x^1 (1 - h(u))\, du}} = \infty \tag{11}$$

gilt.

Die Exponentialverteilung gehört der Klasse Γ_1 an. Deshalb ist das Kriterium (10) insbesondere auch ein Kriterium der Regularität eines MARKOWschen Verzweigungsprozesses mit stetiger Zeit und einem Teilchentyp.

Da die Funktion $1 - h(s)$ nichtwachsend ist, die Funktion $\dfrac{1 - h(s)}{1 - s}$ aber im Intervall $0 \leqq s \leqq 1$ nicht fällt, gilt dort

$$(1 - h(s))\,(1 - s) \geqq \int_s^1 [1 - h(u)]\, du = \int_s^1 \frac{1 - h(u)}{1 - u}(1 - u)\, du \geqq$$
$$\geqq \frac{1 - h(s)}{1 - s} \cdot \frac{(1 - s)^2}{2}.$$

Unter Verwendung dieser Ungleichungen können wir die Kriterien (10) und (11) auf eine einheitliche Form bringen. Wir setzen

$$1 - h(1 - y) = y w(y)\,. \tag{12}$$

Dann stellt die Bedingung

$$\int_0^{\varepsilon} \frac{dy}{y \sqrt[n]{w(y)}} = \infty \tag{13}$$

für jedes $\varepsilon > 0$ ein Kriterium für die Regularität des (G,h)-Prozesses für $G(t) \in \Gamma_n$, $n = 1, 2$, dar.

Weiter unten beweisen wir, daß die Bedingung (13) notwendig und hinreichend für die Regularität eines (G,h)-Prozesses ist, für den $G(t) \in \Gamma_n$ für ein natürliches n ist.

Der Beweis, daß die Bedingung (13) hinreichend ist, gründet sich auf die beiden folgenden Lemmata.

Lemma 6. *Die Funktion $y(t)$ möge auf dem Intervall $[0, 1]$ $n + 1$ Ableitungen mit $y^{(n+1)}(t) > 0$ für alle $0 < t \leqq 1$ und $y(0) = y'(0) = y''(0) = \cdots y^{(n)}(0) = 0$ haben. Dann gilt für alle $r, s \geqq 1$, $r + s \leqq n - 1$*

$$z_r(t)\, z_s(t) < z_{r+s}(t)\,, \qquad 0 < t \leqq 1\,, \tag{14}$$

mit

$$z_{k-1} = \frac{y_k(t)}{y_1(t)}\,, \qquad y_k(t) = (n-k)!\, y^{(k)}(t)\,, \qquad k = 1, \ldots, n\,.$$

Beweis. Für jedes $1 \leqq k \leqq n$ gilt die Gleichung

$$y_k(t) = \int\limits_0^t y^{(n+1)}(x)\,(t-x)^{n-k}\,\mathrm{d}x\,. \tag{15}$$

Die Ungleichung (14) ist richtig, wenn wir nachweisen, daß für beliebige $1 \leqq r \leqq s < n - 1$

$$z_r(t)\, z_s(t) < z_{r-1}(t)\, z_{s+1}(t)$$

erfüllt ist. Die letzte Ungleichung ist der Ungleichung

$$y_r(t)\, y_s(t) < y_{r-1}(t)\, y_{s+1}(t) \tag{16}$$

für $2 \leqq r \leqq s \leqq n$ äquivalent. (16) beweisen wir mit Hilfe der Beziehungen

$$y_{r-1}y_{s+1} - y_r y_s = \begin{vmatrix} y_{r-1} & y_s \\ y_r & y_{s+1} \end{vmatrix} =$$

$$= \int\limits_0^t \int\limits_0^t \prod_{k=1}^{2} y^{(n+1)}(x_k)\,(t-x_k)^{n-s-1} \begin{vmatrix} (t-x_1)^{s-r+2} & t-x_1 \\ (t-x_2)^{s-r+2} & 1 \end{vmatrix} \mathrm{d}x_1\,\mathrm{d}x_2 =$$

$$= \frac{1}{2} \int\limits_0^t \int\limits_0^t \prod_{k=1}^{2} y^{(n+1)}(x_k)\,(t-x_k)^{n-s-1} \begin{vmatrix} (t-x_1)^{s-r+1} & 1 \\ (t-x_2)^{s-r+1} & 1 \end{vmatrix} \times$$

$$\times \begin{vmatrix} t-x_1 & 1 \\ t-x_2 & 1 \end{vmatrix} \mathrm{d}x_1\,\mathrm{d}x_2 \geqq 0\,,$$

da für alle $x_2 \neq x_1$

$$(x_2 - x_1)\,[(t-x_1)^{s-r+1} - (t-x_2)^{s-r+1}] > 0$$

ist.

Lemma 7. *Unter den Bedingungen von Lemma 6 existiert eine solche Konstante $C > 0$, die nur von n abhängt, daß für alle $0 < x \leqq 1$*

$$\frac{\mathrm{d}^{n-1}}{\mathrm{d}y^{n-1}}\,[y'(x)]^n < C y^{(n)}(x) \tag{17}$$

gilt.

Beweis. Da für alle $m \leqq n$, $k < n - 1$

$$\frac{d}{dy}(y')^m = C_1 (y')^{m-1} z_1$$

und

$$\frac{d}{dx} z_k(x) = C_2 z_{k+1}(x) + C_3 z_k(x)\, z_1(x)$$

ist, wobei die C_i Konstanten sind, die von k und m abhängen, ergibt sich für $m + k_1 + \cdots + k_r = n$, $k_i \geqq 1$

$$\frac{d}{dy}(y')^m z_{k_1} \cdots z_{k_r} = (y')^{m-1} \sum_{\nu=r}^{r+1} \sum_{(l_i)} C_{(l_i)} z_{l_1} \cdots z_{l_\nu}, \tag{18}$$

wobei sich die Summierung $\sum_{(l_i)}$ über alle Indizes $l_i \geqq 1$ erstreckt, die der Gleichung $l_1 + \cdots + l_\nu = k_1 + \cdots + k_r + 1$ genügen und die $C_{(l_i)}$ Konstanten sind. Wenn wir nun die Gleichung (18) wiederholt anwenden, dann erhalten wir

$$\frac{d^{n-1}}{dy^{n-1}}(y')^n = y' \sum_{\nu=1}^{n-1} \sum_{l_i}{}' A_{\nu l_1 \ldots l_\nu} z_{l_1} \cdots z_{l_\nu}. \tag{19}$$

Die $A_{\nu l_1 \ldots l_\nu}$ sind Konstanten und die Summation $\sum_{l_i}{}'$ erfolgt über alle $l_i \geqq 1$, die der Gleichung $l_1 + \cdots + l_\nu = n - 1$ genügen. Rechts in (19) streichen wir alle negativen Summanden. Aus der Gleichung (14) folgt

$$z_{l_1} \cdots z_{l_\nu} < z_{l_1 + \cdots + l_\nu} = z_{n-1} = \frac{y^{(n)}}{y'}. \tag{20}$$

Wenn wir auf die übrigbleibenden Summanden von (19) die Ungleichungen (20) anwenden, dann gelangen wir zu (17). Damit ist das Lemma bewiesen.

Satz 6. *Ist $G \in \Gamma_n$ für eine natürliche Zahl n, dann ist die Bedingung* (13) *hinreichend dafür, daß der* (G,h)*-Prozeß regulär ist.*

Beweis. Wir nehmen an, der (G,h)-Prozeß sei nichtregulär. Dann existiert nach Satz 5 eine Lösung $\varphi(t)$ der Gleichung (6) mit $\varphi(t) < 1$ für $t > 0$ und den Anfangsbedingungen (9). Wir benutzen den Ausdruck $y(t) = 1 - \varphi(t)$. Mit Hilfe von (12) können wir die Gleichung (6) auf die Form

$$\frac{d^n y}{dt^n} = y w(y) \tag{21}$$

bringen; die Anfangsbedingungen (9) nehmen dann die Gestalt

$$y(0) = y'(0) = \cdots = y^{(n)}(0) = 0 \tag{22}$$

an. Da $yw(y)$ in y wächst, folgt aus (21) $\frac{d^{n+1}y}{dt^{n+1}} > 0$ für $t > 0$. Deshalb können wir auf die Funktion $y(t)$ Lemma 7 anwenden. Wir erhalten

$$\frac{d^{n-1}}{dy^{n-1}}[y'(t)]^n < C y^{(n)}(t) = C y w(y). \tag{23}$$

Wenn wir beide Seiten von (23) $(n-1)$-mal integrieren und die Anfangsbedingungen (22) beachten, dann erhalten wir

$$[y'(t)]^n < C\int_0^y\int_0^{x_1}\cdots\int_0^{x_{n-2}} x_{n-1}w(x_{n-1})\,dx_1\cdots dx_{n-1} < Cy^n w(y)\,,$$

da $yw(y)$ monoton wächst. Wir ziehen die n-te Wurzel und dividieren beide Teile der Ungleichung durch $yw^{\frac{1}{n}}(y)$. Nach der Integration erhalten wir dann

$$\int_{y(\varepsilon)}^{y(t)} \frac{dy}{yw^{\frac{1}{n}}(y)} < C^{\frac{1}{n}}(t-\varepsilon)\,.$$

Für $\varepsilon \to 0$ folgt daraus unser Satz.

Die Notwendigkeit der Bedingung (13) folgt aus dem allgemeinen Satz 12. Zunächst zeigen wir einige Sätze über die Regularität eines (G,h)-Prozesses, in dem $G(t)$ eine Sprungstelle in Null besitzen kann. In den Bedingungen dieser Sätze spielt der Parameter $A = h'(1)$ eine große Rolle.

Satz 7. *Ein (G,h)-Prozeß ist regulär wenn $AG(0) < 1$ ist.*

Beweis. Mit S_T bezeichnen wir den vollständigen metrischen Raum der meßbaren Funktionen $\varphi(t)$ auf dem Intervall $[0, T]$, die den Ungleichungen $0 \leqq \varphi(t) \leqq 1$ genügen.

Den Abstand zwischen $\varphi_1, \varphi_2 \in S_T$ definieren wir durch

$$\varrho(\varphi_1, \varphi_2) = \sup_{0\leqq t\leqq T} |\varphi_1(t) - \varphi_2(t)|\,.$$

Wir betrachten die Transformation

$$K\varphi = \int_0^t h(\varphi(t-u))\,dG(u) + 1 - G(t)$$

von S_T in S_T und zeigen, daß diese Transformation einen eindeutigen Fixpunkt $\varphi = K\varphi$ besitzt. Dann ist der (G,h)-Prozeß auf Grund von Satz 1 regulär. Es sei $T > 0$ so gewählt, daß $AG(T) < 1$ gilt. Dann ist $K\varphi$ eine kontrahierende Abbildung in S_T, da wegen der Ungleichungen $|h(\varphi_1) - h(\varphi_2)| \leqq$ $\leqq A\,|\varphi_1 - \varphi_2|$ und

$$|K\varphi_1(t) - K\varphi_2(t)| \leqq \int_0^t A|\varphi_1(t-u) - \varphi_2(t-u)|\,dG(u) \leqq AG(T)\,\varrho(\varphi_1, \varphi_2)$$

die Ungleichung

$$\varrho(K\varphi_1, K\varphi_2) \leqq AG(T)\,\varrho(\varphi_1, \varphi_2)$$

gilt. Der Satz ist damit bewiesen.

Satz 8. *Ein (G,h)-Prozeß ist nichtregulär wenn $AG(0) > 1$ ist.*

Beweis. Das Vorhandensein einer Sprungstelle der Verteilungsfunktion $G(t)$ im Punkt $t = 0$ bedeutet, daß die Gesamtlebenszeit eines Teilchens des Verzweigungsprozesses Null sein kann, d. h., es wird geboren und stirbt sofort und hinterläßt Nachkommen. Wir betrachten die Gleichung (2) im Punkt $t = 0$

$$\varphi(0) = h(\varphi(0))\, G(0) + 1 - G(0)\,.$$

Diese Gleichung besitzt eine Wurzel $\varphi(0) < 1$, da die Funktion $h(s)\cdot G(0) + 1 - G(0)$ im Punkt $s = 1$ die Ableitung $h'(1)\cdot G(0) > 1$ hat. Wegen Satz 1 ist der Prozeß nichtregulär.

Satz 9. *Ist $AG(0) = 1$ und $G(t) - G(0) \in \Gamma_1$, dann ist für die Regularität eines (G, h)-Prozesses notwendig und hinreichend, daß das Integral*

$$\int\limits_{1-\varepsilon}^{1} \frac{1 - h'(s)\, G(0)}{1 - s}\, ds \tag{24}$$

für jedes $\varepsilon > 0$ divergiert.

Beweis. Nach Satz 2 sind der gegebene und der $(G(0) + t, h)$-Prozeß gleichzeitig regulär. Für den $(G(0) + t, h)$-Prozeß können wir die Gleichung (2) in der Form

$$\varphi(t) = h(\varphi(t))\, G(0) + \int\limits_0^t h(\varphi(u))\, du + 1 - G(0) - t\,. \tag{25}$$

schreiben. Wenn wir (25) nach t differenzieren, erhalten wir

$$\varphi'(t)\,[1 - h'(\varphi)\, G(0)] = h(\varphi) - 1\,.$$

Setzt man in (25) $t \downarrow 0$, dann sieht man, daß die Anfangsbedingung $\varphi(0)$ der Lösung die Gleichung $\varphi(0) = h(\varphi(0))\, G(0) + 1 - G(0)$ erfüllen muß, die eine eindeutige Lösung $\varphi(0) = 1$ besitzt, da $h'(1)\, G(0) = 1$ ist. Somit ist der (G,h)-Prozeß genau dann nichtregulär, wenn die Gleichung

$$\varphi'(t) = \frac{h(\varphi) - 1}{1 - h'(\varphi) G(0)}$$

eine Lösung $\varphi(t)$ besitzt, die den Bedingungen $\varphi(0) = 1$, $0 \leqq \varphi(t) < 1$, $t > 0$ genügt. Eine solche Lösung können wir, falls sie existiert, mit Hilfe der Quadratur

$$\int\limits_{\varphi(t)}^{1} \frac{1 - h'(x)\, G(0)}{1 - h(x)}\, dx = t$$

schreiben. Wir erhalten damit, daß die Konvergenz des Integrals

$$\int\limits_{1-\varepsilon}^{1} \frac{1 - h'(x)\, G(0)}{1 - h(x)}\, dx \tag{26}$$

für ein $\varepsilon > 0$ gleichbedeutend damit ist, daß der (G,h)-Prozeß nichtregulär ist. Da für $s \uparrow 1$ die Äquivalenz $1 - h(s) \sim A(1 - s)$ gilt, konvergieren oder divergieren die Integrale (24) und (26) für hinreichend kleine $\varepsilon > 0$ gleichzeitig. Der Satz ist bewiesen.

In Verbindung mit dem Kriterium (24) wollen wir auf eine überraschende Tatsache hinweisen. Das Integral (24) konvergiert, wenn die zweite Ableitung $h''(1)$ endlich ist, d. h. wenn das zweite faktorielle Moment $\sum_n n(n-1)\,p_n$ endlich ist. Somit sind alle (G,h)-Prozesse mit endlichem zweiten Moment $h''(1)$, für die die Gleichung $AG(0) = 1$ gilt, nichtregulär. Regulär können in diesem Falle nur Prozesse sein, für die $h''(1) = \infty$ ist.

Satz 10. *Ein (G,h)-Prozeß ist für beliebige $G(t)$ genau dann regulär, wenn $A \leqq 1$ ist.*

Beweis. Die Notwendigkeit folgt aus Satz 8, die andere Richtung des Beweises aus Satz 7.

Satz 11. *Ein (G,h)-Prozeß ist für jede beliebige erzeugende Funktion $h(s)$ genau dann regulär, wenn ein $t_0 > 0$ mit $G(t_0) = 0$ existiert.*

Beweis. Daß die Bedingung hinreichend ist, können wir leicht beweisen, da die Gleichung (2) für $t \leqq t_0$ in die Identität $\varphi(t) \equiv 1$ übergeht. Wir beweisen nun die Notwendigkeit. Es sei $G(t) > 0$ für jedes $t > 0$ und $h(s) = \sum_{k=1}^{\infty} 2^{-k} s^{n_k}$, $1 \leqq n_1 \leqq n_2 \leqq \ldots$. Ferner seien Zahlen λ_k, $0 < \lambda_k < 1$, so gewählt, daß $\prod_{k=1}^{\infty} \lambda_k > 0$ ist. Wir setzen $G(2^{-k}) = b_k > 0$. Weiter sei $\frac{b_1}{2} > \lambda_1$. Die Zahlen $n_1, n_2, \ldots$ wählen wir so aus, daß für $k = 2, 3, \ldots$

$$1 - \left(1 - \frac{b_k}{2^k}\right)^{n_{k-1}} \geqq \lambda_k$$

ist. Da die Anzahl $\mu(t)$ der Teilchen mit Wahrscheinlichkeit Eins nicht fällt, erhalten wir

$$\mathsf{P}\left\{\mu\left(\frac{1}{2}\right) \geqq n_1\right\} \geqq \frac{b_1}{2} > \lambda_1\,,$$

$$\mathsf{P}\left\{\mu\left(\frac{1}{2}+\frac{1}{4}\right) \geqq n_2\right\} \geqq \mathsf{P}\left\{\mu\left(\frac{1}{2}+\frac{1}{4}\right) \geqq n_2 \mid \mu\left(\frac{1}{2}\right) \geqq n_1\right\} \mathsf{P}\left\{\mu\left(\frac{1}{2}\right) \geqq n_1\right\} \geqq$$
$$\geqq \left[1 - \left(1 - \frac{b_2}{2^2}\right)^{n_1}\right] \lambda_1 \geqq \lambda_1 \lambda_2\,,$$

$$\mathsf{P}\{\mu(1-2^{-k}) \geqq n_k\} \geqq \mathsf{P}\{\mu(1-2^{-k}) \geqq n_k \mid \mu(1-2^{-k+1}) \geqq n_{k-1}\} \times$$
$$\times \mathsf{P}\{\mu(1-2^{-k+1}) \geqq n_{k-1}\} \geqq \left[1 - \left(1 - \frac{b_k}{2^k}\right)^{n_{k-1}}\right] \prod_{i=1}^{k-1} \lambda_i \geqq \prod_{i=1}^{k} \lambda_k\,.$$

Deshalb gilt

$$\mathsf{P}\{\mu(1) = \infty\} = \lim_{k\to\infty} \mathsf{P}\{\mu(1) \geqq n_k\} \geqq \prod_{k=1}^{\infty} \lambda_k > 0\,,$$

d. h., der (G,h)-Prozeß ist nichtregulär. Der Satz ist damit bewiesen.

Jetzt beweisen wir eine hinreichend allgemeine notwendige Bedingung für die Regularität eines Prozesses. Zu jeder Verteilungsfunktion $G(t)$ einer nichtnegativen Zufallsgröße definieren wir die Umkehrfunktion $G_{-1}(y)$ als die größte Zahl t, die den Ungleichungen

$$G(t-0) \leqq y \leqq G(t+0) = G(t)$$

genügt; für $y \geqq 1$ setzen wir $G_{-1}(y) = \infty$.

Satz 12. *Existieren Zahlen $\theta > 0$ und $\varepsilon > 0$, für die*

$$\int_0^\varepsilon G_{-1}\left(\frac{1+\theta}{w(y)}\right)\frac{dy}{y} < \infty \tag{27}$$

erfüllt ist, dann ist der (G,h)-Prozeß nichtregulär (h und w sind durch die Gleichung (12) miteinander verbunden).

Beweis. Die Funktion $w(y)$ wächst für $y \downarrow 0$ monoton und ihr Grenzwert ist $A = h'(1)$, die mittlere Anzahl der Nachkommen eines Teilchens. In den Sätzen 7 und 8 haben wir gezeigt, daß der Prozeß für $AG(0) < 1$ regulär und für $AG(0) > 1$ nichtregulär ist. Deshalb ist die Aussage des Satzes für $G(0) > 0$ richtig, wenn wir zeigen, daß für $AG(0) \leqq 1$ das Integral

$$\int_0^\varepsilon G_{-1}\left(\frac{1+\theta}{w(y)}\right)\frac{dy}{y} \tag{28}$$

für jedes $\varepsilon > 0$ und $\theta > 0$ divergiert. In der Tat, es sei in $[0, t_0]$

$$G(t) = G(0) + b(t)$$

mit $b(t) \geqq 0$ und $\lim\limits_{t\downarrow 0} b(t) = b(0) = 0$. Dann gilt $G_{-1}(y) = b_{-1}(y - G(0))$, wobei $b_{-1}(y)$ die Umkehrfunktion zu $b(t)$ ist und $b_{-1}(y) > 0$ ist für jedes $y > 0$. Wegen $w(y) \leqq A$ für $y \geqq 0$ und $1/A \geqq G(0)$ folgt damit

$$\frac{1+\theta}{w(y)} \geqq \frac{1+\theta}{A} \geqq (1+\theta)\,G(0)$$

und

$$\int_0^\varepsilon G_{-1}\left(\frac{1+\theta}{w(y)}\right)\frac{dy}{y} = \int_0^\varepsilon b_{-1}\left(\frac{1+\theta}{w(y)} - G(0)\right)\frac{dy}{y} \geqq \int_0^\varepsilon b_{-1}(\theta G(0))\frac{dy}{y} = \infty\,.$$

Im weiteren nehmen wir an, daß $G(0) = 0$ ist. Für $A < \infty$ ist die Divergenz des Integrals (28) leicht zu zeigen. Wir setzen deshalb $A = \infty$, d. h. $\lim\limits_{y\downarrow 0} w(y) = \infty$, voraus. Den Beweis führen wir in mehreren Etappen.

1°. Wir benutzen die Bezeichnung $a = 1 + \theta > 1$. Zuerst stellen wir fest, daß das Integral $\int_0^\varepsilon G_{-1}\left(\frac{a}{w(y)}\right)\frac{dy}{y}$ und die Reihe $\sum\limits_{n=0}^{\infty} G_{-1}\left(\frac{a}{w(y_n)}\right)$, wobei $y_n = \frac{\varepsilon}{a^n}$

ist, gleichzeitig entweder konvergieren oder divergieren. In der Tat gilt

$$\int_0^{\varepsilon} G_{-1}\left(\frac{a}{w(y)}\right)\frac{dy}{y} = \sum_{n=0}^{\infty} \int_{y_{n+1}}^{y_n} G_{-1}\left(\frac{a}{w(y)}\right)\frac{dy}{y}$$

und

$$G_{-1}\left(\frac{a}{w(y_{n+1})}\right)\log a \leqq \int_{y_{n+1}}^{y_n} G_{-1}\left(\frac{a}{w(y)}\right)\frac{dy}{y} \leqq G_{-1}\left(\frac{a}{w(y_n)}\right)\log a\,,$$

damit also auch

$$\log a \sum_{n=0}^{\infty} G_{-1}\left(\frac{a}{w(y_{n+1})}\right) \leqq \int_0^{\varepsilon} G_{-1}\left(\frac{a}{w(y)}\right)\frac{dy}{y} \leqq \log a \sum_{n=0}^{\infty} G_{-1}\left(\frac{a}{w(y_n)}\right).$$

Unten benutzen wir statt der Bedingung (27) die ihr äquivalente Bedingung

$$\sum_{n=0}^{\infty} G_{-1}\left(\frac{a}{w(y_n)}\right) < \infty\,.. \tag{29}$$

2°. Es sei $t_0 \geqq t_1 \geqq t_2 \geqq \cdots \geqq t_n \geqq \ldots$, $T_n = \sum_{k=0}^{n} t_k$ und $T_n \to T = \sum_{k=0}^{\infty} t_k$. Wir setzen vorerst voraus, daß die Anzahl $\mu(t)$ der Teilchen mit Wahrscheinlichkeit Eins nicht fällt, d. h. $h(0) = 0$. Wir schätzen $\mu(T_n)$ von unten durch Zufallsgrößen ξ_n ab, die einen inhomogenen Verzweigungsprozeß mit diskreter Zeit darstellen. Dazu berücksichtigen wir nur einige Teilchen des Ausgangsprozesses. Das Anfangsteilchen $(\mu(0) = 1)$ ist das Teilchen der nullten Generation. Wir setzen $\xi_0 = 1$. Wenn das Teilchen der nullten Generation eine Lebenszeit $\tau_0 \leqq t_0$ hat, zählen wir alle seine unmittelbaren Nachkommen zu dem neuen Prozeß und bezeichnen deren Anzahl mit ξ_1. Falls $\tau_0 > t_0$ ist, nehmen wir an, daß Teilchen sterbe, ohne Nachkommen zu hinterlassen. Die Nachkommen eines beliebigen der ausgewählten Teilchen der ersten Generation zählen wir ebenfalls zu dem neuen Prozeß, falls das Elternteilchen eine Lebensdauer $\tau_1 \leqq t_1$ hat. Alle Teilchen der ersten Generation mit $\tau_1 > t_1$ betrachten wir als verstorben. Wenn wir diese Konstruktion fortsetzen, erhalten wir mit ξ_n die Anzahl der ausgewählten Teilchen der n-ten Generation. Von jedem Teilchen der n-ten Generation wird angenommen, es sterbe, wenn seine Überlebenszeit $\tau_n > t_n$ ist; ist dagegen $\tau_n \leqq t_n$, dann beziehen wir alle Nachkommen in die $(n + 1)$-te Generation des neuen Prozesses ein. Somit haben wir eine Folge von Zufallsgrößen $\xi_0, \xi_1, \xi_2, \ldots, \xi_n, \ldots$ konstruiert, wobei $\xi_n \leqq \mu(T_n) \leqq \mu(T)$ ist. Die erzeugende Funktion von ξ_n bezeichnen wir mit $H_n(s) = \mathsf{M}s^{\xi_n}$. Weiterhin setzen wir $G(t_n) = p_n$. Wir berechnen den bedingten Erwartungswert

$$\mathsf{M}\{s^{\xi_n} \mid \xi_{n-1}\} = (p_n h(s) + 1 - p_n)^{\xi_{n-1}}\,,$$

und mitteln ihn über ξ_{n-1}. Wir erhalten

$$H_n(s) = H_{n-1}(p_n h(s) + 1 - p_n)\,. \tag{30}$$

Den Ausdruck $1 - H_n(1 - y)$ bezeichnen wir mit $W_n(y)$ und bringen (30) auf die Form

$$W_n(y) = W_{n-1}(p_n y w(y)), \qquad n = 1, 2, \ldots, \tag{31}$$

mit $W_0(y) = y$. Wir können immer eine Folge $n_k \to \infty$ so auswählen, daß $\lim_{n_k \to \infty} H_{n_k}(s) = H(s)$ existiert und folglich

$$\lim_{n_k \to \infty} W_{n_k}(y) = W(y)$$

mit $1 - H(1 - y) = W(y)$ ist. Da nach Konstruktion $\xi_n \leqq \mu(T)$ ist, ist $H_n(s) \geqq F(T; s)$ und folglich auch $H(s) \geqq F(T; s)$, $0 \leqq s \leqq 1$. Wenn wir zeigen, daß $\lim_{s \uparrow 1} H(s) < 1$ oder, was das gleiche ist, $\lim_{y \downarrow 0} W(y) > 0$ ist, dann erhalten wir $F(T; 1) < 1$, d. h., der gegebene Verzweigungsprozeß ist nichtregulär.

3°. Wir konstruieren jetzt mit der Methode aus 2° folgenden Prozeß ξ_n: Es sei y eine feste hinreichend kleine positive Zahl. Wir setzen $y_k = y/a^k$, $k = 0, 1, \ldots;$ $p_k = \dfrac{a}{w(y_k)}$ und $p_k = G(t_k)$, d. h. $t_k = G_{-1}\left(\dfrac{a}{w(y_k)}\right)$. Falls $p_k = G(t)$ keine Lösung besitzt, d. h. ein t_k mit $G(t_k - 0) < p_k < G(t_k + 0) = G(t_k)$ existiert, dann führen wir die Konstruktion genauso wie in 2° durch, nur im Falle $\tau_k = t_k$ nehmen wir noch eine unabhängige Randomisierung vor, nach der das Teilchen mit der Wahrscheinlichkeit $\dfrac{p_k - G(t_k - 0)}{G(t_k) - G(t_k - 0)}$ zum neuen Prozeß gerechnet wird und mit der Restwahrscheinlichkeit nicht dazu gerechnet wird. Aus der Bedingung (29) folgt die Konvergenz der Reihe $T = \sum_{k=0}^{\infty} t_k$. Indem wir in unserem Falle die Rekurrenzformel anwenden, kommen wir zu

$$W_n(y_n) = W_{n-1}(p_n y_n w(y_n)) = W_{n-1}(a y_n) = W_{n-1}(y_{n-1}). \tag{32}$$

Somit folgt aus (32) die Beziehung $W_n(y/a^n) = y$ für alle $n = 0, 1, 2, \ldots$. Für $n \geqq m$ ist $y/a^m \geqq y/a^n$ und deshalb auch

$$W_n\left(\frac{y}{a^m}\right) \geqq W_n\left(\frac{y}{a^n}\right) = y. \tag{33}$$

Wenn wir links in (33) zum Grenzwert für die Teilfolge $n_k \to \infty$ übergehen, dann erhalten wir

$$W\left(\frac{y}{a^m}\right) \geqq y. \tag{34}$$

In (34) führen wir den Grenzübergang $m \to \infty$ durch und bekommen

$$\lim_{m \to \infty} W\left(\frac{y}{a^m}\right) \geqq y > 0,$$

folglich ist der Prozeß nichtregulär. Wir müssen uns nur noch von der Einschränkung $h(0) = 0$ befreien. Dazu beweisen wir vorbereitend ein Lemma.

Lemma 8. *Es sei $h(s)$ ein wahrscheinlichkeitserzeugende Funktion, für die $h(0) > 0$ und $h'(1) = \infty$ ist. Dann existiert eine erzeugende Funktion $h^*(s)$, die die Eigenschaften*

$$h^*(0) = 0\,, \tag{35}$$

$$w^*(y) \leqq w(y) \leqq (1 + \theta_1)\, w^*(y) \tag{36}$$

für $0 \leqq y \leqq y_0$ besitzt, wobei $1 - h^*(1-y) = yw^*(y)$ ist und y_0 und θ_1 hinreichend kleine positive Zahlen sind.

Beweis. Da $\sum\limits_n np_n = \infty$ ist, existiert eine endliche Summe

$$\sum_{n=N_1}^{N_2} np_n > 2(p_0 + 1)\,, \qquad N_1 > 0\,.$$

Wir wählen

$$h^*(s) = h(s) + p_0(s-1) + \sum_{n=N_1}^{N_2} p_n(s - s^n)\,.$$

Dann ist $h^*(0) = 0$ und für $y \leqq y_0$ bei genügend kleinem $y_0 > 0$

$$w^*(y) = w(y) + p_0 + \sum_{n=N_1}^{N_2} p_n\left(1 + \frac{(1-y)^n - 1}{y}\right) \leqq$$

$$\leqq w(y) + p_0 + \sum_{n=N_1}^{N_2} p_n\left(1 - \frac{n}{2}\right) \leqq w(y)\,.$$

Andererseits ist

$$w^*(y) \geqq w(y) + p_0 + \sum_{n=N_1}^{N_2} p_n(1-n) = w(y) - \gamma$$

mit $\gamma > 0$. Deshalb existieren Zahlen $y_0 > 0$ und $\theta_1 > 0$, so daß für alle $y \leqq y_0$

$$(1 + \theta_1)\, w^*y() \geqq w(y)$$

ist. Damit ist das Lemma bewiesen.

Jetzt beenden wir den Beweis des Satzes 12. Es sei eine erzeugende Funktion $h(s)$ gegeben, die (27) genügt. Entsprechend Lemma 8 konstruieren wir die Funktion $h^*(s)$, die den Bedingungen (35) und (36) genügt. Aus (36) folgt, daß die Ungleichung $h^*(s) \geqq h(s)$ auf einem gewissen Intervall $s_0 \leqq s \leqq 1$ gilt und für gewisse $\theta_2 > 0$ und $\varepsilon > 0$

$$\int_0^\varepsilon G_{-1}\left(\frac{1+\theta_2}{w^*(y)}\right)\frac{\mathrm{d}y}{y} < \infty \tag{37}$$

ist. Aus (35) und (37) folgt, daß der (G,h^*)-Prozeß nichtregulär ist. Dann ist aber der (G,h)-Prozeß nach Satz 3 auch nichtregulär. Der Satz ist bewiesen.

Folgerung 1. *Ist $G(t) \in \Gamma_\alpha$, $\alpha > 0$, dann ist die Bedingung*

$$\int_0^\varepsilon \frac{\mathrm{d}y}{y[w(y)]^{1/\alpha}} = \infty \tag{38}$$

notwendig für die Regularität des (G,h)-Prozesses.

Beweis. Aus Satz 2 folgt, daß die Regularität des (G,h)-Prozesses der des (t^α,h)-Prozesses äquivalent ist. In diesem Falle ist $G_{-1}(t) = t^{1/\alpha}$ und die Bedingung (27) geht in die Bedingung (38) über.

Folgerung 2. *Ist $G(t) \in \Gamma_n$, $n = 1, 2, \ldots$, dann ist die Bedingung* (13) *notwendig und hinreichend für die Regularität eines (G,h)-Prozesses.*

Diese Folgerung ergibt sich aus dem Satz 6 und der Folgerung 1.

§ 6. Momente

In diesem Paragraphen untersuchen wir, wann die Momente der Teilchenanzahlen im Modell 1 endlich sind und leiten Gleichungen für sie her. Wir benutzen die Bezeichnungen aus § 4.7

$$M^i_\alpha(t) = \mathsf{M}(\mu^i(t))^{[\alpha]}\,, \qquad M^i_{j_1\ldots j_{\bar\alpha}}(t),\ A^i_j(t),\ B^i_{jk}(t)\,,$$

und treffen noch analoge Vereinbarungen bezüglich der Ableitungen von $h^i(u;s)$ und ihrer Integrale:

$$m^i_\alpha(u) = \left.\frac{\partial^\alpha h^i(u;s)}{\partial s^\alpha}\right|_{s=1}, \qquad M^i_\alpha = \int_0^\infty m^i_\alpha(u)\,\mathrm{d}G^i(u)\,.$$

In einigen Fällen verwenden wir auch die Symbole

$$m^i_\alpha(u) = m^i_{j_1\ldots j_{\bar\alpha}}(u)\,, \qquad M^i_{j_1\ldots j_{\bar\alpha}} = \int_0^\infty m^i_{j_1\ldots j_{\bar\alpha}}(u)\,\mathrm{d}G^i(u)\,,$$

wobei die Menge $\{j_1, j_2, \ldots, j_{\bar\alpha}\}$ genau α_k Indizes enthält, die gleich k, $k = 1, \ldots, n$, sind, und $\bar\alpha = \alpha_1 + \cdots + \alpha_n$ ist. Insbesondere setzen wir $m^i_j(u) = a^i_j(u)$, $m^i_{jk}(u) = b^i_{jk}(u)$ und $M^i_j = A^i_j$, $M^i_{jk} = B^i_{jk}$.

Satz 1. *Wir setzen voraus, daß alle $G^i(0) = 0$ sind. Sind nun alle M^i_α mit $\bar\alpha = k$, $i = 1, \ldots, n$, endlich, so sind alle Momente $M^i_\alpha(t)$ mit $\bar\alpha = k$ für jedes $t \geqq 0$ endlich. Die Momente $M^i_\alpha(t)$ genügen den Gleichungen, die wir nach α-maligem Differenzieren der Integralgleichung* (1.5) *nach s im Punkt $s = 1$ erhalten.*

Beweis. In jedem beliebigen Punkt s, $|s| < 1$, können wir die Gleichung (1.5) beliebig oft nach s differenzieren. Bevor wir in den so erhaltenen Gleichungen zum Grenzwert für $s \uparrow 1$ übergehen können, müssen wir uns davon überzeugen, ob alle Momente $M^i_\alpha(t)$ endlich sind. Das zeigen wir durch Induktion nach $\bar\alpha = k$. Wir benutzen die Schreibweise $F^i_j(t;s) = \dfrac{\partial F^i(t;s)}{\partial s^j}$, $h^i_j(u;s) = \dfrac{\partial h^i(u;s)}{\partial s^j}$. (1.5) differenzieren wir nach s^j und erhalten

$$F^i_j(t;s) = \int_0^t h^i_k(u; F(t-u;s))\,F^k_j(t-u;s)\,\mathrm{d}G^i(u) + \delta^i_j(1 - G^i(t))\,. \qquad (1)$$

Für $0 < s < 1$ führen wir die Bezeichnung

$$L_j(1; s) = \sup_{\substack{0 \leq t \leq T \\ 1 \leq k \leq n}} F_j^k(t; s) .$$

ein. Aus (1) erhalten wir

$$L_j(1; s) \leqq L_j(1; s) \sum_{i,k=1}^{n} \int_0^T a_k^i(u) \, dG^i(u) + 1 . \tag{2}$$

Falls die A_j^i endlich sind, können wir $T > 0$ so auswählen, daß $\sum_{i,k=1}^{n} \int_0^T a_k^i(u) \, dG^i(u) = \delta$ kleiner als 1 ist. Wir schreiben die Formel (2) in der Form

$$L_j(1; s) \leqq \frac{1}{1-\delta} . \tag{3}$$

Indem wir in (3) zum Grenzwert für $s \uparrow 1$ übergehen, erkennen wir, daß die ersten Momente $A_j^i(t)$ im Abschnitt $0 \leqq t \leqq T$ endlich sind. Wir setzen nun

$$L_j(m; s) = \sup_{\substack{(m-1)T \leq t \leq mT \\ 1 \leq k \leq n}} F_j^k(t; s) , \qquad 0 < s < 1 ,$$

und zeigen die Endlichkeit der $A_j^i(t)$ durch Induktion nach $t \in [(m-1)\,T, mT]$. In (1) sei $(m-1)\,T \leqq t \leqq mT$. Wenn wir das Integrationsintervall in (1) in $\int_0^{t-(m-1)T}$ und $\int_{t-(m-1)T}^{t}$ aufspalten und voraussetzen, daß für $t \leqq (m-1)\,T$ schon die Endlichkeit der $A_k^i(t)$ bewiesen ist, erhalten wir

$$L_j(m; s) \leqq L_j(m; s) \, \delta + K_j \tag{4}$$

mit

$$K_j = 1 + \max_{1 \leq i \leq n} \int_0^{(m-1)T} a_k^i(u) \, A_j^k(t-u) \, dG^i(u) < \infty .$$

Hieraus folgt

$$L_j(m; s) < \frac{K_j}{1-\delta}$$

und $\lim_{s \uparrow 1} F_j^i(t; s) = A_j^i(t) < \infty$ für $t \leqq mT$. Folglich sind für endliche A_j^i auch die ersten Momente $A_j^i(t)$ für alle $t \geqq 0$ endlich. Wir nehmen an, daß wir schon gezeigt haben, daß aus der Endlichkeit aller M_α^i mit $\bar{\alpha} = k - 1$ die von $M_\alpha^i(t)$ für $\bar{\alpha} = k - 1$ und alle $t \geqq 0$ folgt. Wir zeigen, daß wir den gleichen Schluß auch bezüglich M_α^i und $M_\alpha^i(t)$ mit $\bar{\alpha} = k$ treffen können. Es sei $T > 0$ genauso ausgewählt, wie zu Beginn des Beweises. Wir differenzieren (1.5) für $0 \leqq t \leqq T$ in einem Punkt $0 < s < 1$ gerade α mal mit $\bar{\alpha} = k$. Wir erhalten

$$F_\alpha^i(t; s) = \int_0^t h_k^i(u; F(t-u; s)) \, F_\alpha^k(t-u; s) \, dG^i(u) + H_\alpha^i(t; s) , \tag{5}$$

wo $H_\alpha^i(t; s)$ durch $h_\beta^i(u; s)$ und $F_\beta^k(t; s)$ mit $\bar{\beta} < k$ ausgedrückt werden kann. Deshalb ist $H_\alpha^i(t; s) \leqq H_\alpha^i(t) < \infty$ für alle $0 \leqq s \leqq 1$ und $t \geqq 0$. Aus (5) erhalten wir die Ungleichung

$$L_\alpha(s) \leqq \frac{\max\limits_{1\leqq i\leqq n} H_\alpha^i(t)}{1-\delta} \tag{6}$$

mit $L_\alpha(s) = \sup\limits_{\substack{0\leqq t\leqq T\\ 1\leqq i\leqq n}} F_\alpha^i(t; s)$. Indem wir in (6) $s \uparrow 1$ setzen, zeigen wir, daß die Momente $M_\alpha^i(t)$ für $0 \leqq t \leqq T$ endlich sind. Wenn wir nun wie im Fall $\bar{\alpha} = 1$ Induktion nach $(m-1)\, T \leqq t \leqq mT$ anwenden, folgt, daß $M_\alpha^i(t)$ für alle $t > 0$ endlich ist. Der Satz ist bewiesen.

Zum Schluß geben wir Ausdrücke für die ersten und zweiten Momente an.

Wenn wir die Gleichung (1.5) entsprechend Satz 1 im Punkt $s = 1$ differenzieren, dann erhalten wir für das Modell 1

$$A_j^i(t) = \int\limits_0^t a_k^i(u)\, A_j^k(t-u)\, \mathrm{d}G^i(u) + \delta_j^i\big(1 - G^i(t)\big)\,, \tag{7}$$

$$B_{jk}^i(t) = \int\limits_0^t a_l^i(u)\, B_{jk}^l(t-u)\, \mathrm{d}G^i(u) + \int\limits_0^t b_{lm}^i(u)\, A_j^l(t-u)\, A_k^m(t-u)\, \mathrm{d}G^i(u)\,. \tag{8}$$

Als Sonderfall von (7) und (8) erhalten wir im Modell 2

$$A(t) = \int\limits_0^t a(u)\, A(t-u)\, \mathrm{d}G(u) + 1 - G(t)\,, \tag{9}$$

$$B(t) = \int\limits_0^t a(u)\, B(t-u)\, \mathrm{d}G(u) + \int\limits_0^t b(u)\, A^2(t-u)\, \mathrm{d}G(u)\,. \tag{10}$$

Hierbei haben wir folgende Bezeichnungen benutzt: $A(t) = A_1^1(t)$, $B(t) = B_{11}^1(t)$, $a(u) = a_1^1(u)$, $b(u) = b_{11}^1(u)$. Im Modell 3 gehen die Formeln (9) und (10) in

$$A(t) = A \int\limits_0^t A(t-u)\, \mathrm{d}G(u) + 1 - G(t)\,, \tag{11}$$

$$B(t) = A \int\limits_0^t B(t-u)\, \mathrm{d}G(u) + B \int\limits_0^t A^2(t-u)\, \mathrm{d}G(u) \tag{12}$$

mit $A = h'(1)$, $B = h''(1)$ über.

§ 7. Erneuerungsgleichungen

Die Gleichungen für die faktoriellen Momente der Verzweigungsprozesse stellen einen Sonderfall der sogenannten Erneuerungsgleichungen dar. Zur Untersuchung der asymptotischen Eigenschaften der Momente von Verzweigungsprozessen benötigen wir einige Besonderheiten der Lösungen dieser Gleichungen. Wir legen jetzt denjenigen Teil der Erneuerungstheorie dar, der im weiteren benötigt wird. Wir werden hier nicht alle formulierten Sätze beweisen, da uns das von der Grundaufgabe dieses Buches wegführen würde und ihre Beweise in anderen Monographien (z. B. im Buch von Feller [9]) nachgeschlagen werden können.

Es sei $F(t)$ eine von rechts stetige Verteilungsfunktion einer nichtnegativen Zufallsgröße, $F(0) < 1$, $K(t)$ eine nichtnegative meßbare beschränkte Funktion, für die ein endlicher Grenzwert $\lim_{t\to\infty} K(t) = K$ existiert. Wir bezeichnen die Momente $\int_0^\infty t^r \,\mathrm{d}F(t)$ der Verteilung $F(t)$ mit m_r; wegen der Bedingung $F(0) < 1$ ist immer $m_1 > 0$. Als Erneuerungsgleichung bezeichnen wir die Gleichung

$$X(t) = K(t) + \int_0^t X(t-u)\,\mathrm{d}F(u)\,. \tag{1}$$

Die Lösung $H(t)$ des wichtigen Spezialfalles der Erneuerungsgleichung

$$H(t) = F(t) + \int_0^t H(t-u)\,\mathrm{d}F(u) \tag{2}$$

können wir in der Form

$$H(t) = \sum_{n=1}^{\infty} F_n(t) \tag{3}$$

mit

$$F_1(t) = F(t)\,, \qquad F_{n+1}(t) = \int_0^t F_n(t-u)\,\mathrm{d}F(u)$$

darstellen.

Die Funktion $H(t)$ heißt *Erneuerungsfunktion*. Die Erneuerungsgleichung (1) besitzt immer eine eindeutige Lösung $X(t)$, die nichtnegativ ist und in der Gestalt

$$X(t) = K(t) + \int_0^t K(t-u)\,\mathrm{d}H(u) \tag{4}$$

darstellbar ist.

Die Formel (4) gestattet uns, eine asymptotische Formel der Lösung $X(t)$ von (1) anzugeben, falls wir die asymptotischen Eigenschaften der Erneuerungsfunktion $H(t)$ kennen.

Satz 1. (*Elementares Erneuerungstheorem*). *Für $t \to \infty$ gilt*

$$\lim \frac{H(t)}{t} = \frac{1}{m_1}\,. \tag{5}$$

Den Beweis kann man in [6] Seite 161[1]) finden.

Im weiteren behalten wir folgende Terminologie bei.

Definition 1. Wir nennen eine Verteilungsfunktion $F(t)$ *l-arithmetisch*, wenn $l > 0$ die größte Zahl ist, für die

$$\sum_{n=0}^{\infty} \left(F(nl+0) - F(nl-0)\right) = 1$$

gilt. Die Größe l nennen wir *Schrittweite* der Verteilung. Wenn ein solches $l > 0$ nicht existiert, nennen wir die Verteilung $F(t)$ *nichtarithmetisch.*

---

1) Die Seitenangaben beziehen sich auf die russische Ausgabe (Anm. d. Red.).

Satz 2. (*Satz von* BLACKWELL). *Falls $F(t)$ eine nichtarithmetische Verteilungsfunktion ist, dann gilt für jedes α*

$$\lim_{t\to\infty} [H(t+\alpha) - H(t)] = \frac{\alpha}{m_1}. \tag{6}$$

Den Beweis finden wir in [9], Seite 424[1]), Band 2.

Satz 3. (*Satz von* ERDÖS, FELLER *und* POLLARD). *Für eine l-arithmetische Verteilung $F(t)$ gilt*

$$H((n+1)\,l) - H(nl) \to \frac{l}{m_1}. \tag{7}$$

(Beweis siehe [9], Seite 331[1]), Band 1).

Satz 4. (*Hauptsatz der Erneuerungstheorie*). *$F(t)$ sei nichtarithmetisch, die Funktion $K(t)$ sei nichtwachsend und in $L_1(0,\infty)$ enthalten. Dann gilt*

$$\lim_{t\to\infty} \int_0^t K(t-u)\,\mathrm{d}H(u) = \frac{\int_0^\infty K(u)\,\mathrm{d}u}{m_1}. \tag{8}$$

(Beweis siehe [9], Seite 427[1]), Band 2).

Die Gleichheit in (8) kann verletzt sein, wenn $K(t)$ nichtmonoton ist und $K(t) \in L_1(0,\infty)$ gilt.

Folgerung 1. *Die Behauptung des Satzes 4 stimmt auch, wenn $K(t)$ eine Linearkombination von nichtwachsenden nichtnegativen Funktionen darstellt, die in $L_1(0,\infty)$ enthalten sind.*

Für das Analogon zum Satz 4 im diskreten Fall ist die Forderung der Monotonie an $K(t)$ nicht nötig.

Satz 5. *Für l-arithmetisches $F(t)$ und nichtnegatives $K(t) \in L_1(0,\infty)$ gilt die Gleichung*

$$\lim_{n\to\infty} \int_0^{nl} K(nl-u)\,\mathrm{d}H(u) = \frac{l\sum_{n=0}^{\infty} K(nl)}{m_1}. \tag{9}$$

(Beweis siehe [9], Seite 315[1]), Band 1).

Aus der Formel (4) und den Sätzen 4 und 5 folgt sofort

Satz 6. *Die Lösung $X(t)$ der Gleichung* (1) *mit einer monotonen Funktion $K(t) \in L_1(0,\infty)$ verhält sich für $t\to\infty$ folgendermaßen: Falls $F(t)$ nichtarithmetisch ist, dann gilt*

$$\lim_{t\to\infty} X(t) = \frac{\int_0^\infty K(t)\,\mathrm{d}t}{m_1}; \tag{10}$$

[1]) Die Seitenangaben beziehen sich auf die russische Ausgabe (Anm. d. Red.).

ist $F(t)$ dagegen l-arithmetisch, dann ist

$$\lim_{n\to\infty} X(nl) = \frac{l \sum_{n=0}^{\infty} K(nl)}{m_1}. \tag{11}$$

Bemerkung 1. Aus der Folgerung 1 schließen wir, daß die Aussage (10) für Funktionen $K(t)$ richtig ist, die als Linearkombinationen einer endlichen Anzahl von nichtwachsenden nichtnegativen Funktionen aus $L_1(0, \infty)$ darstellbar sind.

Satz 7. *Es sei* $\lim_{t\to\infty} K(t) = K$. *Die Lösung $X(t)$ der Gleichung* (1) *ist dann für $t \to \infty$ in der Form*

$$X(t) = \frac{K}{m_1} t + o(t) \tag{12}$$

darstellbar.

Beweis. Wir bedienen uns der Formel (4). Es sei für alle t die Ungleichung $|K(t) - K| \leqq K_1$ erfüllt und t_1 so gewählt, daß $|K(t) - K| < \varepsilon$ ist für $t > t_1$. Dann ist für $\ln t > t_1$

$$\left|\int_0^t [K(t-u) - K]\, \mathrm{d}H(u)\right| \leqq \int_0^{t-\ln t} |K(t-u) - K|\, \mathrm{d}H(u) + \\ + \int_{t-\ln t}^{t} |K(t-u) - K|\, \mathrm{d}H(u) \leqq \varepsilon H(t - \ln t) + \\ + K_1[H(t) - H(t - \ln t)]\,. \tag{13}$$

Aus den Sätzen 1 und 2 folgt, daß $H(t) - H(t - \ln t) \leqq \beta[\ln t + 1]$ und $H(t - \ln t) \leqq \beta t$ für ein gewisses $\beta > 0$ ist. Deshalb übersteigt die rechte Seite von (13) nicht den Wert $\varepsilon\beta t + K_1\beta \ln t$. Da $\varepsilon > 0$ beliebig klein gewählt werden kann, ist der rechte Teil von (13) gleich $o(t)$. Hieraus erhalten wir unter Zuhilfenahme von (4) die Formel (12). Der Satz ist bewiesen.

Unten werden wir häufig voraussetzen, daß die Verteilungsfunktion $F(t)$ einer bestimmten Klasse angehört, die wir jetzt definieren.

Definition 2. Eine Verteilungsfunktion $F(t)$ nennen wir *Funktion von absolutstetigem Typ*, wenn ihre k-te Faltungspotenz für ein $k \geqq 1$ eine absolutstetige Komponente besitzt.

Diese Definition gestattet es uns, eine andere Variante des Satzes 4 anzugeben.

Satz 8. *Ist $F(t)$ eine Funktion von absolutstetigem Typ und* $K(t) \in L_1(0, \infty)$, *dann gilt die Grenzwertbeziehung* (8).

Ein Beweis befindet sich in [69].

Damit gelangen wir sofort zu einer Verschärfung von Satz 6.

Satz 9. *Ist $F(t)$ eine Funktion von absolutstetigem Typ,* $K(t) \in L_1(0, \infty)$ *und* $\lim_{t\to\infty} K(t) = 0$, *dann erfüllt die Lösung $X(t)$ der Gleichung* (1) *die Bedingung* (10).

Um die Restglieder in den Beziehungen (10), (11) und (12) abzuschätzen, brauchen wir Präzisierungen der Sätze 2 bis 5.

Satz 10. *Wenn $F(t)$ nichtarithmetisch ist und m_1 und m_2 endlich sind, dann gilt für $t \to \infty$*

$$H(t) = \frac{t}{m_1} + \frac{m_2}{2m_1^2} - 1 + o(1)\,. \tag{14}$$

(Beweis hierzu siehe [9], Seite 237[1]), Band 2).

Satz 11. *Falls $F(t)$ eine l-arithmetische Verteilungsfunktion mit endlichen m_1 und m_2 ist, dann gilt für $n \to \infty$*

$$H(nl) - \frac{nl}{m_1} \to \frac{m_2}{2m_1^2} + \frac{l}{2m_1} - 1\,, \tag{15}$$

$$H\bigl((n+1)\,l\bigr) - H(nl) = \frac{l}{m_1} + o\left(\frac{1}{n}\right) \tag{16}$$

und außerdem ist

$$\sum_n \left| H\bigl((n+1)\,l\bigr) - H(nl) - \frac{l}{m_1} \right| < \infty\,. \tag{17}$$

Wenn wir noch $m_3 < \infty$ voraussetzen, dann gilt sogar

$$\sum_n n \left| H\bigl((n+1)\,l\bigr) - H(nl) - \frac{l}{m_1} \right| < \infty\,.$$

Der Beweis folgt aus den Sätzen 2, 3, 4 der Arbeit [10] von Feller.

Satz 12. *Ist $F(t)$ eine Funktion absolutstetigen Typs mit endlichem Moment m_r, so ist für $r = 2$ und 3 auch*

$$\int_0^\infty t^{r-2} \left| \mathrm{d}H(t) - \frac{\mathrm{d}t}{m_1} \right| < \infty\,. \tag{18}$$

Beweis. Wir führen den Beweis für $r = 3$. Für $r = 2$ können wir die gleiche Methode verwenden, nur wird der Beweis einfacher. Es sei $W(x)$ eine Funktion mit beschränkter Variation auf $[0, \infty]$. Mit $W^*(s) = \int_0^\infty e^{-sx}\,\mathrm{d}W(x)$ bezeichnen wir ihre Laplace-Stieltjes-Transformation, mit $\hat{W}(t) = \int_0^\infty e^{itx}\,\mathrm{d}W(x)$ ihre Fourier-Stieltjes-Transformation. Aus der Gleichung (2) folgt

$$H^*(s) = \frac{F^*(s)}{1 - F^*(s)}\,.$$

Wenn wir die Gleichung

$$H^*(s) - \frac{1}{m_1 s} = \int_0^\infty e^{-sx} \left[\mathrm{d}H(x) - \frac{\mathrm{d}x}{m_1} \right] \tag{19}$$

---

[1]) Die Seitenangaben beziehen sich auf die russische Ausgabe (Anm. d. Red.).

nach s differenzieren, dann nimmt sie die Form

$$V^*(s) = \int_0^\infty e^{-sx}\, dV(x) \tag{20}$$

an, wobei

$$V^*(s) = -H^{*\prime}(s) - \frac{1}{m_1 s^2} = -\frac{F^{*\prime}(s)}{[1 - F^*(s)]^2} - \frac{1}{m_1 s^2}, \tag{21}$$

$$V(x) = \int_0^x u\left[dH(u) - \frac{du}{m_1}\right] \tag{22}$$

ist. Wir beweisen die Behauptung (18) für $r = 3$, indem wir zeigen, daß die Funktion $V(x)$ auf $[0, \infty)$ von beschränkter Variation ist. Dazu leiten wir her, daß $\hat{V}(t)$ die Fourier-Stieltjes-Transformation einer solchen Funktion ist. Zuerst führen wir einige Bezeichnungen ein. Für endliches $m_1 > 0$ ist

$$\hat{F}_1(t) = \frac{1 - \hat{F}(t)}{-m_1 it} \tag{23}$$

die charakteristische Funktion einer nichtnegativen Zufallsgröße mit der Dichte

$$\frac{1 - F(x)}{m_1}.$$

Ist m_2 endlich, dann hat diese Zufallsgröße den Mittelwert $m_2/2m_1$. Analog erhalten wir für endliche m_1 und m_2, wenn wir in die rechte Seite von (23) $\hat{F}_1(t)$ statt $\hat{F}(t)$ und $m_2/2m_1$ statt m_1 einsetzen, daß

$$\hat{F}_2(t) = 2m_1 \frac{1 - \dfrac{1 - \hat{F}(t)}{-itm_1}}{-im_2} = 2\,\frac{\hat{F}(t) - 1 - im_1 t}{-m_2 t^2} \tag{24}$$

ebenfalls eine charakteristische Funktion einer nichtnegativen Zufallsgröße mit absolutstetiger Verteilung ist. Weiterhin gilt, falls $m_1 < \infty$ und

$$F_0^*(s) = -\frac{F^{*\prime}(s)}{m_1}$$

ist, daß $\hat{F}_0(t)$ charakteristische Funktion der Verteilung

$$\frac{1}{m_1}\int_0^x u\, dF(u) \tag{25}$$

ist. Ist $m_2 < \infty$, dann ist der Erwartungswert dieser Verteilung endlich und gleich m_2/m_1. Ist außerdem $m_3 < \infty$, dann ist auch das zweite Moment m_3/m_1

der Verteilung (25) endlich. Weiterhin führen wir die Funktion

$$\hat{b}_D(t) = \begin{cases} 1\,, & |t| \leqq D\,, \\ 2 - \dfrac{|t|}{D}\,, & D \leqq |t| \leqq 2D\,, \\ 0\,, & 2D \leqq |t| \end{cases} \tag{26}$$

ein, die FOURIER-Transformation einer Funktion ist, die der Klasse L_1 angehört. Jetzt schreiben wir die Funktion $V^*(s)$, die durch die Gleichung (21) definiert ist, in der Form $V^*(-it) = \hat{V}(t)$,

$$\hat{V}(t) = m_1 \frac{\hat{F}_0(t) - (\hat{F}_1(t))^2}{(1 - \hat{F}(t))^2} = \hat{V}_1(t) + \hat{V}_2(t) \tag{27}$$

mit

$$\hat{V}_1(t) = \hat{b}_D(t) \frac{\hat{F}_0(t) - (\hat{F}_1(t))^2}{(1 - \hat{F}(t))^2} m_1 = \hat{b}_D(t) \frac{\dfrac{\hat{F}_0(t) - 1 - \frac{m_2}{m_1} it}{-t^2} - \dfrac{(\hat{F}_1(t))^2 - 1 - \frac{m_2}{m_1} it}{-t^2}}{m_1 \left(\dfrac{1 - \hat{F}(t)}{-m_1 it}\right)^2}\,, \tag{28}$$

$$\hat{V}_2(t) = (1 - \hat{b}_D(t)) \cdot \frac{\hat{F}_0(t) - (\hat{F}_1(t))^2}{[1 - \hat{F}(t)\,(1 - \hat{b}_{D/2}(t))]^2} m_1\,. \tag{29}$$

Die Funktion $\hat{V}_1(t)$ ist Quotient von FOURIER-Transformationen von Funktionen aus der Klasse L_1, wobei der Zähler außerhalb eines endlichen Intervalls Null wird, der Nenner jedoch nirgends verschwindet. Somit folgt hieraus nach dem Satz von WIENER (siehe [22], Seite 207), daß $\hat{V}_1(t)$ die FOURIER-Transformierte einer Funktion aus der Klasse L_1 und folglich die FOURIER-STIELTJES-Transformation einer Funktion von beschränkter Variation ist. Um zu zeigen, daß $\hat{V}_2(t)$ ebenfalls die FOURIER-STIELTJES-Transformation einer Funktion mit beschränkter Variation ist, reicht es aus festzustellen, daß die Funktion

$$\hat{E}(t) = 1 - \hat{F}(t)\,(1 - \hat{b}_{D/2}(t)) \tag{30}$$

der Bedingung des Satzes von WIENER-PITT (siehe [13], Seite 213, Satz 4) genügt. Danach müssen wir beweisen: a) $\inf\limits_{-\infty<t<\infty} |\hat{E}(t)| > 0$ und b) die Norm $||E_s||$ des singulären Anteils von $E(x)$ ist kleiner als $\inf\limits_{-\infty<t<\infty} |\hat{E}_d(t)|$, wobei $\hat{E}_d(t)$ die FOURIER-STIELTJES-Transformation des diskreten Anteils $E_d(x)$ von $E(x)$ ist.

Die Bedingung a) wird erfüllt, denn für $0 \leqq t \leqq D/2$ ist $E(t) = 1$, und da $F(x)$ eine Funktion von absolutstetigem Typ ist, existiert für jedes $t_0 > 0$ ein $\delta > 0$, so daß $|\hat{F}(t)| < 1 - \delta$ für alle $t \geqq t_0$ ist. Für den Beweis von b) bemerken wir, daß die singulären Anteile $\hat{E}_s(t)$ und $\hat{F}_s(t)$ und die diskreten Anteile $\hat{E}_d(t)$

und $\hat{F}_d(t)$ in (30) durch die Beziehungen

$$\hat{E}_s(t) = -\hat{F}_s(t), \qquad \hat{E}_d(t) = 1 - \hat{F}_d(t) \tag{31}$$

miteinander verbunden sind. Wir setzen vorerst voraus, daß $F(x)$ einen absolutstetigen Anteil besitzt. Dann ist die Summe der Normen der singulären und diskreten Anteile $||F_s||$ und $||F_d||$ von $F(x)$ kleiner als Eins. In diesem Fall erhalten wir wegen (31)

$$\inf_{-\infty<t<\infty} |\hat{E}_d(t)| \geqq 1 - ||F_d|| > ||F_s|| = ||E_s|| .$$

Wenn nur die m-fache Faltung von $F(x)$ einen absolutstetigen Anteil enthält, dann bedienen wir uns der Identität

$$\frac{1}{\hat{E}(t)} = \frac{\sum_{k=0}^{m-1} \hat{F}^k(t)\,(1 - \hat{b}_{D/2}(t))^k}{1 - \hat{F}^m(1 - \hat{b}_{D/2}(t))^m} \tag{32}$$

und verfahren mit dem Nenner, der rechts in (32) steht, genauso wie bisher. Damit ist der Beweis des Satzes abgeschlossen.

Satz 13. *Wenn $F(t)$ eine Funktion von absolutstetigem Typ ist, dann gilt für $t \to \infty$*

$$\int_0^t K(t-u)\,\mathrm{d}H(u) - \frac{\int_0^\infty K(u)\,\mathrm{d}u}{m_1} = o\left(\frac{1}{t}\right), \tag{33}$$

falls m_1, m_2 und m_3 endlich sind, die Funktion $K(t)$ monoton ist und

$$\int_0^\infty uK(u)\,\mathrm{d}u < \infty \tag{34}$$

gilt.

Beweis. Die Differenz in (33) stellen wir als Summe $J_1 + J_2 + J_3$ dreier Integrale dar, wobei

$$J_1 = \int_0^{t/2} K(t-u)\left[\mathrm{d}H(u) - \frac{\mathrm{d}u}{m_1}\right],$$

$$J_2 = \int_{t/2}^{t} K(t-u)\left[\mathrm{d}H(u) - \frac{\mathrm{d}u}{m_1}\right],$$

$$J_3 = -\frac{1}{m_1}\int_t^\infty K(u)\,\mathrm{d}u$$

ist. Da $K(t)$ nicht wächst, folgt

$$0 \leqq \int_t^\infty K(u)\,\mathrm{d}u \leqq \frac{1}{t}\int_t^\infty uK(u)\,\mathrm{d}u\,,$$

$$K(2t)\int_t^{2t} u\,\mathrm{d}u \leqq \int_t^{2t} uK(u)\,\mathrm{d}u \leqq \int_t^\infty uK(u)\,\mathrm{d}u\,.$$

Hieraus folgt wegen (34)

$$\int_t^\infty K(u)\,\mathrm{d}u = o\left(\frac{1}{t}\right), \qquad K(t) = o\left(\frac{1}{t^2}\right). \tag{35}$$

Aus (35) und der Ungleichung $H(t) \leqq \beta t$, $\beta > 0$, folgt

$$|J_1| \leqq K\left(\frac{t}{2}\right)\left[H\left(\frac{t}{2}\right) + \frac{t}{2m_1}\right] \leqq K\left(\frac{t}{2}\right)\left(\beta + \frac{1}{m_1}\right)\frac{t}{2} = o\left(\frac{1}{t}\right),$$

$$J_3 = o\left(\frac{1}{t}\right).$$

Aus Satz 12 folgt die Abschätzung

$$|J_2| \leqq K(0)\int_{t/2}^\infty \left|\mathrm{d}H(u) - \frac{\mathrm{d}u}{m_1}\right| \leqq K(0)\frac{2}{t}\int_{t/2}^\infty u\left|\mathrm{d}H(u) - \frac{\mathrm{d}u}{m_1}\right| = o\left(\frac{1}{t}\right).$$

Der Satz ist bewiesen.

Satz 14. *Wenn die Verteilungsfunktion $F(t)$ l-arithmetisch ist, die Momente m_1 und m_2 endlich sind, $K(t)$ monoton und*

$$\sum_{n=0}^\infty nK(nl) < \infty \tag{36}$$

ist, dann folgt

$$\int_0^{nl} K(nl-u)\,\mathrm{d}H(u) = \frac{l\sum\limits_{n=0}^\infty K(nl)}{m_1} + o\left(\frac{1}{n}\right). \tag{37}$$

Beweis. Wir schreiben das Integral auf der linken Seite von (37) als Summe

$$\int_0^{nl} K(nl-u)\,\mathrm{d}H(u) = \sum_{k=0}^{n} K\big((n-k)\,l\big)\,h_k \tag{38}$$

mit $h_k = H(kl) - H\big((k-1)\,l\big)$, $k = 1, 2, \ldots$; $h_0 = H(0)$. Die Summe (38) schreiben wir in der Form $J_1 + J_2$ mit

$$\sum_{k=0}^{\left[\frac{n}{2}\right]} K((n-k)\,l)\,h_k = J_1\,, \qquad \sum_{k=\left[\frac{2}{n}\right]+1}^{n} K\big((n-k)\,l\big)\,h_k = J_2\,.$$

Aus (36) erhalten wir $K(nl) = o(1/n^2)$ und deshalb

$$|J_1| \leqq K\left(\left[\frac{n}{2}\right]l\right) H\left(\left[\frac{n}{2}\right]l\right) = nK\left(\left[\frac{n}{2}\right]l\right)\frac{H\left(\left[\frac{n}{2}\right]l\right)}{n} = o\left(\frac{1}{n}\right).$$

In der Summe J_2 schätzen wir h_k nach der Formel (16) ab. Dann ist

$$J_2 = \sum_{k=\left[\frac{n}{2}\right]+1}^{n} K((n-k)\,l)\left[\frac{l}{m_1} + o\left(\frac{1}{n}\right)\right] = \frac{l}{m_1}\sum_{n=0}^{\infty} K(nl) + o\left(\frac{1}{n}\right),$$

da wegen (36) die Beziehung $\sum_{k=n}^{\infty} K(kl) = o(1/n)$ gilt. Der Satz ist bewiesen.

Satz 15. *Unter den Bedingungen von Satz 13 kann die Lösung $X(t)$ der Gleichung (1) für $t \to \infty$ in der Form*

$$X(t) = \frac{\int_0^\infty K(u)\,du}{m_1} + o\left(\frac{1}{t}\right) \tag{39}$$

dargestellt werden.

Der Beweis folgt aus (4) und Satz 13.

Satz 16. *Unter den Bedingungen von Satz 14 kann die Lösung $X(t)$ der Gleichung (1) für $n \to \infty$ in der Form*

$$X(nl) = \frac{l\sum_{n=0}^{\infty} K(nl)}{m_1} + o\left(\frac{1}{n}\right) \tag{40}$$

dargestellt werden.

Der Beweis folgt aus der Formel (4) und Satz 14.

Satz 17. *Es sei $F(t)$ eine Verteilungsfunktion von absolutstetigem Typ mit endlichen m_1 und m_2, für die Funktion $K(t)$ gelte $\lim_{t\to\infty} K(t) = K$ und das Integral*

$$K_0 = \int_0^\infty [K(t) - K]\,dt \tag{41}$$

konvergiere. Dann nimmt die Lösung $X(t)$ der Gleichung (1) für $t \to \infty$ die Form

$$X(t) = \frac{Kt}{m_1} + \frac{K_0}{m_1} + \frac{Km_2}{2m_1^2} + o(1) \tag{42}$$

an.

Beweis. Wir stellen $X(t)$ entsprechend der Formel (4) dar, deren rechte Seite wir die Form

$$X(t) = K(t) + K\frac{t}{m_1} + J_1 + J_2 + J_3$$

geben, wobei

$$J_1 = \int_0^t [K(t-u) - K] \frac{du}{m_1},$$

$$J_2 = K\left(H(t) - \frac{t}{m_1}\right),$$

$$J_3 = \int_0^t [K(t-u) - K] \cdot \left[dH(u) - \frac{du}{m_1}\right]$$

ist.

Wegen (41) ist $J_1 = \int_0^t [K(u) - K] \frac{du}{m_1} \to \frac{K_0}{m_1}$. Mit Hilfe von (14) erhalten wir $J_2 \to K\left(\frac{m_2}{2m_1^2} - 1\right)$. Weiterhin sei $J_3 = J_3' + J_3''$ mit

$$J_3' = \int_0^{t/2} [K(t-u) - K] \cdot \left[dH(u) - \frac{du}{m_1}\right],$$

$$J_3'' = \int_{t/2}^t [K(t-u) - K] \cdot \left[dH(u) - \frac{du}{m_1}\right].$$

Wenn wir Satz 12 mit $r = 2$ anwenden, gelangen wir für $t \to \infty$ zu

$$|J_3'| \leqq \sup_{0 \leqq u \leqq t/2} |K(t-u) - K| \int_0^\infty \left|dH(u) - \frac{du}{m_1}\right| \to 0,$$

$$|J_3''| \leqq \sup_{0 \leqq t \leqq \infty} [K(t) + K] \int_{t/2}^\infty \left|dH(u) - \frac{du}{m_1}\right| \to 0,$$

woraus die Aussage des Satzes folgt. Genauso können wir den folgenden Satz als diskrete Modifikation von Satz 17 beweisen.

Satz 18. *$F(t)$ sei l-arithmetisch mit endlichen m_1 und m_2, für die Funktion $K(t)$ gelte $K(nl) \to K$ und die Reihe*

$$K_0 = \sum_{n=0}^\infty [K(nl) - K]$$

konvergiere. Dann können wir die Lösung $X(t)$ der Gleichung (1) für $n \to \infty$ auf die Form

$$X(nl) = \frac{K}{m_1} nl + \frac{K_0}{m_1} l + K\left(\frac{m_2}{2m_1^2} + \frac{l}{2m_1}\right) + o(1)$$

bringen.

In Verbindung mit der Gleichung (1) betrachten wir die Gleichung

$$X(t) = K(t) + m \int_0^t X(t-u)\,\mathrm{d}F(u)\,, \tag{43}$$

in der $0 < m < 1$ ist. Diese Gleichung besitzt ebenfalls eine eindeutige Lösung, die in folgender Weise dargestellt werden kann:

$$X(t) = K(t) + m \int_0^t K(t-u)\,\mathrm{d}H(m, u) \tag{44}$$

mit

$$H(m, t) = \sum_{n=1}^{\infty} m^{n-1} F_n(t)\,.$$

Die asymptotische Formel für die Lösung $X(t)$ der Gleichung (43) ergibt sich aus folgendem Satz:

Satz 19. *Gilt* $\lim_{t\to\infty} K(t) = K < \infty$ *und* $0 < m < 1$, *dann genügt die Lösung* $X(t)$ *der Gleichung* (43) *der Bedingung*

$$\lim_{t\to\infty} X(t) = \frac{K}{1-m}\,.$$

Den Beweis hierzu erhalten wir aus (44) und der Gleichung

$$\lim_{t\to\infty} H(m, t) = \frac{K}{1-m}\,.$$

§ 8. Asymptotisches Verhalten der ersten und zweiten Momente im Modell 2

Wir halten uns hier an die in § 6 angegebenen Bezeichnungen für die ersten und zweiten Momente. In § 3 haben wir die Begriffe eines subkritischen, superkritischen und kritischen Prozesses im Modell 1 eingeführt. Diese Definition geht im Modell 2 in folgende über: Ein Verzweigungsprozeß heißt *subkritisch*, wenn $A < 1$ *superkritisch*, wenn $A > 1$, und *kritisch*, wenn $A = 1$ und $B > 0$ ist. Der Fall $A = 1$, $B = 0$ ist trivial, da hierbei $a(u) = 1$, $b(u) = 0$, $h(u; s) = s$ fast überall bezüglich des G-Maßes gilt, d. h., wir haben einen einfachen Erneuerungsprozeß vor uns, und es ist $\mathsf{P}\{\mu(t) = 1\} = 1$. Wir definieren die reelle Zahl α als Lösung der Gleichung

$$1 = \int_0^{\infty} \mathrm{e}^{-\alpha u}\, a(u)\,\mathrm{d}G(u)\,. \tag{1}$$

Ist $A \geqq 1$, dann existiert immer ein eindeutig bestimmtes α. Dabei ist $\alpha = 0$, falls $A = 1$ ist, und $\alpha > 0$, falls $A > 1$ ist. Im Falle $A < 1$ braucht die Gleichung (1) keine Lösung zu besitzen. Wenn eine Wurzel α existiert, dann ist sie negativ. Im weiteren Verlauf setzen wir immer voraus, daß A endlich ist und eine Wurzel der Gleichung (1) existiert (dazu müssen wir für $A < 1$ voraussetzen, daß $\int_t^\infty a(u)\, \mathrm{d}G(u)$ für $t \to \infty$ hinreichend schnell fällt). Wir führen jetzt noch einige Bezeichnungen ein, die für die weiteren Ausführungen zweckmäßig sind. Es sei $\lambda(u)$ eine nichtnegative meßbare Funktion und β eine reelle Zahl. Wir setzen voraus, daß das Integral

$$\int_0^\infty \lambda(u)\, \mathrm{e}^{-\beta u}\, \mathrm{d}G(u)$$

endlich und ungleich Null ist. Wir setzen

$$G_\lambda^{(\beta)}(t) = \int_0^t \lambda(u)\, \mathrm{e}^{-\beta u}\, \mathrm{d}G(u) \tag{2}$$

und

$$M_{\lambda k}^{(\beta)} = \int_0^\infty u^k\, \mathrm{d}G_\lambda^{(\beta)}(u)\,, \qquad G_\lambda^{(0)}(t) = G_\lambda(t)\,, \qquad M_{\lambda k}^{(0)} = M_{\lambda k}\,,$$

$$M_{\lambda 1}^{(\beta)} = M_\lambda^{(\beta)}\,, \qquad M_{\lambda 1} = M_\lambda\,, \qquad M_{1k} = M_k = \int_0^\infty u^k\, \mathrm{d}G(u)\,.$$

Wir stellen $A(t)$ als

$$A(t) = A_0(t)\, \mathrm{e}^{\alpha t} \tag{3}$$

dar, wobei α die Wurzel der Gleichung (1) ist. Wenn wir (3) in die Gleichung (6.9) einsetzen, erhalten wir

$$A_0(t) = \int_0^t A_0(t-u)\, \mathrm{d}G_a^{(\alpha)}(u) + \mathrm{e}^{-\alpha t}\left(1 - G(t)\right)\,. \tag{4}$$

Die Gleichung (4) ist eine Erneuerungsgleichung. Die Fragen der Existenz und Eindeutigkeit der Lösungen solcher Gleichungen sowie auch ihre asymptotischen Eigenschaften haben wir im vorangehenden Paragraphen behandelt.

Definition 1. Es sei $G(t)$ eine Verteilungsfunktion einer nichtnegativen Zufallsgröße. Wir bezeichnen mit $\tilde{G}(t)$ eine stufenförmige Verteilungsfunktion, die durch die Gleichungen

$$\tilde{G}(t) = G(nl) \qquad \text{für} \qquad nl \leqq t < (n+1)\, l \tag{5}$$

definiert ist. Den entsprechenden Erwartungswert bezeichnen wir mit $\tilde{M} = \int_0^\infty u\, \mathrm{d}\tilde{G}(u)$.

Satz 1. *Wenn die Funktion $G_a(t)$ nichtarithmetisch ist, $M = \int_0^\infty u\, \mathrm{d}G(u)$ und $M_a = \int_0^\infty ua(u)\, \mathrm{d}G(u)$ endlich sind, dann gilt für einen kritischen Verzweigungsprozeß*

$$\lim_{t\to\infty} A(t) = \frac{M}{M_a}\,. \tag{6}$$

Beweis. Die Behauptung (6) folgt aus Satz 7.6, da die Gleichung (6.9) eine Erneuerungsgleichung vom Typ (7.1) ist, in dem $G_a(t)$ die Rolle von $F(t)$ einnimmt und $K(t) = 1 - G(t)$ ist.

Satz 2. *Wenn die Funktion* $G_a(t)$ *l-arithmetisch ist,* $\widetilde{M} = \int_0^\infty u \, \mathrm{d}\widetilde{G}(u)$ *und* $M_a = \int_0^\infty u \, \mathrm{d}G_a(u)$ *endlich sind, dann gilt für einen kritischen Verzweigungsprozeß*

$$\lim_{n\to\infty} A(nl) = \frac{\widetilde{M}}{M_a}. \tag{7}$$

Der Beweis dieser Behauptung folgt ebenfalls aus Satz 7.6.

Satz 3. *Gegeben sei ein superkritischer Verzweigungsprozeß. Wenn die Verteilungsfunktion* $G_a^{(\alpha)}(t)$ *nichtarithmetisch ist, dann gilt*

$$\lim_{t\to\infty} A(t) \, \mathrm{e}^{-\alpha t} = A_0 \tag{8}$$

mit

$$A_0 = \frac{\int_0^\infty \mathrm{e}^{-\alpha u} \left(1 - G(u)\right) \mathrm{d}u}{M_a^{(\alpha)}}. \tag{9}$$

Ist $G_a^{(\alpha)}(t)$ *dagegen l-arithmetisch, dann folgt*

$$\lim_{n\to\infty} A(nl) \, \mathrm{e}^{-\alpha nl} = A_0 \tag{10}$$

mit

$$A_0 = \frac{l \sum_{n=0}^{\infty} \mathrm{e}^{-\alpha nl} \left(1 - G(nl)\right)}{M_a^{(\alpha)}}. \tag{11}$$

Beweis. Wegen (1) ist $G_a^{(\alpha)}(t)$ eine Verteilungsfunktion. Wenn wir $A(t)$ durch $A_0(t)$ gemäß der Formel (3) ausdrücken, erhalten wir die Erneuerungsgleichung (4), auf die wir Satz 7.6 anwenden können. Da $\alpha > 0$ ist, wächst die Funktion $\mathrm{e}^{-\alpha t}(1 - G(t))$ bezüglich t nicht und $M_a^{(\alpha)}$ sowie $\int_0^\infty \mathrm{e}^{-\alpha u} \left(1 - G(u)\right) \mathrm{d}u$ sind immer endlich.

Satz 4. *Ein Verzweigungsprozeß sei subkritisch. Falls eine Lösung* α *der Gleichung* (1) *existiert und die Integrale*

$$\int_0^\infty t \, \mathrm{e}^{-\alpha t} \, \mathrm{d}G(t) \,, \qquad \int_0^\infty t \, \mathrm{e}^{-\alpha t} \, a(t) \, \mathrm{d}G(t)$$

konvergieren, dann gelten ebenfalls die Formeln (8)—(11).

Beweis. Wir beweisen, daß der Summand $\mathrm{e}^{-\alpha t} \left(1 - G(t)\right)$ in der Gleichung (4) als Differenz von zwei monotonen Funktionen darstellbar ist, die in $L_1(0, \infty)$ liegen. In der Tat, da $\alpha < 0$ ist, gilt

$$\mathrm{e}^{-\alpha t} \left(1 - G(t)\right) \leqq \int_t^\infty \mathrm{e}^{-\alpha u} \, \mathrm{d}G(u)$$

und deshalb strebt $e^{-\alpha t}(1 - G(t))$ für $t \to \infty$ gegen Null. Außerdem ist $e^{-\alpha t}(1 - G(t)) \in L_1(0, \infty)$, weil das Integral

$$\int_0^\infty dt \int_t^\infty e^{-\alpha u}\, dG(u) = t \int_t^\infty e^{-\alpha u}\, dG(u) \Big|_0^\infty + \int_0^\infty t\, e^{-\alpha t}\, dt = \int_0^\infty t\, e^{-\alpha t}\, dt$$

endlich ist. Durch partielle Integration erhalten wir

$$\int_t^T e^{-\alpha u}\, dG(u) = -(1 - G(u))\, e^{-\alpha u} \Big|_t^T - \alpha \int_t^T e^{-\alpha u}(1 - G(u))\, du\,.$$

Für $T \to \infty$ gelangen wir zu der Gleichung

$$(1 - G(t))\, e^{-\alpha t} = \int_t^\infty e^{-\alpha u}\, dG(u) + \alpha \int_t^\infty e^{-\alpha u}(1 - G(u))\, du\,,$$

in der die linke Seite und der erste Summand im rechten Teil in $L_1(0, \infty)$ liegen. Damit ist gezeigt, daß die Funktion $e^{-\alpha t}(1 - G(t))$ als Differenz von zwei monotonen Funktionen aus $L_1(0, \infty)$ dargestellt werden kann. Wenn wir die Bemerkung 7.1 zum Satz 7.6 berücksichtigen, können wir diesen Satz genauso wie den vorigen beweisen.

Die folgenden zwei Sätze geben eine Abschätzung der Konvergenzgeschwindigkeit für den kritischen Fall.

Satz 5. *Wenn ein Prozeß kritisch, $G_a(t)$ eine l-arithmetische Verteilungsfunktion ist und die zweiten Momente $\int_0^\infty u^2\, dG(u)$ und $\int_0^\infty u^2\, dG_a(u)$ endlich sind, dann folgt für $n \to \infty$*

$$A(nl) = \frac{\tilde{M}}{M_a} + o\left(\frac{1}{n}\right). \tag{12}$$

Beweis. Diese Behauptung folgt aus Satz 7.16. Aus der Konvergenz von $\int_0^\infty t^2\, dG(t)$ folgt die Konvergenz der Reihe $\sum_{n=0}^\infty n(1 - G(nl))$, d. h. die Bedingung (7.36) in den Sätzen 7.14 und 7.16.

Satz 6. *Wenn ein Prozeß kritisch ist, $G_a(t)$ eine Verteilungsfunktion von absolutstetigem Typ darstellt und $\int_0^\infty u^2\, dG(u)$ und $\int_0^\infty u^3 a(u)\, dG(u)$ endlich sind, dann ist für $t \to \infty$ die Relation*

$$A(t) = \frac{M}{M_a} + o\left(\frac{1}{t}\right) \tag{13}$$

erfüllt.

Beweis. Die Behauptung folgt aus Satz 7.15. Aus der Bedingung $\int_0^\infty u^2\, dG(u) < \infty$ folgt die Konvergenz des Integrals $\int_0^\infty u(1 - G(u))\, du$, die im Satz 7.15 vorausgesetzt wird.

Bemerkung 1. Wie wir sofort sehen, besitzt die Gleichung (6.11) für $a(u) \equiv 1 = A$ die Lösung $A(t) \equiv 1$. In diesem Fall sind die Sätze 5 und 6 ohne zusätzliche Voraussetzungen an $G(t)$ gültig.

Wir untersuchen jetzt asymptotische Eigenschaften der zweiten Momente. Hierbei setzen wir voraus, daß in die Gleichung (6.10) statt $A(t)$ die Lösung der Gleichung (6.9) eingesetzt wird. Die Gleichung (6.10) ist entweder selbst eine Erneuerungsgleichung oder kann leicht in sie übergeführt werden. Die Lösung von (6.10) existiert deshalb stets und ist eindeutig.

Satz 7. *Wenn ein Prozeß kritisch ist,* $M = \int_0^\infty u \, dG(u)$, $M_a = \int_0^\infty u \, a(u) \, dG(u)$ *und B endlich sind und außerdem $G_a(t)$ entweder nichtarithmetisch ist oder $G_a(t)$ und $G(t)$ beide l-arithmetisch sind, dann gilt*

$$B(t) = B_1 t + o(t) \tag{14}$$

mit

$$B_1 = \frac{M^2}{M_a^3} B.$$

Beweis. In der Gleichung (6.10), die wir in der Form

$$B(t) = \int_0^t B(t-u) \, dG_a(u) + \int_0^t b(u) \, A^2(t-u) \, dG(u) \tag{15}$$

aufschreiben können, konvergiert für $t \to \infty$ das Integral $\int_0^t b(u) \, A^2(t-u) \, dG(u)$ nach Satz 1 gegen $\left(\frac{M}{M_a}\right)^2 B$, falls $G_a(t)$ nichtarithmetisch ist, und nach Satz 2 gegen den gleichen Grenzwert, falls $G(t)$ und $G_a(t)$ beide l-arithmetisch sind. Die Behauptung (14) erhalten wir, wenn wir auf die Gleichung (15) Satz 7.7 anwenden.

Satz 8. *Ist ein Prozeß superkritisch, das Integral*

$$\int_0^\infty b(u) \, e^{-2\alpha u} \, dG(u)$$

endlich und $G_a^{(\alpha)}(t)$ nichtarithmetisch, dann ist

$$\lim_{t \to \infty} B(t) \, e^{-2\alpha t} = B_0 \tag{16}$$

mit

$$B_0 = \frac{A_0^2 \int_0^\infty b(u) \, e^{-2\alpha u} \, dG(u)}{1 - \int_0^\infty a(u) \, e^{-2\alpha u} \, dG(u)}, \tag{17}$$

wobei A_0 durch Formel (9) bestimmt ist.

Beweis. Wir setzen in (15) $B(t) = B_0(t) \, e^{2\alpha t}$ und erhalten

$$B_0(t) = \int_0^t b(u) \, A_0^2(t-u) \, e^{-2\alpha u} \, dG(u) + m \int_0^t B_0(t-u) \frac{dG_a^{(2\alpha)}(u)}{m} \tag{18}$$

mit $m = \int_0^\infty a(u)\, e^{-2\alpha u}\, dG(u) < 1$, wobei $A_0(t)$ durch die Formel (13) gegeben ist. Die Behauptung (16), (17) folgt aus Satz 7.19, wenn wir ihn auf die Gleichung (18) anwenden.

Satz 9. *Wenn ein Prozeß superkritisch ist und $G_a^{(\alpha)}(t)$ und $G(t)$ l-arithmetisch sind, dann gilt*

$$\lim_{n\to\infty} B(nl)\, e^{-2\alpha nl} = B_0\,.$$

Hierbei ist B_0 durch (17) *definiert, wenn wir für A_0 den Ausdruck* (11) *einsetzen.*

Der Beweis hierzu ist analog dem vorangegangenen.

Satz 10. *Wenn ein Prozeß subkritisch ist, die Bedingungen des Satzes* 4 *erfüllt sind und die Integrale*

$$\int_0^\infty b(u)\, e^{-\alpha u}\, dG(u)\,, \qquad \int_0^\infty u b(u)\, e^{-\alpha u}\, dG(u)$$

konvergieren, dann gilt für $G_a^{(\alpha)}(t)$ von absolutstetigem Typ

$$\lim_{t\to\infty} B(t)\, e^{-\alpha t} = B_0'\,,$$

und für den Fall, daß $G_a^{(\alpha)}(t)$ und $G(t)$ gleichzeitig l-arithmetisch sind

$$\lim_{n\to\infty} B(nl)\, e^{-\alpha nl} = B_0''\,;$$

hierbei sind B_0' und B_0'' Konstanten.

Beweis. Wenn wir $B(t) = B_0(t)\, e^{\alpha t}$ setzen, können wir die Gleichung (15) in der Form

$$B_0(t) = \int_0^t B_0(t-u)\, dG_a^{(\alpha)}(u) + e^{\alpha t} \int_0^t A_0^2(t-u)\, e^{-2\alpha u}\, dG_b(u)\,, \tag{19}$$

schreiben, wobei $A_0(t) = A(t)\, e^{-\alpha t}$ ist. Wegen Satz 4 konvergiert $A_0(t)$ für $t \to \infty$ gegen einen Grenzwert, folglich ist $A_0^2(t-u)$ in (19) beschränkt. Um auf die Gleichung (19) Satz 7.9 anwenden zu können, müssen wir zeigen, daß der Summand

$$e^{\alpha t} \int_0^t A_0^2(t-u)\, e^{-2\alpha u}\, dG_b(u) \tag{20}$$

in (19) in $L_1(0, \infty)$ liegt. Der Ausdruck (20) ist nichtnegativ und wird von dem Produkt einer Konstanten mit

$$e^{\alpha t} \int_0^t e^{-2\alpha u}\, dG_b(u)\,. \tag{21}$$

majorisiert. Da aber $\alpha < 0$ ist, wird (21) nicht größer als

$$B\, e^{\alpha t/3} + \int_{t/3}^t e^{-\alpha u}\, dG_b(u) \leqq B\, e^{\alpha t/3} + \int_{t/3}^\infty e^{-\alpha u}\, dG_b(u)\,.$$

Der Summand $B\,e^{\alpha t/3}$ liegt in $L_1(0,\infty)$. Wenn wir weiter genauso vorgehen wie im Satz 4, folgt wegen der Endlichkeit von $\int_0^\infty t\,e^{-\alpha t}\,dG_\theta(t)$ auch die Zugehörigkeit der Funktion $\int_{t/3}^\infty e^{-\alpha u}\,dG_t(u)$ zu $L_1(0,\infty)$. Jetzt können wir auf (19) Satz 7.9 anwenden und erhalten die Behauptung.

Für einen superkritischen Prozeß geben wir noch eine asymptotische Formel für das gemischte Moment $B(t,\tau) = \mathsf{M}\mu(t)\,\mu(t+\tau)$ an.

Für die erzeugende Funktion

$$\mathsf{M}s_1^{\mu(t)}s_2^{\mu(t+\tau)} = F(t,\tau;s_1,s_2)$$

können wir eine zu (1.9) analoge Integralgleichung erhalten:

$$F(t,\tau;s_1,s_2) = \int_0^{t+0} h(u;F(t-u,\tau;s_1,s_2))\,dG(u) + \\ + s_1\int_{t+0}^{t+\tau+0} h(u;F(t+\tau-u;s_2))\,dG(u) + s_1s_2(1-G(t+\tau)). \quad (22)$$

Wenn wir nacheinander (22) nach s_1 und s_2 im Punkt $s_1 = s_2 = 1$ differenzieren, erhalten wir

$$B(t,\tau) = \int_0^{t+0} a(u)\,B(t-u,\tau)\,dG(u) + \int_0^{t+0} b(u)\,A(t-u)\,A(t+\tau-u)\,dG(u) + \\ + \int_{t+0}^{t+\tau+0} a(u)\,A(t+\tau-u)\,dG(u) + 1 - G(t+\tau). \quad (23)$$

Satz 11. *Unter den Bedingungen von Satz* 8 *gilt für* $t\to\infty$

$$B(t,\tau) \sim B_0\,e^{(2t+\tau)\alpha} \quad (24)$$

gleichmäßig in $\tau \geqq 0$, *wobei* B_0 *durch die Formel* (17) *bestimmt ist.*

Beweis. Wir setzen in (23) $B(t,\tau) = B_0(t,\tau)\,e^{2\alpha t}$ und erhalten

$$B_0(t,\tau) = \int_0^{t+0} a(u)\,e^{-2\alpha u}\,B_0(t-u,\tau)\,dG(u) + \\ + e^{\alpha\tau}\int_0^{t+0} b(u)\,e^{-2\alpha u}\,A_0(t-u)\,A_0(t+\tau-u)\,dG(u) + \\ + e^{-\alpha t}\int_{t+0}^{t+\tau+0} a(u)\,e^{-\alpha u}\,A_0(t+\tau-u)\,dG(u) + e^{-2\alpha t}(1-G(t+\tau)). \quad (25)$$

Die Gleichung (25) genügt ebenso wie die Gleichung (18) der Bedingung des Satzes 7.19, woraus die Behauptung (24) folgt. Die Gleichmäßigkeit der Konvergenz in τ für (24) folgt aus der gleichmäßigen Konvergenz in τ für die entsprechenden Glieder der rechten Seite von (25).

Satz 12. *Unter den Bedingungen von Satz* 9 *gilt für* $n\to\infty$ *gleichmäßig in* $m \geqq 0$

$$B(nl,ml) \sim B_0\,e^{\alpha l(2n+m)}, \quad (26)$$

wobei B_0 *wie in Satz* 9 *definiert ist.*

Der Beweis ist analog.

Jetzt geben wir eine genauere Darstellung des Restgliedes aus Satz 7 an.

Satz 13. *Ist ein Prozeß kritisch, die Funktion $G_a(t)$ von absolutstetigem Typ und konvergieren die Integrale*

$$\int^{\infty} u^3 \, dG_a(u) \,, \quad \int_0^{\infty} u^3 \, dG(u) \,, \quad B = \int_0^{\infty} b(u) \, dG(u) \,, \quad \int_0^{\infty} u^2 b(u) \, dG(u) \,,$$

dann ist für $t \to \infty$

$$B(t) = B_1 t + B_2 + o(1) \,, \tag{27}$$

wobei $B_1 = \frac{M^2}{M_a^3} B$ und B_2 eine gewisse Konstante ist.

Beweis. Wir beweisen, daß wir auf die Gleichung (15) Satz 7.17 anwenden können. Dazu müssen wir zeigen, daß für $t \to \infty$ eine Konvergenz

$$K(t) = \int_0^t b(u) \, A^2(t-u) \, dG(u) \to \frac{BM^2}{M_a^2} = K \tag{28}$$

gilt, so daß das Integral

$$\int_0^{\infty} [K(t) - K] \, dt$$

konvergiert. Wir setzen $A(t) = A_0 + \varepsilon_t$, $A_0 = M/M_a$ und schreiben das Integral in (28) sowie die Differenz $K(t) - K$ folgendermaßen:

$$K(t) = \int_0^t b(u) \, [A_0 + \varepsilon_{t-u}]^2 \, dG(u)$$

und

$$K(t) - K = A_0^2 \int_t^{\infty} b(u) \, dG(u) + 2 A_0 \int_0^t b(u) \, \varepsilon_{t-u} \, dG(u) + \int_0^t \varepsilon_{t-u}^2 \, b(u) \, dG(u) \,. \tag{29}$$

Da $\int_0^{\infty} u^2 b(u) \, dG(u) < \infty$ ist, gilt $\int_t^{\infty} b(u) \, dG(u) = o\,(1/t^2)$. Deshalb besitzt der erste Summand rechts in (29) die Ordnung $o(1/t^2)$ für $t \to \infty$ und das Integral hiervon konvergiert. Wegen Satz 6 ist $\varepsilon_t = o(1/t)$, so daß wir

$$\int_0^t \varepsilon_{t-u}^2 \, b(u) \, dG(u) = \int_0^{t/2} \varepsilon_{t-u}^2 b(u) \, dG(u) + \int_{t/2}^t \varepsilon_{t-u}^2 b(u) \, dG(u) \leqq$$

$$\leqq \sup_{0 \leqq u \leqq t/2} \varepsilon_{t-u}^2 B + \sup_{t/2 \leqq u \leqq t} \varepsilon_{t-u}^2 \int_{t/2}^{\infty} b(u) \, dG(u) = o\left(\frac{1}{t^2}\right) \tag{30}$$

erhalten. Folglich konvergiert auch das Integral des dritten Summanden in (29). Der zweite Summand in (29) stellt ein Vielfaches von

$$\int_0^t \varepsilon_{t-u} \, dG_b(u) \tag{31}$$

dar. Analog wie in (30) schließen wir auf die Abschätzung

$$\int_{t/2}^{t} \varepsilon_{t-u}\, dG_b(u) = o\left(\frac{1}{t^2}\right).$$

Es bleibt nur noch übrig

$$\int_0^{t/2} \varepsilon_{t-u}\, dG_b(u) \tag{32}$$

zu majorisieren. Dazu wenden wir uns der Gleichung

$$A(t) = \int_0^t A\,(t-u)\, dG_a(u) + 1 - G(t)$$

zu. Unter Verwendung der Formel (7.4) können wir der Lösung $A(t)$ dieser Gleichung die Form

$$A(t) = 1 - G(t) + \int_0^t [1 - G(t-u)]\, dH(u) \tag{33}$$

geben, in der

$$H(t) = \sum_{n=1}^{\infty} G_{an}(t)\,, \qquad G_{a1} = G_a\,, \qquad G_{a,n+1} = G_{an} * G_{a1}$$

ist. Indem wir ε_t mit Hilfe von (33) ausdrücken, erhalten wir

$$\varepsilon_t = A(t) - A_0 = 1 - G(t) + \\ + \int_0^t [1 - G(t-u)]\left[dH(u) - \frac{du}{M_a}\right] - \int_t^{\infty} (1 - G(u))\,\frac{du}{M_a}. \tag{34}$$

Da das Integral $\int_0^{\infty} u^3\, dG(u) \leqq \infty$ ist, folgt $1 - G(t) = o(1/t^3)$ und $\int_t^{\infty} (1 - G(u))\, du = o(1/t^2)$. Den mittleren Summanden in (34) zerlegen wir wiederum in zwei Summanden J_1 und J_2:

$$J_1 = \int_0^{t/2} (1 - G(t-u))\left(dH(u) - \frac{du}{M_a}\right),$$

$$J_2 = \int_{t/2}^{t} (1 - G(t-u))\left(dH(u) - \frac{du}{M_a}\right).$$

Nun ist

$$|J_1| \leqq (1 - G(t/2)) \int_0^{\infty} \left|dH(u) - \frac{du}{M_a}\right| = o\left(\frac{1}{t^3}\right)$$

wegen Satz 7.12 und

$$|J_2| \leqq \int_{t/2}^{\infty} \left|dH(u) - \frac{du}{M_a}\right| = V - V(t) \tag{35}$$

mit

$$V = \int_0^\infty \left| \mathrm{d}H(u) - \frac{\mathrm{d}u}{M_a} \right|, \qquad V(t) = \int_0^{t/2} \left| \mathrm{d}H(u) - \frac{\mathrm{d}u}{M_a} \right|.$$

Ebenfalls aus Satz 7.12 folgt $\int_0^\infty (V - V(t))\, \mathrm{d}t = \int_0^\infty t\, \mathrm{d}V(t) < \infty$. Wir bezeichnen mit $v(t) = \dfrac{V - V(t)}{\int_0^\infty (V - V(t))\, \mathrm{d}t}$ die Dichte einer nichtnegativen Zufallsgröße. Wenn wir uns auf (34) und (35) stützen, können wir den letzten übrigbleibenden Summanden in (31) mit Hilfe von

$$\int_0^{t/2} v(t-u)\, \mathrm{d}G_b(u) \leqq \int_0^t v(t-u)\, \mathrm{d}G_b(u) \tag{36}$$

abschätzen. Der rechte Teil von (36) ist ein Vielfaches der Wahrscheinlichkeitsdichte, die die Faltung der Dichte $v(t)$ und der Verteilungsfunktion $B^{-1}G_b(t)$ ist. Damit haben wir gezeigt, daß das Integral von (32) in den Grenzen von 0 bis ∞ endlich ist. Die Anwendung von Satz 7.15 führt zum Abschluß des Beweises.

Satz 14. *Wenn ein Prozeß kritisch ist, die Verteilungsfunktionen $G(t)$ und $G_a(t)$ l-arithmetisch sind und die Integrale*

$$\int_0^\infty u^3\, \mathrm{d}G(u)\,, \quad \int_0^\infty u^3\, \mathrm{d}G_a(u)\,, \quad B = \int_0^\infty b(u)\, \mathrm{d}G(u)\,, \quad \int_0^\infty u^2 b(u)\, \mathrm{d}G(u)$$

konvergieren, dann folgt für $n \to \infty$

$$B(nl) = B_1 nl + B_2 + o(1)\,, \tag{37}$$

wobei $B_1 = \dfrac{M^2}{M_a^3} B$ und B_2 eine Konstante ist.

Der Beweis wird analog zum vorangegangenen geführt, nur verwenden wir statt Satz 7.17 den Satz 7.18 und zum Abschluß des Beweises anstelle von Satz 7.12 den Satz 7.11.

Bemerkung 2. Aus $a(u) \equiv 1 = A$, $b(u) \equiv B > 0$ folgt, daß $A(t) \doteq 1$ ist und die Gleichung für $B(t)$ die Gestalt

$$B(t) = BG(t) + \int_0^t B(t-u)\, \mathrm{d}G(u)$$

erhält. Wenn wir $B(t) = BH(t)$ und $G(t) = F(t)$ setzen, dann geht diese Gleichung in die Erneuerungsgleichung (7.2) über. Wenn M und M_2 endlich sind, gilt nach Satz 7.10 bzw. 7.11 für nichtarithmetische $G(t)$

$$B(t) = \frac{B}{M} t + \frac{BM_2}{2M} - B + o(1)$$

bzw. für l-arithmetische $G(t)$

$$B(nl) = \frac{B}{M} nl + \frac{BM_2}{2M^2} + \frac{Bl}{2M} - B + o(1)\,.$$

§ 9. Mehrdimensionale Erneuerungsgleichungen

Das asymptotische Verhalten der Momente eines Verzweigungsprozesses vom Modell 1 für $t \to \infty$ untersuchen wir mit Hilfe der mehrdimensionalen Erneuerungsgleichung, einem Gleichungssystem

$$X_m^l(x) = K_m^l(x) + \int_0^x X_m^\alpha(x-u)\, dF_\alpha^l(u)\,,$$
$$l = 1, \ldots, n\,, \qquad m = 1, \ldots, N\,, \tag{1}$$

wobei die $F_m^l(x)$ nichtfallende, von rechts stetige nichtnegative Funktionen beschränkter Variation sind, $F_m^l(0) = 0$ für $l, m = 1, \ldots, n$ ist und die $K_m^l(x)$ für $l = 1, \ldots, n$; $m = 1, \ldots, N$, meßbare in jedem endlichen Intervall beschränkte Funktionen sind, die diesen oder jenen Bedingungen genügen. (In der Formel (1) und weiter unten setzen wir wie in analogen Fällen voraus, daß die obere Grenze in den Integrationsbereich einbezogen sei.)

Die Gleichung (1) können wir in Matrizenform

$$X(x) = K(x) + \int_0^x dF(u)\, X(x-u) \tag{2}$$

schreiben, wobei $X(x) = ||X_\beta^\alpha(x)||$, $K(x) = ||K_\beta^\alpha(x)||$ $n \times N$-Matrizen und $F(x) = ||F_\beta^\alpha(x)||$ eine $n \times n$-Matrix sind.

Wenn wir für die Matrizen $A(x) = ||A_\beta^\alpha(x)||$ und $B(x) = ||B_\beta^\alpha(x)||$ die Operation der Matrizenfaltung $C(x) = A * B(x)$ einführen, wobei $C(x) = ||C_\beta^\alpha(x)||$ und

$$C_l^k(x) = \int_0^x B_l^\alpha(x-u)\, dA_\alpha^k(u)$$

ist, dann erhält die Gleichung (2) das Aussehen

$$X(x) = K(x) + F{*}X(x)\,. \tag{3}$$

Im weiteren Verlauf werden wir uns an folgende Bezeichnungen halten. Es sei eine Matrix $L(x) = ||L_\beta^\alpha(x)||$ gegeben, die für $x \geqq 0$ definiert ist. Ihre Elemente $L_\beta^\alpha(x)$ seien in jedem beschränkten Intervall $[0, T]$ reelle meßbare Funktionen von beschränkter Variation. Wir setzen

$$\hat{L}_\beta^\alpha(t) = \int_0^\infty e^{itx}\, dL_\beta^\alpha(x) \tag{4}$$

und $\hat{L}(t) = ||\hat{L}_\beta^\alpha(t)||$ für die entsprechende Matrix. Wir vereinbaren außerdem noch folgende Bezeichnungen:

$$L_\beta^\alpha = L_\beta^\alpha(\infty) = \hat{L}_\beta^\alpha(0)\,, \qquad L = ||L_\beta^\alpha||\,. \tag{5}$$

Da die Matrizenfaltung $A * B(x)$ der Matrizenmultiplikation $\hat{A}(t) \cdot \hat{B}(t)$ entspricht, erhalten wir aus der Gleichung (3) folgende Gleichung für $\hat{X}(t)$:

$$\hat{X}(t) = \hat{K}(t) + \hat{F}(t)\, \hat{X}(t)\,, \tag{6}$$

woraus sich die Lösung

$$\hat{X}(t) = [E - \hat{F}(t)]^{-1} \hat{K}(t) \tag{7}$$

ergibt, falls die inverse Matrix $[E - \hat{F}(t)]^{-1}$ existiert (hier ist E die $n \times n$-Einheitsmatrix). Wenn wir in (3) und (6) $K(x) = F(x)$ und $X(x) = H(x)$ setzen, gelangen wir zu dem wichtigen Spezialfall

$$H(x) = F(x) + F * H(x)\,, \tag{8}$$

$$\hat{H}(t) = \hat{F}(t) + \hat{F}(t)\,\hat{H}(t)\,, \tag{9}$$

$$\hat{H}(t) = [E - \hat{F}(t)]^{-1}\,\hat{F}(t) = \hat{F}(t)\,[E - \hat{F}(t)]^{-1}\,. \tag{10}$$

Die Matrix $H(x)$ nennen wir *Erneuerungsmatrix*. Da

$$[E - \hat{F}(t)]^{-1} = E + [E - \hat{F}(t)]^{-1}\,\hat{F}(t) \tag{11}$$

ist, folgt aus (7)

$$\hat{X}(t) = \hat{K}(t) + \hat{H}(t)\,\hat{K}(t)\,, \tag{12}$$

woraus seinerseits

$$X(x) = K(x) + H * K(x) \tag{13}$$

bzw.

$$X(x) = K(x) + \int_0^x \mathrm{d}H(u)\,K(x-u) \tag{14}$$

folgt. Die Koordinatenschreibweise von (14) ist

$$X^l_m(x) = K^l_m(x) + \int_0^x K^\alpha_m(x-u)\,\mathrm{d}H^l_\alpha(u)\,, \tag{15}$$

$$l = 1, \ldots, n; \qquad m = 1, \ldots, N\,.$$

Das asymptotische Verhalten der Lösungen $X(x)$ und $H(x)$ der Gleichungen (1) und (8) für $x \to \infty$ hängt in hohem Grade von den Eigenschaften der Matrix $F(x) = ||F^k_l(x)||$ ab. Wir fordern im weiteren stets die Irreduzibilität der Matrix $F = ||F^\alpha_\beta||$. R sei die Perronsche Wurzel der Matrix F. Die Erneuerungsgleichung (3) oder (8) nennen wir *kritisch*, wenn $R = 1$ ist, *subkritisch*, wenn $R < 1$, und *superkritisch*, wenn $R > 1$ ist. Unten setzen wir voraus, ohne das extra hervorzuheben, daß alle Funktionen $F^l_m(x)$ absolutstetig sind.

Wir betrachten zuerst den kritischen Fall $R = 1$, in dem die Determinante $\Delta(t) = |E - \hat{F}(t)|$ der Matrix $E - \hat{F}(t)$ für reelle t nur im Punkt $t = 0$ verschwindet. Das folgt daraus, daß für jedes reelle $t \neq 0$ die Ungleichung $|\hat{F}^\alpha_\beta(t)| < \hat{F}^\alpha_\beta(0)$ gilt, da $\hat{F}^\alpha_\beta(t)$ die Fourier-Stieltjes-Transformation der absolutstetigen Funktion $F^\alpha_\beta(x)$ ist. Deshalb sind auch alle Eigenwerte der Matrix $||\hat{F}^\alpha_\beta(t)||$ dem Betrage nach kleiner als die Perronsche Wurzel der Matrix $||F^\alpha_\beta||$ (siehe Lemma 2, Kap. XIII in [12]). Mit $D^j_k(t)$ bezeichnen wir die Adjunkte zum Element $\delta^k_j - \hat{F}^k_j(t)$ in der Matrix $E - \hat{F}(t)$; wir setzen $D^j_k(0) = D^j_k$,

$D(t) = ||D_j^i(t)||$, $D = ||D_j^i||$. Außerdem benutzen wir die Bezeichnungen

$$M_{rk}^j = \int_0^\infty x^r \, dF_k^j(x) = \frac{1}{i^r} \cdot \frac{d^r \hat{F}_k^j(t)}{dt^r}\bigg|_{t=0}, \qquad M_r = ||M_{rk}^j|| .$$

Offensichtlich ist $M_0 = F$. Mit diesen Bezeichnungen ist die durch Formel (10) bestimmte Funktion $\hat{H}(t)$ in der Form

$$\hat{H}_l^k(t) = \frac{D_m^k(t) \, \hat{F}_l^m(t)}{\Delta(t)} = \frac{\hat{F}_m^k(t) \, D_l^m(t)}{\Delta(t)} \tag{16}$$

darstellbar, da die Matrix $||D_l^k(t)/\Delta(t)||$ die Inverse der Matrix $E - \hat{F}(t)$ ist. Auf der Grundlage von (11) können wir $\hat{H}_l^k(t)$ auch ausdrücken als

$$\hat{H}_l^k(t) = \frac{D_l^k(t)}{\Delta(t)} - \delta_l^k . \tag{17}$$

Im weiteren werden wir folgende 4 Lemmata benötigen:

Lemma 1. *Es seien $\hat{L}(t)$ und $\hat{K}(t)$ die* Fourier-Stieltjes-*Transformationen der Funktionen $L(x)$ und $K(x)$ von beschränkter Variation, die auf $[0, \infty)$ definiert sind; die Funktion $L(x)$ sei außerdem absolutstetig, und es sei $L(0) = 0$. Sind $\int_0^\infty x|dK(x)|$ und $\int_0^\infty x|dL(x)|$ endlich, $\hat{L}(0) \neq 0$ und $\hat{L}(t) \neq \hat{L}(0)$ für $t \neq 0$, dann ist*

$$\hat{V}(t) = \frac{\hat{K}(0) - \hat{K}(t)}{\hat{L}(0) - \hat{L}(t)} \tag{18}$$

die Fourier-Stieltjes-*Transformation einer Funktion $V(x)$ von beschränkter Variation.*

Beweis. Die Schlußweisen sind analog denen im Beweis von Satz 7.12. Wenn wir die Bezeichnung $\hat{b}_D(t)$ aus (7.26) benutzen, können wir

$$\hat{V}(t) = \hat{V}_1(t) + \hat{V}_2(t)$$

mit

$$\hat{V}_1(t) = \frac{\hat{b}_D(t) \, (\hat{K}(0) - \hat{K}(t))}{\hat{L}(0) - \hat{L}(t)}$$

$$\hat{V}_2(t) = (1 - \hat{b}_D(t)) \cdot \frac{\hat{K}(0) - \hat{K}(t)}{\hat{L}(0) - \hat{L}(t) \, (1 - \hat{b}_{D/2}(t))} .$$

schreiben. Indem wir $\hat{V}_1(t)$ in der Form

$$\hat{V}_1(t) = \frac{\hat{b}_D(t) \cdot \dfrac{\hat{K}(0) - \hat{K}(t)}{-it}}{\dfrac{\hat{L}(0) - \hat{L}(t)}{-it}}$$

darstellen, können wir wie in Satz 7.12 darauf schließen, daß $\hat{V}_1(t)$ die FOURIER-Transformation einer Funktion der Klasse L_1 und folglich die FOURIER-STIELTJES Transformation einer Funktion von beschränkter Variation ist. (Wenn wir $L(x) = L^+(x) - L^-(x)$ als Differenz zweier wachsender Funktionen von beschränkter Variation darstellen, können wir folgern, daß wegen $\int_0^\infty x|dL(x)| < \infty$ auch $\int_0^\infty [L^\pm - L^\pm(x)]\, dx < \infty$ ist. Deshalb ist auch $\int_0^\infty |L - L(x)|\, dx < \infty$ und

$$\frac{\hat{L}(0) - \hat{L}(t)}{-it} = \int_0^\infty [1 - L(x)]\, e^{itx}\, dx$$

ist die FOURIER-Transformation einer Funktion der Klasse L_1. Eine analoge Aussage gilt bezüglich $K(x)$. Weiter können wir wie in Satz 7.12 den Satz von WIENER anwenden.)

Die Funktion

$$\hat{E}(t) = \hat{L}(0) - \hat{L}(t)\,\bigl(1 - \hat{b}_{D/2}(t)\bigr)$$

genügt der Bedingung des Satzes von WIENER-PITT (siehe Satz 7.12), da $\inf_{-\infty<t<\infty} |\hat{E}(t)| > 0$ ist, und andererseits $\hat{L}(0) \neq 0$ die FOURIER-STIELTJES-Transformation des diskreten Anteils von $E(x)$ ist, während $E(x)$ laut Voraussetzung keinen singulären Anteil enthält. Somit ist auch $[\hat{E}(t)]^{-1}$ eine FOURIER-STIELTJES-Transformation einer Funktion von beschränkter Variation. Jetzt können wir genauso bezüglich $\hat{V}_2(t)$ und $\hat{V}(t)$ schlußfolgern.

Lemma 2. *$\hat{L}(t)$ und $\hat{K}(t)$ genügen den Bedingungen von Lemma* 1 *und $Y(x)$ sei eine Funktion, deren* FOURIER-STIELTJES-*Transformation gleich*

$$\hat{Y}(t) = \frac{\hat{K}(t)}{\hat{L}(0) - \hat{L}(t)} \tag{19}$$

ist. Ist $\int_0^\infty x^2|dL(x)|$ endlich und $L_1 = \int_0^\infty x\, dL(x) \neq 0$, dann gilt

$$\int_0^\infty \left| dY(x) - \frac{K_0}{L_1}\, dx \right| < \infty \tag{20}$$

mit $K_0 = \int_0^\infty dK(x)$. Wenn wir zusätzlich voraussetzen, daß $\int_0^\infty x^2|dK(x)|$ und $\int_0^\infty x^3|dL(x)|$ endlich sind, dann folgt

$$\int_0^\infty x \left| dY(x) - \frac{K_0}{L_1}\, dx \right| < \infty\,. \tag{21}$$

Beweis. Die Funktion

$$\frac{\hat{K}(t)}{\hat{L}(0)-\hat{L}(t)}+\frac{K_0}{itL_1}=\frac{\hat{K}(t)-\hat{K}_0}{\hat{L}(0)-\hat{L}(t)}-K_0\cdot\frac{\dfrac{\hat{L}(0)-\hat{L}(t)}{-itL_1}-1}{\hat{L}(0)-\hat{L}(t)} \tag{22}$$

ist Fourier-Stieltjes-Transformation von $Y(x)-(K_0/L_1)x$. Wenn wir auf die rechte Seite von (22) Lemma 1 anwenden, kommen wir zu dem Schluß, daß $Y(x)-(K_0/L_1)x$ von beschränkter Variation ist. Um die Behauptung (21) zu beweisen, müssen wir genauso wie in Satz 7.12 vorgehen und Lemma 1 benutzen. Hier werden wir diesen Beweis nicht angeben.

Wir sehen leicht, daß die durch die Formel (19) definierte Funktion $\hat{Y}(t)$ die Fourier-Stieltjes-Transformation der Funktion $Y(x)$ darstellt, die eine Lösung der Gleichung

$$L_0Y(x)=K(x)+\int_0^x Y(x-y)\,\mathrm{d}L(y)\,,\qquad x\geqq 0\,, \tag{23}$$

ist. Mit $W(x)$ bezeichnen wir die Lösung des Spezialfalls der Gleichung (23)

$$L_0W(x)=1+\int_0^x W(x-y)\,\mathrm{d}L(y)\,,\qquad x\geqq 0\,, \tag{24}$$

für die $\hat{W}(t)=\dfrac{1}{L_0-\hat{L}(t)}$ ist. Da $\hat{Y}(t)=\hat{K}(t)\,\hat{W}(t)$ ist, folgt

$$Y(x)=\int_0^x K\,(x-y)\,\mathrm{d}W(y)\,. \tag{25}$$

Falls $L(x)$ den Bedingungen der Lemmata 1 und 2 genügt, besitzt die Lösung $W(x)$ von (24) die Eigenschaften, die in diesen Lemmata gezeigt wurden, insbesondere die Eigenschaften (20) und (21), in denen wir $K_0=1$ setzen müssen. Wir beweisen noch zwei Lemmata.

Lemma 3. *$L(x)$ genüge den Bedingungen des Lemmas 1, und es sei $\int_0^\infty x^2|\mathrm{d}L(x)|<\infty$. Wenn $K(x)$ eine solche beschränkte Funktion ist, daß $K(x)\to 0$ für $x\to\infty$ und $\int_0^\infty |K(x)|\,\mathrm{d}x<\infty$ gilt, dann ist die Beziehung*

$$\lim_{x\to\infty}\int_0^x K(x-y)\,\mathrm{d}W(y)=\frac{1}{L_1}\int_0^\infty K(x)\,\mathrm{d}x \tag{26}$$

erfüllt.

Beweis. Wir betrachten die Differenz

$$\int_0^x K(x-y)\,\mathrm{d}W(y)-\frac{1}{L_1}\int_0^x K(y)\,\mathrm{d}y=\int_0^x K(x-y)\left[\mathrm{d}W(y)-\frac{\mathrm{d}y}{L_1}\right].$$

Das Integral auf der rechten Seite zerlegen wir in eine Summe von zwei Integralen und schätzen jedes einzeln ab. Wir erhalten

$$\left|\int_0^{x/2} K(x-y)\left[\mathrm{d}W(y)-\frac{\mathrm{d}y}{L_1}\right]\right| \leqq \sup_{x/2\leqq y} |K(y)| \int_0^{\infty} \left|\mathrm{d}W(y)-\frac{\mathrm{d}y}{L_1}\right|,$$

$$\left|\int_{x/2}^{x} K(x-y)\left[\mathrm{d}W(y)-\frac{\mathrm{d}y}{L_1}\right]\right| \leqq \sup_{y\geqq 0} |K(y)| \int_{x/2}^{\infty} \left|\mathrm{d}W(y)-\frac{\mathrm{d}y}{L_1}\right|.$$

Da $K(x)$ beschränkt ist, $K(x) \to 0$ für $x \to \infty$ und $\int_0^\infty \left|\mathrm{d}W(y)-\frac{\mathrm{d}y}{L_1}\right| < \infty$ gilt, können wir die erhaltenen rechten Seiten beliebig klein machen. Das Lemma ist bewiesen.

Lemma 4. *Unter den Bedingungen des Lemmas* 2 (*unter denen die Formel* (20) *gilt*) *folgt bezüglich der Funktion* $Y(x)$, *die die* FOURIER-STIELTJES-*Transformation* (19) *besitzt, für* $x \to \infty$ *die asymptotische Formel*

$$Y(x) = \frac{K_0}{L_1}x + \frac{K_0 L_2}{2L_1^2} - \frac{K_1}{L_1} + o(1)\,, \tag{27}$$

worin $K_r = \int_0^\infty x^r\,\mathrm{d}K(x)$, $L_r = \int_0^\infty x^r\,\mathrm{d}L(x)$ *ist.*

Beweis. Wegen der Identität

$$L_0(x) = \int_0^x (L_0 - L(y))\,\mathrm{d}y + \int_0^x (x-y)\,\mathrm{d}L(y)$$

und der Gleichung (23) genügt die Differenz

$$Z(x) = Y(x) - \frac{K_0}{L_1}x$$

der Gleichung

$$L_0 Z(x) = K(x) - \frac{K_0}{L_1}\int_0^x (L_0 - L(y))\,\mathrm{d}y + \int_0^x Z(x-y)\,\mathrm{d}L(y)\,.$$

Deshalb ist (siehe Formel (25))

$$Z(x) = \int_0^x \left[K(x-y) - \frac{K_0}{L_1}\int_0^y (L_0 - L(u))\,\mathrm{d}u\right]\mathrm{d}W(y)\,.$$

Nach Lemma 3 gilt

$$\lim_{x\to\infty} Z(x) = \frac{1}{L_1}\int_0^\infty \left[K(x) - \frac{K_0}{L_1}\int_0^x (L_0 - L(y))\,\mathrm{d}y\right]\mathrm{d}x\,, \tag{28}$$

wenn das Integral auf der rechten Seite absolut konvergiert.

Wir zeigen zuerst, daß der Ausdruck, der rechts in (28) steht, gleich $\frac{K_0 L_2}{2L_1^2} - \frac{K_1}{L_1}$ ist. Wir schreiben das Integral in (28) der Form

$$\int_0^\infty (K(x) - K_0)\,dx + K_0 \int_0^\infty \left[1 - \frac{\int_0^x (L_0 - L(y))\,dy}{L_1}\right] dx . \tag{29}$$

Der erste Summand in (29) ist gleich $\int_0^\infty x\,dK(x) = -K_1$. Zur Berechnung des zweiten Summanden benutzen wir die Identitäten

$$\left.\begin{aligned} &\int_0^x [L_0 - L(y)]\,dy = x(L_0 - L(x)) + \int_0^x y\,dL(y)\,, \\ &\int_0^\infty \left[1 - \frac{\int_0^x y\,dL(y)}{L_1}\right] dx = \frac{1}{L_1}\int_0^\infty y^2\,dL(y) = \frac{L_2}{L_1}\,, \\ &\int_0^\infty x(L_0 - L(x))\,dx = \frac{1}{2}\int_0^\infty x^2\,dL(x) = \frac{L_2}{2}\,. \end{aligned}\right\} \tag{30}$$

Wenn wir alle diese Gleichungen zur Berechnung des zweiten Summanden von (29) verwenden, erhalten wir die Behauptung des Lemmas. Die absolute Konvergenz des Integrals in (28) folgt aus den Bedingungen des Lemmas, die die absolute Konvergenz der Integrale (29) und (30) garantieren.

Mit Hilfe dieser Lemmata können wir folgende Eigenschaften der Erneuerungsmatrix $H(x)$ im kritischen Fall beweisen. Wir verwenden dabei die Bezeichnungen

$$h_l^k = \frac{D_l^k}{M_{1k}^l D_l^k}\,, \qquad h = ||h_l^k|| = \frac{D}{\operatorname{tr}(M_1 D)}\,, \tag{31}$$

wobei $\operatorname{tr} ||\varphi_j^i|| = \varphi_i^i$ die Spur der Matrix $||\varphi_j^i||$ ist. Wir halten noch einmal fest, daß wir die Schreibweise $C < \infty$ benutzen, wenn alle Elemente der Matrix C endlich sind.

Satz 1. *Ist $M_1 < \infty$ und $M_2 < \infty$, dann gilt im kritischen Fall*

$$\int_0^\infty |dH_l^k(u) - h_l^k\,du| < \infty\,; \tag{32}$$

wenn wir zusätzlich noch $M_3 < \infty$ voraussetzen, dann folgt

$$\int_0^\infty u|dH_l^k(u) - h_l^k\,du| < \infty\,. \tag{33}$$

Beweis. Wir wenden auf (17) Lemma 2 an, nach dem wir $\Delta(t) = 1 - \hat{L}(t)$ und $\hat{K}(t) = D_l^k(t) - \Delta(t)\,\delta_l^k$ gesetzt haben. Hierbei müssen wir davon ausgehen, daß bei diesen Bezeichnungen $K_0 = D_l^k$, $L_0 = 1 - \Delta(0) = 1$, $L = i\Delta'(0) = M_{k1}^l D_l^k = \mathrm{tr}(M_1 D)$ ist.

Wir setzen nun

$$D_{mr}^{lk}(t) = \frac{\partial^2 \Delta(t)}{\partial \hat{F}_l^m(t)\, \partial \hat{F}_k^r(t)}\,, \qquad D_{mr}^{lk} = D_{mr}^{lk}(0)\,.$$

Satz 2. *Gilt* $M_1 < \infty$, $M_2 < \infty$ *und* $M_3 < \infty$, *dann folgt für* $x \to \infty$ *im kritischen Fall*

$$H_l^k(x) = x h_l^k + b_l^k + o(1) \tag{34}$$

mit

$$b_l^k = \frac{D_l^k}{2(M_{1\beta}^\alpha D_\alpha^\beta)^2}\left(M_{2t}^r D_r^t - M_{1l_1}^{k_1} M_{1l_2}^{k_2} D_{k_1k_2}^{l_1l_2}\right) - \frac{M_{1\delta}^\gamma D_{1\gamma}^{k\delta}}{M_{1\beta}^\alpha D_\alpha^\beta} - \delta_l^k\,. \tag{35}$$

Beweis. Wir benutzen wie in Satz 1 die Formel (17). Hierin setzen wir wiederum $\Delta(t) = 1 - \hat{L}(t)$ und $\hat{K}(t) = D_l^k(t) - \Delta(t)\,\delta_l^k$ und wenden Lemma 4 an. Außer den schon im Beweis des vorigen Satzes eingeführten Bezeichnungen K_0, L_0, L_1, benötigen wir dabei noch folgende Ausdrücke

$$K_1 = M_{1\delta}^\gamma D_{l\gamma}^{k\delta} + \delta_l^k M_{1\beta}^\alpha D_\alpha^\beta\,,$$
$$L_2 = M_{2t}^r D_r^t - M_{1l_1}^{k_1} M_{1l_2}^{k_2} D_{k_1k_2}^{l_1l_2}\,.$$

Wir beweisen noch einige Sätze, die eine asymptotische Formel für die Lösung $X(x)$ der Gleichung (2) im kritischen Fall angeben.

Satz 3. *Ist* $M_1 < \infty$, $M_2 < \infty$, $K_m^l(x) \in L_1(0, \infty)$, $\lim_{x\to\infty} K_m^l(x) = 0$ *und* $\int_0^\infty K_m^l(x)\,dx = k_m^l$, *dann gilt im kritischen Fall*

$$\lim_{x\to\infty} X_j^i(x) = h_l^i k_j^l\,, \qquad i = 1, \ldots, n; \quad j = 1, \ldots, N\,. \tag{36}$$

Beweis. Die Schlußweisen sind analog zu den in Lemma 3 verwendeten. Wir müssen die Darstellung (15) für die Lösung $X_j^i(x)$ und Satz 1 benutzen.

Satz 4. *Wenn in der kritischen Gleichung* (1) $M_1 < \infty$, $M_2 < \infty$ *und* $M_3 < \infty$ *gilt, die Funktionen* $K_m^l(x)$ *nichtnegativ und nichtwachsend sind und die Integrale* $\int_0^\infty x K_m^l(x)\,dx$ *konvergieren, dann gilt*

$$X_j^i(x) = h_l^i k_j^l + o\left(\frac{1}{x}\right). \tag{37}$$

Beweis. Mit Hilfe von (15) stellen wir die Differenz $X_j^i(x) - h_l^i k_j^l$ in der Form

$$X_j^i(x) - h_l^i k_j^l = I_1 + I_2 + I_3$$

mit

$$I_1 = \int_0^{x/2} (\mathrm{d}H^i_\alpha(u) - h^i_\alpha\, \mathrm{d}u)\, K^\alpha_j(x-u)\,,$$

$$I_2 = \int_{x/2}^{x} (\mathrm{d}H^i_\alpha(u) - h^i_\alpha\, \mathrm{d}u)\, K^\alpha_j(x-u)\,,$$

$$I_3 = K^i_j(x) - \int_x^\infty K^\alpha_j(u)\, h^i_\alpha\, \mathrm{d}u$$

dar. Da die Funktionen $K^i_j(x)$ nicht wachsen, gilt

$$xK^i_j(2x) \leqq \int_x^{2x} K^i_j(u)\, \mathrm{d}u \leqq \int_x^\infty K^i_j(u)\, \mathrm{d}u \leqq \frac{1}{x} \int_x^\infty uK^i_j(u)\, \mathrm{d}u = o\left(\frac{1}{x}\right),$$

also $I_3 = o(1/x)$. Weiterhin ist

$$|I_1| \leqq K^\alpha_j\left(\frac{x}{2}\right)\left[H^i_\alpha\left(\frac{x}{2}\right) + h^i_\alpha \frac{x}{2}\right] = o\left(\frac{1}{x}\right),$$

da für $x \to \infty$ wegen (34) $H^i_\alpha(x) = O(x)$ ist. Schließlich gilt

$$|I_2| \leqq K^\alpha_j(0) \int_{x/2}^\infty |\mathrm{d}H^i_\alpha(u) - h^i_\alpha\, \mathrm{d}u| \leqq \frac{K^\alpha_j(0)}{x} \int_{x/2}^\infty u|\mathrm{d}H^i_\alpha(u) - h^i_\alpha\, \mathrm{d}u| = o\left(\frac{1}{x}\right).$$

Damit ist der Satz bewiesen.

Satz 5. *Gilt* $M_1 < \infty$, $M_2 < \infty$ *und* $\lim_{x\to\infty} K(x) = \bar{K}$ *mit* $\bar{K} = ||\bar{K}^i_j|| < \infty$, *dann folgt für* $x \to \infty$

$$X^i_j(x) = h^i_l \bar{K}^l_j x + O(x)\,. \tag{38}$$

Beweis. Wir erhalten (38), wenn wir in dem Integral (15)

$$K^\alpha_m(x-u) = \bar{K}^\alpha_m + (K^\alpha_m(x-u) - \bar{K}^\alpha_m)$$

setzen und Satz 2 benutzen.

Eine genauere Fassung der asymptotischen Formel (38) gibt

Satz 6. *Gilt* $M_1 < \infty$, $M_2 < \infty$, $M_3 < \infty$, $\lim_{x\to\infty} K(x) = \bar{K}$ *und* $\int_0^\infty [K(x) - \bar{K}]\, \mathrm{d}x = k = ||k^i_j|| < \infty$, *dann ist für* $x \to \infty$

$$X^i_j(x) = h^i_l \bar{K}^l_j x + h^i_l k^l_j + b^i_l \bar{K}^l_j + \bar{K}^i_j + o(1)\,, \tag{39}$$

wobei die b^i_l *durch die Formel* (35) *definiert sind.*

Beweis. Die Lösung $X^i_j(t)$ der Gleichung (2) schreiben wir in der Form

$$X^i_j(t) = K^i_j(t) + h^i_l \bar{K}^l_j x + I_1 + I_2 + I_3$$

mit

$$I_1 = \int_0^x [K^l_j(x-u) - \bar{K}^l_j]\, h^i_l\, \mathrm{d}u\,,$$

$$I_2 = \bar{K}^l_j(H^i_l(x) - h^i_l x)\,,$$

$$I_3 = \int_0^x (\mathrm{d}H^i_l(u) - h^i_l\, \mathrm{d}u)\, (K^l_j(x-u) - \bar{K}^l_j)\,.$$

Aus den Bedingungen des Satzes folgt $I_1 \to k_j^l h_l^i$ und aus (34) erhalten wir $I_2 \to \bar{K}_j^l b_l^i$. Weiterhin stellen wir noch I_3 als $I_3 = I_3' + I_3''$ mit

$$I_3' = \int_0^{x/2} (\mathrm{d}H_l^i(u) - h_l^i\,\mathrm{d}u)\,(K_j^l(x-u) - \bar{K}_j^l)\,, \qquad I_3'' = I_3 - I_3'$$

dar. Unter Benutzung von (32) erhalten wir für $x \to \infty$

$$|I_3'| \leqq \sup_{0 \leqq u \leqq x/2} |K_j^l(x-u) - \bar{K}_j^l| \int_0^\infty |\mathrm{d}H_l^i(u) - h_l^i\,\mathrm{d}u\,| \to 0\,,$$

$$|I_3''| \leqq \sup_{0 \leqq y \leqq \infty} (|K_j^l(y)| + |\bar{K}_j^l|) \int_{x/2}^\infty |\mathrm{d}H_l^i(u) - h_l^i\,\mathrm{d}u\,| \to 0\,,$$

woraus die Behauptung des Satzes folgt.

Um asymptotische Eigenschaften der sub- und superkritischen Erneuerungsgleichungen angeben zu können, benutzen wir eine Methode, die es uns gestattet, in vielen Fällen die oben bewiesenen Sätze für kritische Gleichungen anzuwenden. Wir setzen in Gleichung (1) statt der Funktionen $X_m^l(x)$ und $K_m^l(x)$ die Ausdrücke

$$X_m^l(x) = X_{\alpha m}^l(x) \exp \alpha x\,, \qquad K_m^l(x) = K_{\alpha m}^l(x) \exp \alpha x \tag{40}$$

ein, wobei α ein reeller Parameter ist. Wir erhalten dadurch

$$X_{\alpha m}^l(x) = K_{\alpha m}^l(x) + \int_0^x X_{\alpha m}^i(x-u)\,\mathrm{d}F_{\alpha i}^l(u) \tag{41}$$

mit

$$F_{\alpha i}^l(x) = \int_0^x \exp\{-\alpha u\}\,\mathrm{d}F_i^l(u)\,. \tag{42}$$

Die Matrix $F_\alpha = ||F_{\alpha i}^l||$, wobei $F_{\alpha i}^l = F_{\alpha i}^l(\infty)$ ist, ist wie die Matrix F irreduzibel und nichtnegativ. Mit R_α bezeichnen wir ihre PERRONsche Wurzel. Die Funktion R_α fällt in α. Wir wählen α so, daß

$$R_\alpha = 1 \tag{43}$$

ist. Für kritische Erneuerungsgleichungen ist $\alpha = 0$, für superkritische ist $\alpha > 0$. Im subkritischen Fall existiert nicht immer eine Wurzel der Gleichung (43). Wenn sie existiert (das werden wir immer voraussetzen), dann ist $\alpha < 0$. Somit stellt das System (41) für das durch die Gleichung (43) definierte α eine kritische Erneuerungsgleichung dar.

Wir halten noch ein Ergebnis fest, das sich auf den subkritischen Fall bezieht.

Satz 7. *Wenn im subkritischen Fall in der Gleichung* (1) *die Grenzwerte* $\lim_{x\to\infty} K_j^i(x) = \bar{K}_j^i$ *existieren, dann existieren auch die Grenzwerte* $\lim_{x\to\infty} X_j^i(x) = \bar{X}_j^i$, *die durch die Formel*

$$\bar{X}_j^i = \frac{D_l^i \bar{K}_j^l}{\Delta(0)}\,, \qquad i = 1, \ldots, n; \qquad j = 1, \ldots, N\,, \tag{44}$$

bestimmt sind.

Beweis. Aus der Formel (7) erhalten wir

$$\hat{X}_j^i(t) = \frac{D_l^i(t)\, \hat{K}_j^l(t)}{\Delta(t)}.$$

Da im subkritischen Fall $\Delta(t)$ für reelle t nicht Null wird, ist $\lim_{t\to 0} \Delta(t) = \Delta(0) \neq 0$ und

$$\lim_{x\to\infty} X_j^i(x) = \lim_{t\to 0} \hat{X}_j^i(t) = \frac{D_l^i \bar{K}_j^l}{\Delta(0)}.$$

Der Satz ist damit bewiesen.

§ 10. Asymptotisches Verhalten der ersten und zweiten Momente im Modell 1

In diesem Paragraphen setzen wir voraus, daß die Funktionen

$$G_{aj}^i(t) = \int_0^t a_j^i(u)\, \mathrm{d}G^i(u) \tag{1}$$

absolutstetig sind. Dann sind auch die Funktionen

$$G_{a\alpha j}^i(t) = \int_0^t \exp\{-\alpha u\}\, \mathrm{d}G_{aj}^i(u) \tag{2}$$

absolutstetig. Wir setzen voraus, ohne das jedesmal zu betonen, daß alle $A_j^i = \int_0^\infty a_j^i(u)\, \mathrm{d}G^i(u)$ endlich sind. Mit R_α bezeichnen wir die Perronsche Wurzel der Matrix $G_{a,\alpha} = ||G_{a,\alpha,j}^i||$, wobei $G_{a,\alpha,j}^i = G_{a,\alpha,j}^i(\infty)$ ist. Die reelle Zahl α in (2) wählen wir so, daß $R_\alpha = 1$ ist. Für den kritischen Verzweigungsprozeß ist $\alpha = 0$, für den superkritischen ist $\alpha > 0$. Im subkritischen Fall muß ein solches α nicht existieren. Wenn es jedoch existiert (was wir immer voraussetzen), dann ist $\alpha < 0$.

Unten benutzen wir folgende Bezeichnungen:

$$M_r^i = \int_0^\infty u^r\, \mathrm{d}G^i(u)\,, \qquad M_{arj}^i = \int_0^\infty u^r\, \mathrm{d}G_{aj}^i(u)\,,$$

$$M_{a,\alpha,r,j}^i = \int_0^\infty u^r\, \mathrm{d}G_{a,\alpha,j}^i(u)\,, \qquad M_1^i = M^i\,, \qquad M_{a1j}^i = M_{aj}^i\,,$$

$$M_{a,\alpha,1,j}^i = M_{a\alpha j}^i\,.$$

Wir wenden uns zuerst den Erwartungswerten $A_j^i(t)$ zu. Die Gleichung (6.7) können wir mit Hilfe der Bezeichnungen (1) in der Form

$$A_j^i(t) = \int_0^t A_j^k(t-u)\, \mathrm{d}G_{ak}^i(u) + \delta_j^i(1 - G^i(t)) \tag{3}$$

schreiben. Diese Erneuerungsgleichung ist vom gleichen Typ wie auch (9.1). Deshalb können wir auf sie auch die in § 9 abgeleiteten Sätze anwenden.

Wir betrachten zuerst einen kritischen Prozeß. In diesem Fall besitzt die Matrix $A = ||A_j^i||$ mit $A_j^i = \int\limits_0^\infty a_j^i(u)\, dG^i(u)$ die PERRONsche Wurzel $R = 1$ (wir erinnern daran, daß wir stets irreduzible Prozesse betrachten). Wir bezeichnen mit u^i, v_j die Komponenten des rechten und linken Eigenvektors, die der PERRONschen Wurzel $R = 1$ entsprechen. Wir erhalten

$$A_j^i u^j = u^i\,, \qquad A_j^i v_i = v_j\,. \tag{4}$$

Wir wählen diese Vektoren positiv und normieren sie so, daß

$$u^i v_i = 1\,, \qquad v_i v_j \delta^{ij} = 1 \tag{5}$$

erfüllt wird.

Satz 1. *Wenn ein Prozeß kritisch ist und* $M_r^i < \infty$, $M_{a,r+1,j}^i < \infty$ *für* $i, j = 1, \ldots, n$ *gilt, dann ist für* $t \to \infty$

$$A_j^i(t) = \bar{A}_j^i + o(t^{1-r})\,,$$

wobei $r = 1$ *oder* $r = 2$ *ist und*

$$\bar{A}_j^i = \frac{\langle u^i v_j M^j\rangle}{M_{al}^k u^l v_k}\,. \tag{6}$$

Beweis. Die Gleichung (3) erhalten wir aus (9.1), wenn wir $F_k^i(x) = G_{ak}^i(x)$, $K_j^i(x) = \delta_j^i(1 - G^i(x))$ setzen. Die Behauptung des Satzes folgt aus (9.36), (9.37) und der Formel (9.31), in der die D_i^k durch die Eigenvektoren $(u^1, \ldots, u^n)$ und $(v_1, \ldots, v_n)$ ausgedrückt werden können. Das geschieht genauso wie am Ende des Beweises von Satz 4.5.1. Wir erhalten

$$h_l^i = \frac{u^i v_l}{M_{at}^s u^t v_s}\,, \tag{7}$$

wenn wir in (9.31) $D_j^i = u^i v_j D_t^t$ setzen. Wenn wir noch die Gleichung

$$k_j^i = \int\limits_0^\infty \delta_j^i(1 - G^i(t))\, dt = \delta_j^i M^i$$

benutzen, können wir den Beweis vollenden.

Zur Untersuchung des super- und subkritischen Falles führen wir die Funktion $A_{\alpha j}^i(t)$ ein, indem wir

$$A_j^i(t) = A_{\alpha j}^i(t) \exp \alpha t$$

setzen. α ist auf die oben beschriebene Weise so ausgewählt, daß $R_\alpha = 1$ ist. Unter Verwendung von (2) und (3) erhalten wir

$$A_{\alpha j}^i(t) = \int\limits_0^t A_{\alpha j}^k(t-u)\, dG_{a\alpha k}^i(u) + e^{-\alpha t} \delta_j^i(1 - G^i(t))\,. \tag{8}$$

Die Adjunkten der Matrix $E - G_{a\alpha}$ bezeichnen wir mit $D_{\alpha l}^k$. Die entsprechenden rechten und linken Eigenvektoren bezeichnen wir mit u_α^i, $v_{\alpha j}$. Wir setzen voraus, daß für sie zu (5) analoge Normierungsbedingungen gelten. Wenn wir auf die Gleichung (8) Satz 9.3 anwenden, erhalten wir folgende Aussagen:

Satz 2. *Ist ein Prozeß superkritisch, dann gilt für $t \to \infty$*

$$A_j^i(t) \sim \bar{A}_{\alpha j}^i \exp \alpha t \tag{9}$$

mit

$$\bar{A}_{\alpha j}^i = \left\langle u_\alpha^i v_{\alpha j} \cdot \frac{\int_0^\infty \exp\{-\alpha u\}\,[1 - G^j(u)]\,du}{M_{\alpha\alpha k}^l u_\alpha^k v_{\alpha l}} \right\rangle. \tag{10}$$

Satz 3. *Ist ein Prozeß subkritisch, $M_{\alpha\alpha 2j}^i < \infty$ und konvergieren die Integrale*

$$\int_0^\infty t\, e^{-\alpha t}\, dG^i(t)\,, \qquad i = 1, \dots, n\,,$$

dann gelten die Formeln (9) *und* (10).

Zum Beweis des Satzes 3 müssen wir Schlußweisen hinzuziehen, die analog denen im Beweis von Satz 8.4 sind.

Wir gehen nun zu den zweiten Momenten $B_{jk}^i(t)$ über. Im weiteren setzen wir immer voraus, daß alle $B_{jk}^i = \int_0^\infty b_{jk}^i(u)\, dG^i(u)$ endlich sind. Die Gleichung (6.8) für die zweiten Momente können wir als Erneuerungsgleichung

$$B_{jk}^i(t) = \int_0^t B_{jk}^l(t-u)\, dG_{al}^i(u) + K_{jk}^i(t) \tag{11}$$

mit

$$K_{jk}^i(t) = \int_0^t b_{sv}^i(u)\, A_j^s(t-u)\, A_k^v(t-u)\, dG^i(u) \tag{12}$$

schreiben. Wir nehmen an, daß in (12) die Erwartungswerte $A_j^i(t)$ eingesetzt sind, die aus der Gleichung (3) herrühren.

Satz 4. *Wenn ein Prozeß kritisch ist und alle M_1^i, M_2^i, M_{a1j}^i, M_{a2j}^i endlich sind, dann folgt für $t \to \infty$*

$$B_{jk}^i(t) = \bar{B}_{jk}^i t + o(t) \tag{13}$$

mit

$$\bar{B}_{jk}^i = B \frac{u^i \langle v_j M^j \rangle \langle v_k M^k \rangle}{(M_{a\gamma}^\beta u^\gamma v_\beta)^3}\,, \tag{14}$$

$$B = B_{km}^l v_l u^k u^m\,.$$

B e w e i s. Die Gleichung (11) erhalten wir als Sonderfall der Gleichung (9.1), wenn wir $F_j^i(x) = G_{aj}^i(x)$ setzen. In der Gleichung (11) bedeutet der untere Index für $B_{jk}^i(t)$ und $K_{jk}^i(t)$ die Abhängigkeit von zwei Veränderlichen j, k im Unterschied zu (9.1), wo der Index eine Veränderliche darstellt. Wegen Satz 1 erhalten wir

$$\bar{K}_{jk}^l = \lim_{t\to\infty} K_{jk}^l(t) = B_{\beta\gamma}^l \frac{u^\beta u^\gamma \langle v_j M^j \rangle \langle v_k M^k \rangle}{(M_{as}^\delta u^s v_\delta)^2}\,.$$

Entsprechend Satz 9.5 gilt

$$\lim_{t\to\infty} \frac{1}{t} B^i_{jk}(t) = h^i_l \overline{K}^l_{jk} ,$$

wobei die h^i_l in (7) definiert sind. Der Satz ist bewiesen. Eine Präzisierung von Satz 4 liefert

Satz 5. *Falls ein Prozeß kritisch ist, alle M^i_r, M^i_{arj} für $r = 1, 2, 3$ endlich sind und die Integrale*

$$\int_0^\infty u^2 b^i_{jk}(u)\, \mathrm{d}G^i(u)$$

konvergieren, dann gilt für $t \to \infty$

$$B^i_{jk}(t) = \overline{B}^i_{jk} t + \overline{\overline{B}}^i_{jk} + o(1) , \tag{15}$$

wobei die $\overline{B}^i_{jk}$ durch die Formel (14) *definiert und die $\overline{\overline{B}}^i_{jk}$ gewisse Konstanten sind.*

Der Beweis dieses Satzes gründet sich auf Satz 9.6 und auf Satz 1. Wir benutzen auch Gedanken aus dem Beweis des Satzes 8.10. Wir werden das hier jedoch nicht wiederholen.

Für die Behandlung des superkritischen Falles setzen wir in (11)

$$B^i_{jk}(t) = B^i_{2\alpha, j, k}(t) \exp\{2\alpha t\}$$

und benutzen die Bezeichnung $A^i_{\alpha j}(t)$. Wir erhalten

$$B^i_{2\alpha, j, k}(t) = \int_0^t B^l_{2\alpha, j, k}(t-u)\, \mathrm{d}G^i_{a, 2\alpha, l}(u) + K^i_{\alpha jk}(t) \tag{16}$$

mit

$$K^i_{\alpha jk}(t) = \int_0^t b^i_{sm}(u)\, A^s_{\alpha j}(t-u)\, A^m_{\alpha k}(t-u) \exp\{-2\alpha u\}\, \mathrm{d}G^i(u) .$$

Satz 6. *Für den superkritischen Prozeß gilt*

$$\lim_{t\to\infty} B^i_{jk}(t) \exp\{-2\alpha t\} = \widetilde{B}^i_{jk}$$

mit

$$\widetilde{B}^i_{jk} = \frac{D^i_{2\alpha, l} \int_0^\infty b^l_{sm}(u) \exp\{-2\alpha u\}\, \overline{A}^s_{\alpha j} \overline{A}^m_{\alpha k}\, \mathrm{d}G^i(u)}{|E - G_{a, 2\alpha}|} .$$

$\overline{A}^i_{\alpha j}$ ist in (10) *definiert, $D^i_{2\alpha, l}$ ist die Adjunkte zu dem Element, das an der Stelle (l, i) der folgenden Determinante steht:*

$$|E - G_{a, 2\alpha}| , \qquad G_{a, 2\alpha} = \|G^i_{a, 2\alpha, j}\| , \qquad G^i_{a, 2\alpha, j} = G^i_{a, 2\alpha, j}(\infty) .$$

Zum Beweis dieses Satzes benutzen wir die Sätze 2 und 9.7. (Wir nutzen die Tatsache aus, daß die Erneuerungsgleichung (16) subkritisch ist.)

Schließlich gilt für den subkritischen Fall

Satz 7. *Wenn in einem subkritischen Prozeß alle*

$$M^i_{\alpha 1} = \int_0^\infty u\, e^{-\alpha u}\, dG^i(u)\,, \qquad M^i_{\alpha r j}\,, \qquad r = 1, 2\,,$$

$$\int_0^\infty b^i_{jk}(u)\, e^{-\alpha u}\, dG^i(u)\,, \qquad \int_0^\infty u b^i_{jk}(u)\, e^{-\alpha u}\, dG^i(u)$$

endlich sind, dann folgt

$$\lim_{t\to\infty} B^i_{jk}(t)\, e^{-\alpha t} = \tilde{\tilde{B}}^i_{jk}\,,$$

wobei die $\tilde{\tilde{B}}^i_{jk}$ *positive Konstanten sind.*

Zum Beweis setzen wir in (11) $B^i_{jk}(t) = B^i_{\alpha jk}(t) \exp\{\alpha t\}$ und erhalten die Erneuerungsgleichung

$$B^i_{\alpha jk}(t) = \int_0^t B^l_{\alpha jk}(t-u)\, dG^i_{\alpha l}(u) + K^i_{\alpha jk}(t) \tag{17}$$

mit

$$K^i_{\alpha jk}(t) = \exp\{\alpha t\} \int_0^t b^i_{sm}(u)\, A^s_{\alpha j}(t-u)\, A^m_{\alpha k}(t-u) \exp\{-2\alpha u\}\, dG^i(u)\,.$$

Auf die Gleichung (17) wenden wir Satz 9.3 an. Hierbei schließen wir analog zum Satz 8.10.

Ganz ähnliche Ergebnisse lassen sich für l-arithmetische $G^i_{\alpha j}(t)$ beweisen.

KAPITEL IX

GRENZWERTSÄTZE FÜR VERZWEIGUNGSPROZESSE, DIE VOM ALTER DER TEILCHEN ABHÄNGEN

§ 1. Asymptotisches Verhalten der Überlebenswahrscheinlichkeit kritischer Prozesse

In diesem Kapitel werden wir asymptotische Eigenschaften des Modells 2 untersuchen, d. h. von Verzweigungsprozessen mit einem Teilchentyp, die durch die erzeugende Funktion $h(u; s)$ und die Lebensdauerverteilung $G(t)$ definiert sind. In diesem Falle genügt die erzeugende Funktion $F(t; s)$, wie wir in § 8.1 festgestellt haben, der Gleichung

$$F(t; s) = \int_0^t h\big(u; F(t-u; s)\big)\, \mathrm{d}G(u) + s\big(1 - G(t)\big) . \tag{1}$$

Wir setzen $G(+0) = 0$ voraus. Im Einklang mit § 8.8 benutzen wir folgende Bezeichnungen:

$$a(u) = \frac{\partial h(u; s)}{\partial s}\bigg|_{s=1}, \qquad b(u) = \frac{\partial^2 h(u; s)}{\partial s^2}\bigg|_{s=1}, \qquad c(u) = \frac{\partial^3 h(u; s)}{\partial s^3}\bigg|_{s=1},$$

$$A = \int_0^\infty a(u)\, \mathrm{d}G(u) , \qquad B = \int_0^\infty b(u)\, \mathrm{d}G(u) , \qquad C = \int_0^\infty c(u)\, \mathrm{d}G(u) ,$$

$$M_{an} = \int_0^\infty a(u)\, u^n \mathrm{d}G(u) , \qquad M_{bn} = \int_0^\infty u^n b(u)\, \mathrm{d}G(u) , \qquad M_{cn} = \int_0^\infty u^n c(u)\, \mathrm{d}G(u) ,$$

$$M_n = \int_0^\infty u^n \mathrm{d}G(u) , \qquad M_a = M_{a1} , \qquad M = M_1 .$$

Offenbar ist $M_{a0} = A$, $M_{b0} = B$ und $M_{c0} = C$. Wir betrachten hier kritische Prozesse, d. h. Prozesse mit $A = 1$, $B > 0$. In § 8.3 haben wir gezeigt, daß ein kritischer Prozeß mit Wahrscheinlichkeit Eins ausstirbt. Wir geben jetzt eine asymptotische Formel für die Überlebenswahrscheinlichkeit des Prozesses

$$Q(t) = \mathsf{P}\{\mu(t) > 0\} = 1 - F(t; 0) \tag{2}$$

an. Es gilt

Satz 1. *Sind M_3, C, M_{b3} und M_{c2} endlich und ist $A = 1$ und $B > 0$, dann gilt für $t \to \infty$*

$$Q(t) = \frac{2M_a}{Bt}\big(1 + o(1)\big) . \tag{3}$$

Der Beweis des Satzes ergibt sich aus einer Reihe von Lemmata. Zunächst können wir aus den Voraussetzungen des Satzes darauf schließen, daß die Größen M_n, M_{an}, M_{bn} für $n = 0, 1, 2, 3$, und M_{cn} für $n = 0, 1, 2$ endlich sind. Dies folgt aus den Ungleichungen $b(u) + 1 \geqq a(u)$, $c(u) + 2 \geqq b(u)$.

Unten benutzen wir, daß entsprechend § 1.3 die Funktion $h(u; s)$ als

$$h(u; s) = 1 + a(u)\,(s - 1) + \frac{\bar{b}(u)}{2}\,(s - 1)^2 \tag{4}$$

dargestellt werden kann, wobei $\bar{b}(u)$ für jedes s aus $0 \leqq s \leqq 1$ der Ungleichung

$$0 \leqq b(u) - \bar{b}(u) \leqq \frac{c(u)}{3}\,(1 - s) \tag{5}$$

genügt. Aus (1), (2) und (4) erhalten wir

$$Q(t) = \int_0^t Q(t - u)\,a(u)\,dG(u) - \frac{1}{2}\int_0^t \bar{b}(u)\,Q^2(t - u)\,dG(u) + 1 - G(t)\,, \tag{6}$$

wobei die Funktion $\bar{b}(u)$ durch die Formel (4) für $s = 1 - Q(t - u)$ definiert ist.

Zuerst beweisen wir ein Lemma, auf das wir wiederholt Bezug nehmen.

Lemma 1. *Wenn ξ eine nichtnegative ganzzahlige Zufallsgröße ist, deren Momente $\mathsf{M}\xi$ und $\mathsf{M}\xi^2$ endlich sind, dann gilt*

$$\mathsf{P}\{\xi > 0\} \geqq \frac{(\mathsf{M}\xi)^2}{\mathsf{M}\xi^2 + \mathsf{M}\xi}. \tag{7}$$

Beweis. Mit $\mathcal{P}_{ab}$ bezeichnen wir die Gesamtheit aller nichtnegativen ganzzahligen Zufallsgrößen mit festem positiven ersten und zweiten Moment

$$\mathsf{M}\xi = a\,, \qquad \mathsf{M}\xi^2 = b\,.$$

Wir setzen

$$\varphi(a, b) = \inf_{\xi \in \mathcal{P}_{ab}} \mathsf{P}\{\xi > 0\}\,. \tag{8}$$

Es sei $\xi \in \mathcal{P}_{ab}$, $\mathsf{P}\{\xi = n_1\} > 0$ und $\mathsf{P}\{\xi = n_2\} > 0$ mit $n_1 > 0$, $n_2 > 0$, $n_2 - n_1 > > 1$. Wir zeigen

$$\mathsf{P}\{\xi > 0\} > \varphi(a, b)\,.$$

Wir benutzen die Bezeichnung $p_n = \mathsf{P}\{\xi = n\}$ und führen eine zufällige Größe ξ' ein, für die $p_n' = \mathsf{P}\{\xi' = n\} = p_n$ für $n \neq n_1, n_2, n_1 + 1, n_2 - 1$ und

$$p_{n_1}' = p_{n_1} - \varepsilon\,, \quad p_{n_2}' = p_{n_2} - \varepsilon\,, \quad p_{n_1+1}' = p_{n_1+1} + \varepsilon\,, \quad p_{n_2-1}' = p_{n_2-1} + \varepsilon \tag{9}$$

gilt, wobei $\varepsilon > 0$ und hinreichend klein ist. Wir sehen, daß $\mathsf{M}\xi' = \mathsf{M}\xi$ und

$$\mathsf{M}\xi'^2 - \mathsf{M}\xi^2 = -\,2\varepsilon(n_2 - n_1 - 1) < 0 \tag{10}$$

gilt. Offensichtlich gilt

$$\mathsf{P}\{\xi' > 0\} = \mathsf{P}\{\xi > 0\} \tag{11}$$

Weiterhin bilden wir die zufällige Größe ξ'', für die die Gleichungen

$$p_n'' = \mathsf{P}\{\xi'' = n\} = p_n' \qquad \text{für} \qquad n \neq 0, n_1, 2n_1$$

und

$$p_0'' = p_0' + \delta\,, \qquad p_{n_1}'' = p_{n_1}' - 2\delta\,, \qquad p_{2n_1}'' = p_{2n_1}' + \delta\,,$$

erfüllt sind und $\delta > 0$ so ausgewählt ist, daß $\xi'' \in \mathcal{P}_{ab}$. Ein solches δ können wir auswählen, wenn ε in (9) hinreichend klein ist, denn es ist

$$\mathsf{M}\xi''^2 - \mathsf{M}\xi'^2 = 2\delta n_1^2\,. \tag{12}$$

Wir wählen $\delta = \dfrac{\varepsilon(n_2 - n_1 - 1)}{n_1^2}$ und finden aus (10) und (12)

$$\mathsf{M}\xi''^2 = \mathsf{M}\xi^2 = b\,.$$

Damit haben wir gezeigt, daß die untere Grenze in (8) nur für eine zufällige Größe ξ erreicht wird, für die

$$p_0 + p_n + p_{n+1} = 1$$

für ein ganzes $n > 0$ gilt. Für derartige zufällige Größen ergeben sich die ersten beiden Momente folgendermaßen:

$$a = np_n + (n+1)\,p_{n+1}\,, \qquad b = n^2p_n + (n+1)^2\,p_{n+1}\,. \tag{13}$$

Wir setzen $q = p_n + p_{n+1} = \mathsf{P}\{\xi > 0\}$ und können damit (13) die Gestalt

$$a = nq + p_{n+1}\,, \qquad b = n^2q + (2n+1)\,p_{n+1} \tag{14}$$

geben. Wenn wir das System (14) bezüglich q und p_{n+1} für feste a, b und n lösen, dann erhalten wir

$$p_{n+1} = \frac{b - an}{n+1}\,, \tag{15}$$

$$q = \frac{a - p_{n+1}}{n} = \frac{(2n+1)\,a - b}{n(n+1)} = a\left(\frac{1}{n} + \frac{1}{n+1}\right) - \frac{b}{n(n+1)}\,. \tag{16}$$

Wir bestimmen jetzt n. Wegen $p_{n+1} \geqq 0$ folgt aus (15) $n \leqq b/a$. Wegen $p_{n+1} < q$ ergibt sich aus (15) und (16)

$$n(b - an) < (2n+1)\,a - b\,, \qquad (n+1)\,b < a(n+1)^2\,,$$

d. h. $n + 1 > b/a$. Deshalb ist $n = [b/a]$. Wegen $b \geqq a$ ist $n \geqq 1$. Somit gibt die Wahrscheinlichkeit

$$q = a\left(\frac{1}{\left[\frac{b}{a}\right]} + \frac{1}{\left[\frac{b}{a}\right] + 1}\right) - \frac{b}{\left[\frac{b}{a}\right]\left(\left[\frac{b}{a}\right] + 1\right)} \tag{17}$$

den Wert der Funktion $\varphi(a, b)$ in der Formel (8) an. Wegen $[b/a] \leqq b/a \leqq [b/a] + 1$ erhalten wir aus (17)

$$q \geqq \frac{a}{\left[\frac{b}{a}\right]} + \frac{a}{\frac{b}{a} + 1} - \frac{a}{\left[\frac{b}{a}\right]} = \frac{a^2}{b + a}\,,$$

woraus die Abschätzung (7) folgt. Wir bemerken noch, daß wir die Abschätzung (7) in der äquivalenten Form

$$\mathsf{P}\{\xi > 0\} \geqq \frac{1}{2} \frac{\mathsf{M}\xi}{\dfrac{\mathsf{M}\xi(\xi - 1)}{2\mathsf{M}\xi} + 1} \tag{18}$$

wiedergeben können, die wir sehr häufig benutzen werden.

Lemma 2. *Es sei $A = 1$, $0 < B < \infty$, und es seien M und M_a endlich. Dann existiert eine Konstante $c_1 > 0$, so daß für alle $t \geqq 0$ gilt.*

$$Q(t) \geqq \frac{c_1}{t+1}. \tag{19}$$

Beweis. Wir benutzen die Abschätzung (18) aus Lemma 1 und erhalten

$$Q(t) \geqq \frac{1}{2} \frac{A(t)}{\dfrac{B(t)}{2A(t)} + 1}. \tag{20}$$

Wegen Satz 8.8.7 existieren solche $t_0 > 0$ und $c_2 > 0$, daß $B(t) \leqq c_2 t$ für alle $t \geqq t_0$ gilt. Deshalb existiert ein $c_3 > 0$ mit $B(t) \leqq c_2 t + c_3$ für alle $t \geqq 0$. Weiterhin folgt aus den Sätzen 8.8.1 und 8.8.2, daß $A(t) \geqq c_4$ für eine Konstante $c_4 > 0$ ist, wenn t ein Gitter nl, $l > 0$, durchläuft. Damit folgt aus der Ungleichung (20) die Ungleichung (19), falls t ein Gitter nl durchläuft. Da $Q(t)$ in t nicht wächst, gilt (19) (mit einer etwas kleineren Konstante c_1) für alle $t \geqq 0$. Das Lemma ist bewiesen.

Wir stellen jetzt $Q(t)$ in der Form

$$Q(t) = \frac{1 + \alpha(t)}{\gamma t + 1} \tag{21}$$

mit $\gamma = \dfrac{B}{2M_a}$ dar. Setzen wir (21) in die Gleichung (6) ein, so kommen wir zu

$$\alpha(t) = \varrho_0(t) + \int_0^t [a(u) + \varrho_1(t, u)]\, \alpha(t-u)\, dG(u) - \int_0^t \varrho_2(t, u)\, \alpha^2(t-u)\, dG(u) \tag{22}$$

mit

$$\varrho_0(t) = \gamma t\big(1 - G(t)\big) + \int_0^t \big(a(u) - 1\big)\, dG(u) +$$

$$+ \gamma \int_0^t \frac{u a(u)\, dG(u)}{\gamma(t-u) + 1} - \frac{\gamma t + 1}{2} \int_0^t \bar{b}(u) \frac{dG(u)}{(\gamma(t-u) + 1)^2}, \tag{23}$$

$$\varrho_1(t, u) = \frac{\gamma u a(u)}{\gamma(t-u) + 1} - \frac{\gamma t + 1}{(\gamma(t-u) + 1)^2} \bar{b}(u), \tag{24}$$

$$\varrho_2(t, u) = \frac{(\gamma t + 1)\, \bar{b}(u)}{2\big(\gamma(t-u) + 1\big)^2}. \tag{25}$$

Zur Abschätzung dieser und analoger Funktionen benötigen wir folgende Lemmata.

Lemma 3. *Ist $\lambda(u)$ meßbar und nichtnegativ und $\int\limits_0^\infty u^n\lambda(u)\,\mathrm{d}G(u) < \infty$, dann gilt für $k \leqq n$ und $t \to \infty$*

$$\int\limits_t^\infty u^k\lambda(u)\,\mathrm{d}G(u) = o\left(\frac{1}{t^{n-k}}\right).$$

Beweis. Die Behauptung folgt aus der Ungleichung

$$\int\limits_t^\infty u^k\lambda(u)\,\mathrm{d}G(u) \leqq \frac{1}{t^{n-k}}\int\limits_t^\infty u^n\lambda(u)\,\mathrm{d}G(u) = o\left(\frac{1}{t^{n-k}}\right).$$

Lemma 4. *Es seien $\int\limits_0^\infty u^n\lambda(u)\,\mathrm{d}G(u)$ und $\int\limits_0^\infty \lambda(u)\,\mathrm{d}G(u)$ endlich, und $\lambda(u)$ sei nichtnegativ und meßbar, und es gelte weiter*

$$\psi(t) = \int\limits_0^t \frac{u^k\varphi(t-u)\,\lambda(u)\,\mathrm{d}u}{(\delta(t-u)+1)^m}, \qquad k \leqq n, \qquad \delta > 0. \tag{26}$$

Ist $|\varphi(t)| \leqq L$ für alle $0 \leqq t < \infty$, dann gilt für $t \to \infty$ gleichmäßig in $0 < \delta \leqq \delta_0$

$$\psi(t) = O\left(\frac{1}{(\delta t+1)^m}\right) + o\left(\frac{1}{t^{n-k}}\right). \tag{27}$$

Wenn außerdem für $t \to \infty$ die Funktion $\varphi(t)$ gegen Null strebt, so ist gleichmäßig in $0 < \delta \leqq \delta_0$

$$\psi(t) = o\left(\frac{1}{(\delta t+1)^m}\right) + o\left(\frac{1}{t^{n-k}}\right) \tag{28}$$

erfüllt. Wenn wir weiterhin voraussetzen, daß für $t \to \infty$ die Beziehung $\varphi(t) = O(1/t)$ gilt, dann folgt gleichmäßig in $0 < \delta < \delta_0$

$$\psi(t) = O\left(\frac{1}{t(\delta t+1)^m}\right) + o\left(\frac{1}{t^{n-k}}\right). \tag{29}$$

Beweis. Zum Beweis von (27) zerlegen wir $\psi(t)$ in zwei Summanden und benutzen die Beschränktheit von $\varphi(t)$:

$$|\psi(t)| \leqq L\int\limits_0^{t/2} \frac{u^k\lambda(u)\,\mathrm{d}G(u)}{(\delta(t-u)+1)^m} + L\int\limits_{t/2}^t \frac{u^k\lambda(u)\,\mathrm{d}G(u)}{(\delta(t-u)+1)^m}. \tag{30}$$

Für den ersten Summanden von (30) benutzen wir die Ungleichung $\delta(t-u) + 1 \geqq \frac{1}{2}(\delta t + 1)$ und die Tatsache, daß für $0 \leqq k \leqq n$ die Ungleichung

$$\int_0^{t/2} u^k \lambda(u)\,\mathrm{d}G(u) \leqq \int_0^\infty \lambda(u)\,\mathrm{d}G(u) + \int_0^\infty u^n \lambda(u)\,\mathrm{d}G(u)$$

gilt, für den zweiten Summanden die Ungleichung $\delta(t-u) + 1 \geqq 1$ und Lemma 3.

Zum Beweis von (28) gehen wir genauso vor, nur müssen wir bei der Abschätzung des Integrals

$$\int_0^{t/2} u^k \lambda(u)\,\varphi(t-u)\,\mathrm{d}G(u) \tag{31}$$

die Voraussetzung $\varphi(t) \to 0$ für $t \to \infty$ benutzen. Zum Beweis von (29) benötigen wir die Aussage, daß das Integral (31) von oben mit $O(1/t)$ abgeschätzt werden kann. Die restlichen Schritte bleiben unverändert.

Lemma 5. *Sind M_2 und M_{b2} endlich und ist $A = 1$ und $0 < B < \infty$, dann gelten für $t \to \infty$ die Abschätzungen*

$$\left.\begin{aligned} \varrho_0(t) &= o\left(\frac{1}{t}\right), \\ \int_0^t \left| \varrho_1(t,u) - \frac{\gamma u a(u) - b(u)}{\gamma t + 1} \right| \mathrm{d}G(u) &= o\left(\frac{1}{t}\right), \\ \int_0^t \left| \varrho_2(t,u) - \frac{b(u)}{2(\gamma t + 1)} \right| \mathrm{d}G(u) &= o\left(\frac{1}{t}\right). \end{aligned}\right\} \tag{32}$$

Beweis. Vor allem halten wir fest, daß unter den Bedingungen des Lemmas alle M_n, M_{an}, M_{bn} für $n = 0, 1, 2$ endlich sind. Die ersten beiden Summanden in (23) können wir leicht mit Hilfe von Lemma 3 abschätzen, wenn wir dabei die Identität

$$\int_0^t \big(a(u) - 1\big)\,\mathrm{d}G(u) = \int_t^\infty \big(1 - a(u)\big)\,\mathrm{d}G(u)$$

berücksichtigen. Die restlichen Summanden in (23) stellen wir in der Form

$$\int_0^t \frac{\gamma\left(u a(u) - \frac{b(u)}{B} M_a\right)}{\gamma(t-u) + 1}\,\mathrm{d}G(u) + \int_0^t \frac{b(u) - \bar{b}(u)}{2\big(\gamma(t-u) + 1\big)}\,\mathrm{d}G(u) - {} \\ - \frac{\gamma}{2} \int_0^t \frac{u\bar{b}(u)}{\big(\gamma(t-u) + 1\big)^2}\,\mathrm{d}G(u) \tag{33}$$

dar. Wegen

$$\frac{1}{\gamma(t-u)+1} = \frac{1}{\gamma t+1} + \frac{\gamma u}{(\gamma t+1)\big(\gamma(t-u)+1\big)} \tag{34}$$

kann der erste Summand in (33) folgendermaßen geschrieben werden:

$$\frac{\gamma}{\gamma t+1}\int_0^t \left(ua(u) - \frac{b(u)}{B}M_a\right) dG(u) + \frac{\gamma^2}{\gamma t+1}\int_0^t \frac{u\left(ua(u) - \frac{b(u)}{B}M_a\right)}{\gamma(t-u)+1}\, dG(u) =$$

$$= \frac{-\gamma}{\gamma t+1}\int_t^\infty \left(ua(u) - \frac{b(u)}{B}M_a\right) dG(u) + \frac{\gamma^2}{\gamma t+1}\int_0^t \frac{u^2a(u) - \frac{1}{2}\,ub(u)\,M_a}{\gamma(t-u)+1}\, dG(u).$$

Dieser Ausdruck kann unter Zuhilfenahme der Lemmata 3 und 4 mit $o(1/t)$ abgeschätzt werden. Weiterhin ist wegen $\bar{b}(u) \leqq b(u)$ der zweite Summand in (33) nichtnegativ. Außerdem gilt für $t - u \to \infty$ die Aussage $b(u) - \bar{b}(u) \to 0$, da $\bar{b}(u)$ durch die Formel (4) für $s = 1 - Q(t-u)$ definiert ist, jedoch $Q(t) \to 0$ für $t \to \infty$ gilt. Deshalb können wir den ersten Summanden der rechten Seite von

$$0 \leqq \int_0^t \frac{b(u) - \bar{b}(u)}{\gamma(t-u)+1}\, dG(u) \leqq \int_0^{t/2} \frac{b(u) - \bar{b}(u)}{\gamma(t-u)+1}\, dG(u) + \int_{t/2}^t \frac{b(u)\, dG(u)}{\gamma(t-u)+1}$$

durch

$$0 \leqq \int_0^{t/2} \frac{b(u) - \bar{b}(u)}{\gamma(t-u)+1}\, dG(u) \leqq \frac{1}{\gamma\frac{t}{2}+1}\int_0^{t/2} \big(b(u) - \bar{b}(u)\big)\, dG(u) = o\left(\frac{1}{t}\right)$$

abschätzen. Für den zweiten Summanden erhalten wir

$$0 \leqq \int_{t/2}^t \frac{b(u)\, dG(u)}{\gamma(t-u)+1} \leqq \frac{2}{t}\int_{t/2}^\infty ub(u)\, dG(u) = o\left(\frac{1}{t}\right).$$

Den letzten Summanden in (33) können wir mittels Lemma 4 mit $o(1/t)$ abschätzen. Somit haben wir $\varrho_0(t) = o(1/t)$ gezeigt.

Zum Beweis der nächsten Gleichung von (32) stellen wir den durch die Formel (24) definierten Ausdruck $\varrho_1(t, u)$ in folgender Weise dar:

$$\varrho_1(t, u) = \frac{\gamma ua(u) - b(u)}{\gamma t+1} + \frac{\gamma u^2a(u)}{(\gamma t+1)\big(\gamma(t-u)+1\big)} -$$

$$- \frac{\gamma ub(u)}{(\gamma t+1)\big(\gamma(t-u)+1\big)} + \frac{b(u) - \bar{b}(u)}{\gamma(t-u)+1} - \frac{\gamma u\bar{b}(u)}{\big(\gamma(t-u)+1\big)^2}. \tag{35}$$

Wegen (35) kann das Integral

$$\int_0^t \left| \varrho_1(t, u) - \frac{\gamma u a(u) - b(u)}{\gamma t + 1} \right| \mathrm{d}G(u)$$

mit Hilfe von 4 Integralen abgeschätzt werden. Wie oben ergibt sich, daß jedes von ihnen für $t \to \infty$ gleich $o(1/t)$ ist. Zur letzten Abschätzung aus (32) schreiben wir $\varrho_2(t, u)$ aus der Formel (25) in der Form

$$\varrho_2(t, u) = \frac{b(u)}{2(\gamma t + 1)} + \frac{\gamma(u)\, b(u)}{2(\gamma t + 1)\,\big(\gamma(t - u) + 1\big)} + \\ + \frac{\bar{b}(u) - b(u)}{2\big(\gamma(t - u) + 1\big)} + \frac{\gamma u \bar{b}(u)}{2\big(\gamma(t - u) + 1\big)^2}. \tag{36}$$

Dann erhalten wir wiederum wie auf dem oben angegebenen Wege, daß das Integral

$$\int_0^t \left| \varrho_2(t, u) - \frac{bu}{2(\gamma t + 1)} \right| \mathrm{d}G(u)$$

gleich $o(1/t)$ ist.

Lemma 6. *Es sei $F(t)$ die Verteilungsfunktion einer nichtnegativen zufälligen Größe, $\varphi(t)$, $\psi(t)$, $\lambda(u, t)$, $0 \leqq u \leqq t$ seien meßbare nichtnegative Funktionen; für $t \to \infty$ strebe $\varphi(t)$ gegen Null, es gelte $\int_0^\infty \psi(u)\, \mathrm{d}F(u) = \psi < \infty$ und $\lambda(u, t) \geqq \lambda > 0$ für alle $0 \leqq u \leqq \infty$, und schließlich sei $\psi(u, t) \leqq \psi(u)$. Dann gilt für jede meßbare Funktion $f(t)$, die der Bedingung $|f(t)| \leqq K$ genügt,*

$$\int_0^t \big(\lambda(u, t) - \varphi(t)\, \psi(u, t)\big)\, f(u)\, \mathrm{d}F(u) \leqq K \int_0^t \big(\lambda(u, t) - \varphi(t)\, \psi(u, t)\big)\, \mathrm{d}F(u) + o\big(K\varphi(t)\big)$$

Beweis. Die Menge

$$\{u : \lambda(u, t) < \varphi(t)\, \psi(u, t)\,, \quad 0 \leqq u \leqq t\}$$

bezeichnen wir mit S_t. Dann gilt

$$\int_0^t \big(\lambda(u, t) - \varphi(t)\, \psi(u, t)\big)\, f(u)\, \mathrm{d}F(u) =$$

$$= K \int_0^t \big(\lambda(u, t) - \varphi(t)\, \psi(u, t)\big)\, \mathrm{d}F(u) - \int_0^t \big(\lambda(u,t) - \varphi(t)\psi(u,t)\big)\, [K - f(u)]\, \mathrm{d}F(u) \leqq$$

$$\leqq K \int_0^t \big(\lambda(u, t) - \varphi(t)\, \psi(u, t)\big)\, \mathrm{d}F(u) - 2K \int_{S_t} \big(\lambda(u, t) - \varphi(t)\, \psi(u, t)\big)\, \mathrm{d}F(u)\,.$$

Die Behauptung des Lemmas folgt aus der Ungleichung

$$0 \geqq \int_{S_t} \big(\lambda(u, t) - \varphi(t)\, \psi(u, t)\big)\, \mathrm{d}F(u) \geqq -\varphi(t) \int_{S_t} \psi(u)\, \mathrm{d}F(u) \tag{37}$$

wegen

$$S_t \subseteq \{u : \lambda \leqq \varphi(t)\,\psi(u)\,, \quad 0 \leqq u \leqq t\} \subseteq \left\{u : \frac{\lambda}{\varphi(t)} \leqq \psi(u)\right\}$$

und

$$0 \leqq \int_{S_t} \psi(u)\,\mathrm{d}F(u) \leqq \int_{\frac{\lambda}{\varphi(t)} \leqq \psi(u)} \psi(u)\,\mathrm{d}F(u) = o(1)\,.$$

Lemma 7. *Unter den Bedingungen von Lemma* 5 *existiert eine endliche Konstante* $c_2 > 0$, *so daß für alle* $t \geqq 0$ *die Ungleichung*

$$Q(t) \leqq \frac{c_2}{t+1} \tag{38}$$

erfüllt ist.

Beweis. Die Behauptung (38) ist äquivalent dazu, daß in Formel (21)

$$\limsup_{t\to\infty} \alpha(t) < \infty$$

ist. Wir nehmen an, dies gelte nicht. Es sei $t_n = nT$, $T > 0$. Mit K_n bezeichnen wir $\sup\limits_{t_{n-1} \leqq t \leqq t_n} \alpha(t)$. Dann existieren unendlich viele Indizes n, für die

$$K_n = \max_{1 \leqq m \leqq n} K_m = \sup_{0 \leqq t \leqq t_n} \alpha(t)$$

gilt. Nach der Definition der K_n existiert für jedes $\delta > 0$ ein Punkt $\tau_n = \tau_n(\delta)$, $t_{n-1} \leqq \tau_n \leqq t_n$, für den $\alpha(\tau_n) \geqq K_n - \delta$ ist. Setzen wir jetzt in (22) $t = \tau_n$ und benutzen $\varrho_2(t, u) \geqq 0$, dann erhalten wir

$$K_n - \delta \leqq \alpha(\tau_n) \leqq \int_0^{\tau_n} [a(u) + \varrho_1(\tau_n, u)]\,\alpha(\tau_n - u)\,\mathrm{d}G(u) + \varrho_0(\tau_n)\,. \tag{39}$$

Weil für $0 \leqq u \leqq \tau_n$ die Ungleichung $-1 \leqq \alpha(\tau_n - u) \leqq K_n$ gilt, können wir das Integral in (39) mit Hilfe von (32) folgendermaßen schreiben:

$$\int_0^{\tau_n} \left[\varrho_1(\tau_n, u) - \frac{\gamma u a(u) - b(u)}{\gamma \tau_n + 1}\right] \alpha(\tau_n - u)\,\mathrm{d}G(u) +$$

$$+ \int_0^{\tau_n} \left[a(u) + \frac{\gamma u a(u) - b(u)}{\gamma \tau_n + 1}\right] \alpha(\tau_n - u)\,\mathrm{d}G(u) =$$

$$= (K_n + 1)\,o\left(\frac{1}{\tau_n}\right) + \int_0^{\tau_n} \left[a(u) + \frac{\gamma u a(u) - b(u)}{\gamma \tau_n + 1}\right] \alpha(\tau_n - u)\,\mathrm{d}G(u)\,. \tag{40}$$

Das Integral auf der rechten Seite von (40) können wir in die Form

$$\int_0^{\tau_n} \left(1 + \frac{\gamma u - \dfrac{b(u)}{a(u)}}{\gamma \tau_n + 1} \right) \alpha(\tau_n - u)\, dG_a(u) \tag{41}$$

bringen, wobei $dG_a(u) = a(u)\, dG(u)$ ist. Auf (41) können wir Lemma 6 anwenden, wenn wir $\lambda(t, u) \equiv 1$, $\psi(t, u) = \psi(u) = \gamma u - \dfrac{b(u)}{a(u)}$, $\varphi(t) = \dfrac{1}{\gamma t + 1}$ und $F(t) = G_a(t)$ setzen. Damit erhalten wir

$$\int_0^{\tau_n} \left[a(u) + \frac{\gamma u a(u) - b(u)}{\gamma \tau_n + 1} \right] \alpha(\tau_n - u)\, dG(u) \leqq$$

$$\leqq K_n \int_0^{\tau_n} \left[a(u) + \frac{\gamma u a(u) - b(u)}{\gamma \tau_n + 1} \right] dG(u) + o\left(\frac{K_n}{\gamma \tau_n + 1} \right). \tag{42}$$

Aus (39), (40) und (42) schlußfolgern wir

$$K_n - \delta \leqq K_n \int_0^{\tau_n} \left[a(u) + \frac{\gamma u a(u) - b(u)}{\gamma \tau_n + 1} \right] dG(u) + o\left(\frac{K_n}{\gamma \tau_n + 1} \right) + o\left(\frac{1}{\tau_n} \right). \tag{43}$$

Es ist einfach zu sehen, daß die Beziehung (43) richtig bleibt, wenn wir rechts τ_n durchgängig durch t_n ersetzen. Aber in diesem Falle hängt die rechte Seite nicht von δ ab. Wir erhalten deshalb die Ungleichung

$$K_n \leqq K_n \int_0^{t_n} \left[a(u) + \frac{\gamma u a(u) - b(u)}{\gamma t_n + 1} \right] dG(u) + o\left(\frac{K_n}{\gamma t_n + 1} \right) + o\left(\frac{1}{t_n} \right).$$

Wenn wir das Integral als Differenz $\int_0^{t_n} = \int_0^{\infty} - \int_{t_n}^{\infty}$ darstellen und die Definition $\gamma = \dfrac{B}{2M_a}$ benutzen, folgt hieraus

$$K_n \leqq K_n \left(1 - \frac{B}{\gamma t_n + 1} \right) + o\left(\frac{K_n}{\gamma t_n + 1} \right) + o\left(\frac{1}{t_n} \right)$$

oder

$$\frac{B}{2} K_n (1 + o(1)) \leqq o(1),$$

was der Annahme des unbeschränkten Wachstums einer Teilfolge der K_n widerspricht. Das Lemma ist bewiesen.

Lemma 8. *Unter den Bedingungen von Satz* 1 *kann die Abschätzung* $o(1/t)$ *in* (32) *durch* $O(1/t^2)$ *ersetzt werden.*

Beweis. Die Beweismethode ist die gleiche wie in Lemma 5. Die Abschätzung der Summanden in (33) und der Integrale der Summanden in (35) und (36) können wir ebenfalls mit Hilfe der Lemmata 3 und 4 vornehmen, wobei wir hierbei die endlichen Momente höherer Ordnung berücksichtigen. Anders verläuft der Beweis von

$$\int_0^t \frac{b(u) - \bar{b}(u)}{\gamma(t-u)+1} \, dG(u) = O\left(\frac{1}{t^2}\right). \tag{44}$$

Wegen (4) bis (6) gilt

$$0 \leqq b(u) - \bar{b}(u) \leqq c(u)\, Q(t-u) \tag{45}$$

und folglich

$$0 \leqq \int_0^t \frac{b(u) - \bar{b}(u)}{\gamma(t-u)+1} \, dG(u) \leqq \int_0^t \frac{c(u)\, Q(t-u)}{\gamma(t-u)+1} \, dG(u);$$

Die Ungleichung (38), die in Lemma 7 bewiesen wurde, gestattet uns, zur Abschätzung der rechten Seite von (45) die Abschätzung (29) von Lemma 4 zu benutzen, die uns $O(1/t^2)$ gibt. Das Lemma ist gezeigt.

Aus den Lemmata 7 und 8 folgt, daß unter den Bedingungen von Satz 1 die Gleichung (22) folgendermaßen geschrieben werden kann:

$$\alpha(t) = \int_0^t \left(a(u) + \frac{\gamma u a(u) - b(u)}{\gamma t + 1}\right) \alpha(t-u) \, dG(u) - \\ - \frac{1}{2(\gamma t + 1)} \int_0^t b(u)\, \alpha^2(t-u) \, dG(u) + O\left(\frac{1}{t^2}\right). \tag{46}$$

Beweis von Satz 1. Wir stellen $\alpha(t)$ in der Form

$$\alpha(t) = \frac{\beta(t)}{\log(\gamma t + 2)} \tag{47}$$

dar und beweisen, daß $\beta(t)$ beschränkt ist. Wenn wir (47) in (46) einsetzen, erhalten wir die Ungleichung

$$\beta(t) \leqq \int_0^t \left[a(u) + \frac{\gamma u a(u) - b(u)}{\gamma t + 1}\right] \beta(t-u) \times \\ \times \frac{\log(\gamma t + 2)}{\log(\gamma(t-u) + 2)} \, dG(u) + O\left(\frac{\log t}{t^2}\right). \tag{48}$$

Den Quotienten der Logarithmen können wir auf die Form

$$\frac{\log(\gamma t + 2)}{\log(\gamma(t-u) + 2)} = 1 + \frac{\gamma u}{(\gamma t + 2)\log(\gamma t + 2)} + R_t(u), \tag{49}$$

mit $R_t(u) \geqq 0$ bringen, wobei für $u \leqq t/2$

$$R_t(u) = O\left(\frac{u^2}{(\gamma t + 2)^2 \log (\gamma t + 2)}\right)$$

und für $t/2 \leqq u \leqq t$

$$R_t(u) = O\left(\log (\gamma t + 2)\right)$$

gilt. Hieraus folgt für $t \to \infty$ die Beziehung

$$\int\limits_0^t R_t(u)\left(a(u) + \frac{\gamma u a(u) - b(u)}{\gamma t + 1}\right) \mathrm{d}G(u) = O\left(\frac{1}{t^2 \log t}\right). \tag{50}$$

Wenn wir (49) in (48) einsetzen, dann erhalten wir

$$\beta(t) \leqq \int\limits_0^t \left(a(u) + \frac{\gamma u a(u) - b(u)}{\gamma t + 1}\right)\left(1 + \frac{\gamma u}{(\gamma t + 2) \log (\gamma t + 2)} + R_t(u)\right) \times$$
$$\times \beta(t-u)\, \mathrm{d}G(u) + O\left(\frac{\log t}{t^2}\right). \tag{51}$$

Es sei $t_n = nT$, $T > 0$. Mit K_n bezeichnen wir $\sup\limits_{t_{n-1} \leqq t \leqq t_n} \beta(t)$. Wir nehmen an, daß eine Folge von Indizes n mit $K_n \to \infty$ existiert. Dann gibt es beliebig große n mit $K_n = \max\limits_{1 \leqq m \leqq n} K_m$. Benutzen wir jetzt die zu Lemma 7 analogen Schlußfolgerungen und berücksichtigen (50), dann erhalten wir aus (51)

$$K_n \leqq K_n\left(1 - \frac{B}{2(\gamma t_n + 2)} + o\left(\frac{1}{t_n}\right)\right) + O\left(\frac{\log t_n}{t_n^2}\right),$$

woraus

$$K_n\left(1 + o(1)\right) \leqq O\left(\frac{\log t_n}{t_n}\right)$$

folgt. Dies widerspricht aber unserer Voraussetzung.

Wir setzen jetzt

$$-L_n = \inf_{t_{n-1} \leqq t \leqq t_n} \beta(t)$$

und nehmen wieder an, daß für unendlich viele Indizes n gilt $L_n = \max\limits_{1 \leqq m \leqq n} L_m$ mit $L_n \to \infty$. Mit Hilfe von (47) und (48) formen wir (46) folgendermaßen um:

$$\beta(t) = \int\limits_0^t \left[a(u) + \frac{\gamma u a(u) - b(u)}{\gamma t + 1} - \alpha(t-u) \frac{bu}{2(\gamma t + 1)}\right] \times$$
$$\times \left[1 + \frac{\gamma u}{(\gamma t + 2) \log (\gamma t + 2)} + R_t(u)\right] \beta(t-u)\, \mathrm{d}G(u) + O\left(\frac{\log t}{t^2}\right).$$

Aus Lemma 2 folgt, daß für alle $t \geqq 0$ die Beziehung $\alpha(t) \geqq -1 + \delta$ für ein $\delta > 0$ gilt. Folglich führt die gleiche Schlußweise zu den Ungleichungen

$$-L_n \geqq -L_n\left(1 - \frac{B}{2(\gamma t_n + 1)} + (1 - \delta)\frac{B}{2(\gamma t_n + 1)} + o\left(\frac{1}{t_n}\right)\right) + O\left(\frac{\log t_n}{t_n^2}\right)$$

und

$$L_n(\delta + o(1)) \leqq O\left(\frac{\log t_n}{t_n}\right),$$

d. h., L_n kann nicht gegen Unendlich streben. Somit ist $\beta(t)$ beschränkt. Wir erhalten also für $t \to \infty$

$$Q(t) = \frac{2M_a}{Bt} + O\left(\frac{1}{t \log t}\right). \tag{52}$$

Diese Aussage ist sogar stärker als (3).

§ 2. Ein Grenzwertsatz für kritische Prozesse

Mit $S_t(y)$ bezeichnen wir die bedingte Verteilungsfunktion

$$S_t(y) = \mathsf{P}\left\{\frac{\mu(t)}{\mathsf{M}\{\mu(t) \mid \mu(t) > 0\}} \leqq y \mid \mu(t) > 0\right\}. \tag{1}$$

In diesem Paragraphen zeigen wir mit Hilfe einer gewissen Komplizierung der Beweismethode für den Satz 1.1 folgende Grenzwertsätze für die Verteilung $S_t(y)$ für $t \to \infty$.

Satz 1. *Seien M_3, C und M_{c3} endlich, $A = 1$ und $B > 0$. Die faktoriellen Momente $A(t) = \mathsf{M}\mu(t)$ und $B(t) = \mathsf{M}\mu(t)\,(\mu(t) - 1)$ mögen für $t \to \infty$ den Bedingungen*

$$A(t) = \frac{M}{M_a} + o\left(\frac{1}{t}\right), \qquad B(t) = B\frac{M^2}{M_a^3}t + B' + o(1) \tag{2}$$

genügen, wo B' eine gewisse Konstante ist. Dann gilt

$$\lim_{t\to\infty} S_t(y) = 1 - e^{-y}, \qquad y \geqq 0. \tag{3}$$

Satz 2. *Seien M_3, C und M_{c3} endlich, $A = 1$ und $B < 0$. Sind $G(t)$ und $G_a(t)$ l-arithmetisch, dann gilt für $n \to \infty$*

$$\lim_{n\to\infty} S_{nl}(y) = 1 - e^{-y}, \qquad y \geqq 0. \tag{4}$$

Bemerkung 1. Zum Beweis dieser Sätze benötigen wir die Bedingung (2) oder die ihr analogen Bedingungen (8.8.12) und (8.8.37) für l-arithmetische $G(t)$ und $G_a(t)$. Jedoch brauchen wir im Satz 2 die Bedingungen (8.8.12) und (8.8.37) nicht gesondert zu formulieren, da sie aus den Bedingungen des Satzes 2 (nach

Satz (8.8.5) und (8.8.14)) folgen. Ist $G_a(t)$ nichtarithmetisch, müssen wir für die Erfüllung der Bedingung (2) zum Beispiel noch fordern, daß die Funktion $G_a(t)$ von absolutstetigem Typ ist (siehe Sätze 8.8.6 und 8.8.13). Ist $a(u) \equiv A = 1$ und $b(u) \equiv B$, dann ist $A(t) \equiv 1$ und $B(t) = \frac{B}{M} t + \frac{M_2}{2M^2} - 1 + o(1)$, und die Bedingung (2) wird ohne zusätzliche Annahme erfüllt (siehe Bemerkung 8.8.2).

Bemerkung 2. Aus den Bedingungen der Sätze 1 und 2 folgt, daß die M_n, M_{an}, M_{bn}, M_{cn} für $n = 0, 1, 2, 3$ endlich sind.

Zum Beweis der Sätze 1 und 2 müssen wir analoge, aber kompliziertere Abschätzungen als im letzten Paragraphen durchführen. Wir führen die Funktion

$$R(t; y) = 1 - F(t; 1 - y) \tag{5}$$

ein, die der Gleichung

$$R(t; y) = \int_0^t \bigl(1 - h(u; 1 - R(t - u; y))\bigr)\, dG(u) + y\bigl(1 - G(t)\bigr) \tag{6}$$

genügt (um (6) zu erhalten, müssen wir (5) in (1.1) einsetzen). Wählen wir nun für $h(u; s)$ die Darstellung (1.4), so geht aus (6) die Gleichung

$$R(t; y) = \int_0^t a(u)\, R(t - u; y)\, dG(u) - \\ - \frac{1}{2} \int_0^t \bar{b}(u)\, R^2(t - u; y)\, dG(u) + y\bigl(1 - G(t)\bigr) \tag{7}$$

hervor, in der $\bar{b}(u)$ wegen (1.5) für $0 \leqq y \leqq 1$ den Ungleichungen

$$0 \leqq b(u) - \bar{b}(u) \leqq \frac{c(u)}{3} R(t - u; y) \tag{8}$$

genügt. Wir sehen sofort, daß $R(t; 1) = Q(t)$ ist und die Gleichung (7) in die Gleichung (1.6) übergeht, wenn wir $y = 1$ setzen.

Zuerst beweisen wir einige Lemmata.

Lemma 1. *Für alle t, $t \geqq 0$, und y, $0 \leqq y \leqq 1$, gilt die Ungleichung*

$$R(t; y) \geqq \frac{A(t)\, y}{2Z(t; y)} \tag{9}$$

mit

$$Z(t; y) = y \frac{B(t)}{2A(t)} + 1\,. \tag{10}$$

Beweis. Es sei y aus $0 \leqq y \leqq 1$ fest gewählt. Wir sehen, daß die Funktion

$$\Phi(z) = F(t; 1 - y + zy)$$

in z die erzeugende Funktion einer Wahrscheinlichkeitsverteilung einer ganzzahligen Zufallsgröße ξ ist, für die

$$\mathsf{M}\xi = \Phi'(z)|_{z=1} = yA(t)\,, \qquad \mathsf{M}\xi(\xi - 1) = y^2B(t) \tag{11}$$

und

$$\mathsf{P}\{\xi > 0\} = R(t; y) \tag{12}$$

gelten. Wenden wir auf ξ Lemma 1.1 in der Form der Abschätzung (1.18) an und benutzen die Relationen (11) und (12), dann erhalten wir (9).

Lemma 2. *Unter den Bedingungen von Satz* 1.1 *existiert ein* $c_1 < \infty$, *so daß für* $0 \leqq y \leqq 1$ *die Ungleichung*

$$R(t; y) \leqq \frac{c_1 A(t) y}{Z(t; y)} \tag{13}$$

erfüllt ist, die für alle $t \geqq 0$ *gilt, falls* $G_a(t)$ *nichtarithmetisch ist, und für* $t = nl$, *falls* $G_a(t)$ l*-arithmetisch ist.*

Beweis. Da für $0 \leqq s \leqq 1$ die Ungleichungen

$$1 - F(t; s) = 1 - P_0(t) - \sum_{n=1}^{\infty} P_n(t)\, s^n \leqq 1 - P_0(t) = Q(t)$$

und

$$1 - F(t; s) \leqq (1 - s)\, A(t)$$

erfüllt sind, gilt

$$R(t; y) \leqq \min\{yA(t), Q(t)\}\,. \tag{14}$$

Es sei $\gamma = \dfrac{B}{2M_a}$. Für $\gamma t y \leqq 1$ ist

$$A(t)\, y \leqq \frac{2A(t)\, y}{\gamma t y + 1}. \tag{15}$$

Für $\gamma t y > 1$ gilt

$$\frac{A(t)\, y}{\gamma t y + 1} \geqq \frac{A(t)}{\gamma t + 1} \geqq c_2 \frac{1}{\gamma t + 1} \tag{16}$$

mit $c_2 = \inf\limits_{0 \leqq t < \infty} A(t) > 0$. Wie wir in Satz 1.1 gezeigt haben, ist $Q(t) = \dfrac{1 + o(1)}{\gamma t + 1}$ für $t \to \infty$. Deshalb folgt aus (16) für eine geeignete Konstante c_3 die Ungleichung

$$Q(t) \leqq c_3 \frac{A(t)\, y}{\gamma t y + 1}\,,$$

welche zusammen mit (15) auf die Ungleichung

$$\min\{yA(t), Q(t)\} \leqq c_4 \frac{yA(t)}{\gamma t y + 1} \tag{17}$$

führt, wobei $c_4 = \max\{2, c_3\}$ ist. Aus (14) und (17) folgt

$$R(t; y) \leqq c_4 \frac{yA(t)}{\gamma t y + 1}. \tag{18}$$

Es sei jetzt $G_a(t)$ nichtarithmetisch. Dann ist $\lim\limits_{t\to\infty} \frac{B(t)}{2A(t)\,t} = \frac{BM}{2M_a^2} > 0$, woraus wir schlußfolgern, daß ein $c_5 > 0$ existiert, so daß für alle $t \geqq 0$

$$\frac{B(t)}{2A(t)} \leqq c_5(\gamma t + 1) \tag{19}$$

gilt. Aus (10) und (19) folgt für alle $0 \leqq y \leqq 1$, $t \geqq 0$, die Ungleichung

$$Z(t; y) \leqq (c_5 + 2)(\gamma t y + 1),$$

woraus wegen (18) die Abschätzung (13) folgt.

Wir können nun $R(t; y)$ mittels einer Funktion $\alpha(t, y)$ folgendermaßen darstellen:

$$R(t; y) = \frac{yA(t)\bigl(1 + \alpha(t, y)\bigr)}{Z(t; y)}. \tag{20}$$

Unten werden wir, ohne das jedesmal zu betonen, im diesem Paragraphen $0 \leqq y < 1$ voraussetzen. Die weiteren Untersuchungen und Betrachtungen werden wir für ein nichtarithmetisches $G_a(t)$ durchführen. Der Fall l-arithmetischer $G_a(t)$ ist analog zu behandeln.

Lemma 3. *Unter den Bedingungen des Satzes* 1.1 *genügt die durch Formel* (20) *definierte Funktion* $\alpha(t, y)$ *im Bereich* $t \geqq 0$, $0 < y \leqq 1$, *den Ungleichungen*

$$-\frac{1}{2} \leqq \alpha(t, y) \leqq c_1,$$

wobei c_1 *eine endliche Konstante ist.*

Beweis. Die Behauptung folgt unmittelbar aus den Lemmata 1 und 2.

Wenn wir (20) in die Gleichung (7) einsetzen, dann erhalten wir

$$\alpha(t, y) = \varrho_0(t, y) + \int_0^t \varrho_1(t, u, y)\,\alpha(t - u, y)\,\mathrm{d}G(u) - \int_0^t \varrho_2(t, u, y)\,\alpha^2(t - u, y)\,\mathrm{d}G(u) \tag{21}$$

mit

$$\varrho_0(t, y) = -1 + \frac{Z(t; y)}{A(t)}\bigl(1 - G(t)\bigr) + \frac{Z(t; y)}{A(t)} \int_0^t \frac{a(u)\,A(t - u)\,\mathrm{d}G(u)}{Z(t - u; y)} - \frac{Z(t; y)}{2A(t)} \int_0^t \bar{b}(u)\,\frac{yA^2(t - u)}{Z^2(t - u; y)}\,\mathrm{d}G(u), \tag{22}$$

$$\varrho_1(t, u, y) = \frac{Z(t; y)}{A(t)} \left[\frac{a(u)\, A(t-u)}{Z(t-u; y)} - \frac{y\bar{b}(u)\, A^2(t-u)}{Z^2(t-u; y)} \right], \tag{23}$$

$$\varrho_2(t, u, y) = \frac{Z(t; y)}{A(t)} \cdot \frac{\bar{b}(u)}{2}\, y\, \frac{A^2(t-u)}{Z^2(t-u; y)}. \tag{24}$$

Lemma 4. *Wenn für $t \to \infty$ die Beziehungen*

$$A(t) = A_1 + o\left(\frac{1}{t}\right), \qquad B(t) = B_1 t + B_2 + o(1)\,, \tag{25}$$

mit $A_1 = \frac{M}{M_a}$, $B_1 = \frac{M^2}{M_a^3} B$ *gelten, dann gilt für* $t \to \infty$ *und* $0 \leqq u \leqq \frac{t}{2}$

$$\frac{B(t)}{A(t)} - \frac{B(t-u)}{A(t-u)} = \frac{BM}{M_a^2} u + o(1); \tag{26}$$

außerdem existieren endliche Konstanten $c_1, c_2 > 0$ *mit der Eigenschaft*

$$\left| \frac{B(t)}{A(t)} - \frac{B(t-u)}{A(t-u)} \right| \leqq c_1 u + c_2 \tag{27}$$

für alle u, $0 \leqq u \leqq t$.

Beweis. Die erste Beziehung läßt sich einfach beweisen. Die zweite folgt aus der ersten für $0 \leqq u \leqq t/2$. Ist $u \geqq t/2$, dann benutzen wir die für alle $t \geqq 0$ gültigen Beziehungen

$$A(t) \geqq A_1' > 0\,, \qquad B(t) \leqq B_1' t + B_2'$$

und

$$\left| \frac{B(t)}{A(t)} - \frac{B(t-u)}{A(t-u)} \right| \leqq \max \left\{ \frac{B(t)}{A(t)}, \frac{B(t-u)}{A(t-u)} \right\} \leqq \frac{B_1' t + B_2'}{A_1'} \leqq 2 \frac{B_1'}{A_1'} u + \frac{B_2'}{A_1'}.$$

Lemma 5. *Unter den in Satz 1 angegebenen Bedingungen gelten für $t \to \infty$ gleichmäßig in y, $0 < y \leqq 1$, folgende Abschätzungen*

$$\varrho_0(t, y) = O\left(\frac{y^2}{(yt+1)^2} \right),$$

$$\int_0^t \left| \varrho_1(t, u, y) - a(u) \frac{A(t-u)}{A(t)} - \frac{y}{A(t)\, Z(t; y)} \times \right.$$

$$\left. \times \left[\frac{a(u)}{2} A(t-u) \left(\frac{B(t)}{A(t)} - \frac{B(t-u)}{A(t-u)} \right) - b(u)\, A^2(t-u) \right] \right| \mathrm{d}G(u) = O\left(\frac{y^2}{(yt+1)^2} \right)$$

und

$$\int_0^t \left| \varrho_2(t, u, y) - y \frac{b(u)\, A^2(t-u)}{2A(t)\, Z(t; y)} \right| \mathrm{d}G(u) = O\left(\frac{y^2}{(yt+1)^2} \right).$$

Beweis. Unten werden wir häufig die Identität

$$\frac{1}{Z(t-u;y)} = \frac{1}{Z(t;y)} + \frac{Z(t;y) - Z(t-u;y)}{Z(t;y)\,Z(t-u;y)} \tag{28}$$

benutzen, in der

$$Z(t;y) - Z(t-u;y) = \frac{y}{2}\left(\frac{B(t)}{A(t)} - \frac{B(t-u)}{A(t-u)}\right) \tag{29}$$

ist.

Unter Verwendung von (28) schreiben wir die durch (22) definierte Funktion $\varrho_0(t, y)$ als Summe

$$\varrho_0(t,y) = \varrho_{01}(t) + \sum_{k=2}^{5} \varrho_{0k}(t,y)\,,$$

wobei die Summanden in folgender Weise gegeben sind:

$$\varrho_{01}(t) = -1 + \frac{1-G(t)}{A(t)} + \frac{1}{A(t)}\int_0^t a(u)\,A(t-u)\,\mathrm{d}G(u)\,,$$

$$\varrho_{02}(t,y) = y\frac{B(t)}{2A^2(t)}\bigl(1-G(t)\bigr) + \frac{y}{2A(t)\,Z(t;y)}\int_0^t \left(\frac{B(t)}{A(t)} - \frac{B(t-u)}{A(t-u)}\right) a(u)\,\times$$

$$\times\, A(t-u)\,\mathrm{d}G(u) - \frac{y}{2A(t)\,Z(t;y)}\int_0^t b(u)\,A^2(t-u)\,\mathrm{d}G(u)\,,$$

$$\varrho_{03}(t,y) = \frac{1}{4A(t)}\int_0^t \frac{[Z(t;y) - Z(t-u;y)]^2}{Z(t;y)\,Z(t-u;y)}\,a(u)\,A(t-u)\,\mathrm{d}G(u)\,,$$

$$\varrho_{04}(t,y) = \frac{y}{2A(t)\,Z(t;y)}\int_0^t b(u)\,A^2(t-u)\left[2\frac{Z(t;y) - Z(t-u;y)}{Z(t;y)\,Z(t-u;y)} - \right.$$

$$\left. - \frac{\bigl(Z(t;y) - Z(t-u;y)\bigr)^2}{Z^2(t-u;y)}\right]\mathrm{d}G(u)\,,$$

$$\varrho_{05}(t,y) = \frac{Z(t;y)}{2A(t)}\int_0^t \bigl(b(u) - \bar{b}(u)\bigr)\,\frac{A^2(t-u)}{Z^2(t-u;y)}\,\mathrm{d}G(u)\,.$$

Der Ausdruck, der rechts in der Gleichung (22) steht, ist eine Summe von vier Summanden. Zuerst stellen wir den vierten Summanden wiederum als Summe zweier Summanden dar, indem wir für $\bar{b}(u)$ den Ausdruck $b(u) + \bigl(\bar{b}(u) - b(u)\bigr)$ schreiben. Weiterhin formen wir den dritten und einen Teil des vierten Summanden mit Hilfe der Formel (28) um. In $\varrho_{01}(t)$ gehen der erste Summand und die Teile des zweiten und des dritten Summanden ein, die nicht von y abhängen. In $\varrho_{02}(t, y)$ gehen ein Teil des zweiten, ein Teil des dritten und ein Teil des vierten Summanden ein. In $\varrho_{03}(t, y)$ geht der restliche Teil des dritten Summanden ein. In $\varrho_{03}(t, y)$ geht der restliche Teil des dritten Summanden ein; $\varrho_{04}(t, y)$ und $\varrho_{05}(t, y)$ sind aus den Teilen des vierten Summanden zusammengesetzt. Aus der Gleichung (8.6.9) folgt, daß $\varrho_{01}(t) \equiv 0$ ist. $\varrho_{02}(t, y)$ schreiben wir in der Form

$$\varrho_{02}(t, y) = y\frac{B(t)}{2A^2(t)}\left(1 - G(t)\right) + \frac{yB(t)}{2A^2(t)\,Z(t; y)}\int_0^t a(u)\,A(t-u)\,\mathrm{d}G(u) -$$

$$-\frac{y}{2A(t)\,Z(t; y)}\left[\int_0^t B(t-u)\,a(u)\,\mathrm{d}G(u) + \int_0^t b(u)\,A^2(t-u)\,\mathrm{d}G(u)\right].$$

Indem wir die Gleichung (8.6.9) für $A(t)$ benutzen, erhalten wir hieraus

$$\varrho_{02}(t, y) = y^2\cdot\frac{B(t)}{2A^3(t)}\cdot\frac{1-G(t)}{Z(t; y)} + \frac{y}{2A(t)\,Z(t; y)}\times$$

$$\times\left[B(t) - \int_0^t B(t-u)\,a(u)\,\mathrm{d}G(u) - \int_0^t b(u)\,A^2(t-u)\,\mathrm{d}G(u)\right].$$

Der Ausdruck in der eckigen Klammer wird Null infolge der Gleichung (8.6.10) für $B(t)$. Damit gilt

$$\varrho_{02}(t, y) = y^2\frac{B^2(t)}{2A^3(t)}\cdot\frac{1-G(t)}{Z(t; y)}. \tag{30}$$

Wegen $0 < A_1 \leqq A(t) \leqq A_2 < \infty$, $0 \leqq B_1 t \leqq B(t) \leqq B_2 t + B_2' < \infty$, $B_1 > 0$ für alle $t \geqq 0$ existieren solche $c_1, c_2 > 0$, daß

$$c_1(yt+1) \leqq Z(t; y) \leqq c_2(yt+1) \tag{31}$$

für alle y und t mit $0 \leqq y \leqq 1$, $t \geqq 0$ gilt. Deshalb folgt die Abschätzung

$$\varrho_{02}(t, y) = o\left(\frac{y^2}{(yt+1)^2}\right)$$

aus (30), da $1 - G(t) = o(t^{-3})$ und $t^{-1} = O\left((yt+1)^{-1}\right)$ für $t \to \infty$ ist. Die Relationen

$$\varrho_{03}(t, y) = O\left(\frac{y^2}{(yt+1)^2}\right), \qquad \varrho_{04}(t, y) = O\left(\frac{y^2}{(yt+1)^2}\right)$$

erhalten wir mit Hilfe von (29), (26) und Lemma 1.3. Die Abschätzung

$$\varrho_{05}(t, y) = O\left(\frac{y^2}{(yt+1)^2}\right)$$

folgern wir ebenfalls aus Lemma 1.3, wenn wir vorher die Abschätzung (8) benutzen.

Wenn wir in (23) $Z^{-1}(t-u; y)$ mit Hilfe von (28) ersetzen und $\bar{b}(u)$ als $b(u) + (\bar{b}(u) - b(u))$ darstellen, können wir $\varrho_1(t, u, y)$ als Summe

$$\varrho_1(t, u, y) = \sum_{k=0}^{4} \varrho_{1k}(t, u, y)$$

mit den folgenden fünf Summanden schreiben:

$$\varrho_{10}(t, u, y) = a(u)\frac{A(t-u)}{A(t)} + \frac{y}{A(t)\,Z(t; y)} \times$$
$$\times \left[\frac{a(u)\,A(t-u)}{2}\left(\frac{B(t)}{A(t)} - \frac{B(t-u)}{A(t-u)}\right) - b(u)A^2(t-u)\right],$$

$$\varrho_{11}(t, u, y) = \frac{y^2 a(u)\,A(t-u)}{4A(t)\,Z(t; y)\,Z(t-u; y)} \cdot \left[\frac{B(t)}{A(t)} - \frac{B(t-u)}{A(t-u)}\right]^2,$$

$$\varrho_{12}(t, u, y) = \frac{y^2 b(u)\,A(t-u)}{A(t)\,Z(t; y)\,Z(t-u; y)}\left[\frac{B(t)}{A(t)} - \frac{B(t-u)}{A(t-u)}\right],$$

$$\varrho_{13}(t, u, y) = \frac{y^3 A^2(t-u)}{4A(t)\,Z(t; y)\,Z(t-u; y)}\left[\frac{B(t)}{A(t)} - \frac{B(t-u)}{A(t-u)}\right]^2,$$

$$\varrho_{14}(t, u, y) = \frac{b(u) - \bar{b}(u)}{Z^2(t-u; y)}\,yZ(t; y)\frac{A^2(t-u)}{A(t)}. \tag{32}$$

Die Abschätzung $O\left(\frac{y^2}{(yt+1)^2}\right)$ für die Integrale

$$\int_0^t |\varrho_{1k}(t, u, y)|\,dG(u)\,, \qquad k = 1, 2, 3, 4\,,$$

erhalten wir analog wie oben die Abschätzungen für die $\varrho_{0k}(t, y)$, Aus diesen Abschätzungen folgt die zweite Behauptung des Lemmas, da

$$\int_0^t |\varrho_1(t, u, y) - \varrho_{10}(t, u, y)|\,dG(u) \leqq \sum_{k=1}^{4} \int_0 |\varrho_{1k}(t, u, y)|\,dG(u)$$

ist. Analog wählen wir für $\varrho_2(t, u, y)$ die Summendarstellung

$$\varrho_2(t, u, y) = \sum_{k=0}^{3} \varrho_{2k}(t, u, y)$$

mit

$$\varrho_{20}(t, u, y) = \frac{yb(u)\, A^2(t-u)}{2A(t)\, Z(t; y)},$$

$$\varrho_{21}(t, u, y) = \frac{y^2 b(u)\, A^2(t-u)}{2A(t)\, Z(t; y)\, Z(t-u; y)} \left[\frac{B(t)}{A(t)} - \frac{B(t-u)}{A(t-u)}\right],$$

$$\varrho_{22}(t, u, y) = \frac{y^3 b(u)\, A^2(t-u)}{8A(t)\, Z(t; y)\, Z^2(t-u; y)} \left[\frac{B(t)}{A(t)} - \frac{B(t-u)}{A(t-u)}\right]^2,$$

$$\varrho_{23}(t, u, y) = \frac{\bar{b}(u) - b(u)}{2A(t)} \cdot \frac{yZ(t; y)}{Z^2(t-u; y)} A^2(t-u)\,. \tag{33}$$

Auf analogem Wege erhalten wir die Abschätzungen

$$\int_0^t |\varrho_{2k}(t, u, y)|\, dG(u) = O\left(\frac{y^2}{(yt+1)^2}\right), \qquad k = 1, 2, 3\,.$$

Die letzte Behauptung des Lemmas folgt nun aus der Ungleichung

$$\int_0^t |\varrho_2(t, u, y) - \varrho_{20}(t, u, y)|\, dG(u) \leqq \sum_{k=1}^{3} \int_0^t |\varrho_{2k}(t, u, y)|\, dG(u)\,.$$

Lemma 6. *Unter den Bedingungen des Satzes* 1 *gilt gleichmäßig in* y, $0 < y \leqq 1$, *für* $t \to \infty$

$$\alpha(t, y) = \int_0^t \varrho_{10}(t, u, y)\, \alpha(t-u, y)\, dG(u) - \int_0^t \varrho_{20}(t, u, y)\, \alpha^2(t-u, y)\, dG(u) +$$

$$+ O\left(\frac{y^2}{(yt+1)^2}\right), \tag{34}$$

wobei $\varrho_{10}(t, u, y)$ *und* $\varrho_{20}(t, u, y)$ *durch die Formeln* (32) *und* (33) *definiert sind.*

Beweis. Die Gleichung (21) können wir auf die Form (34) bringen, indem wir uns der in Lemma 3 bewiesenen Beschränktheit von $\alpha(t, y)$ und der Abschätzungen des Lemmas 5 bedienen.

Im weiteren ist es günstig, $\alpha(t, y)$ durch die neue Funktion

$$\beta(t, u) = \alpha(t, y) \log W(t; y) \tag{35}$$

mit

$$W(t; y) = t + \frac{2}{y} \tag{36}$$

zu ersetzen. Aus (34) erhalten wir

$$\beta(t, y) = \int_0^t \varrho_{10}(t, u, y) \frac{\log W(t; y)}{\log W(t-u; y)} \beta(t-u; y)\, dG(u) - \int_0^t \varrho_{20}(t, u, y) \times$$

$$\times \alpha(t-u, y) \frac{\log W(t; y)}{\log W(t-u; y)} \beta(t-u, y)\, dG(u) + O\left(\frac{y^2 \log W(t; y)}{(yt+1)^2}\right). \tag{37}$$

Lemma 7. *Unter den Bedingungen des Satzes* 1 *existieren solche* c_1, c_2 *mit* $0 < c_1 < c_2 < \infty$, *daß für alle* t, y *mit* $t \geqq 0$ *und* $0 < y \leqq 1$ *die folgende Ungleichung erfüllt ist:*

$$c_1 W(t; y) \leqq \frac{Z(t; y)}{y} \leqq c_2 W(t; y)\,. \tag{38}$$

Beweis. Aus den Sätzen 8.8.1 und 8.8.7 folgt die Existenz derartiger positiver endlicher Konstanten $A_1, A_2, B_1, B_2, B_3, t_0$, daß für alle $t \geqq 0$

$$A_1 \leqq A(t) \leqq A_2\,, \qquad 0 \leqq B(t) \leqq B_3 t + B_2 \tag{39}$$

und für alle $t \geqq t_0$

$$B_1 t \leqq B(t) \tag{40}$$

gilt. Die Ungleichungen (38) erhalten wir auf elementarem Wege aus den Definitionen der Funktionen $Z(t; y)$ und $W(t; y)$ sowie aus den Ungleichungen (39), (40).

Lemma 8. *Ist* $u \leqq W(t; y)/2$, *dann gilt*

$$\frac{\log W(t; y)}{\log W(t-u; y)} = 1 + \frac{u}{W(t; y) \log W(t; y)} + r(u, t, y) \tag{41}$$

mit $0 \leqq r(u, t, y) \leqq c_1 u^2/W^2(t; y) \log^2 W(t; y)$, $c_1 > 0$. *Ist* $0 \leqq u \leqq t$, *dann gilt*

$$0 \leqq \frac{\log W(t; y)}{\log W(t-u; y)} \leqq \frac{\log W(t; y)}{\log 2}\,. \tag{42}$$

Beweis. Die Beziehung (41) können wir in die Form

$$\frac{\log W(t; y)}{\log W(t-u; y)} = \frac{1}{1 + \dfrac{1}{\log W} \log\left(1 - \dfrac{u}{W}\right)},$$

bringen mit $W = W(t; y)$. Für $u/W \leqq 1/2$ ergibt sich aus der Reihenentwicklung der Logarithmus

$$\frac{\log W(t; y)}{\log W(t-u; y)} = \frac{1}{1 - \dfrac{1}{\log W}\left(\dfrac{u}{W} + r_1\right)} \tag{43}$$

mit $0 \leqq r_1 \leqq (u/W)^2$. Wenn wir die rechte Seite von (43) entsprechend der Formel $\frac{1}{1-x} = 1 + x + O(x^2)$ für $x = \frac{1}{\log W}\left(\frac{u}{W} + r_1\right)$ umformen, erhalten wir (41). Die Ungleichung (42) ist trivial.

Lemma 9. *Unter den Bedingungen des Satzes* 1 *ist die durch die Gleichung* (35) *definierte Funktion* $\beta(t, y)$ *für alle* t, y *mit* $t \geqq 0$, $0 \leqq y \leqq 1$, *beschränkt.*

Beweis. Es sei $t_n = nT$, $T > 0$. Mit ε bezeichnen wir eine hinreichend kleine positive Größe, mit y_n die der Null nächste positive Wurzel der Gleichung

$$y^2 \log \frac{2}{y} = \frac{\varepsilon}{n^2 T^2}. \tag{44}$$

Unten benutzen wir, daß $y_n \to 0$ gilt und ein $c_1 > 0$ existiert, so daß für alle $n > 1$ die Ungleichung

$$\frac{c_1}{n \log n} \leqq y_n \tag{45}$$

richtig ist.

Aus Satz 1.3.1 folgt für beliebige $t \geqq 0$ und $0 \leqq y \leqq 1$ die Entwicklung

$$R(t; y) = yA(t) - \frac{y^2}{2} B(t) + \frac{\overline{C}(t)}{6} y^3, \tag{46}$$

in der $0 \leqq \overline{C}(t) \leqq C(t)$ ist und $C(t)$ das dritte faktorielle Moment von $\mu(t)$ darstellt. Entsprechend § 8.6 genügt $C(t)$ der Erneuerungsgleichung

$$C(t) = \int_0^t C(t-u)\, a(u)\, dG(u) +$$
$$+ 3 \int_0^t b(u)\, A(t-u)\, B(t-u)\, dG(u) + \int_0^t c(u)\, A^3(t-u)\, dG(u).$$

Wegen $B(t) = O(t)$, erhalten wir mit Hilfe von § 8.7 hieraus $C(t) = O(t^2)$, $t \to \infty$. Deshalb können wir (46) folgendermaßen umformen:

$$R(t; y) = yA(t) - \frac{y^2 B(t)}{2} + O(y^3 t^2). \tag{47}$$

Wenn ε in der Formel (44) genügend klein ist, dann gilt für alle $y \leqq y_n$ und $t \leqq t_n$ die Darstellung

$$\frac{yA(t)}{y\frac{B(t)}{2A(t)} + 1} = yA(t) - \frac{y^2 B(t)}{2} + O(y^3 t^2) \tag{48}$$

($\varepsilon > 0$ wählen wir zum Beispiel so aus, daß $y \frac{B(t)}{2A(t)} \leqq \frac{1}{2}$ für $y \leqq y_n$, $t \leqq t_n$ ist; das ist immer möglich, da wegen (39) die Beziehung $\frac{B(t)}{2A(t)} = O(t)$ gilt). Aus

(20), (35), (47) und (48) folgt für $t \leqq t_n$, $y \leqq y_n$

$$\beta(t, y) = O\big(y^2t^2 \log W(t; y)\big) = O\left(y^2t^2 \log \frac{2}{y}\right) = O(1)\,,$$

da $y^2t^2 \log 2/y$ für $y \leqq y_n$, $t \leqq t_n$ und für alle n auf Grund der Wahl von y_n beschränkt ist.

Wir wenden uns nun dem Fall $t \leqq t_n$ und $y \geqq y_n$ zu. Sei

$$K_n = \sup_{\substack{t_{n-1} \leqq t \leqq t_n \\ y_n \leqq y \leqq 1}} |\beta(t, y)|\,.$$

Wir setzen voraus, daß entgegen der Behauptung des Lemmas eine Folge von Zahlen n mit $K_n \to \infty$ existiert. Dann können wir eine solche Folge natürlicher Zahlen $n \to \infty$ angeben, daß mit

$$K_n = \max_{1 \leqq m \leqq n} K_m \tag{49}$$

entweder für alle diese n

$$K_n = \sup_{\substack{t_{n-1} \leqq t \leqq t_n \\ y_n \leqq y \leqq 1}} \beta(t, y)\,, \tag{49'}$$

oder für alle diese n

$$K_n = -\inf_{\substack{t_{n-1} \leqq t \leqq t_n \\ y_n \leqq y \leqq 1}} \beta(t, y)\,. \tag{49''}$$

ist. Wir nehmen an, daß die Beziehungen (49) und (49') erfüllt sind. Wenn wir in (37) den negativen Summanden weglassen, dann erhalten wir die Ungleichung

$$\beta(t, y) \leqq \int_0^t \varrho_{10}(t, u, y) \frac{\log W(t; y)}{\log W(t - u; y)} \beta(t - u; y)\, dG(u) + O\left(\frac{\log W(t; y)}{W^2(t; y)}\right). \tag{50}$$

Es sei $\delta > 0$. Dann existieren zu jedem n solche $t_n' = t_n(\delta)$ und $y_n' = y_n(\delta)$, daß $t_{n-1} \leqq t_n' \leqq t_n$, $y_n \leqq y_n' \leqq 1$ und

$$\beta(t_n', y_n') \geqq K_n - \delta \tag{51}$$

ist. Aus (50) und (51) folgt

$$K_n - \delta \leqq \beta(t_n', y_n') \leqq \int_0^{t_n'} \varrho_{10}(t_n', u, y_n') \frac{\log W(t_n'; y_n')}{\log W(t_n' - u; y_n')} \beta(t_n' - u, y_n')\, dG(u) + $$

$$+ O\left(\frac{\log W_n'}{(W_n')^2}\right) \tag{52}$$

mit

$$W'_n = W(t'_n, y'_n)\,.$$

Wegen (49) und (49′) gilt für alle $0 \leqq u \leqq t'_n$

$$\beta(t'_n - u, y'_n) \leqq K_n\,.$$

Wir stellen das Integral in (52) als Summe zweier Integrale

$$\int_0^{t'_n} = \int_0^{t^*_n} + \int_{t^*_n}^{t'_n} = J_1 + J_2$$

dar, wobei

$$t^*_n = \min\left\{t'_n, \frac{1}{2} W'_n\right\}$$

ist. Wegen

$$t^*_n \leqq \frac{1}{2} W'_n$$

können wir im Integral J_1 die Beziehung (41) aus Lemma 8 benutzen und erhalten

$$J_1 = \int_0^{t^*_n} \varrho_{01}(t'_n, u, y'_n)\, \beta(t'_n - u, y'_n)\, \mathrm{d}G(u) + O\left(\frac{K_n}{W'_n \log W'_n}\right). \tag{53}$$

In J_2 benutzen wir die Abschätzung (42) und Lemma 4. Wir erhalten dann

$$J_2 = \int_{t^*_n}^{t'_n} \varrho_{10}(t'_n, u, y'_n)\, \beta(t'_n - u, y'_n)\, \mathrm{d}G(u) + O\left(\frac{K_n \log W'_n}{(W'_n)^2}\right). \tag{54}$$

(Diese Abschätzung ist trivial für $t^*_n = t'_n$).

Aus (53) und (54) folgt

$$J_1 + J_2 = \int_0^{t'_n} \varrho_{10}(t'_n, u, y'_n)\, \beta(t'_n - u, y'_n)\, \mathrm{d}G(u) + O\left(\frac{K_n}{W'_n \log W'_n}\right). \tag{55}$$

Wenn wir in (52) die Abschätzung (55) einsetzen, dann gelangen wir zu

$$K_n - \delta \leqq \beta(t'_n, y'_n) \leqq \int_0^{t'_n} \varrho_{10}(t'_n, u, y'_n)\, \beta(t'_n - u, y'_n)\, \mathrm{d}G(u) + $$

$$+ O\left(\frac{K_n}{W'_n \log W'_n}\right) + O\left(\frac{\log W'_n}{(W'_n)^2}\right). \tag{56}$$

Auf das Integral im rechten Teil von (56) wenden wir Lemma 1.6 an, indem wir in ihm $F(t) = \int\limits_0^t a(u)\, \mathrm{d}G(u)$, $\lambda(u, t) = \dfrac{A(t-u)}{A(t)}$

$$\psi(u) = C_1 u + C_2\,, \qquad \varphi(t) = \frac{y}{Z(t;y)}\,,$$

$$\psi(u, t) = \frac{1}{A(t)}\left[\frac{A(t-u)}{2}\left(\frac{B(t)}{A(t)} - \frac{B(t-u)}{A(t-u)}\right) - \frac{b(u)}{a(u)} A^2(t-u)\right]$$

setzen. Wir erhalten

$$K_n - \delta \leqq K_n \int\limits_0^{t_n'} \varrho_{10}(t_n', u, y_n')\, \mathrm{d}G(u) + o\left(\frac{y_n' K_n}{Z(t_n', y_n')}\right) + $$
$$+ O\left(\frac{K_n}{W_n' \log W_n'}\right) + O\left(\frac{\log W_n'}{(W_n')^2}\right). \tag{57}$$

Im Zusammenhang mit (26), (27) und (32) erhalten wir

$$\int\limits_0^{t_n'} \varrho_{10}(t_n', u, y_n')\, \mathrm{d}u \leqq 1 +$$
$$+ \int\limits_0^{t_n'} \left[\frac{a(u)\, A(t_n' - u)}{2}\left(\frac{B(t_n')}{A(t_n')} - \frac{B(t_n' - u)}{A(t_n' - u)}\right) - b(u)\, A^2(t_n' - u)\right] \mathrm{d}G(u) \times$$
$$\times \frac{y}{A(t_n')\, Z(t_n'; y_n')} \leqq 1 - \frac{y_n'}{A(t_n')\, Z(t_n'; y_n')}\left(\frac{BM^2}{2M_a^2} + o(1)\right). \tag{58}$$

Aus (57) und (58) folgt

$$K_n - \delta \leqq K_n\left[1 - \frac{y_n'}{Z(t_n'; y_n')}\left(\frac{BM^2}{2M_a^2} + o(1)\right) + O\left(\frac{1}{W_n' \log W_n'}\right)\right] + O\left(\frac{\log W_n'}{(W_n')^2}\right). \tag{59}$$

Auf Grund von Lemma 7 ist (59) der Ungleichung

$$K_n - \delta \leqq K_n\left(1 - \frac{c_0}{W_n'}\right) + O\left(\frac{\log W_n'}{(W_n')^2}\right)$$

äquivalent, wobei $c_0 > 0$ ist. Wegen $t_{n-1} + 2 \leqq W_n' \leqq t_n + 2/y_n$ können wir die rechte Seite unabhängig von δ abschätzen, und folglich auch links $\delta = 0$ setzen. Auf diese Weise erhalten wir

$$K_n \leqq K_n\left(1 - \frac{c_0}{t_n + \dfrac{2}{y_n}}\right) + O\left(\frac{\log(t_{n-1} + 2)}{(t_{n-1} + 2)^2}\right), \tag{60}$$

woraus (siehe (45))

$$K_n \leqq O\left(\left(t_n + \frac{2}{y_n}\right) \frac{\log (t_{n-1} + 2)}{(t_{n-1} + 2)^2}\right) = O\left(\frac{\log^2 n}{n}\right)$$

folgt, was der Voraussetzung $K_n \to \infty$ widerspricht.

Wir setzen jetzt voraus, daß K_n gegen Unendlich strebt und die K_n den Bedingungen (49) und (49'') genügen. Die Gleichung (37) bringen wir jetzt auf die Form

$$\beta(t, y) = \int_0^t \left[\varrho_{10}(t, u, y) - \frac{y b(u) A^2(t-u) \alpha(t-u)}{2Z(t; y) A(t)}\right] \frac{\log W(t; y)}{\log W(t-u; y)} \times$$
$$\times \beta(t-u) \, dG(u) + O\left(\frac{\log W(t; y)}{W^2(t; y)}\right).$$

In dem wir analoge Umformungen durchführen wie oben, erhalten wir zunächst die Ungleichung

$$- K_n + \delta \geqq - K_n \int_0^{t_n'} \left[\varrho_{10}(t_n', u, y_n') - \frac{y_n' b(u) \alpha(t_n' - u) A^2(t_n' - u)}{2Z(t_n'; y_n') A(t_n')}\right] dG(u) +$$
$$+ o\left(\frac{y_n' K_n}{Z(t_n'; y_n')}\right) + O\left(\frac{K_n}{W_n' \log W_n'}\right) + O\left(\frac{\log W_n'}{(W_n')^2}\right), \tag{61}$$

mit $t_{n-1} \leqq t_n' \leqq t_n$, $y_n \leqq y_n' \leqq 1$ und $W_n' = W(t_n', y_n')$. Wir gehen nun so vor wie beim Übergang von (57) zur Abschätzung (60). Das einzige neue Moment in diesen Abschätzungen ist, daß wir die Ungleichung $\alpha(t, y) \geqq -1/2$ aus Lemma 3 verwenden müssen. Somit kommen wir von (61) zu der Ungleichung

$$- K_n + \delta \geqq$$
$$\geqq - K_n \left[1 - \frac{M B y_n'}{2 M_a Z(t_n', y_n')} + \frac{B M y_n'}{4 M_a Z(t_n', y_n')} + o\left(\frac{1}{W_n'}\right)\right] + O\left(\frac{\log W_n'}{(W_n')^2}\right).$$

Hieraus erhalten wir

$$0 < c_0 K_n \leqq O\left(\frac{\log^2 n}{n}\right),$$

d. h., K_n kann nicht gegen Unendlich streben. Das Lemma ist bewiesen.

Beweis des Satzes 1. Die LAPLACE-Transformierte des Verteilungsgesetzes (1) ist gleich

$$\varphi_t(\lambda) = 1 - \frac{R(t; 1 - \exp\{-\lambda Q(t) A^{-1}(t)\})}{Q(t)}.$$

Aus Lemma 9 folgt für alle $t \geqq 0$, $0 < y \leqq 1$

$$R(t; y) = \frac{yA(t)}{\frac{B(t)}{2A(t)} y + 1} \left(1 + O\left(\frac{1}{\log\left(t + \frac{2}{y}\right)}\right)\right).$$

Wenn wir $y = 1 - \exp\{-\lambda Q(t) A^{-1}(t)\}$ setzen und die asymptotischen Formeln (1.52) und (2) benutzen, dann erhalten wir für alle $\lambda \geqq 0$

$$\lim_{t\to\infty} \varphi_t(\lambda) = \frac{1}{1+\lambda}.$$

Damit ist der Satz bewiesen, da $\frac{1}{1+\lambda}$ die LAPLACE-Transformation der Exponentialverteilung ist.

§ 3. Asymptotische Eigenschaften subkritischer und superkritischer Prozesse

In diesem Paragraphen setzen wir immer voraus, daß eine Lösung α der Gleichung (8.8.1) existiert. Wir wissen, daß diese Lösung, falls sie existiert, in subkritischen Prozessen (d. h. für $A < 1$) negativ ist.

Satz 1. *Ein Verzweigungsprozeß sei subkritisch. Wenn $G_a(t)$ eine Verteilungsfunktion absolutstetigen Typs ist und die Integrale*

$$\int_0^\infty t\, e^{-\alpha t}\, dG(t), \quad \int_0^\infty ta(t)\, e^{-\alpha t}\, dG(t), \quad \int_0^\infty b(t)\, e^{-\alpha t}\, dG(t), \quad \int_0^\infty tb(t)\, e^{-\alpha t}\, dG(t)$$

konvergieren, dann können wir die Überlebenswahrscheinlichkeit des Prozesses für $t \to \infty$ durch

$$Q(t) = \mathsf{P}\{\mu(t) > 0\} \sim Q_0\, e^{\alpha t} \tag{1}$$

darstellen, wobei Q_0 eine gewisse positive Konstante ist.

Beweis. Die Wahrscheinlichkeit $Q(t)$ genügt der Gleichung (1.6). Wenn wir in ihr $Q(t) = Q_0(t)\, e^{\alpha t}$ setzen, dann erhalten wir

$$Q_0(t) = \int_0^t Q_0(t-u)\, a(u)\, e^{-\alpha u}\, dG(u) - \frac{1}{2} e^{\alpha t} \int_0^t \bar{b}(u)\, Q_0^2(t-u)\, e^{-2\alpha u}\, dG(u) + e^{-\alpha t}\big(1 - G(t)\big). \tag{2}$$

Aus den allgemeinen Sätzen des § 8.2 folgt die Existenz und Eindeutigkeit der Lösung $Q_0(t)$ der Gleichung (2). Wenn wir diese Lösung in den zweiten

Summanden der rechten Seite von (2) einsetzen, erhalten wir die Erneuerungsgleichung

$$Q_0(t) = \int_0^t Q_0(t-u)\, \mathrm{d}G_{a,\alpha}(u) + L(t) \tag{3}$$

mit

$$G_{a,\alpha}(t) = \int_0^t \mathrm{e}^{-\alpha u}\, a(u)\, \mathrm{d}G(u)\,,$$

$$L(t) = -\frac{1}{2}\mathrm{e}^{\alpha t} \int_0^t \bar{b}(u)\, Q_0^2(t-u)\, \mathrm{e}^{-2\alpha u}\, \mathrm{d}G(u) + \mathrm{e}^{-\alpha t}\big((1 - G(t)\big)\,. \tag{4}$$

Wir zeigen $L(t) \in L_1(0, \infty)$. In Satz 8.8 haben wir gezeigt, daß $\mathrm{e}^{-\alpha t}\big(1 - G(t)\big) \in L_1(0, \infty)$ ist. Außerdem folgt aus dem gleichen Satz und der Ungleichung $Q(t) \leqq A(t)$ die Beschränktheit von $Q_0(t)$. Wegen $0 \leqq \bar{b}(u) \leqq b(u)$ wird der erste Summand der rechten Seite von (4) nicht größer als

$$K\, \mathrm{e}^{\alpha t} \int_0^t \mathrm{e}^{-2\alpha u}\, b(u)\, \mathrm{d}G(u)\,, \tag{5}$$

wobei $K > 0$ eine Konstante ist. In Satz 8.8.4 haben wir gezeigt, daß die Funktion (5) ebenfalls in $L_1(0, \infty)$ liegt. Damit können wir auf die Gleichung (3) Satz 8.7.8 anwenden, aus dem $Q_0(t) \to Q_0$ für $t \to \infty$ folgt. Um $Q_0 > 0$ zu beweisen, bedienen wir uns der Ungleichung (1.20), in der wir $A(t)$ und $B(t)$ asymptotisch entsprechend den Sätzen 8.8.1 und 8.8.7 abschätzen. Wir erhalten

$$Q_0(t) \geqq \frac{1}{2}\, \frac{A_0}{\dfrac{B_0'}{2A_0} + 1} > 0\,.$$

Damit ist der Satz bewiesen.

Satz 2. *Unter den Bedingungen des Satzes* 1 *konvergiert das bedingte Verteilungsgesetz*

$$\mathsf{P}\{\mu(t) = k \mid \mu(t) > 0\} \tag{6}$$

für $t \to \infty$ gegen eine Grenzverteilung.

Beweis. Der Beweis ist analog dem vorangegangenen. Zuerst überführen wir die Gleichung (2.7) für $R(t; y) = 1 - F(t; 1 - y)$ in eine Erneuerungsgleichung. Dann können wir beweisen, daß für $t \to \infty$ gleichmäßig in $0 < y \leqq 1$

$$R(t; y) = R_0(y)\, \mathrm{e}^{\alpha t}\big(1 + o(1)\big) \tag{7}$$

gilt mit $R_0(y) > 0$, $0 < y \leqq 1$. Um zu beweisen, daß $R_0(y)$ positiv ist, müssen wir die Ungleichung (2.9) und die Sätze 8.8.1 und 8.8.7 benutzen. Die erzeugende Funktion der Verteilung (6) ist gleich

$$1 - \frac{R(t; 1 - s)}{Q(t)}\,,$$

und wegen (1) und (7) konvergiert sie gleichmäßig in $0 \leqq s \leqq 1$ gegen die erzeugende Funktion

$$1 - \frac{R_0(1-s)}{Q_0}.$$

Der Satz ist bewiesen.

Für den Fall, daß $G(t)$ und $G_a(t)$ beide l-arithmetisch sind, gelten Aussagen, die analog den Sätzen 1 und 2 sind.

Für superkritische Prozesse gilt folgender

Satz 3. *Ist ein Prozeß superkritisch, $G_a(t)$ nichtarithmetisch und das Integral $\int_0^\infty b(u)\, e^{-2\alpha u}\, dQ(u)$ endlich, dann konvergiert die Zufallsgröße $\xi_t = \mu(t)\, e^{-\alpha t}$ für $t \to \infty$ im quadratischen Mittel gegen einen Grenzwert ξ. Die* LAPLACE-*Transformation $\varphi(\lambda)$ des Verteilungsgesetzes der Zufallsgröße ξ genügt der Gleichung*

$$\varphi(\lambda) = \int_0^\infty h\big(u; \varphi(\lambda\, e^{-\alpha u})\big)\, dG(u)\,. \tag{8}$$

Beweis. Mit Hilfe der Sätze 8.8 und 8.11 erhalten wir, daß für $t \to \infty$ gleichmäßig in $\tau \geqq 0$

$$\mathsf{M}(\xi_{t+\tau} - \xi_t)^2 \to 0$$

gilt. Hieraus folgt die Konvergenz von ξ_t im quadratischen Mittel. Wenn wir in der Gleichung (8.1.9) $s = e^{-\lambda e^{-\alpha t}}$ setzen und zum Grenzwert für $t \to \infty$ übergehen, erhalten wir (8), denn aus der soeben gezeigten Konvergenz im quadratischen Mittel folgt

$$F(t; e^{-\lambda e^{-\alpha t}}) \to \varphi(\lambda)\,, \qquad \lambda \geqq 0\,.$$

Damit ist der Satz bewiesen.

Ein analoger Satz gilt für l-arithmetische $G_a(t)$ und $G(t)$.

KAPITEL X

VERZWEIGUNGSPROZESSE MIT DIFFUSION

§ 1. Beschreibung des Modells

Wir nehmen an, die Teilchen der n Typen $T_1, \ldots, T_n$ diffundieren in einem einfach zusammenhängenden beschränkten offenen Gebiet G des r-dimensionalen euklidischen Raumes mit einem hinreichend glatten absorbierenden Rand ∂G. Für die Punkte aus G benutzen wir die Vektorschreibweise $x = (x_1, \ldots, x_r)$. Wir setzen voraus, daß die Dichte $p^i(x, y, t)$ des Verteilungsgesetzes der Lage y eines Teilchens vom Typ T_i zum Zeitpunkt t, falls seine Irrfahrt im Zeitpunkt Null im Punkt x beginnt, der Gleichung

$$\frac{\partial p^i}{\partial t} = D^i \left(\frac{\partial^2 p^i}{\partial x_1^2} + \cdots + \frac{\partial^2 p^i}{\partial x_r^2} \right) = D^i \Delta p^i \tag{1}$$

mit den Anfangs- und Randbedingungen

$$p^i(x, y, 0) = \delta(y - x) \,, \qquad p^i(x, y, t)|_{x \to \partial G} = 0 \tag{2}$$

genügt. Hierbei ist $\delta(x)$ die Deltafunktion. Die Diffusionskoeffizienten D^i setzen wir als positiv voraus.

Im weiteren erhalten wir aus diesem Prozeß der Irrfahrt einen neuen Prozeß, der die Lebenszeit jedes Teilchens verkürzt. Wir setzen voraus, daß jedes der Teilchen vom Typ T_i unabhängig von seiner Lage innerhalb von G, von Herkunft, Alter und von anderen Teilchen in der Zeit Δt mit der Wahrscheinlichkeit $k^i \Delta t + o(\Delta t)$, $\Delta t \to 0$, in eine Gesamtheit von neuen Teilchen übergeht oder verschwindet. Somit ist die Lebenszeit τ_{xi} eines Teilchens vom Typ T_i, das seine Irrfahrt im Punkt $x \in G$ beginnt, gleich

$$\tau_{xi} = \min \{\tau_{xi}^*, \tau_i\} \,, \tag{3}$$

wobei die zufälligen Größen τ_{xi}^* und τ_i unabhängig voneinander sind, τ_i die Dichte $k^i \mathrm{e}^{-k^i t}$, $t \geqq 0$, besitzt und τ_{xi}^* die Zeit der Irrfahrt vom Punkt x aus bis zur Absorption an dem Rand von G gemäß dem Ausgangsprozeß ist.

Mit $P_\alpha^i, \alpha = (\alpha_1, \ldots, \alpha_n)$, bezeichnen wir die bedingte Wahrscheinlichkeit dafür, daß ein Teilchen vom Typ T_i in eine Gesamtheit von Teilchen übergeht, die aus α_1 Teilchen vom Typ $T_1, \ldots, \alpha_n$ Teilchen vom Typ T_n besteht, unter der Bedingung, daß eine Umwandlung stattfand. Wir setzen voraus, daß die Wahrscheinlichkeiten P_α^i nicht von Zeit, Herkunft, Alter und Lage der sich umwandelnden Teilchen und vom Vorhandensein anderer Teilchen abhängen. Weiter nehmen wir an, daß alle neugebildeten Teilchen ihre Evolution unabhängig voneinander nach den oben beschriebenen Gesetzmäßigkeiten von dem Punkt der Umwandlung aus beginnen.

Wir bedienen uns der erzeugenden Funktionen

$$h^i(s) = \sum_\alpha P^i_\alpha s^\alpha \,, \tag{4}$$

$$f^i(s) = k^i\big(h^i(s) - s^i\big) \tag{5}$$

mit $s = (s^1, \ldots, s^n)$.

Die Funktionen $h^i(s)$ sind erzeugende Funktionen von mehrdimensionalen Wahrscheinlichkeitsverteilungen, die Funktionen $f^i(s)$ stellen erzeugende Funktionen für die Dichten der Übergangswahrscheinlichkeiten dar (für $\alpha \neq$ $\neq (\delta^i_1, \ldots, \delta^i_n)$, geht in der Zeit $\Delta t \to 0$ ein Teilchen vom Typ T_i mit der Wahrscheinlichkeit $k^i P^i_\alpha \Delta t + o(\Delta t)$ in eine Gesamtheit von Teilchen über, die durch den Vektor α charakterisiert wird).

Da wir in diesem Kapitel vor allem Bedingungen für das Aussterben des Prozesses untersuchen, ist es günstig, die Zeitrechnung nach Generationen von Teilchen vorzunehmen. Das Anfangsteilchen bildet die nullte Generation. Alle Teilchen, die am Ende der Lebenszeit des Teilchens der nullten Generation gebildet werden, stellen die erste Generation dar. Den Geburtsort der Teilchen der ersten Generation sehen wir als die Lage der ersten Generation an. Wir nehmen jetzt an, die Teilchen der m-ten Generation seien schon definiert. Jedes dieser Teilchen beginnt seine Irrfahrt nach dem oben beschriebenen Gesetz in dem Punkt, wo es geboren wurde. Am Ende seines Lebens erzeugt es Teilchen der $(m + 1)$-ten Generation oder geht zugrunde (hierin ist die Absorption durch den Rand ∂G eingeschlossen). Als Lage der Teilchen der $(m + 1)$-ten Generation betrachten wir ihren Geburtsort. Mit $P^i_{m\alpha}(x)$ bezeichnen wir die Wahrscheinlichkeit, daß ein Teilchen vom Typ T_i, das sich zu Beginn im Punkt $x \in G$ befindet, in m Generationen in eine Gesamtheit von Teilchen übergeht, die durch den Vektor α charakterisiert wird. Wir führen die erzeugende Funktion

$$F^i_m(x; s) = \sum_\alpha P^i_{m\alpha}(x)\, s^\alpha \,, \qquad i = 1, \ldots, n \,, \tag{6}$$

ein, die wir manchmal auch in der Vektorform

$$F_m(x; s) = \big(F^1_m(x; s), \ldots, F^n_m(x; s)\big) \,.$$

benutzen. Unten erhalten wir Rekurrenzbeziehungen für die erzeugenden Funktionen (6). Zuvor benötigen wir einige Begriffe und Bezeichnungen, die der zufälligen Irrfahrt von Teilchen ohne Verzweigung entlehnt sind. Wir setzen

$$K^i(x, y) = \int_0^\infty p^i(x, y, t)\, k^i\, \mathrm{e}^{-k^i t}\, \mathrm{d}t \,. \tag{7}$$

Die Funktion $K^i(x, y)$ ist die Dichte des Punktes $y \in G$, in dem eine Umwandlung des Teilchens vom Typ T_i vor sich geht, der sich zum Zeitpunkt seiner Geburt im Punkt $x \in G$ befindet.

Da $\int_G K^i(x, y)\, \mathrm{d}y < 1$ ist, gibt

$$g^i(x) = 1 - \int_G K^i(x, y)\, \mathrm{d}y \tag{8}$$

die Wahrscheinlichkeit dafür an, daß ein Teilchen vom Typ T_i, das seine Irrfahrt im Punkt $x \in G$ begann, durch den Rand ∂G absorbiert wird, ohne im Gebiet G sich in andere Teilchen verwandelt zu haben.

Wenn wir die Gleichung (1) mit der Bedingung (2) mittels der FOURIERschen Methode lösen, erhalten wir

$$p^i(x, y, t) = \sum_{m=1}^{\infty} \mathrm{e}^{-D^i \lambda_m t} \varphi_m(x) \varphi_m(y) , \tag{9}$$

wobei die $\varphi_m(x)$ normierte orthogonale Eigenfunktionen $\left(\int\limits_G \varphi_m(x) \varphi_k(x) \, \mathrm{d}x = \delta_{mk}\right)$ und die λ_i mit $0 < \lambda_1 < \lambda_2 \leqq \lambda_3 \leqq \cdots$ die Eigenwerte folgender Eigenwertaufgabe sind:

$$\Delta v + \lambda v = 0 , \qquad v|_{x \to \partial G} = 0 . \tag{10}$$

Wir nehmen an, daß das Gebiet G so gewählt ist, daß die Aufgabe (10) eine Lösung besitzt. Es ist bekannt, daß die erste Eigenfunktion $\varphi_1(x)$ in diesem Fall im Bereich G positiv ist.

Wenn wir die Reihe (9) in das Integral (7) einsetzen und formal gliedweise integrieren, dann erhalten wir für $K^i(x, y)$ die formale Reihe

$$\sum_{m=1}^{\infty} \frac{k^i}{k^i + D^i \lambda_m} \varphi_m(x) \varphi_m(y) . \tag{11}$$

Beispiel 1. Im Fall $r = 1$ sei das Gebiet G das Intervall $(0, l)$. Der Rand ∂G besteht aus den beiden Punkten $x = 0$ und $x = l$. Die Eigenwertaufgabe (10) geht in die Aufgabe

$$\frac{\mathrm{d}^2 v}{\mathrm{d}x^2} + \lambda v = 0 , \qquad v(0) = v(l) = 0 \tag{12}$$

über, deren Lösung

$$\lambda_n = \frac{\pi^2}{l^2} n^2 , \qquad \varphi_n(x) = \sqrt{\frac{2}{l}} \sin \frac{\pi n}{l} x$$

ist. Die Dichten $p^i(x, y, t)$ sind dann gemäß Formel (9) durch

$$p^i(x, y, t) = \sum_{m=1}^{\infty} \exp \left\{ - D^i \frac{\pi^2}{l^2} m^2 t \right\} \frac{2}{l} \sin \frac{m\pi}{l} x \sin \frac{m\pi}{l} y \tag{13}$$

gegeben. In Formel (7) können wir $p^i(x, y, t)$ durch die Reihe (13) ersetzen und gliedweise integrieren. Die erhaltene Reihe

$$K^i(x, y) = \sum_{m=1}^{\infty} \frac{k^i}{k^i + \dfrac{D^i \pi^2 m^2}{l^2}} \cdot \frac{2}{l} \sin \frac{m\pi}{l} x \sin \frac{m\pi}{l} y \tag{14}$$

konvergiert absolut.

Wir bezeichnen den Abstand zwischen den Punkten x und y mit $\varrho(x, y)$:

$$\varrho(x, y) = \sqrt{\sum_{i=1}^{r} (x_i - y_i)^2}\,.$$

Es gilt

Satz 1.

1. *Für $r = 1$ ist $K^i(x, y)$ stetig für $x, y \in G + \partial G$. Für jedes $\delta > 0$ ist für $r = 1, 2, \ldots$ die Funktion $K^i(x, y)$ für die $x, y \in G$ stetig, für die $\varrho(x, y) \geqq \delta$ gilt.*

2. *Es gilt folgende Abschätzung:*

$$K^i(x, y) = \begin{cases} O(|\log \varrho\,(x, y)|) & \text{für} \quad r = 2\,, \\ O(\varrho^{2-r}(x, y)) & \text{für} \quad r \geqq 3\,. \end{cases}$$

3. *Die Reihe* (11) *ist die* Fourier-*Reihe für die $K^i(x, y)$ bezüglich des Systems der Eigenfunktionen $\{\varphi_n(x)\}$.*

Beweis. Der Fall $r = 1$ folgt aus der Formel (14) im Beispiel 1. Die Stetigkeit für $\varrho(x, y) \geqq \delta$ und die Abschätzung 2. können wir erhalten, wenn wir in (7) die Funktion unter dem Integral $p^i(x, y, t)$ mit Hilfe der Ungleichung

$$p^i(x, y, t) \leqq \frac{1}{(\pi D^i t)^{r/2}}\, c^{-\frac{\varrho^2(x, y)}{D^i t}}\,, \qquad x, y \in G\,,$$

abschätzen. Die rechte Seite dieser Ungleichung ist die Dichte der Koordinaten eines Teilchens vom Typ T_i, das sich im r-dimensionalen euklidischen Raum bewegt. Die Behauptung 3. erhalten wir aus den Gleichungen

$$\int_G K^i(x, y)\, \varphi_m(y)\, \mathrm{d}y = \int_G \varphi_m(y)\, \mathrm{d}y \int_0^\infty p^i(x, y, t)\, k^i\, \mathrm{e}^{-k^i t}\, \mathrm{d}t =$$

$$= \int_0^\infty k^i\, \mathrm{e}^{-k^i t}\, \mathrm{d}t \int_G p^i(x, y, t)\, \varphi_m(y)\, \mathrm{d}y =$$

$$= \int_0^\infty k^i\, \mathrm{e}^{-(k^i + D^i \lambda_m) t}\, \mathrm{d}t \cdot \varphi_m(x) = \frac{k^i}{k^i + D^i \lambda_m}\, \varphi_m(x)\,. \quad (15)$$

(Die Vertauschung der Reihenfolge der Integration ist nach dem Satz von Fubini möglich.)

Bemerkung 1. Aus der Gleichung (15) folgt, daß die Integralgleichung

$$\varphi(x) = \Lambda \int_G K^i(x, y)\, \varphi(y)\, \mathrm{d}y \quad (16)$$

die Eigenfunktionen $\varphi_m(x)$ und die Eigenwerte

$$\Lambda_m^i = 1 + \lambda_m D^i (k^i)^{-1} \quad (17)$$

hat.

Bemerkung 2. Wegen Satz 1 hängt die durch (8) definierte Wahrscheinlichkeit $g^i(x)$ der Absorption eines Teilchens durch den Rand stetig von $x \in G$ ab.

§ 2. Gleichungen für die erzeugenden Funktionen

Die durch die Formel (1.6) gegebenen erzeugenden Funktionen $F^i_m(x; s)$ genügen den folgenden Rekurrenzbedingungen:

$$F^i_{m+1}(x; s) = \int_G K^i(x, y)\, h^i\big(F_m(y; s)\big)\, dy + g^i(x)\,, \tag{1}$$

$$F^i_0(x; s) = s^i\,, \qquad x \in G\,, \tag{2}$$

wobei die $K^i(x, y)$ und $g^i(x)$ durch die Gleichungen (1.7) und (1.8) definiert sind. Die Rekurrenzbeziehungen (1) erhalten wir mit Hilfe bedingter Erwartungswerte. Nach der Formel (1.3.18), die die erzeugende Funktion der Summe einer zufälligen Anzahl unabhängiger zufälliger Größen angibt, ist $h^i\big(F_m(y; s)\big)$ die erzeugende Funktion der Teilchenanzahl der $(m + 1)$-ten Generation unter der Bedingung, daß das Anfangsteilchen an dem Rand nicht absorbiert wird und sich im Punkt $y \in G$ verwandelt. Wenn das Anfangsteilchen an dem Rand ∂G absorbiert wird, dann sind in der folgenden Generation keine Teilchen vorhanden und die entsprechende erzeugende Funktion ist gleich Eins. Mitteln wir diese bedingte erzeugende Funktion nach der Verteilung der Koordinaten des Anfangsteilchens im Zeitpunkt ihrer Umwandlung im Gebiet G (die Dichte dieser Verteilung ist $K^i(x, y)$) und nach der Absorptionswahrscheinlichkeit $g^i(x)$, dann erhalten wir Gleichung (1). Die Gleichung (2) folgt aus der Anfangsbedingung.

Falls wir nur Teilchen eines Typs haben, verzichten wir auf den Index i in den erzeugenden Funktionen $F_m(x; s)$, $h(s)$, in der Dichte $K(x, y)$ und in der Absorptionswahrscheinlichkeit $g(x)$. Die Bezeichnung s bezieht sich in diesem Falle auf eine skalare und nicht auf eine vektorielle Größe. Die Gleichungen (1) und (2) erhalten die Form

$$F_{m+1}(x; s) = \int_G K(x, y)\, h\big(F_m(y)\big)\, dy + g(x)\,, \tag{3}$$

$$F_0(x, s) = s\,, \qquad x \in G\,. \tag{4}$$

Wir leiten jetzt noch Gleichungen für die erzeugenden Funktionen

$$F^i(x, t; s) = \sum_\alpha P^i_\alpha(x, t)\, s^\alpha\,, \tag{5}$$

$$F(x, t; s) = \big(F^1(x, t; s), \ldots, F^n(x, t; s)\big) \tag{6}$$

her. Die $P^i_\alpha(x, t)$ sind hierbei die Wahrscheinlichkeiten dafür, daß ein zum Zeitpunkt 0 im Punkt $x \in G$ befindliches Teilchen vom Typ T_i im Zeitpunkt t in eine Gesamtheit von Teilchen übergeht, die durch den Vektor α charakterisiert wird. Diese erzeugenden Funktionen genügen dem System nichtlinearer Integralgleichungen

$$F^i(x, t; s) = \int_0^t du \int_G p^i(x, y, u)\, k^i\, e^{-k^i u}\, h^i(F(y, t-u; s))\, dy +$$
$$+ s^i e^{-k^i t} \int_G p^i(x, y, t)\, dy + 1 - e^{-k^i t} \int_G p^i(x, y, t)\, dy -$$
$$- \int_0^t du \int_G p^i(x, y, u)\, k^i\, e^{-k^i u}\, dy\,, \tag{7}$$

wobei $p^i(x, y, t)$ die Dichte der Koordinaten für die diffundierenden Teilchen vom Typ T_i ist und den Gleichungen (1.1) und (1.2) genügt. Die Gleichung (7) leiten wir ebenfalls mit Hilfe der Formel der totalen Wahrscheinlichkeit her. Das Anfangsteilchen kann im Zeitintervall $[0, t]$ folgendes Schicksal erleiden. Mit der Wahrscheinlichkeitsdichte $p^i(x, y, u)\, k^i\, e^{-k^i u}$ wandelt sich das Teilchen im Zeitpunkt u, $0 < u < t$, im Punkt $y \in G$ um; mit der Wahrscheinlichkeit $e^{-k^i t} \int_G p^i(x, y, t)\, dy$ wandelt sich das Teilchen im Zeitintervall $[0, t]$ nicht um und wird auch nicht an dem Rand ∂G absorbiert, d. h., das Teilchen setzt im Zeitpunkt t seine Irrfahrt im Gebiet G fort. Schließlich wird das Teilchen im Zeitintervall $[0, t]$ an dem Rand ∂G mit der Wahrscheinlichkeit

$$1 - e^{-k^i t} \int_G p^i(x, y, t)\, dy - \int_0^t du \int_G p^i(x, y, u)\, k^i\, e^{-k^i u}\, dy$$

absorbiert. Im ersten Fall ist die bedingte erzeugende Funktion gleich $h^i(F(y, t-u; s))$, im zweiten Fall gleich s^i und schließlich im dritten Fall gleich Eins. Wenn wir diese bedingten erzeugenden Funktionen nach der oben beschriebenen Verteilung mitteln, erhalten wir die Gleichung (7).

Aus der Gleichung (7) können wir die partielle Differentialgleichung

$$\frac{\partial F^i(x, t; s)}{\partial t} = D^i \Delta F^i(x, t, s) + f^i(F) \tag{8}$$

mit den Anfangs- und Randbedingungen

$$F(x, 0; s) = s\,, \qquad F(x, t; s)|_{x \to \partial G} = 1 \tag{9}$$

herleiten. Die Gleichung (8) erhalten wir aus der Gleichung (7) folgendermaßen. Zuerst ersetzen wir im ersten und letzten Summanden rechts in (7) die Integrationsveränderliche u durch $t - u$. Dann differenzieren wir die erhaltene Gleichung nach t. Links erhalten wir $\frac{\partial F^i}{\partial t}$ und rechts tritt die Differentiation in drei verschiedenen Formen auf. Erstens müssen wir in jedem nichtkonstanten Summanden entweder $p^i(x, y, t)$ oder $p^i(x, y, t-u)$ differenzieren. Als Resultat erhalten wir hierbei vermöge (1.1) den Summanden $D^i \Delta F(x, t; s)$, wobei $\Delta = \sum_{k=1}^{r} \frac{\partial^2}{\partial x_k^2}$ der LAPLACE-Operator ist. Weiterhin ist in jedem Summanden außer 1 der Faktor $e^{-k^i t}$ enthalten. Die entsprechende Differentation ergibt den Summanden $-k^i(F^i - 1)$. Und schließlich müssen wir in zwei Summanden die Integrale nach der oberen Grenze differenzieren. Unter Berücksichtigung von (1.2) erhalten wir in einem Falle $k^i h^i(F(x, t; s))$ und in dem anderen $-k^i$. Die Summe aller dieser Glieder ergibt die Gleichung (8), wobei wir hierzu noch die Beziehung (1.5) heranziehen.

Sind alle Teilchen von einem Typ, so vereinfacht sich Gleichung (8) zu

$$\frac{\partial F(x, t; s)}{\partial t} = D\Delta F(x, t; s) + f(F) . \tag{10}$$

Die Anfangs- und Randbedingungen können wir wie in (9) schreiben, wenn wir s und $F(t; s)$ als skalare Größen auffassen.

§ 3. Erwartungswerte

Mit $A_j^i(x, t) = \left.\frac{\partial F^i(x, t; s)}{\partial s^i}\right|_{s=1}$ bezeichnen wir den Erwartungswert der Anzahl der Teilchen vom Typ T_j zum Zeitpunkt t, wenn im Zeitpunkt Null im Punkt x aus G ein Teilchen vom Typ T_i vorhanden war. Im folgenden setzen wir voraus, daß die erzeugenden Funktionen $f^i(s)$ endliche Ableitungen im Punkt $s = 1$

$$a_j^i = \left.\frac{\partial f^i(s)}{\partial s^j}\right|_{s=1}$$

besitzen und die Matrix $a = ||a_j^i||$ irreduzibel ist. Bei einer reduziblen Matrix a können wir die Typen wie in § 4.6 klassifizieren. Irreduzible Matrizen a entsprechen irreduziblen Verzweigungsprozessen, d. h. solchen Prozessen, in denen die Nachkommenschaft eines Teilchens beliebigen Typs T_i mit positiver Wahrscheinlichkeit Teilchen jedes Typs T_j enthält.

Die Erwartungswerte $A_j^i(x, t)$ genügen folgenden Gleichungen:

$$\frac{\partial A_j^i(x, t)}{\partial t} = D^i \Delta A_j^i\,(x, t) + a_k^i A_j^k(x, t) \tag{1}$$

$\left(\Delta = \sum_{k=1}^{r} \frac{\partial^2}{\partial x_k^2}\right.$ ist der LAPLACE-Operator$\Big)$ und den Anfangs- und Randbedingungen

$$A_j^i(x, 0) = \delta_j^i\,, \qquad A_j^i(x, t)|_{x \to \partial G} = 0\,. \tag{2}$$

Die Gleichung (1) für die Erwartungswerte hat für Verzweigungsprozesse mit einem Teilchentyp die Form

$$\frac{\partial A}{\partial t} = D\Delta A + aA \tag{3}$$

mit den Bedingungen

$$A(x, 0) = 1\,, \qquad A(x, t)|_{x \to \partial G} = 0\,. \tag{4}$$

Hierbei ist $A(x, t) = \left.\frac{\partial F(x, t; s)}{\partial s}\right|_{s=1}, a = \left.\frac{\partial f(s)}{\partial s}\right|_{s=1}.$

Die Gleichung (1) erhalten wir, wenn wir (2.8) nach s^j im Punkt $s = 1$ differenzieren. Aus nachfolgenden Überlegungen ergibt sich, daß diese Differentiation gerechtfertigt ist. Vor allem folgern wir aus der Endlichkeit aller Elemente der Matrix $||a_j^i||$, daß alle Erwartungswerte $A_j^i(x, y)$ für jedes $x \in G$ und jedes $t \geqq 0$ ebenfalls endlich sind, da sie durch die entsprechenden Erwartungswerte eines Verzweigungsprozesses ohne absorbierenden Rand majorisiert werden und diese endlich sind (siehe Satz 4.4.1). Weil alle $A_j^i(x, t)$ endlich sind, können wir die Gleichung (2.7) im Punkt $s = 1$ differenzieren. Wir erhalten für die $A_j^i(x, t)$ die Integralgleichung

$$A_j^i(x, t) = \int_0^t \mathrm{d}u \int_G p^i(x, y, u)\, k^i\, \mathrm{e}^{-k^i u} A_m^i A_j^m(y, t - u)\, \mathrm{d}y + \\ + \delta_j^i\, \mathrm{e}^{-k^i t} \int_G p^i(x, y, t)\, \mathrm{d}y\,, \tag{5}$$

wobei $A_m^i = \left.\dfrac{\partial h^i(s)}{\partial s^m}\right|_{s=1}$ ist. Die Gleichung (1) erhalten wir, wenn wir (5) nach t differenzieren. Die Anfangs- und Randbedingungen (2) folgen ebenfalls aus (5).

Die Lösung des Systems (1) können wir in Form der Reihe

$$A_j^i(x, t) = \sum_{m=1}^{\infty} \beta_{jm}^i(t)\, \varphi_m(x) \tag{6}$$

suchen, wobei die $\varphi_m(x)$ die Eigenfunktionen der Aufgabe (1.10) sind. Nachdem wir (6) in (1) eingesetzt haben, setzen wir die Koeffizienten beider Seiten, die bei ein und derselben Funktion $\varphi_m(x)$ stehen, einander gleich. Es gilt dann

$$\frac{\mathrm{d}\beta_{jm}^i(t)}{\mathrm{d}t} = - D^i \lambda_m \beta_{jm}^i(t) + a_k^i \beta_{jm}^k(t) = (a_k^i - D^i \lambda_m \delta_k^i)\, \beta_{jm}^k(t)\,. \tag{7}$$

Mit $\theta_{m1}, \ldots, \theta_{mn}$ bezeichnen wir die charakteristischen Wurzeln der Matrix $||a_k^i - D^i\lambda_m\delta_k^i||$. Es sei $\theta_m = \theta_{m1}$ die PERRONsche Wurzel dieser Matrix. Es ist weiter bekannt, daß die Lösung des Systems (7) als

$$\beta_{jm}^i(t) = \sum_{k=1}^{n} \psi_{jmk}^i(t) \exp\{\theta_{mk} t\}\,, \tag{8}$$

dargestellt werden kann, wobei die $\psi_{jmk}^i(t)$ Polynome sind, deren Grad nicht größer als $z_{mk} - 1$ ist und z_{mk} die Vielfachheit der Wurzel θ_{mk} angibt. Da die PERRONsche Wurzel θ_m einfach ist, sind die Koeffizienten ψ_{jm1}^i Konstanten; wir schreiben im weiteren $\psi_{j11}^i = \psi_j^i$. Somit ist die Lösung der Gleichung (1) mit den Bedingungen (2) gleich der Reihe (6), in der die Funktionen $\beta_{jm}^i(t)$ durch die Formel (8) bestimmt sind. Das asymptotische Verhalten der Erwartungswerte $A_j^i(x, t)$ für $t \to \infty$ wird durch die PERRONsche Wurzel θ_m beschrieben und sogar schon, wie wir jetzt zeigen, durch die PERRONsche Wurzel θ_1, die größer als alle anderen Wurzeln θ_m ist.

Lemma 1. *Die quasinichtnegative Matrix $||a_j^i||$ sei irreduzibel und der Vektor $b = (b^1, \ldots, b^n)$ nichtnegativ. Dann erfüllen die* PERRON*schen Wurzeln r der Matrix*

$\|a_j^i\|$ und r' der Matrix $\|a_j^i - b^i\delta_j^i\|$ die Ungleichung $r \geqq r'$; wenn außerdem $b \neq 0$ ist, folgt $r > r'$.

Beweis. Wir setzen $c_j^i = a_j^i - b^i\delta_j^i$. Es sei $u = (u^1, \ldots, u^n) > 0$ der rechte Eigenvektor von $\|c_j^i\|$, der der PERRONschen Wurzel r' entspricht, also

$$c_j^i u^j = r' u^i . \tag{9}$$

Aus (9) erhalten wir

$$a_j^i u^j \geqq r' u^i , \tag{10}$$

woraus nach Satz 4.5.5 die Beziehung $r \geqq r'$ und für $b \neq 0$ sogar $r > r'$ folgt. Damit ist das Lemma bewiesen.

Lemma 2. *Es gelten die Ungleichungen*

$$\theta_1 > \theta_2 \geqq \theta_3 \geqq \cdots \geqq \theta_m \geqq \theta_{m+1} \geqq \cdots$$

Beweis. Wenn wir Lemma 1 auf die Matrizen $\|a_j^i - D^i \lambda_m \delta_j^i\|$ und $\|a_j^i - D^i\lambda_{m+1}\delta_j^i\|$ anwenden, dann erhalten wir $\theta_m \geqq \theta_{m+1}$, da $\lambda_m \geqq \lambda_{m+1}$ gilt. Wegen $D^i > 0$ und $\lambda_1 < \lambda_2$ erhalten wir ebenfalls aus Lemma 1 die Ungleichung $\theta_1 > \theta_2$. Das Lemma ist bewiesen.

Es sei θ_0 die PERRONsche Wurzel der Matrix $\|a_j^i\|$ und $D = \min D^i$.

Lemma 3. *Für jedes m gilt die Ungleichung*

$$\theta_m \leqq \theta_0 - D\lambda_m . \tag{11}$$

Beweis. Wenn wir Lemma 1 auf die Matrizen $\|a_j^i - D\lambda_m\delta_j^i\|$ und $\|a_j^i - D^i\lambda_m\delta_j^i\|$ anwenden, dann gelangen wir zu (11), da $\theta_0 - D\lambda_m$ die PERRONsche Wurzel der ersten Matrix und θ_m die PERRONsche Wurzel der zweiten Matrix ist. Das Lemma ist bewiesen.

Diese Lemmata gestatten uns, das asymptotische Verhalten der Erwartungswerte $A_j^i(x, t)$ für $t \to \infty$ anzugeben. Wegen Lemma 3 konvergieren die Reihen (6) für $t > 0$ gleichmäßig in $x \in G$, da die Eigenwerte λ_m hinreichend schnell gegen Unendlich streben und die Absolutbeträge der Eigenfunktionen $\varphi_m(x)$ von oben durch eine Potenzfunktion von λ_m abgeschätzt werden kann (siehe z. B. [7]). Wegen Lemma 1 bestimmt das Glied $\beta_{j_1}^i(t)\,\varphi_1(x)$ der Reihe (6) für $t \to \infty$ das asymptotische Verhalten des Erwartungswertes $A_j^i(x, t)$. Es gilt

Satz 1. *Wenn die Matrix $\|a_j^i\|$ irreduzibel ist, dann gilt für $t \to \infty$*

$$A_j^i(x, t) \sim \psi_j^i\, e^{\theta_1 t}\, \varphi_1(x) , \tag{12}$$

wobei für alle i und j gilt $\psi_j^i > 0$.

Beweis. Wie wir eben festgestellt haben, sind die das asymptotische Verhalten der Erwartungswerte bestimmenden Glieder durch Ausdrücke gegeben, die rechts in (12) stehen. Wir müssen nur zeigen, daß die Koeffizienten ψ_j^i positiv sind. Die Reihen (6) können wir gliedweise differenzieren. Weil hierbei alle Hauptglieder die Ordnung $e^{\theta_1 t}$ haben, genügen die Funktionen $\psi_j^i\, e^{\theta_1 t}\, \varphi_1(x)$

der Gleichung (1) genauso wie die $A_j^i(x, t)$. Wir erhalten

$$\psi_j^i \theta_1 = (a_k^i - \lambda_1 D^i \delta_k^i)\, \psi_j^k \,. \tag{13}$$

Es sind alle $\psi_j^i \geqq 0$; wenn mindestens ein $\psi_j^{i_1} > 0$ ist, dann gilt auch $\psi_j^1 > >0, \ldots, \psi_j^n > 0$, da die ψ_j^i für festes j die Komponenten des rechten Eigenvektors der Matrix $||a_k^i - \lambda_1 D^i \delta_k^i||$ sind, die der PERRONschen Wurzel θ_1 entsprechen. Wir zeigen zuerst, daß mindestens ein Paar von Indizes i, j existiert, so daß $\psi_j^i > 0$ ist. Die Erwartungswerte $A_j^i(x, t)$ können wir auf die Integralform

$$A_j^i(x, t) = \int_G A_j^i(x, y, t)\, dy \tag{14}$$

bringen, wo $A_j^i(x, y, t)$ ebenfalls der Gleichung (1) mit den Anfangs- und Randbedingungen

$$A_j^i(x, y, 0) = \delta_j^i \delta(y - x)\,, \qquad A_j^i(x, y, t)|_{x \to \partial G} = 0\,. \tag{15}$$

genügt. Wenn wir die Gleichung (1) mit den Bedingungen (2) nach der FOURIER-Methode lösen, erhalten wir die Reihe

$$A_j^i\,(x, y, t) = \sum_{m=1}^{\infty} \sum_{k=1}^{n} \gamma_{jmk}^i(t)\, e^{\theta_{mk} t}\, \varphi_m(x)\, \varphi_m(y)\,. \tag{16}$$

Wir können uns unmittelbar davon überzeugen, daß die Gleichung (1) eine Lösung

$$X^i(x, t) = C^i\, e^{\theta_1 t}\, \varphi_1(x)\,, \qquad i = 1, \ldots, n\,, \tag{17}$$

besitzt, wobei alle $C^i > 0$ sind. Weiterhin genügt jede beliebige Linearkombination von Lösungen (16) ebenfalls der Gleichung (1) und den Randbedingungen. Insbesondere können wir als eine solche Linearkombination

$$Y^i(x, t) = \int_G C^j A_j^i(x, y, t)\, \varphi_1(y)\, dy \tag{18}$$

wählen. Aus den Anfangsbedingungen (15) folgt

$$X^i(x, 0) = C^i \varphi_1(x) = \int_G C^i A_j^i(x, y, 0)\, \varphi_1(y)\, dy = Y^i(x, 0)\,.$$

Deshalb erhalten wir wegen der Eindeutigkeit der Lösung von (1) bei festen Anfangs- und Randbedingungen für jedes $t \geqq 0$

$$X^i(x, t) \equiv Y^i(x, t)\,, \qquad i = 1, \ldots, n\,. \tag{19}$$

Da die linke Seite von (19) wie $e^{\theta_1 t}$ wächst, liegt auch auf der rechten Seite ein solches Wachstum vor. Aus (18) folgt deshalb die Existenz eines Index j, so daß $A_j^i(x, y, t)$ wie $e^{\theta_1 t}$ wächst. Für diesen Index j gilt wegen (14) $\psi_j^i > 0$. Für jedes $t_0 > 0$ und jedes $y \in G$ sind alle $A_k^i(y, t_0) > 0$. Daher können wir aus der trivialen Ungleichung

$$A_k^i(x, t) \geqq \int_{G_1} A_j^i(x, y, t - t_0)\, A_k^j(y, t_0)\, dy\,,$$

wobei G_1 z. B. der Teil des Gebietes G ist, in dem $\varphi_1(x) \geqq \varepsilon$ für ein kleines $\varepsilon > 0$ ist, folgern, daß die Ungleichung $\psi_k^i > 0$ für jedes i und jedes k gilt. Der Satz ist bewiesen.

Im weiteren nennen wir einen Verzweigungsprozeß mit Diffusion *subkritisch*, falls $\theta_1 < 0$, *kritisch* falls $\theta_1 = 0$ und *superkritisch*, falls $\theta_1 > 0$ ist. Damit zeigt unsere asymptotische Formel (12) aus Satz 1, daß die Erwartungswerte $A_j^i(x, t)$ in irreduziblen Verzweigungsprozessen mit Diffusion im subkritischen Fall exponentiell fallen, im superkritischen Fall exponentiell wachsen und im kritischen Fall gegen einen positiven Grenzwert konvergieren. In reduziblen Prozessen können wir genauso wie im Kap. IV einstufen, wann ein Verzweigungsprozeß subkritisch, kritisch oder superkritisch ist. Der Charakter des asymptotischen Verhaltens der Erwartungswerte bleibt im großen und ganzen gleich, jedoch können im Hauptglied potentiell wachsende Faktoren auftauchen.

Beispiel 1. Ein Verzweigungsprozeß bestehe nur aus Teilchen eines Typs. Dann gelten für $A(x, y, t) = A_1^1(x, y, t)$, $A(x, t) = A_1^1(x, t)$ folgende Formeln:

$$A(x, y, t) = e^{at}\, p(x, y, t) = \sum_{n=1}^{\infty} e^{(a-D\lambda_n)t}\, \varphi_n(x)\, \varphi_n(y)\,,$$

$$A(x, t) = \int_G A(x, y, t)\, dy = \sum_{n=1}^{\infty} e^{(a-D\lambda_n)t} \int_G \varphi_n(y)\, dy \cdot \varphi_n(x)\,,$$

wobei $a = f'(s)|_{s=1}$ ist. Der Prozeß ist *subkritisch*, wenn $a < a_0$ *kritisch*, wenn $a = a_0$ und *superkritisch*, wenn $a > a_0$ ist. Hierbei ist $a_0 = D\lambda_1$.

§ 4. Aussterbewahrscheinlichkeiten

Die Wahrscheinlichkeit $P_m^i(x) = P_{m0}^i(x)$ dafür, daß ein Prozeß, der mit einem Teilchen vom Typ T_i im Punkt $x \in G$ beginnt, in der m-ten Generation ausstirbt (d. h. alle Teilchen einer der vorangegangenen Generationen ohne Nachkommen bleiben oder am Rand absorbiert werden), ist gleich

$$P_m^i(x) = F_m^i(x; 0)\,. \tag{1}$$

Diese Wahrscheinlichkeiten genügen wegen (21) den Rekurrenzbeziehungen

$$P_{m+1}^i(x) = \int_G K^i(x, y)\, h^i\big(P_m(y)\big)\, dy + g^i(x)\,, \tag{2}$$

wobei die Bezeichnung

$$P_m(x) = \big(P_m^1(x), \ldots, P_m^n(x)\big)$$

verwendet wurde. Für $m = 0$ haben wir die Anfangsbedingungen

$$P_0^i(x) = 0\,, \qquad i = 1, \ldots, n,\ x \in G\,. \tag{3}$$

Für $m \to \infty$ existieren die Grenzwerte

$$P^i(x) = \lim_{m\to\infty} P_m^i(x)\,,$$

die gleich den Wahrscheinlichkeiten dafür sind, daß der Prozeß früher oder später ausstirbt. Wir nennen die $P^i(x)$ *Aussterbewahrscheinlichkeiten*. Ist

$P^i(x) \equiv 1$, $i = 1, \ldots, n$, $x \in G$, so nennen wir den Prozeß *aussterbend*. Indem wir in (2) $m \to \infty$ setzen, erhalten wir für die Aussterbewahrscheinlichkeiten

$$P(x) = \left(P^1(x), \ldots, P^n(x)\right)$$

das System von nichtlinearen Integralgleichungen

$$P^i(x) = \int_G K^i(x, y)\, h^i(P(y))\, \mathrm{d}y + g^i(x)\,. \tag{4}$$

Das System besitzt immer die Wurzel $P^i(x) \equiv 1$, $i = 1, \ldots, n$. Wenn keine anderen Wurzeln $P^i(x)$ mit $0 \leqq P^i(x) \leqq 1$ existieren, dann ist $P(x) \equiv 1$ und der Prozeß ist aussterbend. In diesem Paragraphen geben wir notwendige und hinreichende Bedingungen für das Aussterben eines Prozesses an. Diese Bedingungen hängen wie in allen zuvor betrachteten Modellen von Verzweigungsprozessen davon ab, ob der Prozeß subkritisch, kritisch oder superkritisch ist, d. h., sie hängen vom asymptotischen Verhalten der Erwartungswerte ab. Sie folgen aus einer Reihe von Sätzen, denen wir uns jetzt zuwenden.

Satz 1. *Ein Verzweigungsprozeß ist dann und nur dann nicht aussterbend, wenn das System*

$$u^i(x) = \int_G K^i(x, y)\, h^i\left(u(y)\right) \mathrm{d}y + g^i(x) \tag{5}$$

eine Wurzel $u(x) = \left(u^1(x), \ldots, u^n(x)\right)$ *besitzt, die den Bedingungen*

$$0 \leqq u(x) \leqq 1\,, \qquad u(x) \not\equiv 1$$

genügt.

Beweis. Wir nehmen an, eine solche Wurzel $u(x)$ existiere. Aus (2), (3) und (5) folgt mittels Induktion $u(x) \geqq P_m(x)$ für jedes m, woraus seinerseits $u(x) \geqq P(x)$ folgt. Demnach ist $P(x) \not\equiv 1$. Die Notwendigkeit wurde oben schon gezeigt.

Satz 2. *In dem* Banach*-Raum der in* $G + \partial G$ *stetigen Vektorfunktionen mit der Metrik*

$$\varrho(u, v) = \max_i \max_{x \in G + \partial G} \left|v^i(x) - u^i(x)\right|$$

überführt die Abbildung

$$v^i(x) = \int_G K^i(x, y)\, h^i\left(u(y)\right) \mathrm{d}y + g^i(x)\,, \qquad i = 1, \ldots, n\,, \tag{6}$$

die beschränkte Familie stetiger Funktionen $u(x)$, $|u(x)| \leqq 1$ *in eine kompakte Familie von Funktionen.*

Beweis. Da $h^i\left(u(y)\right) \leqq 1$ ist für $|u(y)| \leqq 1$, ist die Familie $\{v(x)\}$ beschränkt. Wegen Satz 1.1 sind die Funktionen $v^i(x)$ gleichgradig stetig, wenn $|u(y)| \leqq 1$ ist. Folglich ist die Familie $\{v(x)\}$ kompakt.

Satz 3. *Wenn alle* $h^i(s)$ *linear sind, dann stirbt der Prozeß aus.*

Beweis. Es sei $h^i(s) = A_0^i + A_j^i s^j$ mit $\sum_{j=0}^{\infty} A_j^i = 1$. Dann können wir (4) in

$$P^i(x) = \int_G K^i(x, y)\, [A_0^i + A_j^i P^j(y)]\, \mathrm{d}y + g^i(x) \tag{7}$$

überführen. Weiter sei $\min\limits_{1 \leqq i \leqq n} \min\limits_{x \in G + \partial G} P_i(x) = \delta < 1$. Wir setzen

$$\delta' = \min_{1 \leqq i \leqq n} \min_{x \in G} g^i(x) > 0 .$$

Aus (7) folgt

$$P^i(x) \geqq \delta \int_G K^i(x, y) \, dy + g^i(x) = \delta + g^i(x) \, (1 - \delta) \geqq \delta + \delta'(1 - \delta) ,$$

woraus wir auf den Widerspruch $\delta > \delta + \delta'(1 - \delta)$ schließen.

Lemma 1. *Es seien $u_1(x)$, $u_2(x)$ stetige Vektorfunktionen auf G, $0 \leqq u_1(x) < < u_2(x) \leqq 1$. Wenn $h^i(s)$ nichtlinear ist und für $x \in G$*

$$u_k^i(x) \geqq \int_G K^i(x, y) \, h^i(u_k(y)) \, dy + g^i(x) , \qquad k = 1, 2 ,$$

gilt, dann ist für alle $v(x) = u_1(x) + \theta(u_2(x) - u_1(x))$, $0 < \theta < 1$, $x \in G$,

$$v^i(x) > \int_G K^i(x, y) \, h^i(v(y)) \, dy + g^i(x) . \tag{8}$$

Beweis. Die Funktion

$$\varphi(\theta) = \int_G K^i(x, y) \, h^i(v(y)) \, dy + g^i(x) - v^i(x)$$

ist für $0 < \theta < 1$ streng konvex ($\varphi''(\theta) > 0$). Weil außerdem $\varphi(0) \leqq 0$, $\varphi(1) \leqq 0$ ist, erhalten wir für $0 < \theta < 1$ die mit (8) äquivalente Ungleichung $\varphi(\theta) < 0$.

Satz 4. *Ein Prozeß mit der irreduziblen Matrix $||a_j^i||$ ist dann und nur dann aussterbend, wenn eine in $G + \partial G$ stetige Vektorfunktion $\beta(x)$ mit $0 < \beta(x) \leqq 1$ existiert, so daß für alle $x \in G$, $i = 1, \ldots, n$,*

$$1 - \beta^i(x) \geqq \int_G K^i(x, y) \, h^i(1 - \beta(y)) \, dy + g^i(x) \tag{9}$$

gilt und für mindestens einen Index i in (9) eine strenge Ungleichheit auftritt.

Beweis. Wir nehmen an, der Prozeß sterbe nicht aus. Dann existieren zwei Lösungen von (5) $u_1(x) = P(x)$ und $u_2(x) \equiv 1$. Wegen Satz 3 sind nicht alle $h^i(s)$ linear. Aus der Irreduzibilität von $||a_j^i||$ erhalten wir leicht, daß $P(x) < 1$ für alle $x \in G$ ist. Wenn wir auf die Funktionen $u_1(x) < u_2(x)$ Lemma 1 anwenden, erhalten wir für $\beta(x) = (1 - \theta) \, (1 - u_1(x))$ die Ungleichungen (9), wobei für nichtlineares $h^i(s)$ strenge Ungleichungen gelten. Wir zeigen jetzt, daß die Bedingung hinreichend ist. Wenn (9) erfüllt ist, dann geht bei der Abbildung (6) die konvexe beschränkte Menge $0 \leqq u(x) \leqq 1 - \beta(x)$ in eine Teilmenge derselben über. Wegen Satz 2 ist der betrachtete Operator auf dieser Menge in dem entsprechenden Banach-Raum vollstetig. Deshalb existiert nach dem Prinzip von Schauder (siehe [32]) ein Fixpunkt $u(x)$, der der Ungleichung $0 \leqq u(x) \leqq 1 - \beta(x)$ genügt. Dann stirbt der Prozeß aber wegen Satz 1 mit positiver Wahrscheinlichkeit nicht aus.

Die mittlere Anzahl der Teilchen vom Typ T_j, die wir bei einer Umwandlung aus einem Teilchen vom Typ T_i erhalten (unter der Bedingung, daß diese

Umwandlung überhaupt erfolgte), ist gleich $A^i_j = \left.\frac{\partial h^i}{\partial s^j}\right|_{s=1}$. Wegen (1.5) ist

$$A^i_j = \delta^i_j + a^i_j (k^i)^{-1} . \tag{10}$$

Lemma 2. *Wenn die* PERRONsche *Wurzel* θ_1 *der irreduziblen Matrix* $||a^i_j - D^i \delta^i_j \lambda_1||$ *nichtpositiv ist, dann ist die* PERRONsche *Wurzel* Θ_1 *der Matrix* $||A^i_j (\Lambda^i_1)^{-1}||$, *wobei* Λ^i_1 *durch die Formel* (1.17) *definiert ist, nicht größer als Eins und umgekehrt.*

Beweis. Nach Satz 4.5.5 ist dann und nur dann $\theta_1 > 0$, wenn ein Vektor $u > 0$ existiert mit

$$(a^i_j - D^i \delta^i_j \lambda_1)\, u^j > 0 . \tag{11}$$

Wenn wir in (11) aus (10) den Ausdruck $a^i_j = (A^i_j - \delta^i_j)\, k^i$ und $\lambda_1 D^i = (\Lambda^i_1 - 1)\, k^i$ aus (1.17) einsetzen, dann erhalten wir

$$(A^i_j - \delta^i_j \Lambda^i_1)\, k^i u^j > 0$$

oder, was damit gleichbedeutend ist,

$$A^i_j (\Lambda^i_1)^{-1}\, u^j > u^i . \tag{12}$$

Die Bedingung (12) ist nach Satz 4.5.3 notwendig und hinreichend dafür, daß $\Theta_1 > 1$ ist. Das Lemma ist bewiesen.

Lemma 3. *Die Matrix* $||a^i_j||$ *sei irreduzibel. Für die Existenz einer stetigen Vektorfunktion* $\beta(x)$, *für die für alle* $x \in G$, $\beta(x) > 0$ *und*

$$\beta^i(x) \leqq \int_G K^i(x, y)\, A^i_j \beta^j(y)\, dy , \qquad i = 1, \ldots, n , \tag{13}$$

ist, wobei in (13) *das Ungleichheitszeichen* $\leqq$ *nicht für alle* i *durch das Identitätszeichen* $\equiv$ *ersetzt werden kann, ist notwendig und hinreichend, daß* $\Theta_1 > 1$ *ist.*

Beweis. Es ist klar, daß aus der Irreduzibilität von $||a^i_j||$ die Irreduzibilität von $||A^i_j (\Lambda^i_1)^{-1}||$ folgt. Es sei $\Theta_1 > 1$. Dann existieren $u^i > 0$, $i = 1, \ldots, n$, mit der Eigenschaft

$$\Theta_1 u^i = A^i_j (\Lambda^i_1)^{-1}\, u^j . \tag{14}$$

Wir setzen

$$\beta^i(x) = u^i \varphi_1(x) , \qquad i = 1, \ldots, n . \tag{15}$$

Wegen (14) und (1.15) ist

$$\Theta_1 \beta^i(x) = \int_G K^i(x, y)\, A^i_j \beta^j(y)\, dy , \qquad i = 1, \ldots, n . \tag{16}$$

Hieraus folgt (13), denn für $x \in G$ ist $\varphi_1(x) > 0$. Es sei jetzt $\beta(x) > 0$, und es gelte die Ungleichung (13). Wenn wir die Ungleichung mit $\varphi_1(x)$ multiplizieren und über $x \in G$ integrieren, dann erhalten wir

$$v^i \leqq A^i_j v^j (\Lambda^i_1)^{-1} , \qquad i = 1, \ldots, n ,$$

wobei $v^i = \int_G \beta^i(x)\, \varphi_1(x)\, dx > 0$ ist und mindestens eine strenge Ungleichheit auftritt. Hieraus folgt mittels Satz 4.5.3, daß $\Theta_1 > 1$ ist. Das Lemma ist bewiesen.

Satz 5. *Ein Verzweigungsprozeß mit Diffusion ist dann und nur dann aussterbend, wenn die* PERRON*sche Wurzel* θ_1 *der Matrix* $||a_j^i - \delta_j^i D^i \lambda_1||$ *nichtpositiv ist.*

Beweis. Wir zeigen den Satz zuerst für eine irreduzible Matrix $||a_j^i||$. Der Prozeß sei nichtaussterbend. Dann existiert nach Satz 4 ein Vektor $\beta(x) > 0$, $x \in G$, für den die Ungleichung (9) erfüllt ist. Wenn wir (9) mit Hilfe der Ungleichung

$$1 - h^i(1 - \beta(y)) \leqq A_j^i \beta^j(y) ,$$

verschärfen, dann erhalten wir (13). Deshalb ist also nach Lemma 3 $\Theta_1 > 1$ und damit wegen Lemma 2 $\theta_1 > 0$. Wir nehmen nun an, daß $\theta_1 > 0$ ist. Dann ist $\Theta_1 > 1$. Wir zeigen, daß der Prozeß in diesem Falle nichtaussterbend ist. Die Funktionen (15) genügen dem Gleichungssystem (16). Wir wählen eine Zahl Θ_1' so, daß $\Theta_1 > \Theta_1' > 1$ gilt, und bezeichnen mit $\bar{A}_j^i$ den Quotienten A_j^i/Θ_1'. Die Gleichung (16) können wir in der Form

$$\beta^i(x) - \int_G K^i(x, y)\, \bar{A}_j^i \beta^j(y)\, dy = -\left(\frac{\Theta_1}{\Theta_1'} - 1\right) \beta^i(x) . \tag{17}$$

schreiben. Die rechte Seite von (17) ist für $x \in G$, $i = 1, \ldots, n$, negativ. Wir wählen jetzt $\varepsilon > 0$ so, daß

$$h_i(1 - \varepsilon\beta(y)) < 1 - \varepsilon \bar{A}_j^i \beta^j(y) \qquad y \in G ,$$

ist. Damit erhalten wir aus (17) und (1.8)

$$1 - \varepsilon\beta^i(x) > \int_G K^i(x, y)\, h^i(1 - \varepsilon\beta(y))\, dy + g^i(x) , \qquad i = 1, \ldots, n .$$

Nach Satz 4 folgt hieraus, daß der Prozeß nichtaussterbend ist. Der Beweis im Fall reduzibler Matrizen $||a_j^i||$ wird wie in Satz 5.1.5 geführt, indem wir ihn auf den Fall irreduzibler Matrizen $||a_j^i||$ zurückführen (die Teilchentypen teilen wir in Klassen verbundener Typen ein; jeder Klasse entspricht eine irreduzible Untermatrix $||a_j^i||$; der oben angeführte Beweis wird nacheinander auf die Klassen bezogen). Der Satz ist damit gezeigt.

Aus diesem Satz und dem Satz 3.1 folgt, daß ein Prozeß dann und nur dann ausstirbt, wenn für jedes $\gamma > 0$ für $t \to \infty$ der Erwartungswert die Ordnung $A_j^i(x, t) = o(e^{\gamma t})$ aufweist.

Für Prozesse mit einem Teilchentyp können wir Satz 5 folgendermaßen formulieren.

Satz 6. *Ein Verzweigungsprozeß mit einem Teilchentyp ist dann und nur dann aussterbend, wenn*

$$a \leqq D\lambda_1 .$$

Wenn also in einem gewöhnlichen MARKOWschen Verzweigungsprozeß mit einem Teilchentyp und stetiger Zeit der kritische Parameterwert a, der die aussterbenden und nichtaussterbenden Prozesse voneinander trennt, gleich 0 ist, so stellt für Verzweigungsprozesse mit Diffusion und Absorption an einem Rand die positive Größe $a_0 = D\lambda_1$ einen solchen kritischen Wert dar. Eine erhöhte Intensität des Vermehrens wird in diesem Falle durch zusätzliche Verluste durch Absorbtion am Rand kompensiert.

§ 5. Finale Wahrscheinlichkeiten

Wir betrachten einen Verzweigungsprozeß mit Diffusion mit einem nichtfinalen Typ T_1 und einem finalen Typ T_2. Damit betrachten wir also eine Modifikation des Modells, das in § 1 mit $n = 2$ beschrieben wurde. Der einzige Unterschied zu diesem Modell besteht darin, daß die Teilchen vom Typ T_1 der Diffusion unterworfen sind, sich vermehren (insbesondere Teilchen des finalen Typs T_2 bilden) und am Rand absorbiert werden, hingegen die Teilchen des finalen Typs T_2 sich nicht vermehren, nicht sterben und nicht am Rand absorbiert werden. Somit bilden die finalen Teilchen das Endprodukt der Reaktion.

Zum Zeitpunkt 0 sei ein nichtfinales Teilchen im Punkt $x \in G$ vorhanden. Mit $q_k(x, m)$ bezeichnen wir die Wahrscheinlichkeit, daß in der m-ten Generation k finale Teilchen vorhanden sind. Die Grenzwerte $q_k(x) = \lim\limits_{m\to\infty} q_k(x, m)$ sind gleich den Wahrscheinlichkeiten, daß nach Beendigung des Prozesses (wenn alle nichtfinalen Teilchen verschwunden sind) k finale Teilchen übrig bleiben. Die Grenzwerte $q_k(x)$ nennen wir *finale Wahrscheinlichkeiten.*

Wir führen folgende erzeugende Funktionen ein:

$$\Phi_m(x; u) = \sum_{k=0}^{\infty} q_k(x, m)\, u^k ,$$

$$\Phi(x; u) = \sum_{k=0}^{\infty} q_k(x)\, u^k .$$

Diese erzeugenden Funktionen genügen analog zu (2.3) und (2.4) den Gleichungen

$$\Phi_{m+1}(x; u) = \int_G K(x, y)\, h(\Phi_m(y; u), u)\, dy + g(x) , \qquad \Phi_0(x; u) = 1 , \tag{1}$$

$$\Phi(x, u) = \int_G K(x, y)\, h(\Phi(y; u), u)\, dy + g(x) . \tag{2}$$

Hierbei ist $K(x, y) = K^1(x, y)$, $g(x) = g^1(x)$, $h(s^1, s^2)' = h^1(s^1, s^2)$, wobei K^1, g^1 und h^1 in den Formeln (1.4) und (1.8) definiert sind.

Satz 1. *Die Integralgleichung* (2) *besitzt für* $a \leqq D\lambda_1$ *eine im Kreis* $|u| < 1$ *eindeutige Lösung* $\Phi(x; u)$.

Beweis. Aus der Definition der finalen Wahrscheinlichkeiten folgt leicht, daß $\Phi(x, u) = \lim\limits_{m\to\infty} \Phi_m(x; u)$ für $0 \leqq u \leqq 1$ ist. Folglich ist $\Phi(x, u)$ für $|u| < 1$

analytisch und genügt der Gleichung (2). Wir nehmen an, daß zwei verschiedene Lösungen $\Phi(x; u)$ und $\Psi(x; u)$ existieren und bilden die Funktion

$$M(x) = \sup_{|u| \leqq 1} |\Phi(x; u) - \Psi(x; u)| .$$

Wegen Satz 4.2 hängt die Funktion $M(x)$ stetig von x ab. Entsprechend unserer Voraussetzung ist $M(x) \not\equiv 0$. Da für $|s_1| \leqq 1$, $|s_2| \leqq 1$, $|u| \leqq 1$

$$|h(s_1, u) - h(s_2, u)| \leqq A|s_1 - s_2| \tag{3}$$

mit $A = \left.\frac{\partial h(s, u)}{\partial s}\right|_{s=1}$ gilt, folgt

$$\begin{aligned} M(x) &= \max_{|u| \leqq 1} |\Phi(x; u) - \Psi(x; u)| = |\Phi(x; u_0) - \Psi(x; u_0)| = \\ &= \left|\int_G K(x, y) \, [h(\Phi(y; u_0) - h(\Psi(y; u_0), u_0)] \, dy\right| \leqq \\ &\leqq A \int_G K(x, y) \, M(y) \, dy . \end{aligned} \tag{4}$$

Wir nehmen weiter an, daß in (4) eine Identität vorliege. Das kann nur dann der Fall sein, wenn in (3) beide Seiten gleich sind, d. h. wenn die Funktion $h(s, u)$ in s linear ist. In diesem Fall ist offensichtlich $A \leqq 1$. Dann ist jedoch $A < \Lambda_1 = 1 + D\lambda_1 k^{-1}$. Diese Ungleichung widerspricht der Gleichheit in (4), da Λ_1 der kleinste Eigenwert der Integralgleichung

$$\varphi(x) = \Lambda \int_G K(x, y) \, \varphi(y) \, dy$$

ist (siehe Bemerkung 1.1). Wenn in (4) keine identische Gleichheit vorliegt, dann gelangen wir wiederum zu einem Widerspruch zur Voraussetzung $M(x) \not\equiv 0$, da hierbei die Beziehung (4) für aussterbende Verzweigungsprozesse wegen Satz 4.5 und Lemma 4.3 unmöglich ist.

Wir untersuchen nun das asymptotische Verhalten der finalen Wahrscheinlichkeiten $q_k(x)$ für $k \to \infty$ für einen kritischen Prozeß.

Wir benutzen dazu folgenden Satz über die Verzweigung der Lösung der Integralgleichung (2).

Satz 2. *Wenn für $u = u_0$ die Integralgleichung (2) eine isolierte Lösung $\Phi(x; u_0)$ besitzt und 1 ein einfacher Eigenwert des Kerns*

$$K(x, y) \left.\frac{\partial h(s, u)}{\partial s}\right|_{s = \Phi(y; u_0)} \tag{5}$$

ist, dann ist jede stetig von u abhängende Lösung $\Phi(x; u)$ der Gleichung (2), die für $u \to u_0$ gegen $\Phi(x; u_0)$ strebt, als Reihe

$$\Phi(x, u) = \Phi(x, u_0) + \sum_{k=1}^{\infty} \beta_k(x) \, (u - u_0)^{k/m}$$

darstellbar, wobei $m \geqq 1$ ganzzahlig ist. Wenn dagegen 1 nicht Eigenwert des Kerns (5) *ist, dann ist $\Phi(x; u)$ in u in der Umgebung von $u = u_0$ eine analytische Funktion.*

Wir haben den Satz in der Form gebracht, in der wir ihn benutzen. Er folgt aus der allgemeinen Theorie der Verzweigung von Lösungen nichtlinearer Integralgleichungen (siehe z. B. [74], [49]).

Wir betrachten einen kritischen Verzweigungsprozeß, d. h. einen Prozeß, in dem $a = a_0 = D\lambda_1$ ist, oder — was gleichbedeutend damit ist — die Gleichungen

$$A = \left.\frac{\partial h(s, u)}{\partial s}\right|_{s=1} = \Lambda_1 = 1 + D\lambda_1 k^{-1} = 1 + \frac{a_0}{k} = A_0 \tag{6}$$

erfüllt sind.

Satz 3. *Es sei ein kritischer Verzweigungsprozeß gegeben, die Funktion $h(s, u)$ sei im Gebiet $|s| < R$, $|u| < R$ mit $R > 1$ analytisch, und es sei $h(1, u) \neq 1$ für $|u| \leqq 1$ und $u \neq 1$. Dann ist die Lösung $\Phi(x, u)$ der Gleichung* (2) *in einem Kreis $|u| < \varrho$, $\varrho > 1$ mit Ausnahme eines Einschnittes entlang der reellen Achse von $u = 1$ bis $u = \varrho$ analytisch. In der Umgebung des Punktes $u = 1$ können wir die Funktion $\Phi(x; u)$ als Reihe*

$$\Phi(x; u) = 1 + iL\varphi_1(x)\,(u - 1)^{1/2} + \sum_{k=2}^{\infty} \beta_k(x)\,(u - 1)^{k/2}, \tag{7}$$

mit

$$L = \sqrt{\frac{2A_{\frac{1}{2}}^{1} \int_G \varphi(y)\,dy}{B \int_G \varphi^3(y)\,dy}}, \tag{8}$$

$$A_{\frac{1}{2}}^{1} = \left.\frac{\partial h(s, u)}{\partial u}\right|_{s=u=1}, \qquad B = \left.\frac{\partial^2 h(s, u)}{\partial s^2}\right|_{s=u=1}$$

darstellen.

Beweis. Für $A = A_0$ hat die Lösung von (2) nach Satz 2 in der Umgebung des Punktes $u = 1$ die Form

$$\Phi(x; u) = 1 + \sum_{k=1}^{\infty} \beta_k(x)\,(u - 1)^{k/m}. \tag{9}$$

Die im Satz 2 geforderte isolierte Lösung $v(x) \equiv 1$ der Gleichung (2) erhalten wir hierbei für $u = 1$ folgendermaßen. Wegen der Sätze 4.1 und 4.5 gibt es für $A = A_0$ grundsätzlich keine Lösung $0 \leqq v(x) \leqq 1$ und $v(x) \not\equiv 1$. Es sei $v(x)$ eine Lösung von (2). Wenn wir voraussetzen, daß Punkte $x \in G$ vorhanden sind, in denen $v(x) > 1$ ist und Punkte $x \in G$ existieren, in denen $v(x) < 1$ ist, dann genügt die Funktion

$$w(x) = \min\{v(x), 1\}$$

der Ungleichung

$$w(x) \geqq \int_G K(x, y)\, h\big(w(y); 1\big)\,dy + g(x).$$

Das widerspricht aber der Tatsache, daß der Prozeß aussterbend ist. Wir nehmen nun an, daß $v(x) = 1 + \alpha(x) \geqq 1$, $\alpha(x) \not\equiv 0$ ist. Aus (2) folgt

$$\alpha(x) = A_0 \int_G K(x, y)\, dy + g_1(x) \tag{10}$$

mit $g_1(x) = \int_G K(x, y)\, [h(v(y), 1) - A_0\alpha(y)]\, dy > 0$. Aus der Theorie der linearen Integralgleichungen folgt, daß die Gleichung (10) keine Lösung besitzt, da A_0 der Eigenwert des Kerns $K(x, y)$ und $\int_G \varphi_1(x)\, g_1(x)\, dx > 0$ ist (siehe [48]). Wenn wir die Reihe (9) in die Gleichung (2) einsetzen und die Koeffizienten bei gleichen Potenzen von $(u - 1)^{k/m}$ gleichsetzen, dann erhalten wir $m = 2$ und die Gleichung (8). In der Tat gilt

$$1 + \beta_1(x)\,(u - 1)^{1/m} + \sum_{k=2}^{\infty} \beta_k(x)\,(u - 1)^{k/m} =$$

$$= \int_G K(x, y) \Big[A_0\big(\beta_1(y)\,(u - 1)^{1/m} + \beta_2(y)(u - 1)^{2/m} + \cdots\big) +$$

$$+ A_2^1(u - 1) + \frac{B}{2}\beta_1^2(y)\,(u - 1)^{2/m} + \cdots \Big] dy + 1\,,$$

woraus für $m = 1$

$$\beta_1(x) = A_0 \int_G K(x, y)\, \beta_1(y)\, dy + A_2^1 \int_G K(x, y)\, dy$$

und für $m > 1$

$$\beta_1(x) = A_0 \int_G K(x, y)\, \beta_1(y)\, dy$$

folgt. Die erste Gleichung ist nicht lösbar, die zweite besitzt die Lösung $\beta_1(x) = iL\varphi_1(x)$ und damit ist $m > 1$. Wir nehmen an, daß $L \neq 0$ ist. Dann erhalten wir für $m > 2$ die Gleichung

$$\beta_2(x) = A_0 \int_G K(x, y)\, \beta_2(y)\, dy - \frac{BL^2}{2} \int_G K(x, y)\, \varphi_1^2(y)\, dy\,,$$

die nicht lösbar ist, da A_0 der Eigenwert des Kerns $K(x, y)$ ist. Für $m = 2$ kommen wir zu der Gleichung

$$\beta_2(x) = A_0 \int_G K(x, y)\, \beta_2(y)\, dy + \int_G K(x, y) \left[-\frac{B}{2} L^2\varphi_1^2(y) + A_2^1 \right] dy\,.$$

Diese Gleichung besitzt eine Lösung, wenn

$$\int_G \varphi_1(x)\, dx \int_G K(x, y) \left[-\frac{B}{2} L^2\varphi_1^2(y) + A_2^1 \right] dy =$$

$$= -\frac{BL^2}{2A_0} \int_G \varphi_1^3(y)\, dy + \frac{A_2^1}{A_0} \int_G \varphi_1(y)\, dy = 0$$

ist, woraus (8) folgt. Man kann zeigen, daß sich die Voraussetzung $L \neq 0$ nicht auf das Resultat auswirkt $\Big($für $L = 0$ erhalten wir $m = 2\,m_1$, $m_1 > 0$, aber in der Darstellung (9) sind nur die Glieder von Null verschieden, die $k = k_1\,m_1$ entsprechen, so daß $\frac{k}{m} = \frac{k_1}{2}$ ist$\Big)$.

Wir zeigen jetzt, daß die Funktion $\Phi(x; u)$ in einer Umgebung eines beliebigen Punktes $u \neq 1$ mit $|u| = 1$ analytisch ist. Es sei $u_0 \neq 1$, $|u_0| = 1$ und $\Phi(x; u_0)$ die Lösung von (2). Entsprechend Satz 2 müssen wir zeigen, daß der Kern

$$K(x, y)\,\frac{\partial h(s, u_0)}{\partial s}\bigg|_{s=\Phi(y;u_0)}$$

nicht den Eigenwert Eins hat. Das ist gleichbedeutend mit

$$\frac{\partial h(s, u_0)}{\partial s}\bigg|_{s=\Phi(y;u_0)} \neq A_0\,.$$

Wie man leicht sieht, ist

$$\left|\frac{\partial h(s, u_0)}{\partial s}\right| < A_0 \quad \text{für} \quad |s| < 1\,.$$

Wir betrachten eine Lösung von (2), die der Bedingung $|\Phi(y; u_0)| = 1$ genügt. Solche Lösungen, die dem Betrage nach gleich Eins sind, sind als Wurzeln s der Gleichung $h(s, u) = 1$ gegeben. Somit müssen wir dafür, daß die Lösung $s = \Phi(x; u_0)$ den Kern mit dem Eigenwert Eins angibt, fordern, daß in den Punkten der Gestalt $s = e^{2\pi i t_1}$ und $u = e^{2\pi i t_2}$ die Ungleichungen

$$h(s, u) = 1\,, \qquad \frac{\partial h(s, u)}{\partial s} = A_0\,. \tag{11}$$

erfüllt sind. Wir betrachten nun solche Paare ganzer Zahlen (α_1, α_2), für die die Wahrscheinlichkeiten $P_{(\alpha_1, \alpha_2)}$ in der Reihe

$$h(s, u) = \sum_{\alpha_1, \alpha_2} P_{(\alpha_1, \alpha_2)} s^{\alpha_1} u^{\alpha_2}$$

positiv sind. Die Gleichungen (11) werden für die t_1, t_2 erfüllt, die für alle oben erwähnten Paare (α_1, α_2) den Kongruenzen

$$\begin{aligned} t_1\alpha_1 + t_2\alpha_2 &\equiv 0 \pmod 1)\,,\\ t_1(\alpha_1 - 1) + t_2\alpha_2 &\equiv 0 \pmod 1) \end{aligned} \tag{12}$$

genügen. Aus (12) folgt sofort $t_1 = 0$, und aus der Bedingung $h(1, u) \neq 1$ folgt $t_2 = 0$ für $u \neq |u| = 1$. Deshalb ist $\Phi(x; u)$ in allen Punkten des Einheitskreises $|u| = 1$ mit $u \neq 1$ analytisch. Damit ist der Satz bewiesen.

Satz 4. *Unter den Bedingungen des Satzes 3 gilt für $n \to \infty$*

$$q_n(x) = \frac{L\varphi_1(x)}{2\sqrt{\pi}\,n^{3/2}} + O(n^{-5/2})\,. \tag{13}$$

Der Beweis gründet sich auf die Reihenentwicklung (7) und darauf, daß entsprechend Satz 3 die Funktionen $\Phi(x; u)$ im Gebiet $|u| < \varrho$, $\varrho > 1$ mit einem Einschnitt entlang der reellen Achse analytisch sind. Wir werden diesen Beweis nicht führen, da er mit dem Beweis des Satzes 5.4.1 zusammenfällt.

Bemerkung 1. Wenn wir voraussetzen, daß eine solche Zahl $d > 1$ existiert, daß in der Entwicklung der Funktion $h(s, u)$ nur Potenzen von s und u^d eingehen, und keine Zahl $d' > d$ dieser Eigenschaft genügt, dann existieren solche $u \neq |u| = 1$, daß $h(1, u) = 1$ ist. Solche Werte u stellen alle Wurzeln der Gleichung $u^d = 1$ dar. Sind alle anderen Bedingungen des Satzes 3 erfüllt, so ist in diesem Fall $\Phi(x; u)$ im Kreis $|u| < \varrho$, $\varrho > 1$ mit d Einschnitten entlang der Radien vom Punkt $\exp\left\{i\,\frac{2\pi k}{d}\right\}$ bis zum Punkt $\varrho \exp\left\{i\,\frac{2\pi k}{d}\right\}$, $k = 0, 1, \ldots, \ldots, d-1$, analytisch. In den Punkten $u_k = \exp\left\{i\,\frac{2\pi k}{d}\right\}$ kann die Funktion $\Phi(x; u)$ in eine Reihe nach Potenzen von $(u - u_k)^{1/2}$ entwickelt werden. Anstelle der Formel (13) des Satzes 4 gilt in diesem Falle für $n \to \infty$ folgende asymptotische Formel

$$q_n(x) = \begin{cases} \dfrac{d\varphi_1(x)}{2\sqrt{\pi}\,n^{3/2}} + O(n^{-5/2}) & \text{für} \quad n \equiv 0 \pmod d \\ 0 & \text{für} \quad n \not\equiv 0 \pmod d\,. \end{cases}$$

Die weiteren Darlegungen gelten für $d \geqq 1$.

Wir nehmen an, daß zum Zeitpunkt Null im Punkt $x \in G$ gerade N Teilchen vom Typ T_1 vorhanden sind. Mit ζ_N bezeichnen wir die Anzahl der Teilchen vom Typ T_2, die schließlich aus diesen N Teilchen entstanden sind. Wenn wir mit ξ_i die Anzahl der Teilchen vom Typ T_2 bezeichnen, die aus dem i-ten Teilchen (in irgendeiner Anordnung) vom Typ T_1 entstanden sind, das sich im Zeitpunkt Null im Punkt $x \in G$ befand, dann können wir ζ_N als Summe unabhängiger identisch verteilter Zufallsgrößen

$$\zeta_N = \xi_1 + \cdots + \xi_N \tag{14}$$

darstellen. Jede der Zufallsgrößen ξ_i besitzt die Verteilung $\{q_n(x)\}$. Dieses Verteilungsgesetz liegt im Anziehungsbereich eines stabilen Verteilungsgesetzes mit $\alpha = \frac{1}{2}$, da wegen Satz 4 für $\lambda \to \infty$

$$\sum_{n \geq \lambda} q_n(x) \sim \frac{L\varphi_1(x)}{\sqrt{\pi\lambda}}$$

gilt (siehe Satz 5, § 35 in [17]). Durch die Normierung $\zeta_N / L^2\varphi_1^2(x)\,N^2$ ergibt sich die Konvergenz gegen ein stabiles Gesetz mit $\alpha = \frac{1}{2}$, $\beta = 1$,

$$\mathsf{P}\left\{\frac{\zeta_N}{L^2\varphi_1^2(x)\,N^2} \leqq \lambda\right\} \to \frac{1}{2\sqrt{\pi}} \int\limits_0^\lambda e^{-\frac{1}{4t}}\, t^{-3/2}\, dt\,.$$

KAPITEL XI

VERZWEIGUNGSPROZESSE FÜR TEILCHEN MIT ENERGIE

§ 1. Allgemeine Beschreibung des Modells

In Anwendungen finden Verzweigungsprozesse großes Interesse, in denen die Teilchen durch einen positiven Parameter charakterisiert sind. Bei der Teilchenaufspaltung wird der Wert des Parameters des Ausgangsteilchens zufällig auf die Tochterteilchen aufgeteilt. In realen Prozessen kann der Parameter z. B. den Durchmesser der Teilchen, die Teilchenmasse oder Teilchenenergie sein. Der Durchmesser oder die Masse sind grundlegende Charakteristika von technischen Prozessen der Teilchenspaltung. Die Energie charakterisiert die Teilchen in solchen physikalischen Prozessen, wie den Kaskadenprozessen in der kosmischen Strahlung. In der Literatur werden vor allem Verzweigungsprozesse abgehandelt, die diese oder jene realen physikalischen Prozesse beschreiben, in denen die Teilchen im wesentlichen durch ihre Energie charakterisiert sind. Daher nennen wir diese Prozesse Verzweigungsprozesse für Teilchen mit Energie oder einfach *Verzweigungsprozesse mit Energie.*

Ungeachtet der Tatsache, daß es eine umfangreiche Literatur gibt, in der Modelle verschiedener Kaskadenprozesse behandelt werden, ist die mathematische Untersuchung dieser Modelle noch wenig fortgeschritten (besonders im Vergleich zu Verzweigungsprozessen anderer Art). Das erklärt sich vor allem aus der Kompliziertheit der auftretenden Gleichungen. Außerdem läßt sich die Vielfalt der Teilresultate für konkrete Modelle schwer in ein allgemeines Schema einordnen, da die Eigenschaften der Verzweigungsprozesse mit Energie und die Methoden ihrer Untersuchung in hohem Grade vom konkreten Modell abhängen.

Die allgemeinste Beschreibung von Verzweigungsprozessen mit Energie besteht in folgendem: Jedes Teilchen besitzt eine bestimmte Energie. Die Energie kann sich einem zufälligen Gesetz zufolge verringern. Außerdem kann sich jedes Teilchen unabhängig von der Anzahl anderer Teilchen und ihrer Energie in mehrere neue Teilchen aufteilen (insbesondere auch verschwinden). Die Anzahl der neuen Teilchen ist durch ein Verteilungsgesetz gegeben, das auch von der Energie des sich teilenden Teilchens abhängen kann. Weiterhin sind bedingte Verteilungsgesetze gegeben, nach denen sich die Energie des Mutterteilchens auf die Tochterteilchen überträgt, falls ihre Anzahl n ist. Wenn die Energie des Mutterteilchens gleich ξ war, dann genügt die Energie der neuen Teilchen $\xi_1, \dots, \xi_n$ der Bedingung

$$\xi_1 + \cdots + \xi_n \leqq \xi \,, \tag{1}$$

d. h., die Summe der Energie der Tochterteilchen kann kleiner sein als die Ausgangsenergie des Mutterteilchens. Für das mathematische Herangehen an solche Prozesse ist wesentlich, ob in (1) immer die Gleichheit gilt oder nicht. Teilungsprozesse, für die die Ungleichheit in (1) gilt, widerspiegeln Erscheinungen des Massenverlustes. Die umgekehrte Ungleichung in (1) ist auch von Interesse (z. B. wenn in Teilungsprozessen ein Massenzuwachs der Teilchen aus einem Staubmedium möglich ist). Somit gibt es schon für das bedingte Verteilungsgesetz der $\xi_1, \ldots, \xi_n$ bei festem ξ sehr viele verschiedene Möglichkeiten, die sich wesentlich auf die Eigenschaften des zu untersuchenden Prozesses auswirken. Gewöhnlich wird angenommen, daß die Bedingung (1) erfüllt ist und

$$\mathsf{P}\{\xi_1 \leqq x_1, \ldots, \xi_n \leqq x_n | \xi = x\} = H_n\left(\frac{x_1}{x}, \ldots, \frac{x_n}{x}\right) \tag{2}$$

gilt, d. h., unabhängig von der Energie des Mutterteilchens ξ erhalten die Tochterteilchen ihren Anteil ξ_i/ξ von der Ausgangsenergie entsprechend dem n-dimensionalen Verteilungsgesetz $H_n(y, \ldots, y_n)$. Im weiteren Verlauf betrachten wir einen Sonderfall, in dem die Teilchen keine Energie verlieren und sich jedes Teilchen in genau zwei Teilchen teilt.

§ 2. Ein binäres Modell

Wir betrachten folgendes Modell. Jedes Teilchen teilt sich unabhängig von seiner Energie und von anderen Teilchen in der Zeit Δt für $\Delta t \to 0$ mit der Wahrscheinlichkeit $\lambda \Delta t + o(\Delta t)$ in genau zwei neue Teilchen. Die Energie teilt sich auf diese beiden neuen Teilchen entsprechend der zweidimensionalen Verteilung

$$\mathsf{P}\{\xi_1 \leqq x_1, \xi_2 \leqq x_2 | \xi = x\} = H\left(\frac{x_1}{x}, \frac{x_2}{x}\right) \tag{1}$$

auf. Wir nehmen an, daß die zweidimensionale Verteilungsfunktion (1) symmetrisch ist: $H(y_1, y_2) = H(y_2, y_1)$. Weiterhin setzen wir voraus, daß die Bedingung (1.1) erfüllt ist. Die eindimensionale Verteilung, die $H(y_1, y_2)$ entspricht, bezeichnen wir mit $H(y) = H(y, 1) = H(1, y)$. Die neuen Teilchen entwickeln sich analog.

Mit $\mu(x, t)$ bezeichnen wir die Anzahl der Teilchen zum Zeitpunkt t, deren Energie nicht kleiner als x ist. Im Zeitpunkt Null sei nur ein Teilchen mit der Energie x_0 vorhanden. Mit $p_n(x, t|x_0)$ bezeichnen wir die Wahrscheinlichkeit, daß der Prozeß, der mit einem Teilchen der Energie x_0 beginnt, in der Zeit t genau n Teilchen bildet, deren Energie jeweils nicht kleiner als x ist. Es ist unschwer zu sehen, daß in unserem Falle

$$p_n(x, t|x_0) = p_n(x/x_0, t|1) \tag{2}$$

gilt.

Wir setzen $p_n(x, t) = p_n(x, t|1)$. Aus der Definition des Prozesses erhalten wir nach der Formel der totalen Wahrscheinlichkeit

$$p_n(x, t) = \delta_{n1}\, \mathrm{e}^{-\lambda t} + \int_0^t \lambda\, \mathrm{e}^{-\lambda y}\, \mathrm{d}y \int_x^1 \int_x^1 H(\mathrm{d}u_1, \mathrm{d}u_2) \times$$
$$\times \sum_{k=0}^{n} p_k\left(\frac{x}{u_1}, t-y\right) p_{n-k}\left(\frac{x}{u_2}, t-y\right). \tag{3}$$

Um (3) zu erhalten, müssen wir zuerst die Wahrscheinlichkeit des Ereignisses $\{\mu(x, t) = n\}$ unter der Bedingung berechnen, daß die Teilung des Ausgangsteilchens im Zeitpunkt y erfolgte und die neuen Teilchen die Energie u_1, u_2 erhielten. Danach müssen wir unter Benutzung der Beziehung (2) die erhaltene Wahrscheinlichkeit nach y, u_1 und u_2 mitteln. Aus (3) erhalten wir auf die übliche Weise die Gleichung für die erzeugende Funktion

$$F(x, t; s) = \sum_{n=0}^{\infty} p_n(x, t)\, s^n\,. \tag{4}$$

Dazu müssen wir die linke und rechte Seite von (3) mit s^n multiplizieren und über n summieren. Für $0 \leqq y \leqq 1$ erhalten wir

$$F(x,t;s) = s\,\mathrm{e}^{-\lambda t} + \int_0^t \lambda\, \mathrm{e}^{-\lambda y}\, \mathrm{d}y \int_x^1 \int_x^1 H(\mathrm{d}u_1, \mathrm{d}u_2)\, F\left(\frac{x}{u_1}, t-y; s\right) F\left(\frac{x}{u_2}, t-y; s\right). \tag{5}$$

Wenn wir rechts in (5) y durch $t - y$ ersetzen und die erhaltene Gleichung nach t differenzieren, dann erhalten wir eine die Beziehung

$$\frac{\partial F(x, t; s)}{\partial t} + \lambda F(x, t; s) = \lambda \int_x^1 \int_x^1 H(\mathrm{d}u_1, \mathrm{d}u_2)\, F\left(\frac{x}{u_1}, t; s\right) F\left(\frac{x}{u_2}, t; s\right). \tag{6}$$

Da bei jeder Umwandlung die Energie nicht wachsen kann, ist die Summe aller Energien in einem beliebigen Zeitpunkt nicht größer als Eins. Deshalb ist $p_n(x, t) = 0$ für $n > 1/x$. Hieraus folgt, daß alle Momente der zufälligen Größe $\mu(x, t)$ endlich sind. Insbesondere gilt das für die ersten beiden Momente

$$A(x, t) = \mathsf{M}\mu(x, t)\,, \qquad B(x, t) = \mathsf{M}\mu(x, t)\,[\mu(x, t) - 1]\,. \tag{7}$$

Durch Differentiation der Gleichung (5) nach s im Punkt $s = 1$ erhalten wir eine Gleichung für $A(x, t)$,

$$A(x, t) = \mathrm{e}^{-\lambda t} + 2 \int_0^t \lambda\, \mathrm{e}^{-\lambda y}\, \mathrm{d}y \int_x^1 A\left(\frac{x}{u}, t-y\right) \mathrm{d}H(u)\,. \tag{8}$$

Differenzieren wir (5) nach s zweimal im Punkt $s = 1$, so gewinnen wir eine Gleichung für $B(x, t)$

$$B(x, t) = 2 \int_0^t \lambda\, e^{-\lambda y}\, dy \int_x^1 B\left(\frac{x}{u}, t - y\right) dH(u) +$$

$$+ 2 \int_0^t \lambda\, e^{-\lambda y}\, dy \int_x^1 \int_x^1 A\left(\frac{x}{u_1}, t - y\right) A\left(\frac{x}{u_2}, t - y\right) H(du_1, du_2,)\,. \tag{9}$$

Die Lösung der Gleichung (8) können wir in der Form

$$A(x, t) = e^{-\lambda t} \sum_{n=0}^{\infty} \frac{(2\lambda t)^n}{n!} (1 - G(x_n)) \tag{10}$$

schreiben, wobei $G_n(t)$ die Verteilungsfunktion des Produktes von n unabhängigen zufälligen Größen ist, deren jede entsprechend $H(x)$ verteilt ist. Die Reihe (10) können wir auch in einer anderen Form darstellen

$$A(x, t) = e^{\lambda t} \sum_{n=0}^{\infty} \pi_n(2\lambda t) \left(1 - G_n(x)\right), \tag{11}$$

wenn wir

$$\pi_n(z) = \frac{z^n}{n!} e^{-z} \tag{12}$$

setzen.

Zum Schluß bemerken wir noch, daß die Endlichkeit der Momente von $\mu(x, t)$ auch aus der Endlichkeit der Momente von $\mu(0, t)$ folgt, da $\mu(x, t) \leqq \mu(0, t)$ ist und sich die erzeugende Funktion für $\mu(0, t)$ leicht angeben läßt (siehe Beispiel 1.8.4)

$$F(0, t; s) = \frac{s}{e^{\lambda t} - (e^{\lambda t} - 1)\, s}\,. \tag{13}$$

§ 3. Asymptotische Eigenschaften des binären Modells

Im betrachteten binären Modell wird die Energie für $t \to \infty$ sehr klein und die Wahrscheinlichkeit, daß kein Teilchen mit einer Energie größer oder gleich x übrig bleibt, nähert sich für beliebiges $x > 0$ dem Wert Eins. Um ein aussagekräftigeres Resultat zu erhalten, geben wir eine solche Funktion $x_t \to 0$ an, für die $\mu(x_t, t)$ für große t einen Anteil an der Gesamtanzahl $\mu(0, t)$ der Teilchen stellt, der gegen einen Grenzwert strebt, der echt größer als Null und kleiner als Eins ist. Es sei

$$a = \int_0^1 \log \frac{1}{u}\, dH(u)\,, \tag{1}$$

$$b = \int_0^1 \log^2 \frac{1}{u}\, dH(u)\,. \tag{2}$$

Wir setzen

$$x_t = \exp\left\{- 2\lambda at - z\sqrt{2\lambda tb}\right\}. \tag{3}$$

Vor der Formulierung des grundlegenden Resultates führen wir einige Ergebnisse an, die das asymptotische Verhalten der Momente beschreiben. Wir benutzen die üblichen Bezeichnungen

$$\Phi(z) = \frac{1}{\sqrt{2\pi}} \int_{-\infty}^{z} e^{-x^2/2}\, dx\,, \qquad \varphi(z) = \Phi'(z)\,.$$

Lemma 1. *Für $t \to \infty$ gilt*

$$e^{-\lambda t} A_t(x, t) \to \Phi(z)\,. \tag{4}$$

Beweis. Wir setzen

$$1 - G_n(x) = K_n(-\log x)\,,$$

wobei $K_n(x)$ die Verteilung der Summe von n unabhängigen Zufallsgrößen ist, deren jede wie $\log 1/\xi_1$ verteilt ist, wobei ξ_1 die Energie eines Tochterteilchens ist, die die Verteilungsfunktion $H(x)$ hat. Dann folgt aus (2.11) und (13)

$$A(x_t, t) = e^{\lambda t} \sum_{n=0}^{\infty} \pi_n(2\lambda t)\, K_n(2\lambda at + z\sqrt{2\lambda tb})\,.$$

Wir setzen jetzt $2\lambda t = T$. Wir müssen

$$\lim_{T\to\infty} \sum_{n=0}^{\infty} \pi_n(T)\, K_n(aT + z\sqrt{bT}) = \Phi(z) \tag{6}$$

zeigen. Diese Behauptung folgt daraus, daß wir für $T \to \infty$ die unendliche Reihe links beliebig genau durch endliche Summen annähern können, für die

$$|n - T| \leqq \beta\sqrt{T} \tag{7}$$

ist. Weiterhin müssen wir unter der Bedingung (7) den lokalen Grenzwertsatz für die Poissonsche Verteilung, nach dem

$$\pi_n(T) \sim \frac{1}{\sqrt{2\pi T}}\, e^{-(n-T)^2/2T} \tag{8}$$

ist, und den zentralen Grenzwertsatz für K_n, wonach

$$K_n(aT + z\sqrt{bT}) \sim \Phi\left(\frac{a(T-n) + z\sqrt{bT}}{\sigma\sqrt{T}}\right) \tag{9}$$

mit $\sigma^2 = b - a^2$ gilt, benutzen. Ersetzen wir in der ausgewählten endlichen Summe π_n und K_n entsprechend den Formeln (8) und (9), dann erhalten wir das Integral

$$\int_{-\beta}^{\beta} \varphi(v)\, \Phi\left(\frac{z\sqrt{b} - av}{\sigma}\right) dv\,,$$

welches sich für genügend große β beliebig wenig von $\Phi(z)$ unterscheidet.

Lemma 2. *Für $t \to \infty$ gilt*

$$e^{-2\lambda t} B(x_t, t) \to 2\Phi^2(z) . \tag{10}$$

Beweis. Wir benutzen die Bezeichnung

$$b(x, t) = e^{-2\lambda t} B(x, t)$$

und setzen

$$\beta(x, t) = 2\,e^{-2\lambda t} \int_0^t \lambda\, e^{-\lambda y}\, dy \int_x^1 \int_x^1 H(du_1, du_2)\, A\left(\frac{x}{u_1}, t - y\right) A\left(\frac{x}{u_2}, t - y\right). \tag{11}$$

Nach Lemma 1 gilt

$$\lim_{t\to\infty} \beta(x_t, t) = \tfrac{2}{3}\, \Phi^2(z) . \tag{12}$$

Wenn wir (11) in (2.9) einsetzen, dann erhalten wir

$$b(x, t) = \beta(x, t) + \frac{2}{3} \int_0^t dV(y) \int_x^1 b\left(\frac{x}{u}, t - y\right) dH(u) \tag{13}$$

mit $V(y) = 1 - e^{-3\lambda y}$, $y \geqq 0$. Die Gleichung (13) können wir durch sukzessive Approximation lösen, in dem wir

$$b_{k+1}(x, t) = \beta(x, t) + \frac{2}{3} \int_0^t dV(y) \int_x^1 b_k\left(\frac{x}{u}, t - y\right) dH(u) \tag{14}$$

setzen. Auf die übliche Weise beweist man die Konvergenz von $b_k(x, t)$ für $k \to \infty$ gegen die Lösung $b(x, t)$ und die Eindeutigkeit dieser Lösung. Durch Induktionsschluß erhalten wir aus (14)

$$b_k(x, t) = \sum_{n=0}^{k} \left(\frac{2}{3}\right)^n \int_0^t dV_n(y) \int_x^1 dG_n(u)\, \beta\left(\frac{x}{u}, t - y\right), \tag{15}$$

wobei $V_n(r)$ die n-fache Faltung von $V(t)$ ist. Aus (15) erhalten wir

$$b(x, t) = \sum_{n=0}^{\infty} \left(\frac{2}{3}\right)^n \int_0^t dV_n(y) \int_x^1 \beta\left(\frac{x}{u}, t - y\right) dG_n(u) , \tag{16}$$

wobei die Reihe (16) gleichmäßig in t und x für $t \geqq 0$, $x \geqq x_t$ konvergiert. Wenn wir in (16) $x = x_t$ setzen und den Grenzübergang $t \to \infty$ durchführen, dann erhalten wir

$$b(x_t, t) \to \tfrac{2}{3}\, \Phi^2(z) \sum_{n=0}^{\infty} (\tfrac{2}{3})^n = 2\Phi^2(z) .$$

Wir geben noch eine asymptotische Formel des gemischten zweiten Moments $B(x, t, t + \tau) = \mathsf{M}\mu(x, t)\, \mu(0, t + \tau)$ an, wobei $\tau \geqq 0$ ist. Die erzeugende Funktion

$$F(x, t, t + \tau; s_1, s_2) = \sum_{m, n=0}^{\infty} \mathsf{P}\{\mu(x, t) = m, \mu(0, t + \tau) = n\}\, s_1^m s_2^n$$

genügt der Gleichung

$$F(x, t, t+\tau; s_1, s_2) = s_1 s_2 \, e^{-\lambda(t+\tau)} + s_1 \int_t^{t+\tau} \lambda \, e^{-\lambda y} F(0, t+\tau-y, s_2) \, dy +$$

$$+ \int_0^t \lambda \, e^{-\lambda y} \, dy \int_x^1 \int_x^1 F\left(\frac{x}{u_1}, t-y, t+\tau-y; s_1, s_2\right) \times$$

$$\times F\left(\frac{x}{u_2}, t-y, t+\tau-y; s_1, s_2\right) dH(u_1, u_2) , \qquad (17)$$

wobei wir $F(0, t+\tau-y; s_2)$ durch die Gleichung (2.13) angeben können. Indem wir die zweite gemischte Ableitung von (17) nach s_1 und s_2 im Punkt $s_1 = s_2 = 1$ berechnen, erhalten wir eine Gleichung für $B(x, t, t+\tau)$

$$B(x, t, t+\tau) = e^{-\lambda(t+\tau)} + \int_t^{t+\tau} \lambda \, e^{-\lambda y} A(0, t+\tau-y) \, dy +$$

$$+ 2 \int_0^t \lambda \, e^{-\lambda y} \, dy \int_x^1 B\left(\frac{x}{u}, t-y, t+\tau-y\right) dH(u) +$$

$$+ 2 \int_0^t \lambda \, e^{-\lambda y} \, dy \int_x^1 A\left(\frac{x}{u}, t-y\right) A(0, t+\tau-y) \, dH(u) . \qquad (18)$$

Wenn wir in (18) $A(0, t) = e^{\lambda t}$ setzen, können wir die Gleichung wie folgt schreiben:

$$B(x, t, t+\tau) = e^{-\lambda t} \frac{e^{\lambda \tau} + e^{-\lambda \tau}}{2} + 2 \, e^{\lambda(t+\tau)} \int_0^t \lambda e^{-2\lambda y} dy \int_x^1 A\left(\frac{x}{u}, t-y\right) dH(u) +$$

$$+ 2 \int_0^t \lambda \, e^{-\lambda y} \, dy \int_x^1 B\left(\frac{x}{u}, t-y, t+\tau-y\right) dH(u) . \qquad (19)$$

Lemma 3. *Für $t \to \infty$ gilt*

$$B(x_t, t, t+\tau) \, e^{-\lambda(2t+\tau)} \to 2\Phi(z) \qquad (20)$$

gleichmäßig in $\tau \geqq 0$.

Der Beweis wird wie in Lemma 2 über die Gleichung (19) geführt. Mit der Bezeichnung $b(x, t, t+\tau)$ für den Ausdruck $B(x, t, t+\tau) \, e^{-\lambda(2t+\tau)}$ erhalten wir aus (19)

$$b(x, t, t+\tau) = \beta(x, t, t+\tau) + \frac{2}{3} \int_0^t dV(y) \int_x^1 b\left(\frac{x}{u}, t-y, t+\tau-y\right) dH(u)$$

mit $V(y) = 1 - e^{-3\lambda y}$ und

$$\beta(x, t, t + \tau) = e^{-\lambda(3t+\tau)} \frac{e^{\lambda\tau} + e^{-\lambda\tau}}{2} + 2 \int_0^t \lambda\, e^{-3\lambda y}\, dy \int_x^1 A\left(\frac{x}{u}, t - y\right) dH(u) .$$

Zuerst zeigen wir mit Hilfe von Lemma 1 die Konvergenz $\beta(x, t, t + \tau) \to \frac{2}{3}\Phi(z)$ und dann folgern wir wie bei Lemma 2.

Satz 1. *Der Quotient*

$$\frac{\mu(x_t, t)}{\mu(0, t)}$$

konvergiert für $t \to \infty$ in Wahrscheinlichkeit gegen $\Phi(z)$.

Beweis. Aus den Sätzen 2.6.4 und 2.6.5 folgt, daß $\mu(0, t)\, e^{-\lambda t}$ im quadratischen Mittel gegen eine zufällige Größe ξ konvergiert, die eine absolutstetige Verteilung besitzt. Wir zeigen, daß $\mu(x_t, t)\, e^{-\lambda t}$ im quadratischen Mittel gegen $\xi\Phi(z)$ konvergiert. Da $\mu(0, t)\, e^{-\lambda t} \to \xi$ und

$$\mathsf{M}\left(e^{-\lambda t}\, \mu(x_t, t) - e^{-\lambda(t+\tau)}\, \mu(o, t + \tau)\, \Phi(z)\right) \to 0$$

für $t \to \infty$ gilt, bleibt nur zu zeigen

$$\mathsf{M}\left(e^{-\lambda t}\, \mu(x_t, t) - e^{-\lambda(t+\tau)}\, \mu(0, t + \tau)\, \Phi(z)\right)^2 \to 0 . \tag{21}$$

Nun ist die linke Seite von (21) gleich

$$e^{-2\lambda t}\left(B(x_t, t) + A(x, t)\right) - 2\Phi(z)\, e^{-\lambda(t+\tau)}\, B(x_t, t, t + \tau) + \\ + e^{-2\lambda(t+\tau)}\, [B(0, t) + A(0, t)]\, \Phi^2(z) . \tag{22}$$

Die ersten zwei Summanden konvergieren nach den Lemmata 1 bis 3 gegen $2\Phi^2(z)$ und $-4\Phi^2(z)$, der letzte Summand konvergiert gegen $2\Phi^2(z)$ (das folgt mit Hilfe der Formel (2.13)). Somit ist (21) gezeigt. Dividieren wir jetzt $\mu(x_t, t)\, e^{-\lambda t}$ durch $\mu(0, t)\, e^{-\lambda t}$, so erhalten wir die Aussage des Satzes.

KAPITEL XII

ALLGEMEINE BESCHREIBUNG STOCHASTISCHER VERZWEIGUNGSPROZESSE

§ 1. Zufällige Maße in meßbaren Räumen

Es seien ein Wahrscheinlichkeitsraum $(\Omega, \mathfrak{B}, \mathsf{P})$ und ein meßbarer Raum $(X, \mathfrak{A})$ gegeben, wobei Ω der Raum der Elementarereignisse, $\mathfrak{B}$ eine σ-Algebra von Mengen aus Ω, P ein Wahrscheinlichkeitsmaß auf $\mathfrak{B}$ und $\mathfrak{A}$ ein σ-Ring von Mengen aus X sind. Mit R bezeichnen wir die reelle Zahlengerade und mit $\bar{R}$ die erweiterte reelle Gerade, auf der die Punkte aus R noch durch die Punkte $-\infty$ und ∞ ergänzt sind. $\mathfrak{D}$ bzw. $\bar{\mathfrak{D}}$ seien die σ-Algebra der BOREL-Mengen auf R bzw. $\bar{R}$. Meßbare Funktionen $\xi = \xi(\omega)$, die $(\Omega, \mathfrak{B})$ in $(\bar{R}, \bar{\mathfrak{D}})$ abbilden, nennen wir *zufällige Größen*. Eine zufällige Größe ξ heißt *endlich*, wenn die Ereignisse $\{\xi = \infty\}$ und $\{\xi = -\infty\}$ die Wahrscheinlichkeit Null besitzen.

Definition 1. Eine Gesamtheit zufälliger Größen $\mu(A) = \mu(A, \omega)$, die für alle $A \in \mathfrak{A}$ definiert sind, nennen wir *zufälliges Maß* μ auf dem meßbaren Raum $(X, \mathfrak{A})$, wenn sie fast überall (f. ü.) den folgenden Eigenschaften genügt:

1°. $\mu(A) \geqq 0$ für alle $A \in \mathfrak{A}$ und $\mu(\emptyset) = 0$, wobei $\emptyset$ die leere Menge ist.

2°. Ist $A_i \in \mathfrak{A}$ und $A_i \cap A_j = \emptyset$ für $i \neq j$, dann gilt

$$\mu(A_1 + \cdots + A_n) = \sum_{k=1}^{n} \mu(A_k) \tag{1}$$

(*Eigenschaft der endlichen Additivität*).

3°. Ist $A_n \in \mathfrak{A}$ und $A_n \downarrow \emptyset$ sowie $\mathsf{P}\{\mu(A_1) < \infty\} > 0$, dann gilt

$$\mathsf{P}\{\mu(A_n) \to 0 \mid \mu(A_1) < \infty\} = 1\,. \tag{2}$$

Ist $A_n \in \mathfrak{A}$ und $A_n \uparrow A$ sowie $\mathsf{P}\{\mu(A) = \infty\} > 0$, dann gilt

$$\mathsf{P}\{\mu(A_n) \to \infty \mid \mu(A) = \infty\} = 1 \tag{3}$$

(*Stetigkeitseigenschaft*).

In dieser Definition bedeutet die Stetigkeitseigenschaft 3°, daß im ersten Fall (Formel (2)) $\mu(A_n) \to 0$ f. ü. auf der Menge $\{\mu(A_1) < \infty\}$, und im zweiten Fall $\mu(A_n) \to \infty$ f. ü. auf der Menge $\{\mu(A) = \infty\}$ gilt. Es ist leicht zu sehen, daß die Beziehungen (2) und (3) gleichbedeutend mit den entsprechenden folgenden Formeln sind:

$$\mathsf{P}\left\{\bigcap_{k \geqq n} [\mu(A) < \varepsilon] \mid \mu(A_1) < \infty\right\} \to 1 \tag{4}$$

für jedes $\varepsilon > 0$ und $n \to \infty$;

$$\mathsf{P}\left\{\bigcap_{k \geqq n} [\mu(A_k) > N] \mid \mu(A) = \infty\right\} \to 1 \tag{5}$$

für jedes $N > 0$ und $n \to \infty$.

Definition 2. Wir nennen zwei zufällige Maße μ_1 und μ_2 *gleich* und schreiben $\mu_1 = \mu_2$, wenn sie auf ein und demselben meßbaren Raum $(X, \mathfrak{A})$ definiert sind und $\mu_1(A) = \mu_2(A)$ f. ü. für jedes $A \in \mathfrak{A}$ gilt.

Im weiteren setzen wir, ohne jedesmal darauf hinzuweisen, voraus, daß alle Eigenschaften, die sich auf Werte $\mu(A)$ eines zufälligen Maßes μ beziehen, f. ü. erfüllt sind.

Wir zeigen: Falls die Eigenschaften 1° und 2° erfüllt sind, ist die Stetigkeitseigenschaft 3° der folgenden Eigenschaft der der *σ-Additivität* äquivalent.

4°. Ist $A_i \cap A_j = \emptyset$ für $i \neq j$, dann ist

$$\mu\left(\bigcup_{n=1}^{\infty} A_n\right) = \sum_{n=1}^{\infty} \mu(A_n) \quad \text{f. ü.} \tag{6}$$

Satz 1. *Jedes zufälliges Maß ist σ-additiv. Umgekehrt erfüllt eine Familie von zufälligen Größen $\mu(A)$, die den Bedingungen* 1°, 2° *und* 4° *genügt, auch die Bedingung* 3°.

Beweis. Es sei μ ein zufälliges Maß, und es gelte $A_i \in \mathfrak{A}$, $A_i \cap A_j = \emptyset$ für $i \neq j$, $A = \bigcup_{n=1}^{\infty} A_n$ und $B_n = \bigcup_{k=1}^{n} A_k$. Dann folgt $B_n \uparrow A$ und $A - B_n \downarrow \emptyset$. Mit (2) und (3) erhalten wir

$$\mathsf{P}\left\{\mu(A) = \sum_{n=1}^{\infty} \mu(A_n)\right\} = \mathsf{P}\{\mu(B_n) \to \mu(A)\} =$$
$$= \mathsf{P}\{\mu(B_n) \to \infty \mid \mu(A) = \infty\}\, \mathsf{P}\{\mu(A) = \infty\} +$$
$$+ \mathsf{P}\{\mu(A - B_n) \to 0 \mid \mu(A) < \infty\}\, \mathsf{P}\{\mu(A) < \infty\} = 1\,,$$

d. h., die Eigenschaft 4° der σ-Additivität von μ ist erfüllt. Es sei jetzt umgekehrt 4° erfüllt. Wir nehmen an, es gelte $A_n \downarrow \emptyset$ und $\mathsf{P}\{\mu(A_1) < \infty\} > 0$. Es ist $A_1 = \bigcup_{n=1}^{\infty} (A_n - A_{n+1})$, wobei die $A_i - A_{i+1}$ für verschiedene i einen leeren Durchschnitt haben, und damit gilt $\mu(A_1) = \sum_{n=1}^{\infty} \mu(A_n - A_{n+1})$ f. ü. Insbesondere gilt

$$\mathsf{P}\{\mu(A_1) = \lim_{n \to \infty} [\mu(A_1) - \mu(A_n)] \mid \mu(A_1) < \infty\} = 1\,,$$

woraus (2) folgt. Wenn $A_n \uparrow A$ und $\mathsf{P}(\mu(A) = \infty) > 0$ gilt, dann ist $A = A_1 + (A_2 - A_1) + (A_3 - A_2) + \cdots$, wobei die $A_{i+1} - A_i$ für verschiedene i disjunkt sind. Wegen der σ-Additivität ist also $\mu(A) = \lim_{n \to \infty} \mu(A_n)$ und folglich auch die Bedingung (3) erfüllt.

Es läßt sich zeigen, daß wir in der Bedingung 3° statt der Konvergenz f. ü. von (4) und (5) die schwächere Konvergenz in Wahrscheinlichkeit fordern können, d. h., wir ersetzen die Beziehungen (4) und (5) durch folgende: Für $n \to \infty$ und beliebige $\varepsilon > 0$ und $N > 0$ gilt

$$\mathsf{P}\{\mu(A_n) < \varepsilon \mid \mu(A_1) < \infty\} \to 1 , \tag{7}$$

$$\mathsf{P}\{\mu(A_n) > N \mid \mu(A) = \infty\} \to 1 . \tag{8}$$

Satz 2. *Wenn wir in der Definition* 1 *statt der Bedingungen* (2) *bzw.* (3) *die Bedingungen* (7) *bzw.* (8) *fordern, dann ist* μ *ein zufälliges Maß.*

Beweis. Wegen der Eigenschaften 1° und 2° ist das zufällige Maß monoton, d. h., für $A \subseteq B$ gilt $\mu(A) \leqq \mu(B)$ f. ü. Folglich gilt für $A_n \downarrow \emptyset$

$$\bigcap_{k \geqq n} \{\mu(A_k) < \varepsilon\} = \{\mu(A_n) < \varepsilon\} \text{ f. ü.} \tag{9}$$

und für $A_n \uparrow A$

$$\bigcap_{k \geqq n} \{\mu(A_k) > N\} = \{\mu(A_n) > N\} \text{ f. ü.} \tag{10}$$

Somit folgt aus (7) und (9) die Beziehung (4), aus (8) und (10) hingegen (5). Der Satz ist bewiesen.

Für beliebige $A_i \in \mathfrak{A}$, $D_i \in \overline{\mathfrak{D}}$, $n = 1, 2, \ldots$, bezeichnen wir mit

$$p(A_1, \ldots, A_n; D_1, \ldots, D_n) = \mathsf{P}\{\mu(A_1) \in D_1, \ldots, \mu(A_n) \in D_n\} \tag{11}$$

die Wahrscheinlichkeitsverteilung des zufälligen Vektors $(\mu(A_1), \ldots, \mu(A_n))$. Die Wahrscheinlichkeitsverteilungen (11) müssen den bekannten *Verträglichkeitsbedingungen* genügen

$$p(A_1, \ldots, A_n, A_{n+1}, \ldots, A_{n+p}; D_1, \ldots, D_n, \overline{R}, \ldots, \overline{R}) = p(A_1, \ldots, A_n; D_1, \ldots, D_n) , \tag{12}$$

$$p(A_{i_1}, \ldots, A_{i_n}; D_{i_1}, \ldots, D_{i_n}) = p(A_1, \ldots, A_n; D_1, \ldots, D_n) , \tag{13}$$

wobei $i_1, i_2, \ldots, i_n$ eine beliebige Permutation der Zahlen $1, 2, \ldots, n$ ist.

Aus der Definition 1 folgt, daß die Verteilungen (11) ebenfalls folgenden Bedingungen genügen müssen:

1°. $$p(A; \overline{R}^+) = 1, \; p(\emptyset; \{0\}) = 1 , \tag{14}$$

wobei $\overline{R}^+$ die erweiterte Halbgerade darstellt, die aus den Punkten $x \geqq 0$ und dem Punkt ∞ besteht.

2°. Falls $A_i \cap A_j = \emptyset$ für $i \neq j$, $i, j = 1, 2, \ldots, n$ ist, dann gilt

$$p(A_1, \ldots, A_n, A_1 + \cdots + A_n; D_1, \ldots, D_n, D) = p(A_1, \ldots, A_n; D_1, \ldots, D_n) \tag{15}$$

mit $D_i \in \overline{\mathfrak{D}}$, $i = 1, \ldots, n$, wobei D aus den Punkten der Form $x = x_1 + \cdots + x_n$, $x_i \in D_i$, $i = 1, \ldots, n$, besteht (*Additivität*).

3°. Ist $A_n \downarrow \emptyset$, dann gilt für $n \to \infty$

$$p(A_n, A_1; [0, x), [0, \infty)) \to p(A_1; [0, \infty)) \tag{16}$$

für jedes $x > 0$; ist $A_n \uparrow A$, dann gilt für $n \to \infty$

$$p(A_n, A; (N, \infty], \{\infty\}) \to p(A; \{\infty\}) \tag{17}$$

für alle $N > 0$ (*Stetigkeit*).

Definition 3. Ein System von Verteilungen $p(A_1, ..., A_n; D_1, ..., D_n)$, $n = 1, 2, ..., A_i \in \mathfrak{A}, D_i \in \overline{\mathfrak{D}}$, die den Verträglichkeitsbedingungen (12), (13) und den aufgezählten Bedingungen 1°, 2°, 3° (Formeln (14) bis (17)) genügt, nennen wir *Wahrscheinlichkeitsverteilung eines zufälligen Maßes.*

Wir sehen leicht, daß jedem zufälligen Maß eine Verteilung entspricht. Die Umkehrung gilt auch.

Satz 3. *Wenn ein System endlichdimensionaler Verteilungen* $p(A_1, ..., A_n; D_1, ..., D_n)$ *den Bedingungen der Definition 3 genügt, dann können wir ein solches zufälliges Maß konstruieren, für das diese Auswahl die Wahrscheinlichkeitsverteilung darstellt.*

Beweis. Da die Verteilungen $p(A_1, ..., A_n; D_1, ..., D_n)$ den Verträglichkeitsbedingungen genügen, können wir nach dem Satz von A. N. Kolmogorow (siehe z. B. [16] Kap. III, § 2, Satz 3) solche Zufallsgrößen $\mu(A)$ auf einem Wahrscheinlichkeitsraum $(\Omega, \mathfrak{B}, \mathsf{P})$ konstruieren, daß (11) gilt. Aus der Bedingung (14) folgt $\mu(A) \geqq 0$ und $\mu(\emptyset) = 0$. Aus der Bedingung (15) folgt die Eigenschaft der endlichen Additivität 2° in der Definition 1. Aus den Bedingungen (16) und (17) ergeben sich die Beziehungen (7) und (8), weshalb wegen Satz 2 die konstruierten zufälligen Größen $\mu(A)$ ein zufälliges Maß darstellen.

Definition 4. Ein zufälliges Maß μ nennen wir *endlich,* wenn alle zufälligen Größen $\mu(A)$, $A \in \mathfrak{A}$, endlich sind. Ist $X \in \mathfrak{A}$, d. h. $\mathfrak{A}$ eine σ-Algebra, und ist $\mu(X)$ endlich, dann nennen wir das zufällige Maß *vollständig endlich.*

Definition 5. Ein zufälliges Maß μ nennen wir *σ-endlich,* wenn jedes $A \in \mathfrak{A}$ als Vereinigung $A = \bigcup_n A_n$ einer höchsten abzählbaren Menge solcher $A_n \in \mathfrak{A}$ dargestellt werden kann, für die alle $\mu(A_n)$ endlich sind. Ist $\mathfrak{A}$ eine σ-Algebra und $X = \bigcup_{n=1}^{\infty} A_n$, wobei alle $\mu(A_n)$ endlich sind, dann nennen wir das zufällige Maß μ *vollständig σ-endlich.*

Mit jedem zufälligen Maß μ können wir folgende Mengenfunktion von $A \in \mathfrak{A}$ $B \in \mathfrak{B}$ verbinden:

$$Q(A, B) = \int_B \mu(A, \omega) \, \mathsf{P}(d\omega) . \tag{18}$$

Diese Funktion $Q(A, B)$ können wir auch mit Hilfe des bedingten Erwartungswertes

$$Q(A, B) = \mathsf{M}\{\mu(A) \mid B\} \, \mathsf{P}(B) \tag{19}$$

ausdrücken, insbesondere ist

$$Q(A, \Omega) = \mathsf{M}\mu(A) . \tag{20}$$

Definition 6. Es seien $(X, \mathfrak{A})$ und $(Y, \mathfrak{B})$ zwei meßbare Räume. Eine Funktion $Q(A, B)$, die für alle $A \in \mathfrak{A}$, $B \in \mathfrak{B}$ definiert sei, nennen wir *bivariantes Maß*, wenn $Q(A, B)$ für jedes feste $A \in \mathfrak{A}$ ein Maß auf $\mathfrak{B}$ und für jedes feste $B \in \mathfrak{B}$ ein Maß auf $\mathfrak{A}$ darstellt.

Satz 4. *Die durch Formal* (18) *gegebene Funktion* $Q(A, B)$ *stellt ein bivariantes Maß dar, wobei das Maß* $Q(A, B)$ *für jedes feste* $A \in \mathfrak{A}$ *absolut stetig bezüglich* $\mathsf{P}(B)$ *ist. Umgekehrt, wenn* $Q(A, B)$ *ein bivariantes Maß ist, das auf den meßbaren Räumen* $(X, \mathfrak{A})$, $(\Omega, \mathfrak{B})$ *definiert ist und für jedes* $A \in \mathfrak{A}$ *absolutstetig bezüglich* $\mathsf{P}(B)$ *ist, dann existiert ein zufälliges Maß* $\mu(A, \omega)$, *das mit* $Q(A, B)$ *durch die Beziehung* (18) *verbunden ist. Zwei zufällige Maße, die der Beziehung* (18) *genügen, sind untereinander gleich.*

Beweis. Daß $Q(A, B)$ nichtnegativ und in jedem Argument endlichadditiv ist, folgt unmittelbar aus der Formel (18). Die abzählbare Additivität in $A \in \mathfrak{A}$ und $B \in \mathfrak{B}$ folgt aus dem Satz über den Grenzübergang unter dem Integralzeichen (siehe [16], Kap. II, § 5, Satz 1). Weiterhin folgt aus der Definition (18) die absolute Stetigkeit von $Q(A, B)$ bezüglich $\mathsf{P}(B)$ für jedes $A \in \mathfrak{A}$. Es sei jetzt umgekehrt ein bivariantes Maß $Q(A, B)$ gegeben, das, absolutstetig bezüglich $\mathsf{P}(B)$ für jedes $A \in \mathfrak{A}$ ist. Dann existiert nach dem Satz von Radon-Nikodym für jedes A eine bezüglich $\mathfrak{B}$ meßbare Funktion $\mu(A, \omega)$, so daß für alle $B \in \mathfrak{B}$ die Gleichung (18) erfüllt ist (siehe [18], Seite 131[1]) Übung 7). Wir müssen beweisen, daß $\mu(A, \omega)$ den Bedingungen 1°, 2°, 3° der Definition 1 genügt. Die Bedingungen 1° und 2° ergeben sich unmittelbar. Wir zeigen nun, daß 3° erfüllt ist. Dazu beweisen wir, daß $Q(A, B)$ für $A_n \downarrow \emptyset$ der Bedingung (7) und für $A_n \uparrow A$ der Bedingung (8) genügt. Es sei $A_n \downarrow \emptyset$ und $B = \{\mu(A_1) < \infty\}$, $\mathsf{P}(B) > 0$. Wir zeigen, daß für jedes $n = 1, 2, \ldots$ das Maß $Q(A_n, B)$ der Menge B σ-endlich ist, d. h. daß eine solche Folge $B_m \in \mathfrak{B}$ existiert, daß $B = \bigcup\limits_m B_m$, $Q(A_n, B) = \sum\limits_{m=1}^{\infty} Q(A_n, B_m)$ und die $Q(A_n, B_m)$ endlich sind. Wir setzen $B_m = \{m - 1 \leqq \mu(A_1) < m\}$. Dann ist $B = \bigcup\limits_m B_m$ und wegen (18) $Q(A_1, B_m) \leqq m\mathsf{P}(B_m) < \infty$. Da $\mu(A_n) \leqq \mu(A_1)$ f. ü. ist, gilt $Q(A_n, B_m) \leqq Q(A_1, B_m) < \infty$. Wir zeigen, daß sich zu jedem Paar $\varepsilon > 0$, $\delta > 0$ sich ein solches n_0 angeben läßt, daß für alle $n \geqq n_0$

$$\mathsf{P}\{\mu(A_n) > \varepsilon \mid B\} < \delta \tag{21}$$

ist.

Da $\sum\limits_{m=1}^{\infty} \mathsf{P}(B_m \mid B) = 1$ ist, existiert ein N mit $\sum\limits_{m>N} \mathsf{P}(B_m \mid B) < \delta/2$. Weiterhin können wir ein n_0 auswählen, so daß für alle $n \geqq n_0$ und $m \leqq N$

$$Q(A_n, B_m) = \mathsf{M}\{\mu(A_n) \mid B_m\}\ \mathsf{P}(B_m) < \frac{\delta\varepsilon}{2N} \mathsf{P}(B) \tag{22}$$

---

[1]) Die Seitenangaben beziehen sich auf die russische Ausgabe (Anm. d. Red.).

erfüllt ist. Diese Ungleichung folgt aus $A_n \downarrow \emptyset$, $Q(A_1, B_m) < \infty$ und daraus, daß $Q(A, B_m)$ ein Maß auf $\mathfrak{A}$ ist. Aus (22) erhalten wir mit Hilfe der TSCHEBYSCHEWschen Ungleichung

$$\mathsf{P}\{\mu(A_n) > \varepsilon \mid B_m\}\ \mathsf{P}(B_m) \leqq \frac{Q(A_n, B_m)}{\varepsilon} < \frac{\delta}{2N}\,\mathsf{P}(B)\,,$$

falls $n \geqq n_0$, $m \leqq N$ ist. Somit gilt für $n \geqq n_0$

$$\mathsf{P}\{\mu(A_n) > \varepsilon \mid B_m\} = \sum_{m=1}^{N} \mathsf{P}\{A_n > \varepsilon \mid B_m\}\ \mathsf{P}\{B_m \mid B\} +$$
$$+ \sum_{m=N+1}^{\infty} \mathsf{P}\{A_n > \varepsilon \mid B_m\}\ \mathsf{P}(B_m) \leqq N\frac{\delta}{2N} + \frac{\delta}{2} = \delta\,,$$

d. h., die Bedingung (7) ist erfüllt.

Es sei jetzt $A_n \uparrow A \in \mathfrak{A}$, $A_n \in \mathfrak{A}$. Wir setzen $B_0 = \{\mu(A) = \infty\}$. Für jedes $B \subseteq B_0$, $B \in \mathfrak{B}$ mit $\mathsf{P}(B) > 0$ erhalten wir $Q(A, B) = \infty$. Wegen $Q(A_n, B) \to Q(A, B)$ folgt hieraus für $n \to \infty$

$$Q(A_n, B) \to \infty\,. \tag{23}$$

Es sei $N > 0$ und $B = \bigcap_n \{\mu(A_n) < N\} \cap B_0$. Dann folgt aus (18) für jedes n

$$Q(A_n, B) \leqq NP(B)$$

und außerdem $\mathsf{P}(B) = 0$, da wegen (23) für $\mathsf{P}(B) > 0$ die Beziehung $Q(A_n, B) \to \infty$ gilt; in der Tat ist für jedes $N > 0$ und $n \to \infty$

$$\mathsf{P}\{\mu(A_n) \geqq N \mid B_0\} \to \mathsf{P}\left\{\bigcup_{n=1}^{\infty} \{\mu(A_n) \geqq N\} \mid B_0\right\} =$$
$$= 1 - \mathsf{P}\left\{\bigcap_{n=1}^{\infty} \{\mu(A_n) < N\} \mid B_0\right\} = 1 - \frac{\mathsf{P}(B)}{\mathsf{P}(B_0)} = 1\,,$$

d. h., die Beziehung (8) ist erfüllt. Die Eindeutigkeit von $\mu(A, \omega)$ folgt aus dem Satz von RADON-NIKODYM. Der Satz ist bewiesen.

Wir haben somit gezeigt, daß wir zu jedem zufälligen Maß μ ein bivariantes Maß Q_μ konstruieren können, wobei aus $\mu_1 = \mu_2$ die Gleichung $Q_{\mu_1} = Q_{\mu_2}$ folgt. Umgekehrt können wir zu einem bivarianten Maß Q, das der Bedingung des Satzes 4 genügt, ein zufälliges Maß μ_Q konstruieren, wobei alle zufälligen Maße, die auf diese Weise konstruiert werden, untereinander gleich sind. Die Abbildungen $\mu \to Q_\mu$ und $Q \to \mu_Q$ sind zueinander invers, d. h., es ist $Q_{\mu_Q} = Q$ und $\mu_{Q_\mu} = \mu$.

Wir definieren einige spezielle Klassen zufälliger Maße und geben einige Beispiele an.

Definition 7. Ein zufälliges Maß μ heißt *ganzzahlig*, wenn die Zufallsgrößen $\mu(A)$, $A \in \mathfrak{A}$ nur ganzzahlige Werte oder ∞ annehmen.

Bemerkung 1. Das Verteilungsgesetz eines ganzzahligen zufälligen Maßes können wir mit Hilfe der Wahrscheinlichkeiten

$$\mathsf{P}\{\mu(A_1) = k_1, \mu(A_2) = k_2, \ldots, \mu(A_n) = k_n\}$$

angeben.

Definition 8. Wir nennen ein zufälliges Maß μ *nachwirkungsfrei*, wenn die Zufallsgrößen $\mu(A_i)$ für beliebige paarweise disjunkte meßbare $A_1, A_2, \ldots, A_n$ unabhängig sind.

Bemerkung 2. Das Verteilungsgesetz eines nachwirkungsfreien zufälligen Maßes wird eindeutig durch die eindimensionalen Verteilungen $\mathsf{P}\{\mu(A) \in D\} = p(A_j, D)$ bestimmt. Allgemein läßt sich zeigen, daß das Verteilungsgesetz eines zufälligen Maßes eindeutig durch die endlichdimensionalen Verteilungen $p(A, \ldots, A_n; D, \ldots, D_n)$ für paarweise disjunkte $A_1, \ldots, A_n$, $n = 1, 2, \ldots$, definiert ist.

Beispiel 1. *Poissonsche Maße*. Es sei $m(A)$ ein Maß auf dem meßbaren Raum $(X, \mathfrak{A})$. Mit Hilfe des Verteilungsgesetzes

$$\left.\begin{aligned} &\mathsf{P}\{\mu(A) = k\} = \frac{[m(A)]^k}{k!}\, \mathrm{e}^{-m(A)} && \text{für} \quad m(A) < \infty\,, \\ &\mathsf{P}\{\mu(A) = \infty\} = 1 && \text{für} \quad m(A) = \infty \end{aligned}\right\} \tag{24}$$

können wir ein ganzzahliges nachwirkungsfreies zufälliges Maß definieren. Dieses Maß nennen wir *Poissonsches Maß*.

Ein Poissonsches Maß ist (vollständig) (σ)-endlich genau dann, wenn das Maß $m(A) = \mathsf{M}\mu(A)$ (vollständig) (σ)-endlich ist.

Beispiel 2. *Gamma-Maße*. Es sei $m(A)$ wiederum ein Maß auf dem meßbaren Raum $(X, \mathfrak{A})$. Mit Hilfe der eindimensionalen Verteilungsfunktion

$$\left.\begin{aligned} &\mathsf{P}\{\mu(A) < x\} = \frac{1}{\Gamma(m(A))} \int_0^x u^{m(A)-1}\, \mathrm{e}^{-u}\, du && \text{für} \quad 0 < m(A) < \infty\,, \\ &\mathsf{P}\{\mu(A) = \infty\} = 1 && \text{für} \quad m(A) = \infty\,, \\ &\mathsf{P}\{\mu(A) = 0\} = 1 && \text{für} \quad m(A) = 0 \end{aligned}\right\} \tag{25}$$

können wir ein nachwirkungsfreies zufälliges Maß definieren. Wir nennen es *Gamma-Maß*. Ein Gamma-Maß ist ebenfalls genau dann (vollständig) (σ)-endlich, wenn das Maß $m(A) = \mathsf{M}\mu(A)$ (vollständig) (σ)-endlich ist.

Beispiel 3. *Maße, die durch eine endliche Anzahl von Maßen und zufälligen Größen erzeugt werden.* Es seien $\xi_1, \ldots, \xi_r$ nichtnegative zufällige Größen und $m_1(A), \ldots, m_r(A)$ Maße auf $(X, \mathfrak{A})$. Mit ihrer Hilfe könnn wir das folgende zufällige Maß auf $(X, \mathfrak{A})$ konstruieren:

$$\mu(A) = \xi_1 m_1(A) + \cdots + \xi_r m_r(A)\,. \tag{26}$$

§ 2. Integrale bezüglich eines zufälligen Maßes

Wir definieren das Integral einer meßbaren Funktion $f(x)$ bezüglich eines zufälligen Maßes μ, die auf dem meßbaren Raum $(X, \mathfrak{A})$ definiert ist. Der Einfachheit halber nehmen wir an, daß $X \in \mathfrak{A}$ ist, d. h. $\mathfrak{A}$ eine σ-Algebra darstellt.

Definition 1. Eine meßbare Funktion $f(x)$ nennen wir *einfach*, falls sie in der Form

$$f(x) = \sum_{k=1}^{n} c_k \chi_{A_k}(x) , \tag{1}$$

darstellbar ist; dabei ist $A_k \in \mathfrak{A}$, $k = 1, \ldots, n$, $A_i \cap A_j = \emptyset$ für $i \neq j$, χ_A die Indikatorfunktion der Menge A, d. h. $\chi_A(x) = 1$ für $x \in A$ und $\chi_A(x) = 0$ für $x \notin A$, und die c_k, $k = 1, 2, \ldots, n$, sind endliche reelle Zahlen.

Definition 2. Eine einfache nichtnegative Funktion $f(x)$ sei in der Form (1) dargestellt. Die zufällige Größe $\sum_{k=1}^{n} c_k \mu(A_k)$ nennen wir *Integral* der Funktion $f(x)$ bezüglich des zufälligen Maßes μ und bezeichnen sie mit $\int f(x)\, \mu(\mathrm{d}x)$, $\int f(x)\, \mathrm{d}\mu$ oder $\int f \mathrm{d}\mu$.

Definition 3. Als *Integral* $\int f \mathrm{d}\mu$ einer meßbaren nichtnegativen Funktion f bezeichnen wir den Grenzwert f. ü.

$$\lim_{n\to\infty} \int f_n \mathrm{d}\mu = \int f \mathrm{d}\mu , \tag{2}$$

wobei die f_n einfache nichtnegative Funktionen sind und $f_n \uparrow f$ gilt.

Bemerkung 1. In der Definition 3 reicht es aus zu fordern, daß die Konvergenz in (2) eine Konvergenz in Wahrscheinlichkeit ist.

Definition 4. Das *Integral* einer meßbaren Funktion $f(x)$ definieren wir durch

$$\int f(x)\, \mu(\mathrm{d}x) = \int f^+(x)\, \mu(\mathrm{d}x) - \int f^-(x)\, \mu(\mathrm{d}x) , \tag{3}$$

falls die rechte Seite von (3) f. ü. existiert (d. h. nicht die Form $\infty - \infty$ aufweist). Hierbei ist $f^+(x) = \max\{f(x), 0\}$ und $f^-(x) = \max\{0, -f(x)\}$.

Definition 5. Das Integral $\int_A f \mathrm{d}\mu$ von $f(x)$ über der Menge $A \in \mathfrak{A}$ definieren wir durch

$$\int f(x)\, \chi_A(x)\, \mu(\mathrm{d}x) = \int_A f(x)\, \mu(\mathrm{d}x) . \tag{4}$$

Definition 6. Eine meßbare Funktion f heißt *integrierbar bezüglich eines zufälligen Maßes* μ, wenn das Integral $\int f \mathrm{d}\mu$ existiert und f. ü. endlich ist.

Wir können leicht überprüfen, daß die Definition für einfache Funktionen korrekt ist (hierbei nehmen wir zwei zufällige Größen ξ und η als gleich an, falls $\xi = \eta$ f. ü.). Ebenfalls stellen wir ohne Schwierigkeiten fest, daß für einfache Funktionen folgende Eigenschaften gelten:

1°.
$$\int (f + g)\, \mathrm{d}\mu = \int f \mathrm{d}\mu + \int g \mathrm{d}\mu , \tag{5}$$

falls beide Seiten der Gleichung (5) existieren.

2°.
$$\int_{A+B} f \mathrm{d}\mu = \int_A f \mathrm{d}\mu + \int_B f \mathrm{d}\mu , \tag{6}$$

wenn $A, B \in \mathfrak{A}$, $A \cap B = \emptyset$ ist und mindestens eine Seite der Ungleichung (6) existiert.

3°.
$$\int c f \mathrm{d}\mu = c \int f \mathrm{d}\mu . \tag{7}$$

4°. Falls $f(x) \geqq 0$ ist, gilt f. ü.

$$\int f \mathrm{d}\mu \geqq 0 . \tag{8}$$

Bevor wir die nächste Eigenschaft formulieren, benötigen wir noch die

Definition 7. Auf dem meßbaren Raum $(X, \mathfrak{A})$ sei ein zufälliges Maß μ gegeben. Die Menge $A \in \mathfrak{A}$ nennen wir *μ-Nullmenge*, falls $\mu(A) = 0$ f. ü. ist. Die Klasse aller μ-Nullmengen bilden, wie leicht zu sehen ist, einen σ-Ring $\mathfrak{A}_0$, der ein Unterring des σ-Ringes $\mathfrak{A}$ ist.

Definition 8. Wir sagen, daß eine Funktion $f(x)$ einer bestimmten Bedingung *μ-fast überall* (μ-f. ü.) genügt, wenn die Menge A, auf der diese Bedingung nicht erfüllt wird, eine μ-Nullmenge ist.

5°. Wenn $f(x) \geqq 0$ und $\int f \mathrm{d}\mu = 0$ ist, dann gilt μ-fast überall $f(x) = 0$.

Die Korrektheit der Definition 3 folgt aus der Tatsache, daß für zwei beliebige Folgen nichtnegativer Funktionen $\{f_n\}$, $\{g_n\}$, die gegen f konvergieren, die Gleichung

$$\lim_{n\to\infty} \int f_n \mathrm{d}\mu = \lim_{n\to\infty} \int g_n \mathrm{d}\mu$$

gilt. Wir können das fast genauso zeigen, wie Lemma 2 in [16], Kap. II, § 4. Die Rechtfertigung der Definition 4 folgt aus der Eindeutigkeit der Zerlegung $f = f^+ - f^-$. Es ist leicht zu überprüfen, daß die Eigenschaften 1° bis 5° für beliebige meßbare Funktionen $f(x)$ gelten.

Wir geben jetzt eine andere Methode zur Definition des Integrals $\int f \mathrm{d}\mu$ an. Wie wir im § 1 aufgezeigt haben, können wir jedem zufälligen Maß μ ein bivariantes Maß $Q(A, B)$ zuordnen, das für jedes feste $A \in \mathfrak{A}$ absolutstetig bezüglich $\mathsf{P}(B)$ ist. Wir halten $B \in \mathfrak{B}$ fest und definieren das Integral einer meßbaren Funktion $f(x)$ bezüglich $Q(A, B)$ durch

$$Q_f(B) = \int f(x)\, Q(\mathrm{d}x, B) . \tag{9}$$

Für eine feste meßbare Funktion f stellt die Mengenfunktion $Q_f(B)$ ein signiertes Maß (d. h. die Differenz zweier Maße) dar, das bezüglich $\mathsf{P}(B)$ absolutstetig ist. Deshalb existiert nach dem Satz von Radon-Nikodym eine zufällige Größe (d. h. eine $\mathfrak{B}$-meßbare Funktion) $\varphi(\omega)$, so daß

$$Q_f(B) = \int_B \varphi(\omega)\, \mathsf{P}(\mathrm{d}\omega) \tag{10}$$

ist. Diese zufällige Funktion nennen wir Integral von f bezüglich μ:

$$\int f \mathrm{d}\mu = \varphi . \tag{11}$$

Satz 1. *Das über die Gleichungen* (9) *bis* (11) *definierte Integral ist identisch mit dem durch die Definitionen* 2, 3 *und* 4 *eingeführten Integral.*

Beweis. Es sei f eine nichtnegative einfache Funktion, die durch Formel (1) gegeben ist. Dann gilt nach Definition 2

$$\int f \mathrm{d}\mu = \sum_{k=1}^{n} c_k \mu(A_k) .$$

Andererseits folgt aus (1) und (9)

$$Q_f(B) = \sum_{k=1}^{n} c_k Q(A_k, B) .$$

Da

$$Q(A, B) = \int_B \mu(A, \omega) \, \mathsf{P}(\mathrm{d}\omega)$$

ist, gilt

$$Q_f(B) = \int_B \sum_{k=1}^{n} c_k \mu(A_k, \omega) \, \mathsf{P}(\mathrm{d}\omega) ,$$

woraus die Behauptung für einfache Funktionen folgt. Weil die Integrale $\int f \mathrm{d}\mu$ und $\int f Q(\mathrm{d}x, B)$ durch Integrale von einfachen Funktionen auf die gleiche Art und Weise definiert werden, gelangen wir auch in allen anderen Fällen zu ein und demselben Integralbegriff.

Satz 2. *Eine meßbare Funktion f ist bezüglich eines zufälligen Maßes integrierbar genau dann, wenn das durch Formel* (9) *definierte signierte Maß $Q_f(B)$ σ-endlich ist.*

Beweis. Aus dem Satz von Radon-Nikodym ([18], § 31, Satz 2) folgt, daß diese Bedingung hinreichend ist.

Wir zeigen jetzt die Notwendigkeit. Wir nehmen an, das Integral $\int f \mathrm{d}\mu = \varphi$ sei eine endliche Zufallsgröße. Dann erhalten wir aus der Formel (10) mit

$$B_n = \{\omega ; n - 1 < \varphi \leqq n\} ,$$

daß $Q_f(\Omega) = \sum_{n=-\infty}^{\infty} Q_f(B_n)$ ist, wobei

$$(n - 1) \, \mathsf{P}(B_n) \leqq Q_f(B_n) \leqq n \mathsf{P}(B_n)$$

ist. Der Satz ist bewiesen.

Ausgehend von der Definition des Integrals bezüglich eines zufälligen Maßes können wir folgende Konvergenzeigenschaften zeigen, die analog zu den bekannten Eigenschaften des Integrals bezüglich eines nichtzufälligen Maßes sind (siehe [13], Kap. I, Satz 1.3.4):

1. Gilt $0 \leqq f_n(x) \uparrow f(x)$, dann folgt f. ü.

$$\lim_{n\to\infty} \int f_n \mathrm{d}\mu = \int f \mathrm{d}\mu .$$

2. Ist $\lim_{n\to\infty} f_n(x) = f(x)$ und $|f_n(x)| \leqq s(x)$, wobei $s(x)$ bezüglich des Maßes μ integrierbar ist, dann ergibt sich

$$\lim_{n\to\infty} \int f_n \mathrm{d}\mu = \int f \mathrm{d}\mu .$$

3. Die Funktion

$$\varphi(A) = \int_A f \mathrm{d}\mu$$

ist abzählbar-additiv bezüglich $A \in \mathfrak{A}$.

Das Integral $\int f \mathrm{d}\mu$ bezüglich eines zufälligen Maßes μ für komplexe meßbare Funktionen $f(x)$ definieren wir auf herkömmliche Weise über die Integrale des reellen und imaginären Anteils von $f(x)$. Wir geben jetzt ein Beispiel für ein zufälliges Maß, für deren Konstruktion der Begriff des zufälligen Integrals benutzt wird.

Beispiel 1. Es seien ein Wahrscheinlichkeitsraum $(\Omega, \mathfrak{B}, \mathsf{P})$ und meßbare Räume $(X, \mathfrak{A})$ und $(Y, \mathfrak{C})$ gegeben. Auf dem meßbaren Raum $(Y, \mathfrak{C})$ sei ein zufälliges Maß $\eta(C)$, $C \in \mathfrak{C}$ definiert und außerdem sei eine Funktion $m(A, y)$, $A \in \mathfrak{A}$, $y \in Y$ gegeben, die für feste $A \in \mathfrak{A}$ eine $\mathfrak{C}$-meßbare Funktion von y und für feste $y \in Y$ ein Maß auf $\mathfrak{A}$ sei. Wir definieren eine Mengenfunktion $\mu(A)$ mit Hilfe des Integrals

$$\mu(A) = \int_Y m(A, y)\, \eta(\mathrm{d}y) \quad . \tag{12}$$

Wir sehen sofort, daß $\mu(A)$ ein zufälliges Maß ist. Ebenfalls ohne großen Aufwand gelangen wir — ausgehend von der Definition eines zufälligen Integrals — zu folgender Beziehung:

$$\int_X f(x)\, \mu(\mathrm{d}x) = \int_Y \left[\int_X f(x)\, m(\mathrm{d}x, y)\right] \eta(\mathrm{d}y)\,, \tag{13}$$

wo $f(x)$ eine $\mathfrak{A}$-meßbare Funktion ist. Die Gleichung (13) gilt, wenn die darin auftretenden Integrale einen Sinn haben.

Definition 9. Sei μ ein zufälliges Maß. Mit $\mathfrak{B}_\mu \subseteq \mathfrak{B}$ bezeichnen wir die σ-Algebra, die von den Ereignissen $\mu(A) \in D$, $A \in \mathfrak{A}$, $D \in \overline{\mathfrak{D}}$ erzeugt wird.

Satz 3. *Wenn das Integral $\int f \mathrm{d}\mu$ existiert, dann ist es $\mathfrak{B}_\mu$-meßbar.*

Beweis. Da die zufälligen Größen $\mu(A)$ für alle $A \in \mathfrak{A}$ $\mathfrak{B}_\mu$-meßbar sind, ist das Integral $\int f \mathrm{d}\mu$ für $f = \chi_A$, $A \in \mathfrak{A}$, $\mathfrak{B}_\mu$-meßbar. Weil weiterhin die Summe meßbarer Funktionen meßbar ist, ist das Integral $\int f \mathrm{d}\mu$ für einfache Funktionen f $\mathfrak{B}_\mu$-meßbar. Das Integral $\int f \mathrm{d}\mu$ einer nichtnegativen $\mathfrak{A}$-meßbaren Funktion wird als Grenzwert f. ü. der Folge $\int f_n \mathrm{d}\mu$ für einfache $f_n \uparrow f$ definiert. Deshalb ist auch $\int f \mathrm{d}\mu$ $\mathfrak{B}_\mu$-meßbar. Hieraus folgt die $\mathfrak{B}_\mu$-Meßbarkeit des Integrals $\int f \mathrm{d}\mu$ im allgemeinen Fall (siehe Definition 4).

Definition 10. Die zufälligen Maße $\mu_1, \ldots, \mu_n$ nennen wir *unabhängig*, wenn für beliebige $B_k \in \mathfrak{B}_{\mu_k}$, $k = 1, \ldots, n$, die Ereignisse $B_1, \ldots, B_n$ unabhängig sind.

Satz 4. *Die zufälligen Maße $\mu_1, \ldots, \mu_n$ seien unabhängig, die Funktionen f_k $\mathfrak{A}$-meßbar und die Integrale $\int f_k \mathrm{d}\mu_k$, $k = 1, \ldots, n$, mögen existieren. Dann sind die Integrale $\int f_1 \mathrm{d}\mu_1, \ldots, \int f_n \mathrm{d}\mu_n$ unabhängig.*

Beweis. Wegen Satz 3 ist die zufällige Größe $\int f_k \mathrm{d}\mu_k$ $\mathfrak{B}_{\mu_k}$-meßbar, nach Definition 10 sind die σ-Algebren $\mathfrak{B}_{\mu_k}$, $k = 1, \ldots, n$, unabhängig. Hieraus ergibt sich die Behauptung.

§ 3. Momente

Wie wir schon in Satz 1.4 gezeigt haben, ist die Mengenfunktion

$$m(A) = \mathsf{M}\mu(A)\,, \qquad A \in \mathfrak{A}\,, \tag{1}$$

ein Maß auf $(X, \mathfrak{A})$. Wir sehen, daß aus der (vollständigen) Endlichkeit bzw. (vollständigen) σ-Endlichkeit des Maßes $m(A)$ folgt, daß das zufällige Maß μ (vollständig) endlich bzw. (vollständig) σ-endlich ist.

Die Funktion $f(x)$ sei $\mathfrak{A}$-meßbar und das Integral $\int f d\mu$ existiere. Wenn der Erwartungswert dieses Integrals, $\mathsf{M} \int f d\mu$, existiert, dann folgt leicht

$$\mathsf{M} \int f \mu(\mathrm{d}x) = \int f(x) \, m(\mathrm{d}x) \,. \tag{2}$$

Die Gleichung (2) gilt für einfache Funktionen, für Grenzwerte von monotonen Folgen einfacher Funktionen und beide Seiten der Gleichung sind linear bezüglich $f(x)$. Folglich gilt sie immer dann, wenn eine der Seiten einen Sinn besitzt.

Wir definieren jetzt die höheren Momente zufälliger Maße.

Definition 1. Eine Mengenfunktion $Q(A_1, \ldots, A_n)$ die auf den meßbaren Räumen $(X_k, \mathfrak{A}_k)$, $A_k \in \mathfrak{A}_k$, $k = 1, 2, \ldots, n$, definiert ist, nennen wir *n-variantes Maß*, falls sie für beliebiges feste $A_k \in \mathfrak{A}_k$, $k \neq m$, ein Maß bezüglich $A_m \in \mathfrak{A}_m$ auf $(X_m, \mathfrak{A}_m)$, $m = 1, 2, \ldots, n$, ist.

Auf dem meßbaren Raum $(X_k, \mathfrak{A}_k)$ sei ein zufälliges Maß μ_k, $k = 1, \ldots, n$, gegeben. Mit $Q(A_1, \ldots, A_n)$ bezeichnen wir den Erwartungswert

$$\begin{gathered} \mathsf{M}\mu_1(A_1) \cdots \mu_n(A_n) = Q(A_1, \ldots, A_n) \,, \\ A_k \in \mathfrak{A}_k \,, \qquad k = 1, \ldots, \mu \,. \end{gathered} \tag{3}$$

Wie wir leicht sehen, gilt folgender

Satz 1. *Die durch die Formel* (3) *bestimmte Funktion* $Q(A_1, \ldots, A_n)$ *stellt ein n-variantes Maß dar.*

Wenn alle μ_k auf ein und demselben meßbaren Raum $(X, \mathfrak{A})$ definiert sind und $\mu_1 = \cdots = \mu_n = \mu$ ist, dann setzen wir

$$m_n(A_1, \ldots, A_n) = \mathsf{M}\mu(A_1) \cdots \mu(A_n) \,, \qquad A_k \in \mathfrak{A} \,. \tag{4}$$

Im weiteren Verlauf nennen wir $m_n(A_1, \ldots, A_n)$ einfach n-tes Moment des zufälligen Maßes $\mu(A)$ und $m_1(A) = m(A)$ den Erwartungswert des zufälligen Maßes $\mu(A)$.

Für ganzzahlige Maße ist die Einführung des Begriffs der faktoriellen Momente von Interesse. Es sei μ ein ganzzahliges Maß. Wir geben zuerst eine Definition der faktoriellen Momente $\varphi_n(A_1, \ldots, A_n)$ für den Fall, daß $m_n(A_1, \ldots, A_n) < \infty$ ist. Das erste faktorielle Moment $\varphi_1(A)$ definieren wir als $\mathsf{M}\mu(A)$:

$$\varphi_1(A) = \mathsf{M}\mu(A) = m(A) \,, \qquad A \in \mathfrak{A} \,. \tag{5}$$

Wir nehmen an, daß die k-ten faktoriellen Momente $\varphi_k(A_1, \ldots, A_k)$, $A_k \in \mathfrak{A}$, $i = 1, \ldots, k$, $1 \leq k < n$, schon definiert seien. Dann ist das n-te faktorielle Moment $\varphi_n(A_1, \ldots, A_n)$, $A_i \in \mathfrak{A}$, durch die Gleichung

$$\mathsf{M}\mu(A_1) \cdots \mu(A_n) = \varphi_n(A_1, \ldots, A_n) + \sum_{k=1}^{n-1} \sum_{S_k} \varphi_k(B_{J_1}, \ldots, B_{J_k}) \tag{6}$$

definiert. Hierin bedeuten: $J_1, \ldots, J_k$ eine Zerlegung der Indexmenge $\{1, \ldots, n\}$ (d. h. $J_l \subseteq \{1, 2, \ldots, n\}$, $J_l \neq \emptyset$ und $\bigcup_{l=1}^{k} J_l = \{1, 2, \ldots, n\}$, $J_s \cap J_t = \emptyset$, $s \neq t$),

$B_J = \bigcap_{i \in J} A_i$, $\sum_{S_k}$ die Summe über alle möglichen Zerlegungen $J_1, \ldots, J_k$ der Menge $\{1, 2, \ldots, n\}$ (Zerlegungen, die sich nur durch die Anordnung unterscheiden, betrachten wir gleich). Aus der oben gegebenen Definition folgt

$$\varphi_2(A_1, A_2) = \mathsf{M}\mu(A_1)\,\mu(A_2) - \mathsf{M}\mu(A_1 \cap A_2) = m_2(A_1, A_2) - m(A_1 \cap A_2)\,, \tag{7}$$

$$\varphi_3(A_1, A_2, A_3) = m_3(A_1, A_2, A_3) - m_2(A_1, A_2 \cap A_3) - m_2(A_2, A_1 \cap A_3) - m_2(A_3, A_1 \cap A_2) + 2m(A_1 \cap A_2 \cap A_3)\,. \tag{8}$$

Unten benutzen wir die Bezeichnungen $x^{[a]} = x(x-1), \ldots, (x-a+1)$ falls $a = 1, 2, \ldots$ und $x^{[0]} = 1$ ist.

Definition 2. Ein System von Mengen $A_1, \ldots, A_n$, $A_i \in \mathfrak{A}$, $i = 1, 2, \ldots, n$, nennen wir *$\mathfrak{C}$-System*, wenn ein solches Mengensystem $\mathfrak{C} = (C_1, \ldots, C_r)$, $C_i \in \mathfrak{A}$. $i = 1, \ldots, r$, existiert, daß $C_i \cap C_j = \emptyset$, $i \neq j$, und jedes A_i mit einem der C_j zusammenfällt. Wenn unter den Mengen $A_1, \ldots, A_n$ die Menge C_i genau n_i-mal auftritt, $i = 1, 2, \ldots, r$, $n = n_1 + \cdots + n_r$, dann sagen wir, das $\mathfrak{C}$-System $\{A_1, \ldots, A_n\}$ besitze die *Charakteristik* $(n_1, \ldots, n_r)$.

Lemma 1. *Wenn das Mengensystem $A_1, \ldots, A_n$ ein $\mathfrak{C}$-System mit der Charakteristik $(n_1, \ldots, n_r)$ ist, dann gilt*

$$\varphi_n(A_0, \ldots, A_n) = \mathsf{M}\mu^{[n_1]}(C_1)\,\mu^{[n_2]}(C_2) \cdots \mu^{[n_r]}(C_r)\,. \tag{9}$$

Beweis. Wir führen den Beweis durch Induktion über n. Für $n = 1$ ist das Lemma klar. Wir nehmen nun an, daß (9) für alle φ_k mit $k \leqq n-1$ richtig sei. Wir zeigen nun die Richtigkeit für φ_n. Mit a_k^n bezeichnen wir die Stirlingschen Zahlen erster Art. Bekanntlich (siehe [14]) genügen diese Zahlen den folgenden drei uns interessierenden Eigenschaften:

1. $$x^n = \sum_{k=1}^{n} a_k^n x^{[k]}\,, \qquad n = 1, 2, \ldots$$

2. a_k^n ist gleich der Anzahl der Möglichkeiten, eine Menge der Mächtigkeit n in k nichtleere Untermengen zu zerlegen (Zerlegungen, die sich nur in der Anordnung der Teilchen unterscheiden, sehen wir als gleich an).

3. $a_n^n = 1$.

Indem wir die Induktionsvoraussetzung und die Eigenschaft 2 der Stirlingschen Zahlen benutzen, erhalten wir aus (6)

$$\mathsf{M}\mu^{n_1}(C_1) \cdots \mu^{n_r}(C_r) = \varphi_n(A_1, \ldots, A_n) + \sum_{\substack{1 \leqq k_i \leqq n_i \\ k_1 + \cdots + k_r < n}} a_{k_1}^{n_1} \cdots a_{k_r}^{n_r} \mathsf{M}\mu^{[k_1]}(C_1) \cdots \mu^{[k_r]}(C_r)\,. \tag{10}$$

Weiterhin erhalten wir unter Benutzung der Eigenschaften 1 und 3

$$\mu^{n_1}(C_1) \cdots \mu^{n_r}(C_r) = \mu^{[n_1]}(C_1) \cdots \mu^{[n_r]}(C_r) + \sum_{\substack{1 \leqq k_i \leqq n_i \\ k_1 + \cdots + k_r < n}} a_{k_1}^{n_1} \cdots a_{k_r}^{n_r} \mu^{[k_1]}(C_1) \cdots \mu^{[k_r]}(C_r)\,. \tag{11}$$

Wenn wir von beiden Seiten von (11) den Erwartungswert nehmen und die erhaltene Gleichheit mit (10) vergleichen, dann erhalten wir (9). Das Lemma ist damit bewiesen.

Die Definition des faktoriellen Moments $\varphi_n(A_1, \ldots, A_n)$ mit Hilfe der Formel (6) gilt nur für den Fall $\mathsf{M}\mu(A_1) \cdots \mu(A_n) < \infty$. Falls $\mathsf{M}\mu(A_1) \cdots \mu(A_n) = \infty$ ist, definieren wir φ_n folgendermaßen: Wenn die $A_1, \ldots, A_n$ ein $\mathfrak{C}$-System mit der Charakteristik $(n_1, \ldots, n_r)$ bilden, dann definieren wir $\varphi_n(A_1, \ldots, A_n)$ mit Hilfe der Formel (9). In allen anderen Fällen können wir solche $C_1, \ldots, C_r \in \mathfrak{A}$, $C_i \cap C_j = \emptyset$ angeben, daß jedes A_k die Summe von einigen C_i ist. Wir definieren

$$\varphi_n(A_1, \ldots, A_n) = \sum_{i_1 \in J_1} \cdots \sum_{i_n \in J_n} \varphi_n(C_{i_1}, \ldots, C_{i_n}) , \tag{12}$$

wobei J_k diejenige Teilmenge der Indexmenge $(1, 2, \ldots, r)$ ist, für die $\bigcup_{i \in J_k} C_i = A_k$ ist und die $\varphi_n(C_{i_1}, \ldots, C_{i_n})$ bereits durch die Formel (9) definiert sind, da jede Folge $C_{i_1}, \ldots, C_{i_n}$ ein $\mathfrak{C}$-System darstellt.

Lemma 2. *Wir betrachten Mengen* $C_1, \ldots, C_r \in \mathfrak{A}$ *und* $C_i \cap C_j = \emptyset$. $i \neq j$. *Ist* $C_1 = \bigcup_{k=1}^{l} C_{1k}$, $C_{1k_1} \cap C_{1k_2} = \emptyset$ *für* $k_1 \neq k_2$, *dann gilt*

$$\mathsf{M}\mu^{[n_1]}(C_1) \cdots \mu^{[n_r]}(C_r) = \sum_{\substack{n_{11} + \cdots + n_{1l} = n_1 \\ n_{1i} \geqq 0}} \frac{n_1!}{n_{11}! \cdots n_{1n}!} \times$$
$$\times \mathsf{M}\mu^{[n_{11}]}(C_{11}) \cdots \mu^{[n_{1l}]}(C_{1l})\, \mu^{[n_2]}(C_2) \cdots \mu^{[n_r]}(C_r) . \tag{13}$$

Beweis. Die Formel (13) folgt aus der Gleichung

$$\mu^{[n_1]}(C_1) = \sum_{\substack{n_{11} + \cdots + n_{1l} = n_1 \\ n_{1i} \geqq 0}} \frac{n_1!}{n_{11}! \cdots n_{1l}!} \mu^{[n_{11}]}(C_{11}) \cdots \mu^{[n_{1l}]}(C_{1l}) .$$

Satz 2. *Die Definition* (12) *des faktoriellen Momentes ist korrekt.*

Beweis. Wir nehmen an, daß wir zwei Systeme aus paarweise disjunkten Mengen $C_1', \ldots, C_{r'}'$ und $C_1'', \ldots, C_{r''}''$ haben, mit deren Hilfe wir entsprechend Formel (12) $\varphi(A_1, \ldots, A_n)$ definieren können. Wir konstruieren ein drittes System $C_i = C_j' \cap C_k''$, $i = 1, 2, \ldots, r$, welches ebenfalls die Eigenschaften besitzt, die zur Anwendung von Formel (12) notwendig sind. Außerdem ist jedes C_j' und jedes C_k'' als Summe von gewissen C_i darstellbar. Wir definieren zunächst $\varphi_n(A_1, \ldots, A_n)$ mit Hilfe der Formel (12) für die Mengen C_i. Dann können wir unter Benutzung von Lemma 2 im rechten Teil so summieren, daß wir zur Definition von $\varphi_n(A_1, \ldots, A_n)$ durch die Mengensystem C_i' bzw. C_i'' gelangen. Wir erhalten somit, daß der Wert von $\varphi_n(A_1, \ldots, A_n)$ nicht von der Wahl des Mengensystems $C_1, \ldots, C_r$ mit den oben angegebenen Eigenschaften abhängt, durch das entsprechend Formel (12) $\varphi_n(A_1, \ldots, A_n)$ definiert wird.

Satz 3. *Das faktorielle Moment* $\varphi_n(A_1, \ldots, A_n)$ *stellt ein n-variantes Maß dar.*

Beweis. Für den Fall, in dem die Werte $\mathsf{M}\mu(A_1) \cdots \mu(A_n)$ endlich sind, erhalten wir den Beweis sehr einfach durch Induktion unter Zuhilfenahme von Formel (6). Im allgemeinen Fall benutzen wir die Definition von $\varphi_n(A_1, \ldots, A_n)$ durch die Formeln (12) und (9). Aus ihnen folgt, daß $\varphi_n(A_1, \ldots, A_n)$ nichtnegativ und in jedem Argument endlichadditiv ist. Wir zeigen nun die σ-Additivität. Es sei $A_i \in \mathfrak{A}$, $A_{1k} \in \mathfrak{A}$, $i = 1, 2, \ldots, n$, $k = 1, 2, \ldots$, $A_{1k_1} \cap A_{1k_2} = \emptyset$ für $k_1 \neq k_2$, $A_1 = \bigcup_k A_{1k}$. Wir beweisen, daß dann

$$\varphi_n(A_1, \ldots, A_n) = \sum_{k=1}^{\infty} \varphi_n(A_{1k}, A_2, \ldots, A_n) \tag{14}$$

gilt.

Wegen Definition (12) reicht es aus, die Gleichung (14) für ein $\mathfrak{C}$-System $A_1, \ldots, A_n$ zu beweisen. Die Charakteristik dieses $\mathfrak{C}$-Systems sei $(n_1, \ldots, n_r)$ und $\mathfrak{C} = (C_1, \ldots, C_r)$. Wir nehmen an, daß $A_1 = C_1$ ist. Dann ist für jedes k auch $A_{1k} \subseteqq C_1$ und $A_{1k} \cap C_j = \emptyset$, $j = 2, \ldots, r$. Wir setzen $B_{1k} = A_1 - A_{1k}$. Jetzt zeigen wir, daß

$$\varphi_n(A_{1k}, A_2, \ldots, A_n) = \mathsf{M}\mu(A_{1k})\,[\mu(C_1) - 1]^{[n_1-1]}\,\mu^{[n_2]}(C_2) \cdots \mu^{[n_r]}(C_r) \tag{15}$$

erfüllt ist. Wenn $A_1, \ldots, A_n$ ein $\mathfrak{C}$-System ist, dann sehen wir sofort, daß A_{1k}, $A_2, \ldots, A_k$ ein $\mathfrak{C}_k$-System ist, wobei $\mathfrak{C}_k = \{A_{1k}, B_{1k}, C_2, \ldots, C_r\}$. Indem wir mittels dieses $\mathfrak{C}_k$-Systems $\varphi_n(A_{1k}, A_2, \ldots, A_n)$ entsprechend Formel (12) bestimmen, erhalten wir

$$\varphi_n(A_{1k}, A_2, \ldots, A_n) = \sum_{s=1}^{n_1} C_{n_1-1}^{s-1} \mathsf{M}\mu^{[s]}(A_{1k})\,\mu^{[n_1-s]}(B_{1k})\,\mu^{[n_2]}(C_2) \cdots \mu^{[n_r]}(C_r) =$$

$$= \mathsf{M}\mu(A_{1k})\mu^{[n_2]}(C_2) \cdots \mu^{[n_r]}(C_r) \sum_{s=1}^{n_1} C_{n_1-1}^{s-1}[\mu(A_{1k}) - 1]^{[s-1]}\mu^{[n_1-s]}(B_{1k})\,.$$

Wenn wir die letzte Summe als Faltung auffassen, dann erhalten wir (15). Wegen $\mu(A_1) = \sum_{k=1}^{\infty} \mu(A_{1k})$ folgt aus (15) die Beziehung (14), da $\varphi_n(A_1, \ldots, A_n) = \mathsf{M}\mu^{[n_1]}(C_1) \ldots \mu^{[n_r]}(C_r)$.

Satz 4. *Jedes Moment $m_n(A_1, \ldots, A_n)$ und jedes faktorielle Moment $\varphi_n(A_1, \ldots, A_n)$ ist bezüglich seiner Argumente $A_1, \ldots, A_n$ symmetrisch.*

Der Beweis folgt leicht aus der Definition von m_n und φ_n.

Satz 5. *Die Funktionen $f_k(x)$ seien $\mathfrak{A}$-meßbar und die zufälligen Integrale $\int f_k \mathrm{d}\mu$ mögen existieren, $k = 1, 2, \ldots, n$. Dann ist*

$$\mathsf{M}\left[\prod_{k=1}^{n} \int f_k \mathrm{d}\mu\right] = \int \cdots \int f_1(x_1) \cdots f_n(x_n)\, m_n(\mathrm{d}x_1, \ldots, \mathrm{d}x_n)\,, \tag{16}$$

wenn mindestens eine Seite dieser Gleichung existiert. Insbesondere ist dann auch

$$\mathsf{M}[\int f \mathrm{d}\mu]^n = \int \cdots \int f(x_1) \cdots f(x_n)\, m_n(\mathrm{d}x_1, \ldots, \mathrm{d}x_n)\,. \tag{17}$$

Beweis. Wir können die Richtigkeit von (16) leicht für einfache Funktionen sehen, danach für positive meßbare und beliebige meßbare Funktionen. Die Integrale rechts in (16) und (17) können wir entweder koordinatenweise oder gleich im Produktraum $(X^n, \mathfrak{A}^n)$ konstruieren, indem wir benutzen, daß das n-variante Maß m_n eine endlichadditive Mengenfunktion auf dem Mengenring in X^n ist, der von den meßbaren Quadern $A_1 \times \cdots \times A_n$, $A_k \in \mathfrak{A}$, $k = 1, 2, \ldots, n$ erzeugt wird.

§ 4. Funktionale und ihre Eigenschaften

Bei der Untersuchung von zufälligen Maßen kommt dem Apparat der LAPLACE-Funktionale, der charakteristischen und erzeugenden Funktionale eine große Bedeutung zu. Unten setzen wir voraus, daß die zufälligen Maße auf dem meßbaren Raum $(X, \mathfrak{A})$ gegeben sind und die Funktionen $f(x)$, $s(x)$ $\mathfrak{A}$-meßbar sind.

Definition 1. Das Funktional

$$L(f(\cdot)) = L(f) = \mathsf{M} \exp\{-\int f(x)\, \mu(\mathrm{d}x)\} \tag{1}$$

nennen wir LAPLACE-*Funktional* des zufälligen Maßes μ. Das LAPLACE-Funktional ist definiert, wenn $\operatorname{Re} f(x) \geqq 0$ ist und das Integral $\int f \mathrm{d}\mu$ existiert. In der Regel setzen wir das Argument f in $L(f)$ als nichtnegative reelle Funktion voraus (dann existiert $\int f \mathrm{d}\mu$ immer).

Definition 2. Das Funktional

$$C(f(\cdot)) = C(f) = \mathsf{M} \exp\{i \int f(x)\, \mu(\mathrm{d}x)\} \tag{2}$$

nennen wir *charakteristisches Funktional* des Maßes μ. Das charakteristische Funktional $C(f)$ ist immer dann definiert, wenn $\operatorname{Im} f(x) \geqq 0$ ist und das Integral $\int f \mathrm{d}\mu$ existiert. In der Regel nehmen wir an, daß das Argument f in $C(f)$ eine reelle Funktion ist.

Definition 3. Das Funktional

$$F(s(\cdot)) = F(s) = \mathsf{M} \exp\{\int \log s(x)\, \mu(\mathrm{d}x)\} \tag{3}$$

nennen wir *erzeugendes Funktional* des zufälligen Maßes μ. Das erzeugende Funktional ist definiert, wenn $|s(x)| \leqq 1$ ist und $\int \log s(x)\, \mu(\mathrm{d}x)$ existiert. Wir sehen sofort, daß diese Funktionale folgendermaßen miteinander zusammenhängen:

$$\begin{aligned} C(f) &= L(-if)\,, & F(s) &= L(-\log s)\,, & L(f) &= C(if)\,, \\ F(s) &= C(-i \log s)\,, & L(f) &= F(\mathrm{e}^{-f})\,, & C(f) &= F(\mathrm{e}^{if})\,. \end{aligned} \tag{4}$$

Bemerkung 1. Im weiteren Verlauf werden wir das erzeugende Funktional nur für ganzzahlige zufällige Maße bestimmen. In diesem Falle ist das erzeugende Funktional für $|s(x)| \leqq 1$ stets definiert, da für diese $s(x)$ das Integral von $\operatorname{Re}\{\log s(x)\}$ immer existiert und $\operatorname{Im} s(x)$ im Intervall $[0, 2\pi]$ definiert werden kann.

Wir bringen jetzt einige Beispiele.

Beispiel 1. (siehe auch Beispiel 1.1). Wir berechnen das erzeugende Funktional des POISSONschen Maßes μ auf dem meßbaren Raum $(X, \mathfrak{A})$ mit dem Erwartungswert $\mathsf{M}\mu(A) = m(A)$. Wenn $s(x)$ eine einfache Funktion

$$s(x) = \sum_{k=1}^{r} s_k \chi_{A_k}(x)$$

mit $A_i \cap A_j = \emptyset$ für $i \neq j$ ist, dann gilt

$$\mathsf{M}\, e^{\int \log s d\mu} = \mathsf{M} s_1^{\mu(A_1)} \cdots s_r^{\mu(A_r)} = \prod_{k=1}^{r} \mathsf{M} s_k^{\mu(A_k)} = \exp \sum_{k=1}^{r} (s_k - 1)\, m(A_k) =$$
$$= \exp \{\textstyle\int [s(x) - 1]\, m(dx)\} . \tag{5}$$

Indem wir jetzt die Definition und die Eigenschaften der Integrale, die in (5) eingehen, ausnutzen, erhalten wir für alle meßbaren $|s(x)| \leqq 1$

$$F(s) = \exp \{\textstyle\int (s(x) - 1)\, m(dx)\} . \tag{6}$$

Beispiel 2. (siehe Beispiel 1.2). Wir betrachten das LAPLACE-Funktional für das Gamma-Maß μ mit dem Erwartungswert $\mathsf{M}\mu(A) = m(A)$. Es sei $f(x)$ eine nichtnegative einfache Funktion

$$f(x) = \sum_{k=1}^{r} f_k \chi_{A_k}(x)$$

mit

$$A_i \cap A_j = \Phi , \qquad i \neq j .$$

Dann ist

$$L(f) = \mathsf{M} \exp \left\{- \sum_{k=1}^{r} f_k \mu(A_k)\right\} = \prod_{k=1}^{r} \mathsf{M} \exp \{- f_k \mu(A_k)\} = \prod_{k=1}^{r} \frac{1}{(1 + f_k)^{m(A_k)}} =$$
$$= \exp \left\{- \int (1 + f(x))\, m(dx)\right\}. \tag{7}$$

Auch hier erkennen wir, daß Formel (7) das LAPLACE-Funktional für alle nichtnegative meßbaren $f(x)$ angibt.

Beispiel 3. Wir konstruieren das charakteristische Funktional eines zufälligen Maßes μ, das in der Form (1.26) im Beispiel 1.3 dargestellt ist. Aus (1.26) erhalten wir

$$\int f(x)\, d\mu = \sum_{k=1}^{r} \xi_k \int f(x)\, m_k(dx) .$$

Deshalb gilt

$$C(f) = \mathsf{M} e^{i \int f(x) \mu(dx)} = C_r \left(\textstyle\int f\, dm_1, \ldots, \int f\, dm_r\right) , \tag{8}$$

wobei $C_r(\tau_1, \ldots, \tau_r) = \mathsf{M}\, e^{i \sum_{k=1}^{r} \tau_k \xi_k}$ die charakteristische Funktion der gemeinsamen Verteilung der zufälligen Größen $\xi_1, \ldots, \xi_r$ ist.

Beispiel 4. Auf den meßbaren Räumen $(X, \mathfrak{A})$ bzw. $(Y, \mathfrak{C})$ seien die zufälligen Maße $\mu(A)$ bzw. $\eta(C)$ gegeben, die durch die Beziehung (2.12) aus dem Beispiel 2.1 miteinander verbunden sind. Dann sind wegen der Gleichung (2.13) die charakteristischen Funktionale C_μ und C_η durch die Beziehung

$$C_\mu(f(\cdot)) = C_\eta \left(\int_X f(x)\, m(dx, \cdot)\right) \tag{9}$$

verbunden.

Satz 1. *Das* LAPLACE-*Funktional* $L(f)$ *eines zufälligen Maßes* μ *auf einem meßbaren Raum* $(X, \mathfrak{A})$ *ist für alle nichtnegativen* $\mathfrak{A}$-*meßbaren Funktionen* $f(x)$

definiert und genügt der Ungleichung $0 \leqq L(f) \leqq 1$. *Die Werte von* $L(f)$ *auf der Menge der einfachen nichtnegativen Funktionen* $f(x)$ *bestimmen eindeutig die Wahrscheinlichkeitsverteilung von* μ.

Beweis. Das Integral $\int f\,d\mu$ bezüglich des zufälligen Maßes μ hat für alle meßbaren $f(x) \geqq 0$ einen Sinn. Da $\int f\,d\mu$ eine nichtnegative Zufallsgröße ist, existiert das LAPLACE-Funktional (1), und es ist endlich, wobei $0 \leqq \mathsf{M}\,e^{-\int f d\mu} \leqq 1$ ist. Weiter gilt, falls

$$f(x) = f_1 \chi_{A_1}(x) + \cdots + f_n \chi_{A_n}(x), \qquad f_k \geqq 0$$

ist,

$$L(f) = \mathsf{M}\,e^{-\sum_{k=1}^{n} f_k \mu(A_k)},$$

d. h., $L(f)$ ist die LAPLACE-Transformation eines n-dimensionalen zufälligen Vektors $(\mu(A_1), \ldots, \mu(A_n))$, die die Verteilung dieses Vektors eindeutig bestimmt. Damit ist der Staz bewiesen.

Satz 2. *Es sei* $L(f)$, $f \geqq 0$, LAPLACE-*Funktional bezüglich eines zufälligen Maßes* μ. *Dann gilt*

$$\lim_{\theta \downarrow 0} L(\theta \chi_A(\cdot)) = \mathsf{P}\{\mu(A) < \infty\},$$

$$\lim_{\theta \uparrow 0} L(\theta \chi_A(\cdot)) = \mathsf{P}\{\mu(A) = 0\}.$$

Der Beweis ist trivial.

Satz 3. *Es sei* μ *ein vollständig endliches zufälliges Maß auf dem meßbaren Raum* $(X, \mathfrak{A})$. *Dann gilt: Das durch die Formel* (2) *definierte charakteristische Funktional* $C(f)$ *existiert für beliebige reelle beschränkte meßbare Funktionen* $f(x)$. *Die Wahrscheinlichkeitsverteilung des Maßes* μ *wird eindeutig durch die Werte von* $C(f)$ *auf der Menge der einfachen Funktionen bestimmt.*

Beweis. Wenn $f(x)$ beschränkt und das Maß μ vollständig endlich ist, dann existiert stets das Integral $\int f(x)\,d\mu$ und stellt eine endliche Zufallsgröße dar deren charakteristische Funktion im Punkt 1 den Wert $C(f)$ hat. Der $C(f)$ für einfache Funktionen $f = f_1 \chi_{A_1} + \cdots + f_n \chi_{A_n}$ ist die charakteristische Funktion des Zufallsvektors $(\mu(A_1), \ldots, \mu(A_n))$ und bestimmt eindeutig die Verteilung dieses Vektors. Hieraus folgt die zweite Behauptung des Satzes.

Satz 4. *Das charakteristische Funktional* $C(f)$ *eines vollständigen endlichen zufälligen Maßes* μ *besitzt folgende Eigenschaften:*

1. $C(0) = 1$, $|C(f)| \leqq 1$, $C(-f) = \overline{C}(f)$.

2. *Es gilt* $C(f_1) - C(f_2) \to 0$ *gleichmäßig bezüglich aller beschränkten* f_1, f_2, *wenn* $\sup_{x \in X} |f_1(x) - f_2(x)| = \|f_1 - f_2\| \to 0$ *erfüllt ist.*

Beweis. Die Eigenschaft 1 folgt unmittelbar aus analogen Eigenschaften der charakteristischen Funktion. Die Eigenschaft 2 beweisen wir folgendermaßen:

$$\begin{aligned}|C(f_1) - C(f_2)| &\leqq \mathsf{M}|e^{i\int f_1 d\mu} - e^{i\int f_2 d\mu}| = \mathsf{M}\{|e^{i\int f_1 d\mu} - e^{i\int f_2 d\mu}| \, |\mu(X) \leqq L\} \, \mathsf{P}\{\mu(X) \leqq L\} + \\ &+ \mathsf{M}\{|e^{i\int f_1 d\mu} - e^{i\int f_2 d\mu}| \, |\mu(X) > L\} \, \mathsf{P}\{\mu(X) > L\} \\ &\leqq \sup_{x \in X} |f_1(x) - f_2(x)| \, L \, \mathsf{P}\{\mu(X) \leqq L\} + 2\mathsf{P}\{\mu(X) > L\} .\end{aligned}$$

Wenn wir L zuerst so wählen, daß $\mathsf{P}\{\mu(X) > L\} < \varepsilon/4$ ist, und $f_1(x)$ und $f_2(x)$ derart, daß $\sup_{x \in X} |f_1(x) - f_2(x)| < \varepsilon/2L$ ist, dann erhalten wir $|C(f_1) - C(f_2)| < \varepsilon$.

Satz 5. *Es sei μ ein ganzzahliges zufälliges Maß. Dann gilt: Das erzeugende Funktional $F(s)$ existiert für alle meßbaren $s(x)$ mit $|s(x)| \leqq 1$. Die Werte des erzeugenden Funktionals $F(s)$ auf der Menge der einfache Funktionen $s(x)$, $0 \leqq s(x) \leqq 1$ definieren eindeutig die Wahrscheinlichkeitsverteilung des Maßes μ.*

Beweis. Falls $|s(x)| \leqq 1$ und μ ein ganzzahliges zufälliges Maß ist, dann existiert stets $\int \log s \, d\mu$, da $\log s = \log |s| + i \arg s$ und $\log |s| \leqq 0$, $0 \leqq \arg s \leqq 2\pi$ ist. Deshalb existiert entsprechend Definition 3 $F(s)$. Für eine einfache Funktion $s(x) = \sum_{k=1}^{n} s_k \chi_{A_k}(x)$ ist, $\log s = \sum_{k=1} \log s_k \cdot \chi_{A_k}(x)$ und

$$F(s(\cdot)) = \mathsf{M} s_1^{\mu(A_1)} \ldots s_n^{\mu(A_n)} ,$$

d. h., $F(s(\cdot))$ ist die erzeugende Funktion des ganzzahligen nichtnegativen Vektors $(\mu(A_1), \ldots, \mu(A_n))$. Die Verteilung dieses Vektors wird durch die Werte der erzeugenden Funktion $F(s)$ bestimmt. Der Satz ist damit bewiesen.

Satz 6. *Es sei μ ein ganzzahliges zufälliges Maß. Für $|s(x)| \leqq 1$ gilt $|F(s(\cdot))| \leqq 1$; für $0 \leqq s(x) \leqq 1$ gilt $0 \leqq F(s(\cdot)) \leqq 1$. Weiterhin ist*

$$\lim_{\theta \downarrow 0} F(\theta^{\chi_A}) = \mathsf{P}\{\mu(A) = 0\} ,$$

$$\lim_{\theta \uparrow 1} F(\theta^{\chi_A}) = \mathsf{P}\{\mu(A) < \infty\} .$$

Beweis. Wir sehen sofort, daß $F(\theta^{\chi_A})$ die erzeugende Funktion $\mathsf{M}\theta^{\mu(A)}$ ist. Hieraus erhalten wir die Behauptung des Satzes.

Satz 7. *Die zufälligen Maße $\mu_1, \ldots, \mu_n$ seien unabhängig, und es sei $\mu_0 = \mu_1 + \cdots + \mu_n$. Dann sind die Funktionale $L_{\mu_k}(f)$, $C_{\mu_k}(f)$, $F_{\mu_k}(s)$ durch folgende Beziehungen verknüpft:*

$$L_{\mu_0}(f) = \prod_{k=1}^{n} L_{\mu_k}(f) ,$$

$$C_{\mu_0}(f) = \prod_{k=1}^{n} C_{\mu_k}(f) ,$$

$$F_{\mu_0}(s) = \prod_{k=1}^{n} F_{\mu_k}(s) .$$

Beweis. Aus der Unabhängigkeit der μ_k folgt nach Satz 2.4 auch die Unabhängigkeit der Zufallsgrößen $\int f \, d\mu_k$, $k = 1, 2, \ldots, n$. Da $\int f \, d\mu_0 = \sum_{k=1}^{n} \int f \, d\mu_k$ ist, folgt die Behauptung des Satzes aus den entsprechenden Eigenschaften der charakteristischen und erzeugenden Funktionen und der LAPLACE-Transformation für zufällige Größen.

Wir untersuchen nun den Zusammenhang zwischen den erzeugenden Funktionalen ganzzahliger zufälliger Maße und den faktoriellen Momenten. Zuerst beweisen wir ein Lemma.

Lemma 1. *Es sei $\mu(A)$ ein ganzzahliges zufälliges Maß, $g(x) = \sum_{i=1}^{r} g_i \chi_{A_i}(x)$ eine einfache Funktion, $A_i \cap A_j = \emptyset$, $i \neq j$, $\varphi_{k_1,\ldots,k_r} = \mathsf{M}\mu^{[k_1]}(A) \cdot \ldots \cdot \mu^{[k_r]}(A_r)$ und $\varphi_k(A_1', \ldots, A_k')$ das faktorielle k-variante Maß. Dann gilt die Gleichung*

$$\sum_{k_1+\cdots+k_r=k} \frac{\varphi_{k_1\ldots k_r}}{k_1! \cdots k_r!} g_1^{k_1} \cdots g_r^{k_r} = \frac{1}{k!} \int \cdots \int g(x_1) \cdots g(x_k) \, \varphi_k(dx_1, \ldots, dx_k) . \tag{10}$$

Beweis. Wenn wir die einfache Funktion

$$g(x_1) \cdots g(x_k) = \sum_{i_1,\ldots,i_k=1}^{r} g_{i_1} \cdots g_{i_k} \chi_{A_{i_1}}(x_1) \cdots \chi_{A_{i_k}}(x_k)$$

bezüglich φ_k integrieren, erhalten wir

$$\int \ldots \int g(x_1) \ldots g(x_k) \varphi_k(dx_1, \ldots, dx_k) = \sum_{i_1,\ldots,i_k=1}^{r} g_{i_1} \ldots g_{i_k} \varphi_k(A_{i_1}, \ldots, A_{i_k}) . \tag{11}$$

Das Mengensystem $A_{i_1}, \ldots, A_{i_k}$ in jedem Summanden rechts in (11) ist ein $\mathfrak{C}$-System, wobei $\mathfrak{C} = (A_1, \ldots, A_r)$ ist (siehe Definition 3.2). Wenn die Charakteristik des $\mathfrak{C}$-Systems $A_{i_1}, \ldots, A_{i_k}$ gleich $(k_1, \ldots, k_r)$ ist, dann gilt auf Grund von Lemma 3.1

$$\varphi_k(A_{i_1}, \ldots, A_{i_k}) = \mathsf{M}\mu^{[k_1]}(A_1) \cdots \mu^{[k_r]}(A_r) = \varphi_{k_1\ldots k_r} . \tag{12}$$

Hieraus erhalten wir (10), da sich unter den Summanden der rechten Seite von (11) genau $\frac{k!}{k_1! \cdot \ldots \cdot k_r!}$ befinden, für die $A_{i_1}, \ldots, A_{i_k}$ ein $\mathfrak{C}$-System mit der Charakteristik $(k_1, \ldots, k_r)$ ist.

Satz 8. *Ein zufälliges ganzzahliges Maß μ besitze für $k \leqq t$ endliche faktorielle Momente $\varphi_k(A_1, \ldots, A_k)$. Dann können wir das erzeugende Funktional $F(s(\cdot))$ auf die Form*

$$F(s(\cdot)) = 1 + \sum_{k=1}^{t-1} \frac{(-1)^k}{k!} \int \cdots \int g(x_1) \cdots g(x_k) \, \varphi_k(dx_1, \ldots, dx_k) + R_t \tag{13}$$

bringen. Hierbei ist $g(x) = 1 - s(x)$ und

$$0 \leqq R_t(-1)^t \leqq \frac{1}{t!} \int \cdots \int g(x_1) \cdots g(x_t) \, \varphi_t(dx_1, \ldots, dx_t) , \tag{14}$$

falls $0 \leqq g(x) \leqq 1$, *und*

$$|R_t| \leqq \frac{1}{t!} \int \cdots \int |g(x_1)| \cdots |g(x_t)| \, \varphi_t(dx_1, \ldots, dx_t) \,, \tag{15}$$

falls $|s(x)| \leqq 1$ *ist.*

Beweis. Die Aussage des Satzes ist für einfache Funktionen $s(x)$ richtig. Das folgt aus dem Satz 4.1.1, der Bemerkung 4.1.1 und dem Lemma 1. Es seien jetzt $s_n(x)$ bzw. $g_n(x)$, $n = 1, 2, \ldots$, Folgen einfacher Funktionen, die gegen Funktionen $s(x)$ bzw. $g(x)$ konvergieren, für die $s(x) + g(x) = 1$ ist. Da nach Voraussetzung des Satzes die Funktionen $s(x)$ und $g(x)$ beschränkt sind, die Maße φ_k und folglich auch das zufällige Maß μ endlich sind, können wir in der Gleichung (13) und in den Ungleichungen (14) und (15) statt g bzw. s, g_n bzw. s_n einsetzen und dann zum Grenzwert für $n \to \infty$ übergehen. Als Ergebnis erhalten wir die Behauptung des Satzes.

§ 5. Beschreibung des Modells eines allgemeinen Verzweigungsprozesses

Alle in den vergangenen Kapiteln betrachteten Modelle können wir als Spezialfälle des folgenden allgemeinen Verzweigungsprozesses auffassen. In dem meßbaren Phasenraum $(X, \mathfrak{A})$ sei ein nicht abbrechender homogener Markowscher Prozeß mit den Übergangswahrscheinlichkeiten $\mathsf{P}(t, x, A)$ gegeben. Wenn wir jede Trajektorie des Prozesses als Trajektorie eines sich bewegenden Teilchens auffassen, können wir $\mathsf{P}(t, x, A)$ als Wahrscheinlichkeit dafür interpretieren, daß ein Teilchen, das seine Irrfahrt im Punkt $x \in X$ beginnt, nach der Zeit t in die Menge $A \in \mathfrak{A}$ gelangt. Wir nehmen an, daß im Raum eine gewisse Anzahl von Teilchen eines Typs vorhanden sei, die sich unabhängig voneinander auf Trajektorien des oben angegebenen Markowschen Prozesses bewegen. Jedes dieser Teilchen besitzt die zufällige Lebenszeit τ, die nur von der Trajektorie des entsprechenden Teilchens abhängt. Wir setzen voraus, daß für jedes $0 \leqq s \leqq t$ die bedingte Wahrscheinlichkeit durch die Formel

$$\mathsf{P}\{\tau > t | \tau > s\} = e^{-\alpha_s^t}$$

bestimmt ist, wobei α_s^t ein nichtnegatives additives Funktional der Teilchentrajektorie ist. Am häufigsten haben wir es mit dem Fall

$$\alpha_s^t = \int_s^t \varphi(x_u) \, du$$

zu tun, wo $\varphi(x) \geqq 0$ eine nichtnegative Funktion von $x \in X$ und x_u, die Lage des Teilchens im Zeitpunkt u, ist. Das Teilchen erzeugt am Lebensende eine zufällige Anzahl neuer Teilchen, deren Anfangslage auf eine zufällige Weise im Raum X verteilt ist. Die Anzahl und Lage dieser Teilchen hängt nur von der Lage des Vorgängerteilchens im Zeitpunkt der Umwandlung ab. Im weiteren Verlauf evolutioniert jedes neue Teilchen unabhängig von den anderen Teilchen auf analoge Weise.

Mit μ_{xt} bezeichnen wir das zufällige Maß, dessen Werte $\mu_{xt}(A)$ für jedes $A \in \mathfrak{A}$ gleich der Anzahl der Teilchen zum Zeitpunkt t ist, die sich in der Menge A befinden, wenn im Zeitpunkt Null ein Teilchen im Punkt $x \in X$ existiert. Mit η_y bezeichnen wir das zufällige Maß, dessen Werte $\eta_y(A)$ für jedes $A \in \mathfrak{A}$ gleich der Anzahl der Nachkommen in der Menge A zum Zeitpunkt der Umwandlung ist, wenn sich das Erzeugerteilchen zu diesem Zeitpunkt im Punkt $y \in X$ befand.

Es bezeichne $q_x(t, A)$ die Wahrscheinlichkeit, daß sich ein Teilchen, das seine Irrfahrt im Punkt $x \in X$ beginnt, im Zeitintervall $[0, t)$ nicht umwandelt und sich im Zeitpunkt t in der Menge $A \in \mathfrak{A}$ befindet. Mit $K_x(B, A)$, wobei $x \in X$, B eine meßbare Menge auf der Zeitachse und $A \in \mathfrak{A}$ ist, bezeichnen wir die bedingte Wahrscheinlichkeit, daß die Lebenszeit τ des Teilchens in B enthalten ist und sich der Punkt, in dem sich das Teilchen zum Zeitpunkt der Umwandlung aufhält, in A befindet (unter der Bedingung, daß dieses Teilchen zum Zeitpunkt Null im Punkt $x \in X$ war).

Mit $F(x, t; s(\cdot))$ bezeichnen wir das erzeugende Funktional des Maßes μ_{xt}

$$F(x, t; s(\cdot)) = \mathsf{M} \exp \left\{ \int_X \log s(z)\, \mu_{xt}(\mathrm{d}z) \right\} \tag{1}$$

und mit $h(y, s(\cdot))$ das erzeugende Funktional des Maßes η_y

$$h(y; s(\cdot)) = \mathsf{M} \exp \left\{ \int_X \log s(x)\, \eta_y(\mathrm{d}x) \right\}. \tag{2}$$

Wir setzen voraus, daß das erzeugende Funktional (2) bezüglich y $\mathfrak{A}$-meßbar ist. Aus der oben gegebenen Definition eines Verzweigungsprozesses folgt, daß das erzeugende Funktional (1) der Integralgleichung

$$F(x, t; s(\cdot)) = \int_X s(y)\, q_x(t, \mathrm{d}y) + \int_0^t \int_X K_x(\mathrm{d}u, \mathrm{d}y)\, h(y; F(\cdot, t-u; s(\cdot))) \tag{3}$$

genügt. Wir erhalten sie, wenn wir bei der Bestimmung des Erwartungswertes in (1) zuerst den bedingten Erwartungswert berechnen, indem wir die Lebenszeit des Anfangsteilchens und den Ort, wo dieses Teilchen sich am Lebensende umwandelt, festhalten. Der erste Summand in (3) entspricht dem Fall, daß die Lebenszeit $\tau > t$ ist. Im zweiten Summanden berechnen wir erst das bedingte erzeugende Funktional für μ_{xt} unter der Bedingung, daß der Zeitpunkt $\tau = u$ und der Ort y der Umwandlung des Anfangsteilchens fest sind. Wenn wir hierbei die Anzahl n der Nachkommen und ihre Anfangslage $x_1, \ldots, x_n$ festhalten, dann ist dieses bedingte Funktional entsprechend Satz 4.7 gleich

$$F(x_1, t-u; s(\cdot)) \cdots F(x_n, t-u; s(\cdot)). \tag{4}$$

Da hierbei das Maß $\eta_y(A) = \chi_A(x_1) + \cdots + \chi_A(x_n)$ ist, wo $\chi_A(x)$ die Indikatorfunktion der Menge A ist, können wir (4) auch folgendermaßen schreiben:

$$\exp \int_X \log F(x, t-u; s(\cdot))\, \eta_y(\mathrm{d}x). \tag{5}$$

Wenn wir von dem Ausdruck (5) den Erwartungswert nehmen, erhalten wir $h(y; F(\cdot, t-u, s(\cdot)))$. Mitteln wir danach bezüglich des Maßes K_x, dann erhalten wir den Summanden in (3).

Durchläuft t nur ganzzahlige Werte 0, 1, 2, ..., dann sprechen wir von einem Verzweigungsprozeß mit diskreter Zeit. In diesen Prozessen setzen wir $q_x(t, A) = 0$, und das Wahrscheinlichkeitsmaß $K_x(B, A)$ ist im Punkt $(1, x)$ konzentriert. Dann nimmt die Gleichung (3) die Form

$$F(x, t+1; s(\cdot)) = h(x, F(\cdot, t; s(\cdot))), \qquad t = 0, 1, 2, ..., \tag{6}$$

an mit

$$F(x, 0; s(\cdot)) = s(x). \tag{7}$$

Die Rekurrenzbeziehung (6) hat den Charakter einer Verallgemeinerung der Iteration von Funktionen. Aus (6) erhalten wir ohne Schwierigkeit, daß auch folgende Beziehungen gelten:

$$F(x, t+1; s(\cdot)) = F(x, t; h(\cdot, s(\cdot))), \qquad t = 0, 1, 2, ... \tag{8}$$

und für beliebige $t, \tau = 0, 1, 2, ...$

$$F(x, t+\tau; s(\cdot)) = F(x, t; F(\cdot, \tau; s(\cdot))). \tag{9}$$

Wir bemerken noch, daß Verzweigungsprozesse oft in reduzierten Zustandsräumen betrachtet werden (z. B. wird als Zustand des Prozesses die Gesamtzahl der Teilchen unabhängig von ihrer Lage in X gewählt). In diesem Falle werden viele Verzweigungsprozesse nichtmarkowsch.

Wir führen jetzt einige wichtige Sonderfälle von allgemeinen Verzweigungsprozessen an.

1. Den Punkt x interpretieren wir als Lage des Punktes im Raum X. Teilchen, die im Resultat einer Umwandlung des gegebenen Teilchens im Punkt $y \in X$ entstehen, beginnen alle unabhängig voneinander ihre Irrfahrt in diesem Punkt y. Das bedeutet, daß das Maß η_y vollständig in dem Punkt y konzentriert ist. Einen Sonderfall dieser Prozesse stellen die Verzweigungsprozesse mit Diffusion dar, mit denen wir uns im Kapitel X beschäftigt haben.

2. X sei die Menge aller nichtnegativen Zahlen $[0, \infty)$, und der Punkt $x \in X$ bedeute das Alter des Teilchens. Das Alter des Teilchens ändert sich so, daß $\Delta x = \Delta t$ ist. Die Lebenszeit des Teilchens sei durch eine Verteilungsfunktion $G(x)$ gegeben. Die Teilchen erzeugen Teilchen mit dem Alter Null, so daß alle Maße η_y im Punkt $x = 0$ konzentriert sind. Die in den Kapiteln VIII und IX betrachteten Modelle 2 und 3 gehören zu den Verzweigungsprozessen diesen Typs.

3. Der Raum X bestehe aus einer endlichen Anzahl von Punkten $x_1, ..., x_n$. Die Irrfahrt wird als trivial mit $x_t = \text{const}$ vorausgesetzt, die Maße η_y sind beliebig. So erhalten wir gewöhnliche Verzweigungsprozesse mit mehreren Teilchentypen.

4. Der Raum X sei die positive reelle Halbachse. Die Punkte $x \in X$ werden als Energie oder als Durchmesser der Teilchen interpretiert. Die Irrfahrt und die Umwandlung wird auf eine Weise gegeben, die diese oder jene reale

Erscheinung widerspiegelt (Kaskaden kosmischer Strahlung, Teilung von Teilchen usw.).

Es sind auch Verzweigungsprozesse von Bedeutung, die eine (teilweise) Verschmelzung der Charakteristika der vier aufgezählten Typen darstellen.

§ 6. Aussterbebedingungen in allgemeinen Verzweigungsprozessen mit diskreter Zeit

Wir betrachten einen allgemeinen Verzweigungsprozeß mit diskreter Zeit, dessen erzeugendes Funktional $F(x, t; s(\cdot))$ den Beziehungen (5.6)—(5.9) genügt. Wir benutzen die Bezeichnungen

$$A(x, t, E) = \mathsf{M}\mu_{xt}(E)\,,$$
$$B(x, t, E_1, E_2) = \mathsf{M}\mu_{xt}(E_1)\,\mu_{xt}(E_2) - \mathsf{M}\mu_{xt}(E_1 \cap E_2)$$

mit $E, E_1, E_2 \in \mathfrak{A}$ für die ersten und zweiten faktoriellen Momente. Wir setzen außerdem

$$A(x, 1, E) = A(x, E)\,, \qquad A(x, X) = A(x)\,,$$
$$B(x, 1, E_1, E_2) = B(x, E_1, E_2)\,, \qquad B(x, X, X) = B(x)\,.$$

Wir sehen leicht, daß $A(x) = \mathsf{M}\mu_x$, $B(x) = \mathsf{M}\mu_x(\mu_x - 1)$ ist, wo $\mu_x = \mu_{x1}(X)$ eine Zufallsgröße ist, die gleich der Gesamtzahl der unmittelbaren Nachkommen eines Teilchens ist, das sich im Punkt $x \in X$ befindet. Wenn wir als Funktion $s(y)$ eine Konstante s wählen, dann ist für jedes $x \in X$ die Funktion

$$h(x; s) = \mathsf{M}s^{\mu_x} \tag{1}$$

eine erzeugende Funktion für μ_x, und es gilt $A(x) = \left.\dfrac{\partial h(x; s)}{\partial s}\right|_{s=1}$, $B(x) = \left.\dfrac{\partial^2 h(x; s)}{\partial s^2}\right|_{s=1}$. Aus der Gleichung (5.9) können wir die Gleichung

$$A(x, t + \tau, E) = \int_X A(x, t, \mathrm{d}z)\, A(z, \tau, E)$$

für die Erwartungswerte und entsprechende Gleichungen für die zweiten faktoriellen Momente $B(x, t, E_1, E_2)$ erhalten. Wir werden uns hiermit nicht näher befassen. Wir geben nur einige Bedingungen für das Aussterben des Prozesses an.

Die Aussterbewahrscheinlichkeit $q(x)$ eines Verzweigungsprozesses, der mit einem Teilchen im Punkt $x \in X$ begann, ist als Grenzwert

$$q(x) = \lim_{t \to \infty} F(x, t; 0)$$

der Aussterbewahrscheinlichkeit $F(x, t; 0)$ des Prozesses bis zur t-ten Generation definiert. Aus (5.6) und (5.7) erhalten wir durch Induktion, daß $F(x, 0; 0) = 0$ ist und $F(x, t; 0)$ in t nicht fällt. Wenn wir in (5.6) $s = 0$ setzen und zum

Grenzwert für $t \to \infty$ übergehen, erhalten wir, daß die Aussterbewahrscheinlichkeit $q(x)$ der Gleichung

$$q(x) = h(x; q(\cdot)) \tag{2}$$

genügt.

Satz 1. *Wenn die Funktion* $v(x)$ *den Bedingungen* $0 \leqq v(x) \leqq 1$ *und*

$$h(x; v(\cdot)) \leqq v(x) \tag{3}$$

für alle $x \in X$ *genügt, dann ist* $q(x) \leqq v(x)$.

Beweis. Wir setzen $q_t(x) = F(x, t; 0)$. Aus (5.6) erhalten wir

$$q_{t+1}(x) = h(x; q_t(\cdot)) \,. \tag{4}$$

Aus (3) und (4) ergibt sich mittels Induktion $q_t(x) \leqq v(x)$ und damit $q(x) = \lim_{t \to \infty} q_t(x) \leqq v(x)$.

Satz 2. *Falls* $\bar{A} = \sup_{x \in X} A(x) < 1$ *ist, gilt* $q(x) \equiv 1$.

Beweis. Die Gleichung (2) besitzt stets eine Lösung, die identisch Eins ist Der Satz ist bewiesen, wenn wir zeigen, daß jede andere Lösung der Gleichung, die der Bedingung $0 \leqq q(x) \leqq 1$ genügt, notwendig identisch Eins ist. Es genüge $q(x)$ der Gleichung (2). Dann ist

$$1 - q(x) = 1 - h(x; q(\cdot)) \,. \tag{5}$$

Die rechte Seite von (5) schätzen wir entsprechend Satz 4.8 ab,

$$1 - h(x; q) \leqq \int_X A(x, \mathrm{d}y) \, [1 - q(y)] \,.$$

Wir erhalten hieraus

$$0 \leqq 1 - q(x) \leqq \bar{A} \sup_{y \in X} (1 - q(y)) = \bar{A} \|1 - q\| \,, \tag{6}$$

wobei $\|v\| = \sup_{x \in X} |v(x)|$ gilt. Aus (6) folgt

$$\|1 - q\| \leqq \bar{A} \|1 - q\| \,,$$

woraus $q(x) \equiv 1$ folgt, da $\bar{A} < 1$ ist.

Satz 3. *Ist* $\underline{A} = \inf_{x \in X} A(x) > 1$ *und* $\bar{B} = \sup_{x \in X} B(x) < \infty$, *dann gilt* $\sup_{x \in X} q(x) < 1$.

Beweis. Da für jedes $x \in X$ die erzeugende Funktion $h(x, s)$, die durch die Gleichung (1) definiert ist, die Ableitung $A(x) = \left.\frac{\partial h(x; s)}{\partial s}\right|_{s=1} \geqq \underline{A} > 1$ besitzt, besitzt die Gleichung

$$s = h(x; s) \tag{7}$$

eine Wurzel $v = v(x) < 1$. Wenn wir $s = v(x)$ in die Entwicklung der Funktion $h(x; s)$

$$1 - h(x; s) = A(x) \, (1 - s) - \frac{\bar{B}(x)}{2} (1 - s)^2 \,, \tag{8}$$

mit $\overline{B}(x) \leqq B(x) \leqq \overline{B}$ einsetzen, dann gelangen wir zu

$$1 - v(x) = 1 - h\big(x, v(x)\big) = A(x)\,\big(1 - v(x)\big) - \frac{\overline{B}(x)}{2}\,\big(1 - v(x)\big)^2 ,$$

woraus

$$1 \geqq \underline{A} - \frac{\overline{B}}{2}\,\big(1 - v(x)\big)$$

und

$$v(x) \leqq 1 - \frac{2(\underline{A} - 1)}{\overline{B}} \tag{9}$$

folgt. Aus (9) bekommen wir $||v|| \leqq 1 - \dfrac{2(\underline{A} - 1)}{\overline{B}}$. Für $v(x) \leqq s < 1$ gelten die Ungleichungen $h(x, s) \leqq s$ und $v(x) \leqq ||v|| < 1$. Deshalb ist $h(x, ||v||) \leqq ||v||$ und nach Satz 1 auch $q(x) \leqq ||v|| < 1$. Der Satz ist damit bewiesen.

LITERATURHINWEISE

Kapitel I

In den §§ 1, 2, 4 und 7 folgt die Darstellung den Arbeiten von A. N. Kolmogorow und N. A. Dimitrijew [38] und vom Autor [50]. In § 3 wurde Material aus dem Buch von Feller [9] benutzt. Die Beispiele in § 8 sind den Arbeiten von Harris [19], W. M. Solotarjow [68] und Kendall [33] entnommen.

Kapitel II

Die asymptotischen Formeln für die Überlebenswahrscheinlichkeit wurden von A. N. Kolmogorow [36] für Prozesse mit diskreter Zeit und vom Autor [50] für Prozesse mit stetiger Zeit aufgestellt. Verschärfungen dieser Resultate befinden sich in den Arbeiten von W. M. Solotarjow [68], A. W. Nagajew und I. Badalbajew [43], Heathcote, Seneta und Vere-Jones [23]. Ihre Ergebnisse wurden in den §§ 2, 4 und 5 verwendet. § 3 entstand auf der Grundlage eines Artikels des Autors [61]. Grenzwertsätze für Prozesse mit diskreter Zeit sind in den Arbeiten von A. M. Jaglom [29], Harris [20], mit stetiger Zeit in der Arbeit [50] des Autors bewiesen. In § 6 wurden die Arbeiten von Harris [19, 20] benutzt. Für § 7 fand der Artikel von W. P. Tschistjakow und N. P. Markow [72] Verwendung. Lokale Grenzwertsätze befinden sich in den Arbeiten von W. P. Tschistjakow [70] und Kesten, Ney und Spitzer [34].

Kapitel III

Dieses Kapitel wurde auf der Grundlage des Artikels [54] des Autors geschrieben. In § 4 wurde die Arbeit von S. W. Nagajew und R. Muchamedchanowa [44] benutzt. Übergangserscheinungen in Prozessen mit mehreren Teilchentypen wurden von W. P. Tschistjakow [71] untersucht.

Kapitel IV

In den §§ 2, 3 wurden die Arbeiten von A. N. Kolmogorow, N. A. Dimitrijew [38] und die Arbeit des Autors [50] benutzt. In § 4 wurde das Buch [1] von R. Bellman verwendet. § 6 gründet sich auf die Arbeit [50] des Autors, in § 7 ist Material aus dem Artikel von Jiřina [31] verwendet werden.

Kapitel V

Die §§ 1, 2 basieren auf den Arbeiten von A. N. Kolmogorow und vom Autor [39], [50]. In den §§ 3, 4, 5 wurden Arbeiten des Autors [53], die von Otter [47] und O. W. Wiskow [76] benutzt.

Kapitel VI

Die §§ 1, 2 gehen auf die Arbeiten von Kesten und Stigum [35] und Jiřina [31] zurück. In § 3 werden die Arbeiten von Everett und Ulam [8] und Harris [19] benutzt.

Kapitel VII

Die Darlegung folgt dem Artikel des Autors [51]. Prozesse mit Immigration und diskreter Zeit sind auch von Heathcote [22] untersucht worden.

Kapitel VIII

Die erste Beschreibung von Prozessen, die vom Alter abhängen, wurde von Bellman und Harris [2, 3] gegeben. In den §§ 1–4 wurden die Arbeiten von Harris [19] und vom Autor [57] benutzt. § 5 gründet sich auf die Arbeiten des Autors [59, 64] und die Arbeit von A. O. Gelfond [15]. Der Beweis des Satzes 11 stammt von den deutschen Mathematikern Bühler und Krengel (eine mündliche Mitteilung darüber nahm der Autor während des Symposiums zu Verzweigungsprozessen in Oberwolfach im Juni 1967 mit). In den §§ 7 und 8 wurde neben den dort zitierten Werken der Artikel des Autors [60] benutzt. Die §§ 9 und 10 begründen sich auf die Arbeit des Autors und W. P. Tschistjakows [65].

Kapitel IX

Die Darlegung folgt den Artikeln des Autors [57, 58, 62]. Mit einer anderen Methode erhielten Chover und Ney [5] asymptotische Formeln der Überlebenswahrscheinlichkeiten für kritische Prozesse des Modells 3.

Kapitel X

Die Artikel [52, 55] des Autors wurden hier benutzt. Eine Weiterentwicklung der Theorie der Verzweigungsprozesse mit Diffusion kann man in den Arbeiten von A. W. Skorochod [66, 67] und Watanabe [73] finden.

Kapitel XI

Die Untersuchungen in § 3 gründen sich auf einen Artikel von Ney [46]. Siehe ebenfalls die Arbeiten von A. N. Kolmogorow [37], A. F. Filippow [11], Harris [19, 21] und Ney [45].

Kapitel XII

In § 5 wurde eine Bemerkung des Autors [56], in § 6 die Arbeit von Moyal [41] benutzt. Verschiedene Richtungen der Theorie der allgemeinen Verzweigungsprozesse wurden in den Arbeiten von A. W. Skorochod [66, 67], Mullikin [42], B. P. Charlamow [4], Jiřina [30], Ikeda, Nagasawa, Watanabe [24–28] verfolgt.

LITERATURVERZEICHNIS

[1] Bellman, R., Introduction to matrix analysis, McGraw-Hill Book Company, Inc. 1960 (Russ. Übers.: Р. Беллман, Введение в теорию матриц, «Наука», Moskau 1969).

[2] Bellman, R., Harris, T. E., On the theory of age-dependent stochastic branching processes, Proc. Nat. Acad. Sci. U.S.A. **34**, № 12 (1948), 601–604.

[3] Bellman, R., Harris, T. E., One age-dependent binary branching processes, Ann. of Math. **55**, № 2 (1952), 280–295.

[4] Charlamow, B. P. (Харламов, Б. П.) О некоторых свойствах ветвящихся процессов с произвольным множеством типов частиц, Теория вероятн. и ее примен. **13**, № 1 (1968), 82—95.

[5] Chover, J., Ney, P. E., A non-linear integral equation and its application to critical branching processes, J. Math. and Mech. **14**, № 5 (1965), 723–735.

[6] Cox, D. R., Smith, W. L. (Кокс, Д. Р., Смит, В. Л.) Теория восстановления, Сов. радио, Moskau 1967 (Engl. Originale: Cox, D. R. Renewal Theory, London 1962 (Monographie) und Smith, W. L., Renewal Theory and its ramifications, Jornal of the Royal Stat. Soc. **20** (1958) 2).

[7] Eidus, D. M. (Эйдус, Д. М.) Некоторые неравенства для собственных функций, ДАН **107**, № 6 (1956), 796—798.

[8] Everett, C., Ulam, S., Multiplicative systems, I, Proc. Nat. Acad. Sci. U.S.A. **34**, № 8 (1948), 403–405.

[9] Feller, W., An Introduction to Probability Theory and its Applications, vol. 1, Wiley, New York 1957, vol. 2, Wiley, New York 1966 (Russ. Übers.: Феллер, В., Введение в теорию вероятностей и ее приложения, «Мир», Teil 1, Moskau 1964, Teil 2, Moskau 1967).

[10] Feller, W., Fluctuation theory of recurrent events, Trans. Amer. Math. Soc. **67**, № 1 (1949), 98–119.

[11] Fillipow, A. F. (Филиппов, А. Ф.) О распределении размеров частиц при дроблении, Теория вероятн. и ее примен. 6, № 3 (1961), 299—318.

[12] Gantmacher, F. R. (Гантмахер, Ф. Р.) Теория матриц, Гостехиздат, Moskau 1953 (Deutsche Übers.: Matrizenrechnung I, II, DVW, Berlin 1958/1966).

[13] Gelfand, I. M., Raikow, D. A., Schilow, G. E. (Гельфанд, И. М., Райков, Д. А., Шилов, Г. Е.) Коммутативные нормированные кольца, Физматгиз, Moskau 1960.

[14] Gelfond, A. O. (Гельфонд, А. О.) Исчисление конечных разностей, Гостехиздат, Moskau/Leningrad 1952. (Deutsche Übers.: Differentialrechnung, DVW Berlin 1958).

[15] Gelfond, A. O. (Гельфонд, А. О.) Об одной теореме единственности, Матем. заметки 1, № 3 (1967), 321—324.

[16] Gichman, I. I., Skorochod, A. W. (Гихман, И. И., Скороход, А. В.) Введение в теорию случайных процессов, «Наука», Moskau 1965.

[17] Gnedenko, B. W., Kolmogoroff, A. N. (Гнеденко, Б. В., Колмогоров, А. Н.) Предельные распределения для сумм независимых случайных величин, Гостехиздат, Moskau/Leningrad 1949.

(Deutsche Übers.: Grenzverteilungen von Summen unabhängiger Zufallsgrößen. Akademie-Verlag, Berlin 1959).

[18] HALMOS, P., Measure Theory, Wiley, New York 1950 (Russ. Übersetzung: Халмош, П., Теория меры, ИЛ, Moskau 1953).

[19] HARRIS, T. E., The Theory of Branching Processes. Springer-Verlag, Berlin 1963 (Russ. Übersetzung: Харрис, Т. Е., Теория ветвящихся случайных процессов, «Мир», Moskau 1966).

[20] HARRIS, T. E., Branching processes, Ann. Math. Statistics **19**, № 4 (1948), 474–494.

[21] HARRIS, T. E., The random functions of cosmic-ray cascades, Proc. Nat. Acad. Sci. U.S.A. **43**, № 6 (1957), 509–512.

[22] HEATHCOTE, C. R., A branching process allowing immigration, J. Roy. Statist. Soc. **27**, № 1 (1965), 138–143, corrections **28**, № 1 (1966), 213–217.

[23] HEATHCOTE, C. R., SENETA, E., VERE-JONES, D., A refinement of two theorems in the theory of branching processes, Теория вероятн. и ее примен. **12**, № 2 (1967).

[24] IKEDA, N., NAGASAWA, M., WATANABE, S., On branching Markov processes, Proc. Japan Acad. **41**, № 9 (1965).

[25] IKEDA, N., NAGASAWA, M., WATANABE, S., Fundamental equations of branching Markow processes, Proc. Japan Acad. **42**, № 3 (1966), 252–257.

[26] IKEDA, N., NAGASAWA, M., WATANABE, S., A construction of branching Markov processes, Proc. Japan Acad. **42**, № 4 (1966), 380–384.

[27] IKEDA, N., NAGASAWA, M., WATANABE, S., Transformation of branching Markov processes, Proc. Japan Acad. **42**, № 7 (1966), 719–724.

[28] IKEDA, N., NAGASAWA, M., WATANABE, S., On branching semi-groups I, II, Proc. Japan Acad. **42**, № 9 (1966), 1016–1021; 1022–1026.

[29] JAGLOM, A. M. (Яглом, А. М.) Некоторые предельные теоремы теории ветвящихся случайных процессов, ДАН **56**, № 8 (1947), 795—798.

[30] JIŘINA, M., General branching processes with continuous time parameter, Proceedings of the Fifth Berkeley Symposium on Math. Statist. and Probability, 1965, Berkeley–Los Angeles, Univ. California Press, 1967, vol. 2, part 1, 389–399.

[31] JIŘINA, M. (Иржина, М.) Асимптотическое поведение ветвящихся случайных процессов, Чехосл. матем. журнал **7**, № 1 (1957), 130—153.

[32] KANTOROWITSCH, L. W., AKILOW, G. P. (Канторович, Л. В., Акилов, Г. П.) Функциональный анализ в нормированных пространствах, Физматгиз, Moskau 1959 (Deutsche Übers.: Funktionalanalysis in normierten Räumen, Akademie-Verlag, Berlin 1964).

[33] KENDALL, D. G., On the generalized birth-and-death process, Ann. Math. Statistics **19**, № 1 (1948), 1–15.

[34] KESTEN, H., NEY, P., SPITZER, F., The Galton-Watson process with mean one and finite variance. Теория вероятн. и ее примен. **11**, № 4 (1966), 579—611.

[35] KESTEN, H., STIGUM, B. P., A limit theorem for multidimensional Galton – Watson processes, Ann. Math. Statistics **37**, № 5 (1966).

[36] KOLMOGOROW, A. N. (Колмогоров, А. Н.) К решению одной биологической задачи, Изв. НИИ матем. и мех. Томского ун-та **2** (1938), 7—12.

[37] KOLMOGOROW, A. N. (Колмогоров, А. Н.) О логарифмически нормальном законе распределения размеров частиц при дроблении, ДАН **31**, (1941), 99—101.

[38] KOLMOGOROW, A. N., DIMITRIJEW, N. A., (Колмогоров, А. Н., Дмитриев, Н. А.) Ветвящиеся случайные процессы, ДАН **56**, № 1 (1947), 7—10.

[39] KOLMOGOROW, A. N., SEWASTJANOW, B. A. (Колмогоров, А. Н., Севастьянов, Б. А.) Вычисление финальных вероятностей для ветвящихся случайных процессов, ДАН **56**, № 8 (1947), 783—786.

[40] KUSMIN, R. O. (Кузьмин, Р. О.) Бесселевы функции, ОНТИ, 2-е изд., 1935.

[41] MOYAL, J. E., Multiplicative population chains, Proc. Roy. Soc. **A266**, № 1327 (1962), 518–526.

[42] Mullikin, T. W., Limiting distributions for critical multitype branching processes with discrete time, Trans. Amer. Math. Soc. **106**, № 3 (1963), 469–494.

[43] Nagajew, A. W., Badalbaew, I. (Нагаев, А. В., Бадалбаев, И.) Уточнение некоторых теорем о ветвящихся случайных процессах, Литов. матем. сб. **7**, № 1 (1967), 129—136.

[44] Nagajew, S. W., Muchamedchanowa, R. (Нагаев, С. В., Мухамедханова, Р.) Переходные явления в ветвящихся случайных процессах с дискретным временем, сб. «Предельные теоремы и статистич. выводы», Ташкент, «Фан», 1966, 83—89.

[45] Ney, P. E., Ratio Limit theorems for cascade processes, Z. Wahrscheinlichkeitstheor. und verw. Geb. **3**, № 1 (1964), 32–49.

[46] Ney, P. E., The limit distribution of a binary cascade process, J. Math. Analysis and Applic. **10**, № 1 (1965), 30–36.

[47] Otter, R., The multiplicative process, Ann. Math. Statistics **20**, № 2 (1949), 206–224.

[48] Petrowski, I. G. (Петровский, И. Г.) Лекции по теории интегральных уравнений, Гостехиздат, М., 1948.

[49] Pokorny, W. W. (Покорный, В. В.) Об аналитичности решений некоторых нелинейных уравнений, Тр. семинара по функц. анализу Воронежского ун-та, вып. 2 (1956), 39—45.

[50] Sewastjanow, B. A. (Севастьянов, Б. А.) Теория втевящихся случайных процессов, УМН **6**, № 6 (1951), 47—99.

[51] Sewastjanow, B. A. (Севастьянов, Б. А.) Предельные теоремы для ветвящихся случайных процессов специального вида, Теория вероятн. и ее примен. **2**, № 2 (1957), 339—348.

[52] Sewastjanow, B. A. (Севастьянов, Б. А.) Ветвящиеся случайные процессы для частиц, диффундирующих в ограниченной области с поглощающими границами, Теория вероятн. и ее примен. **3**, № 2 (1958), 121—136.

[53] Sewastjanow, B. A. (Севастьянов, Б. А.) Финальные вероятности ветвящихся случайных процессов, Теория вероятн. и ее примен. **2**, № 1 (1957), 140—141.

[54] Sewastjanow, B. A. (Севастьянов, Б. А.) Переходные явления в ветвящихся случайных процессах, Теория вероятн. и ее примен. **4**, № 2 (1959), 121—135.

[55] Sewastjanow, B. A. (Севастьянов, Б. А.) Условия вырождения ветвящихся процессов с диффузией, Теория вероятн. и ее примен. **6**, № 3 (1961), 276—286.

[56] Sewastjanow, B. A. (Севастьянов, Б. А.) Об общем определении ветвящихся случайных процессов, «Зимняя школа по теории вероятностей и матем. статистике, Ужгород, 1964», Киев, 1964, 217—220.

[57] Sewastjanow, B. A. (Севастьянов, Б. А.) Ветвящиеся процессы с превращениями, зависящими от возраста частиц, Теория вероятн. и ее примен. **9**, № 4 (1964), 577—594; письмо в редакцию, там же **11**, № 2 (1966), 363—364.

[58] Sewastjanow, B. A. (Севастьянов, Б. А.) Асимптотика вероятности продолжения критического ветвящегося процесса, Теория вероятн. и ее примен. **12**, № 1 (1967), 179—183.

[59] Sewastjanow, B. A. (Севастьянов, Б. А.) О регулярности ветвящихся процессов, Матем. заметки **1**, № 1 (1967), 53—62.

[60] Sewastjanow, B. A. (Севастьянов, Б. А.) Уравнения типа восстановления и моменты ветвящихся процессов, Матем. заметки **3**, № 1 (1968), 3—14.

[61] Sewastjanow, B. A. (Севастьянов, Б. А.) Математические ожидания функций от сумм случайного числа независимых слагаемых, Матем. заметки **3**, № 4 (1968), 387—394.

[62] Sewastjanow, B. A. (Севастьянов, Б. А.) Предельные теоремы для ветвящихся процессов с превращениями, зависящими от возраста частиц, Теория вероятн. и ее примен. **13**, № 2 (1968), 243—265.

[63] Sewastjanow, B. A. (Севастьянов, Б. А.) Теория ветвящихся процессов, Итоги науки. Теория вероятностей. Математическая статистика. Теоретическая кибернетика. 1967, 5—46, ВИНИТИ, 1968.

[64] Sewastjanow, B. A. (Севастьянов, Б. А.) Необходимое условие регулярности ветвящихся процессов, Матем. заметки **7**, № 4 (1970), 389—396.

[65] Sewastjanow, B. A., Tschistjakow, W. P. (Севастьянов, Б. А., Чистяков, В. П.) Уравнения многомерного восстановления и моменты ветвящихся процессов, Теория вероятн. и ее примен. **16**, № 2 (1971), 201—217.

[66] Skorochod, A. W. (Скороход, А. В.) Ветвящиеся диффузионные процессы, Теория вероятн. и ее примен. **9**, № 3 (1964), 492—497.

[67] Skorochod, A. W. (Скороход, А. В.) Построение марковских процессов с помощью мультипликативных функционалов, «Зимняя школа по теории вероятностей и матем. статистике, Ужгород, 1964», Киев, 1964, 191—216.

[68] Solotarjow, W. M. (Золотарев, В. М.) Уточнение ряда теорем теории ветвящихся случайных процессов, Теория вероятн. и ее примен. **2**, № 2 (1957), 256—266.

[69] Smith, W. L., Asymptotic renewal theorems, Proc. Roy. Soc. Edinburgh A64 (1953—1954), 9—48.

[70] Tschistjakow, W. P. (Чистяков, В. П.) Локальные предельные теоремы теории ветвящихся случайных процессов, Теория вероятн. и ее примен. **2**, № 3 (1957), 360—374; **10**, № 3 (1965), 597—598.

[71] Tschistjakow, W. P. (Чистяков, В. П.) Переходные явления в ветвящихся процессах с n типами частиц, Теория вероятн. и ее примен. **6**, № 1 (1961), 31—46.

[72] Tschistjakow, W. P., Markowa, N. P. (Чистяков, В. П., Маркова, Н. П.) О некоторых теоремах для неоднородных ветвящихся процессов, ДАН **147**, № 2 (1962), 317—320.

[73] Watanabe, S., On the branching process for brownian particles with an absorbing boundary, J. Math. Kyoto Univ. **4**, № 2 (1965), 385—398.

[74] Wainberg, M. M., Trenogin, W. A. (Вайнберг, М. М., Треногин, В. А., Теория ветвления решений нелинейных уравнений, «Наука», Moskau 1969 (Deutsche Übers.: Theorie der Lösungsverzweigung bei nichtlinearen Gleichungen. Akademie-Verlag, Berlin 1973).

[75] Widder, N., The Laplace transform, Princeton University Press, 1941.

[76] Wiskow, O. W. (Висков, О. В.) Несколько замечаний о ветвящихся процессах, Матем. заметки **8**, № 4 (1970), 409—418.

SACHVERZEICHNIS

Bei Fragen zur Produktsicherheit wenden Sie sich bitte an:
If you have any questions regarding product safety,
please contact:

Walter de Gruyter GmbH
Genthiner Straße 13
10785 Berlin
productsafety@degruyterbrill.com